올영7

올인원 영양사 최종 모의고사 **7회**

올영7

올인원 영양사
최종 모의고사 7회

2판 1쇄   2023년 10월 10일

편저자_ 하경선
발행인_ 원석주
발행처_ 하이앤북
주소_ 서울시 영등포구 영등포로 347 한독타워 11층
고객센터_ 1588-6671
팩스_ 02-841-6897
출판등록_ 2018년 4월 30일 제2018-000066호
홈페이지_ pass.daebanggosi.com
ISBN_ 979-11-6533-439-0

정가_ 20,000원

ⓒ 2023 하이앤북
이 책에 실린 모든 글과 사진, 그림을 포함한 디자인 및 편집형태, 배포에 대한 권리는 하이앤북에 있으므로 무단으로 전재하거나 복제, 배포할 수 없습니다.

Preface
머리말

영양사는 국민의 질병예방과 건강증진을 위하여 균형잡힌 급식 서비스를 제공하고, 영양교육및 영양상담을 통하여 식품영양정보를 제공함으로써 국민 스스로가 바람직한 식생활을 영위할 수 있도록 지원하는 전문가입니다. 최근 경제발전과 더불어 건강과 식생활에 대한 국민의 관심이 높아지면서 영양사의 직무는 더욱 확대되고 있습니다. 이러한 영양사의 자격을 취득하기 위해서는 국가시험에 반드시 합격해야 합니다.

수년간 수험생들과 함께 영양사 국가시험을 대비하면서 효율적인 학습방법과 내용에 대해 많은 고민을 해왔습니다. 수험생들에게는 시험을 보기 전 최종적으로 핵심 이론 정리와 실전감각을 익힐 수 있는 문제풀이가 절실히 필요하다는 생각을 했고, 그 절실함의 결과로 "올인원 영양사 최종 모의고사 문제집"을 만들었습니다.

본 교재는 최대한 영양사 국가시험과 유사한 유형이 되도록 기출문제를 면밀히 분석한 후 출제한 문제들로 모의고사를 구성하였고, 반복적인 실전 대비를 할 수 있도록 총 7회분을 수록하였습니다. 영양사 국가시험 준비를 철저히 정리하고 마무리하는 데 부족함이 없는 책을 만들기 위해 최선을 다했습니다.

이 책은 다음의 내용을 담았습니다.

첫째. 문제를 풀면서 다시 한 번 이론정리를 할 수 있도록 모든 문제마다 관련 해설을 수록하였고, 해설은 권말에 별도로 정리하여 학습하기 편리하도록 구성하였습니다.

둘째. 다양하고 충분한 문제 유형을 접할 수 있도록 7회분의 모의고사를 수록하였고, 기본 지식부터 난이도가 있는 문제들까지 골고루 풀어볼 수 있도록 하였습니다.

셋째. '한국인영양소섭취기준'을 비롯하여 개정된 관련 법규 내용을 모두 반영하였고 기출문제 분석을 통해 최대한 합격을 앞당길 수 있는 문제를 만들려고 노력하였습니다.

영양사 시험을 준비하는 수험생들에게 이 책이 든든한 파트너가 되어 좋은 결과가 있기를 기원합니다.

끝으로 새로운 시도와 도전을 언제나 힘차게 응원해주시는 (주)대방고시의 대표님과 직원분들, 그리고 이 책의 완성도를 높이기 위해 최선을 다해주신 편집부의 노고에 깊은 감사를 드립니다.

하경선 씀

Guide
시험안내

1. 시험일정
① 원서접수: 9월 경(인터넷 접수 / 접수 시작일 09:00 부터 접수 마감일 18:00까지)
② 응시 수수료: 90,000원
③ 시험 시행일: 12월 말
④ 합격자 발표: 이듬해 1월 중

자세한 시험일정은 매해 달라지므로 반드시 국시원(www.kuksiwon.or.kr) 홈페이지 또는 대방고시 (pass.daebanggosi.com) 홈페이지를 참고하시기 바랍니다.

2. 응시자격

(1) 2016년 3월 1일 이후 입학자

- 「고등교육법」에 따른 대학, 산업대학, 전문대학 또는 방송통신대학에서 식품학 또는 영양학을 전공한 자로서 교과목 및 학점이수 등에 관하여 보건복지부령으로 정하는 요건을 갖춘 사람
- 영양관련 교과목 및 학점을 이수하고 아래의 학과 또는 학부(전공)를 졸업한 사람 및 영양사 국가시험의 응시일로부터 3개월 이내에 졸업이 예정된 사람
- 다음에 모두 해당하는 자가 응시할 수 있습니다.

① 다음의 학과 또는 학부(전공) 중 1가지
  ㉠ 학과: 영양학과, 식품영양학과, 영양식품학과
  ㉡ 학부(전공): 식품학, 영양학, 식품영양학, 영양식품학
    ※ 학칙에 의거한 '학과명' 또는 '학부의 전공명'이어야 하며, 위와 명칭이 상이한 경우 반드시 담당자 확인 요망 (1544-4244)

② 교과목(학점) 이수: '영양관련 교과목 이수증명서'로 교과목(학점) 확인 가능(국시원 홈페이지 [시험 안내 홈]-[영양사 시험선택]-[서식모음 7.] 첨부파일 참조)
  ㉠ 영양관련 교과목 이수증명서에 따른 18과목 52학점을 전공(필수 또는 선택)과목으로 이수해야 함
  ㉡ 2016년 3월 1일 이후 영양사 현장실습 교과목 이수 시 80시간 이상(2주 이상), 영양사가 배치된 집단급식소, 의료기관, 보건소 등에서 현장 실습하여야 함
  ㉢ 법정과목과 그에 해당하는 유사인정과목은 동일한 과목이므로, 여러 개 이수해도 1개 과목 이수로만 인정(단, 학점은 합산 가능)

(2) **2010년 5월 23일 이후~2016년 2월 29일 입학자**

　① 식품학 또는 영양학 전공: 식품학, 영양학, 식품영양학, 영양식품학 중 1가지
　　※ 학칙에 의거한 '전공명'이어야 하며, 위와 명칭이 상이한 경우 반드시 담당자 확인 요망(1544-4244)

　② 이외 다른 조건은 2016년 3월 1일 이후 입학자와 동일함

(3) **2010년 5월 23일 이전 입학자**

　① 2010년 5월 23일 이전「고등교육법」에 따른 학교에 입학한 자로서 종전의 규정에 따라 응시자격을 갖춘 자는「국민영양관리법」제15조제1항 및 동법 시행규칙 제7조제1항의 개정규정에도 불구하고 시험에 응시할 수 있습니다.

　② 식품학 또는 영양학 전공: 식품학, 영양학, 식품영양학, 영양식품학 중 1가지
　　※ 학칙에 의거한 '전공명'이어야 하며, 위와 명칭이 상이한 경우 반드시 담당자 확인 요망(☎1544-4244)

(4) **국내대학 졸업자가 아닌 경우**

　다음 어느 하나에 해당하는 자가 응시할 수 있습니다.

　① 외국에서 영양사면허를 받은 사람

　② 외국의 영양사 양성학교 중 보건복지부장관이 인정하는 학교를 졸업한 사람

※ 다음의 어느 하나에 해당하는 자는 응시할 수 없습니다.

① 「정신건강증진 및 정신질환자 복지서비스 지원에 관한 법률」제3조제1호에 따른 정신질환자. 다만, 전문의가 영양사로서 적합하다고 인정하는 사람은 그러하지 아니하다.

② 「감염병의 예방 및 관리에 관한 법률」제2조제13호에 따른 감염병환자 중 보건복지부령으로 정하는 사람

③ 마약·대마 또는 향정신성의약품 중독자

④ 영양사 면허의 취소처분을 받고 그 취소된 날부터 1년이 지나지 아니한 자

3. 시험과목 및 시간표

① 시험과목

과목 수	문제 수	배점	총점	문제형식
4	220	1점/1문제	220점	객관식 5지선다형

② 시험시간표

구분	시험과목(문제 수)	시험시간
1교시	1. 영양학 및 생화학(60) 2. 영양교육, 식사요법 및 생리학(60)	09:00~10:40(100분) [시험실 입장시간: ~08:30]
2교시	3. 식품학 및 조리원리(40) 4. 급식, 위생 및 관계법규(60)	11:10~12:35(85분) [시험실 입장시간: ~11:00]

※ 식품 · 영양 관계법규: 「식품위생법」, 「학교급식법」, 「국민건강증진법」, 「국민영양관리법」, 「농수산물의 원산지 표시에 관한 법률」, 「식품 등의 표시·광고에 관한 법률」과 그 시행령 및 시행규칙

4. 합격자 결정

① 합격자 결정은 전 과목 총점의 60퍼센트 이상, 매 과목 만점의 40퍼센트 이상 득점한 자를 합격자로 합니다.

② 응시자격이 없는 것으로 확인된 경우에는 합격자 발표 이후에도 합격을 취소합니다.

③ 합격자 명단은 국시원 홈페이지나 ARS(060-700-2353)를 통하여 확인할 수 있습니다.

Overview
구성과 특징

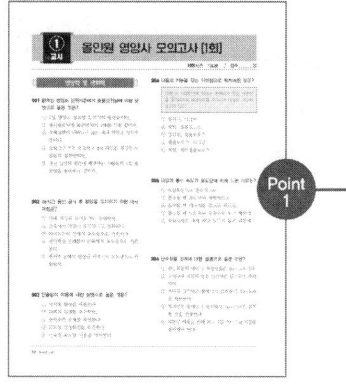

출제경향을 반영한 기출동형 모의고사!
국가고시 기출경향을 꼼꼼하게 분석하여 출제한 모의고사 문제집입니다.
실제와 유사한 환경에서 스스로 모의테스트가 가능하도록 구성하였습니다.

최종 모의고사 7회로 찍는 합격의 마침표!
7회분의 실전모의고사를 통해 시험 전 깔끔한 최종 마무리를 할 수 있습니다. 시험직전의 수험생에게는 효율적인 마무리 학습을, 공부를 시작하는 수험생에게는 앞으로의 학습방향을 설계하는 좋은 길잡이가 될 것입니다.

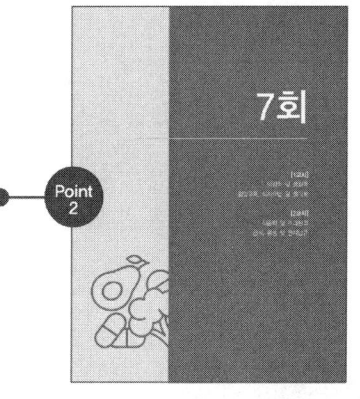

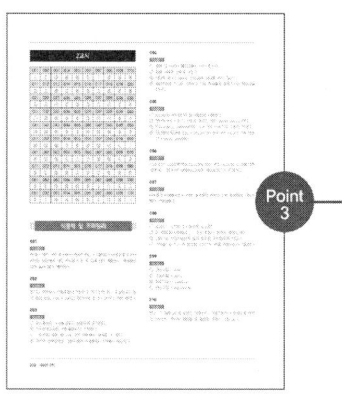

이해 중심의 확실한 해설!
이해 중심의 확실한 해설로 문제 해결 방법과 전략을 익힐 수 있습니다.
정답 해설 및 오답 해설을 수록하여 틀린 문제의 원인을 확실하게 파악하고 넘어갈 수 있도록 구성하였습니다.

답안지 작성 연습까지 완벽하게!
국가고시는 시간 배분이 중요합니다.
권말에 수록한 OMR 답안지를 활용하여 답안지 작성 연습까지 진행하세요.

※ 연습용 답안지는 복사하거나 대방고시 홈페이지(공지사항 게시판)에서 다운받아 추가로 사용할 수 있습니다.

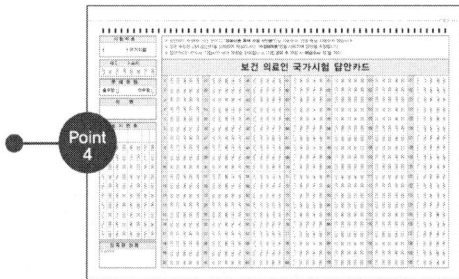

Contents 차례

1회
[1교시] 영양학 및 생화학 ---------------------- 10
　　　　영양교육, 식사요법 및 생리학 --------- 18
[2교시] 식품학 및 조리원리 ------------------ 27
　　　　급식, 위생 및 관계법규 ---------------- 32

2회
[1교시] 영양학 및 생화학 ---------------------- 44
　　　　영양교육, 식사요법 및 생리학 --------- 52
[2교시] 식품학 및 조리원리 ------------------ 61
　　　　급식, 위생 및 관계법규 ---------------- 66

3회
[1교시] 영양학 및 생화학 ---------------------- 76
　　　　영양교육, 식사요법 및 생리학 --------- 85
[2교시] 식품학 및 조리원리 ------------------ 93
　　　　급식, 위생 및 관계법규 ---------------- 98

4회
[1교시] 영양학 및 생화학 ---------------------- 108
　　　　영양교육, 식사요법 및 생리학 --------- 117
[2교시] 식품학 및 조리원리 ------------------ 126
　　　　급식, 위생 및 관계법규 ---------------- 131

5회
[1교시] 영양학 및 생화학 ---------------------- 142
　　　　영양교육, 식사요법 및 생리학 --------- 150
[2교시] 식품학 및 조리원리 ------------------ 159
　　　　급식, 위생 및 관계법규 ---------------- 164

6회
[1교시] 영양학 및 생화학 ---------------------- 174
　　　　영양교육, 식사요법 및 생리학 --------- 182
[2교시] 식품학 및 조리원리 ------------------ 191
　　　　급식, 위생 및 관계법규 ---------------- 196

7회
[1교시] 영양학 및 생화학 ---------------------- 206
　　　　영양교육, 식사요법 및 생리학 --------- 214
[2교시] 식품학 및 조리원리 ------------------ 223
　　　　급식, 위생 및 관계법규 ---------------- 228

정답 및 해설 ---------------------------------- 238

1회

[1교시]
영양학 및 생화학
영양교육, 식사요법 및 생리학

[2교시]
식품학 및 조리원리
급식, 위생 및 관계법규

올인원 영양사 모의고사 [1회]

제한시간 100분 / 점수_____점

영양학 및 생화학

001 한국인 영양소 섭취기준에서 충분섭취량에 대한 설명으로 옳은 것은?
① 1일 영양소 필요량 분포치의 중앙값이다.
② 평균필요량에 표준편차의 2배를 더한 값이다.
③ 유해영향이 나타나지 않는 최대 영양소 섭취수준이다.
④ 실험연구 또는 관찰연구에서 확인된 건강한 사람들의 섭취량이다.
⑤ 대상 집단의 절반에 해당하는 사람들의 1일 필요량을 충족하는 양이다.

002 48시간 동안 금식 후 혈당을 유지하기 위한 대사 과정은?
① 간에 저장된 글리코겐이 분해된다.
② 근육에서 과당이 포도당으로 전환된다.
③ 아미노산이 간에서 포도당으로 전환된다.
④ 체단백질 분해물이 근육에서 포도당으로 전환된다.
⑤ 체지방 분해로 생성된 지방산이 포도당으로 전환된다.

003 인슐린의 작용에 대한 설명으로 옳은 것은?
① 체지방 합성을 촉진한다.
② 단백질 분해를 촉진한다.
③ 글리코겐 분해를 촉진한다.
④ 포도당 신생합성을 촉진한다.
⑤ 근육의 포도당 이용을 억제한다.

004 다음의 기능을 갖는 식이섬유로 짝지어진 것은?

> 대장 내 박테리아에 의해서 분해되지 않고 배변량을 증가시키며 배변속도를 증가시켜 대장암 예방에 효과가 있다.

① 알긴산, 리그닌
② 펙틴, 셀룰로오스
③ 알긴산, 셀룰로오스
④ 셀룰로오스, 리그닌
⑤ 펙틴, 헤미셀룰로오스

005 과당의 흡수 속도가 포도당에 비해 느린 이유는?
① 촉진확산으로 흡수되므로
② 흡수될 때 포도당과 경쟁하므로
③ 흡수될 때 에너지를 필요로 하므로
④ 흡수될 때 나트륨과 공동수송 되기 때문에
⑤ 장상피세포 내에 과당 농도가 높기 때문에

006 탄수화물 섭취에 대한 설명으로 옳은 것은?
① 탄수화물의 에너지 적정비율은 60~70%이다.
② 우리나라 국민의 당류 섭취량은 감소하는 추세이다.
③ 총당류 섭취량은 총에너지 섭취량의 30~40%로 제한한다.
④ 첨가당은 총에너지 섭취량의 10%이내로 섭취할 것을 권장한다.
⑤ 케톤증 예방을 위해 최소 1일 20~25g 이상을 섭취해야 한다.

007 다음 중 소모되는 ATP가 가장 많은 대사경로는?

① 요소회로
② 해당과정
③ 포도당 신생과정
④ 지방산 베타산화
⑤ 팔미트산 합성과정

008 해당과정 중 산화반응을 촉매하는 효소로 옳은 것은?

① 알돌라아제(aldolase)
② 헥소키나아제(hexokinase)
③ 피루브산 키나아제(pyruvate kinase)
④ 포스포프락토키나아제(phosphofructokinase)
⑤ 글리세르알데히드 3-인산 탈수소효소
 (glyceraldehyde 3-phosphate dehydrogenase)

009 당질대사에 대한 설명으로 옳은 것은?

① 당신생과정은 주로 신장에서 일어난다.
② 과당의 대사는 주로 근육에서 일어난다.
③ 글리코겐 분해로 UDP-글루코오스가 생성된다.
④ 오탄당 인산경로는 근육에서 활발히 일어난다.
⑤ 갈락토오스 대사물은 글리코겐 합성에 이용될 수 있다.

010 당신생 과정에서 피루브산 카르복실화효소(pyruvate carboxylase)의 활성화 물질로 옳은 것은?

① ADP
② AMP
③ 아세틸 CoA
④ 포도당(glucose)
⑤ 갈락토오스(galactose)

011 TCA 회로에서 기질 수준 인산화 단계에 해당되는 반응은?

① 푸마르산 → 말산
② 숙신산 → 푸마르산
③ 숙시닐 CoA → 숙신산
④ 시트르산 → 이소시트르산
⑤ α-케토글루타르산 → 숙시닐 CoA

012 코리회로에 대한 설명으로 옳은 것은?

① ATP를 소모하지 않는다.
② 간에서 알라닌이 생성된다.
③ 근육에서 젖산이 피루브산으로 전환된다.
④ 간에서 젖산으로 포도당신생이 이루어진다.
⑤ 근육에서 생성된 아미노기를 간에서 처리한다.

013 아이코사노이드에 대한 설명으로 옳은 것은?

① 고리산소화효소에 의해 류코트리엔이 생성된다.
② 반감기가 길고 작용부위와 가까운 조직에서 생성된다.
③ 세포막 인지질 1번 탄소에 위치한 지방산으로부터 합성된다.
④ 오메가3 지방산으로부터 합성된 루코트리엔은 염증 작용이 약하다.
⑤ 오메가3 지방산으로부터 합성된 트롬복산은 혈전 형성 작용이 강하다.

014 체내 지방 대사에 관한 설명으로 옳은 것은?

① 중추신경계와 적혈구에서 우선적으로 에너지원이 된다.
② 중성지방은 체내에 저장되는 양이 한정되어 있지 않다.
③ ATP를 생성하는 과정에서 티아민을 요구하지 않는다.
④ TCA 회로를 거치지 않고 에너지를 생성할 수 있다.
⑤ 단시간 수행되는 격심한 운동시 주요 에너지원이 된다.

015 지질의 소화에 대한 설명으로 옳은 것은?

① 지방의 소화는 위에서부터 시작된다.
② 포스포리파아제 A2(phospholipase A2)가 인지질 2번 탄소에 결합된 지방산을 분해한다.
③ 짧은사슬 지방산을 함유한 중성지방은 리파아제 작용없이 흡수된다.
④ 위 리파아제는 긴사슬지방산을 함유한 중성지방을 주로 분해한다.
⑤ 긴사슬 지방산을 함유한 중성지방은 주로 글리세롤과 지방산으로 분해된다.

016 지단백질에 대한 설명으로 옳은 것은?

① HDL은 apoB를 포함하지 않는다.
② 중성지방 함량이 적을수록 밀도는 낮아진다.
③ VLDL은 주로 콜레스테롤을 조직으로 운반한다.
④ 킬로미크론은 간에서 합성되어 중성지방을 운반한다.
⑤ 모세혈관의 지단백질 분해효소는 apoA가 활성화시킨다.

017 혈중 콜레스테롤 수준을 낮추기 위한 식이조절로 옳은 것은?

① 식사 중 식이섬유의 양 감소
② 식사 중 갈락토오스 양 감소
③ 식사 중 포화지방산의 양 감소
④ 식사 중 불포화지방산의 양 감소
⑤ 식사 중 오메가3 지방산의 양 감소

018 소장에서 지질의 흡수 형태로 옳은 것은?

① 인지질, 지방산
② 리소인지질, 중성지방
③ 콜레스테롤에스터, 지방산
④ 모노글리세리드, 콜레스테롤
⑤ 콜레스테롤에스터, 리소인지질

019 미토콘드리아와 관련없는 대사반응은?

① TCA회로
② 요소회로
③ 케톤체 합성
④ 포도당신생합성
⑤ 콜레스테롤합성

020 지방산 생합성 과정에 대한 설명으로 옳은 것은?

① 산화-수화-산화 과정을 반복하며 합성된다.
② 글루카곤과 에피네프린에 의해 활성화된다.
③ 팔미트산 합성에 14분자의 NADPH가 필요하다.
④ 지방산합성효소는 주로 스테아르산을 합성한다.
⑤ 포화지방산의 탈포화반응은 미토콘드리아에서 일어난다.

021 콜레스테롤과 케톤체 합성과정의 공통적인 중간산물은?

① 메발론산　　② HMG CoA
③ 스쿠알렌　　④ 아세토아세트산
⑤ 포스포메발론산

022 단백질의 소화 흡수에 대한 설명으로 옳은 것은?

① 단백질은 담즙분비를 억제한다.
② 세크레틴은 펩시노겐과 위산의 분비를 촉진한다.
③ 아미노산은 H^+-의존 공동수송체에 의해 흡수된다.
④ 소장에서 흡수된 펩티드는 그대로 혈액으로 이동한다.
⑤ 펩신은 방향족 아미노산이 포함된 펩티드 결합을 분해한다.

023 단백질의 체내 기능으로 옳은 것은?

① 효율적인 에너지원이다.
② 알부민은 영양소를 운반한다.
③ 세포막의 유동성을 유지시킨다.
④ 스테로이드 호르몬 합성 재료이다.
⑤ 트립토판은 카테콜아민을 합성한다.

024 단백질 섭취량이 60g인 사람의 질소배설량(대변 및 소변)이 6g이라면, 이 사람의 체내 상태로 적절한 것은?

① 감염　　　　② 고열환자
③ 질병회복기　④ 갑상선기능항진
⑤ 극도의 스트레스

025 단백질의 질평가방법 중 섭취한 질소의 체내 보유 정도를 평가한 값은?

① 화학가　　　② 생물가
③ 아미노산가　④ 단백질 효율
⑤ 단백질 실이용률

026 다음은 어떤 아미노산에 대한 설명인가?

- 퓨린, 피리미딘의 질소공여체
- 조직의 암모니아 저장 및 운반
- 소장에서 주요 에너지원으로 사용

① 알라닌　　　② 글리신
③ 글루타민　　④ 트립토판
⑤ 페닐알라닌

027 아미노산 대사에 대한 설명으로 옳은 것은?

① 암모니아는 주로 신장에서 요소로 합성된다.
② 아미노기 전이반응은 NAD^+를 조효소로 한다.
③ 글루탐산 탈수소효소는 비오틴을 필요로 한다.
④ 근육의 암모니아는 주로 옥살로아세트산과 결합된다.
⑤ 아미노기 전이반응의 아미노기 수용체는 α-케토산이다.

028 요소회로에 대한 설명으로 옳은 것은?

① 요소 합성 과정에 FAD가 필요하다.
② 아르기닌이 분해되어 요소가 생성된다.
③ 오르니틴은 구연산회로의 중간대사물이 된다.
④ 세포질에서 생성된 시트룰린이 미토콘드리아로 운반된다.
⑤ 요소 1분자내의 아미노기는 모두 유리암모니아 형태로 제공된다.

029 피리미딘 뉴클레오티드의 분해와 관련 없는 물질은?

① 요산
② β-알라닌
③ NH₃
④ CO₂
⑤ β-아미노이소부티르산

030 효소반응에서 Km에 대한 설명으로 옳은 것은?

① 경쟁적 저해가 있으면 감소한다.
② 불경쟁적 저해가 있으면 증가한다.
③ 비경쟁적 저해가 있으면 변하지 않는다.
④ 초기반응속도가 최대속도일 때의 기질농도이다.
⑤ Km이 클수록 기질의 효소에 대한 친화도는 높다.

031 기초대사량에 대한 설명으로 옳은 것은?

① 소화·흡수·대사와 관련된 에너지이다.
② 측정시간은 식품 섭취 시간과 무관하다.
③ 체온이 1℃ 상승함에 따라 13% 상승한다.
④ 잠잘 때가 깨어 있을 때보다 10% 높다.
⑤ 기초대사량을 가장 많이 사용하는 조직은 골격근이다.

032 20세 여자 청소년의 에너지 필요추정량은 2000kcal 이다. 총지질의 적절한 섭취량에 해당하는 것은?

① 5~10g   ② 20~30g
③ 50~60g ④ 70~80g
⑤ 90~100g

033 비타민 D의 체내기능으로 옳은 것은?

① 소장에서 칼슘과 인의 흡수를 촉진시킨다.
② 뼈에서 칼슘과 인의 용출을 억제시킨다.
③ 신장에서 칼슘과 인의 배설을 촉진시킨다.
④ 혈중 칼슘의 농도가 상승하면 작용한다.
⑤ 혈중 칼슘의 농도가 저하되면 뼈의 석회화를 촉진한다.

034 어떤 식품에 레티놀 100µg과 β-카로틴 120µg이 함유되어 있다면 이는 몇 레티놀 활성당량(RAE, retinol activity equivalent)에 해당하는가?

① 100µg RAE
② 105µg RAE
③ 110µg RAE
④ 115µg RAE
⑤ 120µg RAE

035 비타민 K에 대한 설명으로 옳은 것은?

① 항산화 작용을 한다.
② 뼈의 석회화에 관여한다.
③ 결핍증이 빈번히 나타난다.
④ 간에 저장되어 과잉증이 유발된다.
⑤ 혈액 내 특이적 운반 단백질이 있다.

036 비타민 A와 비타민 D, 비타민 C의 공통작용으로 옳은 것은?

① 항산화작용
② 치아 발육에 관여
③ 에너지 생성에 관여
④ 혈중 칼슘 농도조절
⑤ 산화 환원반응에 관여

037 트립토판으로 니아신을 합성하는 과정에 필요한 영양소로 옳은 것은?

① 비타민 B_2, 비타민 B_6
② 비타민 B_1, 비타민 B_2
③ 비타민 B_1, 비타민 B_6
④ 비타민 K, 비타민 B_1
⑤ 비타민 K, 비타민 B_6

038 티로신에서 도파민, 노르에피네프린을 합성하는 과정에 필요한 영양소에 해당하는 것은?

① 아연
② 망간
③ 비타민 C
④ 비타민 B_2
⑤ 비타민 B_{12}

039 수용성 비타민에 대한 설명으로 옳은 것은?

① 티아민은 퓨린고리 생합성에 필요하다.
② 비오틴은 포도당 분해과정에 필요하다.
③ 판토텐산은 엽산의 활성형 유지에 필요하다.
④ 티아민은 글루타티온 환원효소의 조효소이다.
⑤ 비타민 B_6는 글리코겐 가인산분해효소의 조효소이다.

040 마그네슘에 대한 설명으로 옳은 것은?

① 99%가 골격을 구성한다.
② 피브린형성에 필수적이다.
③ 산·염기평형 조절 기능을 한다.
④ 세포내 신호전달체계를 활성화시킨다.
⑤ 혈중 농도 정상치는 9~11mg/㎗이다.

041 인의 흡수 및 배설에 대한 설명으로 옳은 것은?

① 인의 흡수에 비타민 D가 반드시 필요하다.
② 다량의 칼슘 섭취는 인의 흡수를 증가시킨다.
③ 피트산(phytic acid)은 인의 형태로 흡수된다.
④ 부갑상선 호르몬은 인의 배설을 증가시킨다.
⑤ 인의 체내 흡수율은 20~30% 정도이다.

042 셀레늄, 망간, 아연의 공통적인 체내기능으로 옳은 것은?

① 조혈작용
② 세포분화
③ 에너지 생성
④ 항산화 작용
⑤ 뼈 건강유지

043 구리의 기능으로 옳은 것은?

① 인슐린과 복합체를 형성한다.
② 콜라겐과 엘라스틴 교차결합에 관여한다.
③ Fe^{3+}를 Fe^{2+}로 환원시켜 흡수를 촉진시킨다.
④ 페놀류와 크레졸류 등의 해독작용을 한다.
⑤ 글루타티온 퍼옥시다아제의 구성성분이다.

044 체내 신경전달 및 근육수축이완에 관여하는 무기질은?

① 나트륨, 칼륨
② 나트륨, 아연
③ 칼륨, 황
④ 칼륨, 아연
⑤ 아연, 황

045 미량무기질에 대한 설명으로 옳은 것은?

① 망간은 미각기능 유지에 필요하다.
② 철의 흡수율은 평균 30~40%이다.
③ 아연 섭취는 구리 흡수를 촉진한다.
④ 아연은 혈중에서 세룰로플라스민 형태로 이동한다.
⑤ 아연은 장세포 내에서 메탈로티오네인 합성을 유도한다.

046 체중이 60kg인 성인의 세포외 수분량으로 옳은 것은?

① 5ℓ ② 10ℓ
③ 12ℓ ④ 20ℓ
⑤ 40ℓ

047 임신기 생리적 변화로 옳은 것은?

① 신혈류량과 사구체 여과율이 감소한다.
② 평활근의 활동이 느려져 소량의 식사로도 포만감을 느낀다.
③ 적혈구의 양이 감소하여 철 결핍성 빈혈을 초래한다.
④ 음식물 이동속도가 빨라져서 영양소 흡수가 빨라진다.
⑤ 임신후기에는 자궁확대로 설사가 나타난다.

048 입덧 시 증상 완화 방법으로 옳은 것은?

① 입덧이 없을 때 한꺼번에 많이 섭취한다.
② 찬 음식보다는 더운 음식이 입덧을 완화시킨다.
③ 식사 중에 충분한 수분을 섭취한다.
④ 입덧 시에는 기호를 존중한다.
⑤ 채소는 입덧을 완화시키므로 채식위주의 식사를 한다.

049 수유부의 대사적 특징에 대한 설명으로 옳은 것은?

① 수유부의 기초대사량은 비수유부보다 높다.
② 비수유부 여성에 비해 골격근에서 단백질 대사율이 높다.
③ 유선조직의 지방대사는 저하되는 반면, 지방조직에서는 항진된다.
④ 식사를 통해 섭취된 에너지와 영양소는 모체조직의 대사에 우선적으로 사용된다.
⑤ 식사를 통해 섭취된 무기질의 흡수율이 증가된다.

050 우유보다 모유에 많이 함유된 성분으로만 묶인 것은?

㉠ 타우린	㉡ 유당
㉢ 시스틴	㉣ 단백질
㉤ 리놀레산	㉥ 칼슘

① ㉠, ㉡, ㉢ ② ㉡, ㉢, ㉣
③ ㉢, ㉣, ㉤ ④ ㉣, ㉤, ㉥
⑤ ㉠, ㉡, ㉣

051 영아가 성인보다 단위체중당 열량 필요량이 많은 이유는?

① 수분 필요량이 적기 때문
② 체표면적이 넓기 때문
③ 활동이 적기 때문
④ 소화흡수율이 낮기 때문
⑤ 배변횟수가 적기 때문

052 성인과 비교했을 때, 영아의 신장 기능에 대한 설명으로 옳은 것은?

① 항이뇨호르몬의 분비량이 많다.
② 배뇨 조절 능력이 높다.
③ 요 농축능력이 낮다.
④ 전해질 균형 유지 능력이 높다.
⑤ 우유를 먹는 영아의 신장 용질부하량이 모유를 먹는 영아보다 낮다.

053 성장기 영유아기에 양질의 단백질 섭취가 중요한 이유로 가장 옳은 것은?

① 영유아는 단백질의 체내 이용률이 낮기 때문
② 성장 시에는 대사율이 높기 때문
③ 체내에서 단백질을 충분히 합성하지 못하기 때문
④ 성장을 위한 필수아미노산의 필요량이 증가하기 때문
⑤ 단백질의 소화흡수 능력이 성인보다 낮기 때문

054 영아의 이유식에 대한 설명으로 옳은 것은?

① 섭취량을 늘리기 위해 꿀을 제공한다.
② 하루에 3회를 규칙적으로 제공한다.
③ 다양한 향신료로 조미해서 제공한다.
④ 만복상태에서 기분이 좋을 때 제공한다.
⑤ 철을 보충할 수 있는 식품을 제공한다.

055 6~9세의 학령기 아동의 성장과 관련한 호르몬으로 가장 옳은 것은?

① 안드로겐, 인슐린, 알도스테론
② 성장호르몬, 테스토스테론, 코티솔
③ 인슐린, 성장호르몬, 갑상선호르몬
④ 안드로겐, 테스토스테론, 에스트로겐
⑤ 갑상선호르몬, 성장호르몬, 프로락틴

056 12~18세 남자의 철 권장섭취량이 성인 남자보다 많은 이유는?

① 호르몬의 분비가 활발하기 때문
② 골격이 급속히 발달하기 때문이다.
③ 근육의 양이 급속히 증가하기 때문
④ 2차 성적 성숙이 나타나기 때문
⑤ 기초대사량이 증가하기 때문

057 성인기에 대사증후군의 발생 위험이 높은 생리적 이유는?

① 심박출량 감소
② 소화기계 기능 저하
③ 기초대사율 감소
④ 내분비기능 증가
⑤ 호흡기능 감소

058 만성위축성 위염으로 위산분비가 감소한 노인이 부족하기 쉬운 영양소는?

① 비타민 K   ② 비타민 C
③ 비타민 D   ④ 비타민 E
⑤ 비타민 B_{12}

059 노인의 생리적 변화를 고려한 영양관리 원칙으로 옳은 것은?

① 포화도가 높은 동물성 지방을 섭취하도록 한다.
② 칼슘이 풍부한 우유와 유제품을 반드시 섭취하도록 한다.
③ 짠맛에 대한 미각이 감소하므로 간을 세게 조미하여 섭취한다.
④ 수용성 식이섬유가 풍부한 과일과 채소를 섭취한다.
⑤ 대부분의 에너지는 주로 단순당질로 섭취하도록 한다.

060 운동과 주된 에너지 공급원의 연결이 옳은 것은?

① 역도 – 지방산
② 높이뛰기(8초 이내) – 글리코겐
③ 수영(4분 이상) – 아미노산
④ 조깅(30분 이상) – 지방산
⑤ 마라톤(2시간 이상) – 단백질

영양교육, 식사요법 및 생리학

061 지역사회영양사업의 요구 진단 관련 설명으로 옳은 것은?

① 개인별 식사조사 또는 신체계측과 같은 간접적인 영양판정을 시행하는 과정
② 해당 지역사회의 환자를 대상자로 선정하여 치료하는 과정
③ 지역사회의 건강 및 영양문제를 조사하고 이들 문제에 영향을 주는 요인과 영양위험대상을 파악하는 과정
④ 요구진단을 위해 지역주민 대상 설문지나 인터뷰를 하는 2차 자료수집 과정
⑤ 지역사회영양사업의 내용을 평가하는 과정

062 영양교육의 과정 평가 내용으로 옳은 것은?

① 교육 자료의 학술적 가치
② 교육내용과 방법의 적절성
③ 교육자의 직업
④ 교육대상자의 성별
⑤ 교육대상자의 거주 지역

063 영양교사가 우유를 먹지 않는 어린이를 대상으로 우유섭취가 건강에 좋은 점을 교육하였다. 건강신념모델 구성요소 중 적용한 개념은?

① 인지된 심각성   ② 인지된 민감성
③ 인지된 이익   ④ 장애인식
⑤ 자아효능감

064 영양교육 평가 도구의 조건 중 측정하고자 하는 내용을 제대로 측정하는 것은?

① 타당도   ② 신뢰도
③ 실용도   ④ 객관도
⑤ 만족도

065 초등학교 3학년을 대상으로 영양교사가 사회인지론을 이용하여 편식개선을 위해 비빔밥 만들기 조리교육을 실시하였다. 교육 후 〈음식을 골고루 먹을 자신이 있습니까?〉라는 질문을 하여 교육 효과를 평가하였다면 측정하고자 하는 구성요소는?

① 행동결과에 대한 기대
② 행동수행력
③ 강화
④ 관찰학습
⑤ 자아효능감

066 A씨는 건강검진 결과 내당능장애를 진단 받았다. 1주일 후 지역보건소에서 시작되는 당뇨병 교실에 교육신청을 하였다면 A씨의 행동은 행동변화단계모델의 어느 단계에 속하는가?

① 고려 전 단계   ② 고려 단계
③ 준비단계   ④ 행동단계
⑤ 유지단계

067 유치원 원아들의 어머니를 대상으로 간식 준비에 대한 영양교육을 실시하려고 한다. 가장 효과적인 교육방법은?

① 강연
② 사례연구
③ 원탁식 토의
④ 연구집회
⑤ 집단토의 결정법

068 6 · 6식토의법(buzz session)을 진행하기에 가장 적합한 상황은?

① 진행자가 의도하는 대로 청중이 호응하지 않을 때
② 참석자의 수가 적어서 회의가 활기를 잃을 때
③ 참석자 수가 많아서 일부 사람만이 의견을 말하고 나머지 사람들은 발언을 못하고 있을 때
④ 회의 진행이 혼란스러울 정도로 산만할 때
⑤ 의장이 출석자의 의지를 무시하고, 독단적인 토의 운영을 실시할 때

069 체중조절 환자에게 식품 섭취의 목측량을 교육하고자 할 때 가장 효과적인 매체는?

① 사진
② 디오라마
③ 식품모형
④ 영화
⑤ 리플릿

070 영양교사와 영희의 영양상담 내용의 일부이다. 영양사가 사용한 상담 기술은?

> A씨: 선생님, 어제 남동생이 저보고 뚱뚱하다고 놀려서 너무 속상해서 펑펑 울었어요.
> 영양교사: 살쪘다고 놀려서 동생이 미웠겠구나.

① 수용
② 반영
③ 요약
④ 명료화
⑤ 해석

071 우리나라 영양표시제도에 대한 설명으로 옳은 것은?

① 영양강조표시는 성분강조와 비교강조표시가 있다.
② 영양성분은 1교환단위에 들어 있는 함량으로 표시한다.
③ 1일 영양성분 기준치는 성인 남자의 1일 평균 섭취량이다.
④ 특수용도식품, 건강기능식품은 영양표시를 해야 한다.
⑤ 지방, 포화지방, 트랜스지방, 콜레스테롤, 나트륨, 식이섬유소는 의무표시영양성분이다.

072 식품의약품안전처에서 주관하는 업무는?

① 국민영양관리 기본계획 수립 및 발표
② 한국인 영양소 섭취기준 설정
③ 학교급식의 제도적 관리
④ 국민건강영양조사 실시
⑤ 어린이 식생활 안전관리 종합계획 수립

073 영양사가 〈체중조절로 당뇨병 예방하기〉 라는 영양교육을 시행하고자 한다. 지도단계 중 도입단계에 해당하는 것은?

① 학습목표를 제시하고 동기유발로 주의력을 집중시킨다.
② 체중조절과 당뇨병 관계를 설명한다.
③ 에너지 섭취를 줄이는 방법을 설명한다.
④ 교육대상자의 비만도를 직접 계산하는 활동을 한다.
⑤ 체중조절 방법과 체중감소 목표를 설정한다.

074 지역보건소 영양사의 업무로 옳은 것은?

① 식품위생감시원 관리
② 학교급식 실행을 위한 교직원 교육
③ 비만아동을 위한 날씬이 캠프 운영
④ 외래 방문 고혈압 환자를 위한 고혈압 영양교실 운영
⑤ 식품정책 개발

075 식사섭취조사 방법 중 24시간 회상법에 대한 설명으로 옳은 것은?

① 대상자가 일정 기간 섭취한 식품의 횟수와 양을 기록한다.
② 대상자가 섭취한 식품의 종류와 양을 조사자가 저울로 측정해서 기록한다.
③ 노인이나 어린이에게 적용하기에 적합한 방법이다.
④ 개인의 기억에 의존하므로 기억력 차이로 섭취량에 차이가 있을 수 있다.
⑤ 대상자가 섭취한 식품의 종류와 양을 먹을 때마다 기록한다.

076 환자의 영양관리과정 중 아래의 내용에 해당하는 단계에 관한 설명으로 옳은 것은?

> 당질 과다섭취는 식품·영양 관련 지식부족으로 당질을 과다하게 섭취하는 것과 연관이 있고 근거는 당질 섭취비율이 총에너지의 75%이며 매끼 밥 1.5 공기 이상 섭취하는 것이다.

① 환자의 요구, 영양진단, 영양중재 결과를 영양중재 목표치와 비교하는 단계
② 개인에게 적합한 영양처방을 계획하고 시행하는 단계
③ 영양중재를 통해 해결할 수 있거나 개선할 수 있는 영양문제를 규명하여 기술하는 단계
④ 식품 및 영양소 제공, 영양교육, 영양상담, 타분야와 영양관리 연계 영역을 포함하는 단계
⑤ 영양과 관련된 문제와 원인을 파악하기 위해 필요한 정보 수집 및 확인 단계

077 입원환자의 영양검색의 일반적인 지표로 사용하는 것은?

① 흡연
② 복용약물
③ 혈액형
④ 총 림프구수
⑤ 프리알부민 농도

078 54세 여성의 신체조사 결과 다음과 같다. 결과에 대한 바른 판정은?

> • 신장: 165cm   • 체중: 65kg
> • BMI: 24kg/m²   • 체지방률: 22%
> • 허리둘레: 87cm • 엉덩이둘레: 90cm

① BMI 24kg/m²으로 비만이다.
② 비만도 114%로 비만이다.
③ 허리둘레 87cm로 복부비만이다.
④ 허리-엉덩이둘레비 0.96으로 피하지방형 비만이다.
⑤ 체지방율 22%로 비만이다.

079 경관급식의 적용 대상으로 옳은 것은?
① 장누공이 심하여 배출량이 500mL/일 이상일 때
② 삼투압에 의한 설사가 있을 때
③ 심한 혼수상태 및 구강에 심한 부상이 있을 때
④ 장천공이 된 상태
⑤ 심한 화상이나 수술 후 연동 기능을 회복하지 못한 상태

080 식품교환표를 이용하여 현미밥 210g(1공기), 배추김치 50g, 조기구이 50g, 우유 200mL를 먹었다. 총 섭취한 열량은?
① 320kcal
② 495kcal
③ 420kcal
④ 370kcal
⑤ 390kcal

081 전유동식에 대한 설명으로 옳은 것은?
① 3일 이상 사용 시 영양보충식을 이용한다.
② 상온에서 맑은 액체 음식이다.
③ 영양부족이 되지 않도록 단백질 및 지방을 충분히 공급한다.
④ 수술 직 후 수분 공급이 주목적이다.
⑤ 맑은 과일주스, 보리차, 녹차, 맑은 육즙을 제공할 수 있다.

082 위축성 위염 환자의 식사요법으로 옳은 것은?
① 지방이 많은 고단백식을 섭취한다.
② 향신료와 포도주 정도는 병세에 따라 식욕을 촉진시키기 위해 약간 사용해도 좋다.
③ 위산분비를 촉진시키기 위해 섬유소를 충분히 섭취한다.
④ 변비가 나타날 수 있으므로 섬유소를 보충한다.
⑤ 자주 섭취하면 위에 부담이 되므로 식사 횟수를 줄인다.

083 이완성 변비 환자의 식사요법으로 옳은 것은?
① 타닌이 많은 식품을 권장한다.
② 잔사량이 적은 식품을 권장한다.
③ 유기산이 많은 식품은 배변작용을 억제한다.
④ 말린 자두, 무말랭이는 장운동을 촉진한다.
⑤ 우유는 유당이 많아 연동운동을 억제한다.

084 비열대성 스프루 환자에게 공급할 수 있는 식품은?
① 어묵
② 만두
③ 전유어
④ 보리밥
⑤ 우유죽

085 저잔사식에 허용되는 음식은?
① 우유, 치즈
② 흰밥, 닭가슴살찜
③ 통곡빵, 갈비찜
④ 콩밥, 토마토주스
⑤ 감자전, 당근주스

086 게실염에 관한 설명으로 옳은 것은?
① 게실염 급성기에는 고섬유식을 제공한다.
② 게실은 고섬유식과 만성 설사, 노화가 원인이다.
③ 게실염이 회복된 후에는 점차 섬유소와 수분 섭취를 늘린다.
④ 게실염 식사요법은 고단백, 고지방식을 한다.
⑤ 노인보다는 젊은 사람에게서 발병률이 높다.

087 담낭수술 환자의 회복기에 제공할 수 있는 식품으로 적합한 것은?

① 풋고추조림, 달걀찜
② 대구찜, 꿀차
③ 전유어, 땅콩차
④ 깨죽, 오이무침
⑤ 잣죽, 무생채

088 간경변증 환자의 대사 변화에 대한 설명으로 옳은 것은?

① 알부민 합성이 증가되어 복수가 나타나고, 신 혈류량 증가로 다뇨가 나타난다.
② 간경변증 환자에서 지방산 산화와 인지질 합성이 증가한다.
③ 간경변증 환자에서 알부민/글로불린비가 증가한다.
④ 간경변증 환자는 동화작용 항진으로 지방합성이 증가한다.
⑤ 담즙분비가 감소되어 황달이 나타나고 문맥압 항진으로 식도정맥류나 출혈이 나타난다.

089 췌장염이 의심되는 검사 결과는?

① 혈청 아밀라아제 감소
② 요 아밀라아제 감소
③ 혈청 리파아제 증가
④ GOT 농도 증가
⑤ GPT 농도 증가

090 알코올 의존증 환자에게서 나타나는 간질환의 식사요법은?

① 저혈당이 나타날 수 있으므로 단순당을 충분히 섭취한다.
② 비타민, 무기질 보충제를 다량 섭취한다.
③ 간성혼수가 있으면 단백질을 제한한다.
④ 고에너지식을 위해 지방 섭취량을 늘린다.
⑤ 식욕증진을 위해 자극적인 향신료를 사용한다.

091 비만 환자의 식사행동 관련 설명으로 옳은 것은?

① 동일 에너지라도 한 번에 먹는 것이 체중 감소에 좋다.
② 식사속도가 느릴수록 소화, 흡수속도 느려져 뇌의 섭식중추를 자극, 과식하게 된다.
③ 밤에는 교감신경의 작용이 활발하여 에너지를 축적하므로 야식은 체중을 증가 시킨다.
④ 식사간격이 길수록 뇌의 포만중추가 자극되어 과식을 절제할 수 있다.
⑤ 단식이나 1일 1000kcal 미만의 저열량식은 요요현상이 나타날 위험이 높다.

092 비만도 측정 시 체중과 신장을 이용하는 지표로 옳은 것은?

① 폰더럴 지수
② 허리둘레
③ 상완지방면적
④ 허리-엉덩이 지수
⑤ 삼두근 피부두겹두께

093 소아비만의 특징으로 옳은 것은?
① 성인비만에 비해 건강 문제가 적게 발생한다.
② 지방세포의 수와 크기가 모두 증가한다.
③ 기초대사량의 저하가 주된 원인이다.
④ 성인비만에 비해 체중 감량이 비교적 쉽다.
⑤ 체중 감량 후 재발의 가능성이 낮다.

094 당뇨병 합병증으로 나타날 수 있는 증상으로 옳은 것은?
① 비만　　　　② 구루병
③ 간성 혼수　　④ 동맥경화증
⑤ 울혈성 심부전

095 인슐린비의존형 당뇨병 환자의 식사요법에 대한 설명으로 옳은 것은?
① 체중조절을 위해 총 섭취 열량을 제한한다.
② 단백질은 가급적 적게 주어 신장에 부담을 주지 않도록 한다.
③ 당질 섭취는 1일 100g 이하로 제한하는 것이 바람직하다.
④ 지방은 총 열량의 50% 정도를 준다.
⑤ 합병증이 없는 한 운동을 삼간다.

096 당뇨병 환자의 대사에 대한 설명으로 옳은 것은?
① 단백질 대사 이상으로 양(+)의 질소평형과 당 신생작용이 나타난다.
② 체지방 분해로 혈청 중성지방 농도는 증가한다.
③ 혈당이 상승하면 혈액의 삼투압이 높아져 부종이 나타난다.
④ 당질대사 이상으로 글리코겐 합성이 증가하고 소변으로 당이 배설된다.
⑤ 젖산은 증가하지만 당 신생 작용은 감소한다.

097 혈당이 170~180mg/dL로 높아지면 소변으로 포도당이 배설되는 이유는?
① 포도당이 소변으로 배설되면 혈액 삼투압을 낮추기 때문
② 인슐린 저항성에 대한 신체 적응현상 때문
③ 세뇨관에서 재흡수할 수 있는 능력을 초과하기 때문
④ 케톤체가 배설될 때 포도당이 함께 배설되기 때문
⑤ 소변으로 포도당이 배설되어 혈당을 정상화시키기 때문

098 제2형 당뇨병의 유발인자는?
① 케톤증　　　② 저체중
③ 사구체염증　④ 복부비만
⑤ 저혈압

099 당뇨병 환자의 운동과 관련한 내용으로 옳은 것은?

① 고강도 운동은 말초조직의 인슐린 저항성을 개선하여 혈당 저하에 도움이 된다.
② 운동 중 고혈당이 되지 않도록 주의하며, 고혈당 시 즉시 단순당을 섭취한다.
③ 혈당이 300mg/dL 이상이거나 중증의 심장 및 신장 질환자는 운동을 금한다.
④ 인슐린 주사를 맞는 당뇨병 환자는 저혈당이 나타날 수 있으므로 운동을 금한다.
⑤ 당뇨병 환자의 운동요법은 고지혈증을 개선하고 당 신생을 촉진한다.

100 아래의 설명에 해당되는 것은?

> 가. 최초의 흥분 발사가 이루어지는 특수심근이다.
> 나. 우심방과 상대정맥이 만나는 곳에 존재한다.
> 다. 심장은 신경을 절단하여 체외로 적출하여도 일정한 리듬으로 자발적 박동을 계속하는 자동능이 있다.

① 방실결절　　② 심장중추
③ 동방결절　　④ 방실속
⑤ 푸르키네섬유

101 무염식에서 사용할 수 있는 조미료는?

① 기름, 버터
② 복합조미료, 겨자
③ 식초, 계피가루
④ 토마토케첩, 베이킹파우더
⑤ 치즈, 설탕

102 혈압을 상승시키는 요인은?

① CO_2 감소
② 부교감신경 활성화
③ 혈액 점성 감소
④ 알도스테론 분비 감소
⑤ 심박출량 증가

103 세포외액의 칼륨 농도가 증가하게 되면 심장에 나타나는 현상으로 옳은 것은?

① 칼륨 이온의 유입으로 심박출력이 증가한다.
② 나트륨 이온의 평형으로 심박출력이 감소한다.
③ 재분극의 기간을 길게 하므로 심박동수가 감소한다.
④ 나트륨 이온의 증가로 심박동수가 증가한다.
⑤ 탈분극을 연장하므로 심박동수가 증가한다.

104 이상지질혈증 발생과 관련 있는 것은?

① 식물성 스테롤　　② 카페인
③ 타우린　　　　　④ 포화지방산
⑤ 식이섬유

105 죽상동맥경화증 환자에게 적합한 식품은?

① 코코넛유　　　　② 창란젓갈
③ 달걀노른자　　　④ 삼겹살 구이
⑤ 참치

106 정상적인 신사구체에서 여과되지 못하는 성분은?

① 물　　　　　② 피브리노겐
③ 포도당　　　④ 나트륨
⑤ 시스틴

107 요독증이 심하여 구토, 설사를 하는 환자에게 제공할 수 있는 식품으로 옳은 것은?

① 설탕물, 크림, 우유
② 에그노그, 밀크셰이크, 젤라틴
③ 청량음료, 보리차, 고기국물
④ 흰죽, 황도통조림, 설탕물
⑤ 과일통조림, 생선통조림, 요구르트

108 신증후군 환자의 식사요법으로 옳은 것은?

① 고당질식
② 고지방식
③ 고열량식
④ 저단백식
⑤ 고칼륨식

109 신장결석의 식사요법으로 옳은 것은?

① 요산결석에는 고단백질식을 처방한다.
② 시스틴결석에는 산성식을 처방한다.
③ 수분은 하루에 3,000mL 이상 섭취한다.
④ 수산칼슘결석에는 녹색채소를 충분히 섭취한다.
⑤ 수산칼슘결석에는 비타민 C를 충분히 섭취한다.

110 신장질환 환자에서 부종이 나타나는 원인에 해당하는 것은?

① 단백뇨로 인한 혈중 알부민 농도 증가
② 신혈류량 저하로 항이뇨호르몬 분비 감소
③ 사구체 조직 변화로 뇨 중 적혈구 배출
④ 사구체 여과 저하로 나트륨과 수분의 체내 보유
⑤ 레닌 분비 감소로 알도스테론 활성 저하

111 암 발생과 식이성요인의 연결이 옳은 것은?

① 방광암 – 천연조미료
② 간암 – 동물성단백질
③ 전립선암 – 저지방식
④ 대장암 – 저섬유소식
⑤ 위암 – 짠음식

112 암 환자의 체내 영양소 대사의 특징은?

① 근육단백질 합성 증가
② 지방 분해 감소
③ 인슐린 감수성 증가
④ 기초대사량 증가
⑤ 해당과정 감소

113 알레르기 유발 식품을 다른 식품으로 대체하거나 조절하는 방법으로 옳은 것은?

① 토스트보다는 빵으로 이용한다.
② 생달걀은 가열하여 이용한다.
③ 흰살 생선보다는 등푸른 생선을 이용한다.
④ 우유는 차게 이용한다.
⑤ 저지방 우유보다는 일반 우유를 이용한다.

114 수술 시 대사변화에 대한 설명으로 옳은 것은?

① 기초대사량 감소로 에너지 필요량 감소.
② 알부민 합성 감소, 혈중 잔여질소 상승
③ 수분배설 증가, Na과 K 배설 감소
④ 글루카곤, 코티솔, 에피네프린 분비 감소
⑤ 당 신생과정 감소, 혈당 감소

115 체온이 상승될 때 헤모글로빈의 산소해리곡선 변화를 설명한 것으로 옳은 것은?

① 왼쪽으로 이동하여 산소가 쉽게 해리된다.
② 오른쪽으로 이동하여 산소가 쉽게 해리된다.
③ 왼쪽으로 이동하여 산소해리가 어려워진다.
④ 오른쪽으로 이동하여 산소해리가 어려워진다.
⑤ 변화 없다.

116 악성빈혈 발생 위험이 높은 경우는?

① 위산과다증 환자　② 당뇨병 환자
③ 운동선수　　　　④ 채식주의자
⑤ 비만환자

117 혈액조성에 대한 설명으로 옳은 것은?

① 성인의 조혈작용은 간, 비장, 골수에서 일어난다.
② 혈장 중 5%는 혈소판이다.
③ 혈액 중에 백혈구가 차지하는 용적비는 헤마토크리트이다.
④ 혈액에서 분리한 혈장 중에는 알부민과 글로불린이 포함된다.
⑤ 호중구와 호산구는 적혈구에 속한다.

118 연수에 존재하는 중추로 옳은 것은?

① 연하　　　　② 섭식중추
③ 혈당조절　　④ 삼투압조절
⑤ 배변

119 알츠하이머 발생과 관련되는 물질은?

① 도파민
② 베타-아밀로이드
③ 베타-하이드록시부티르산
④ 암모니아
⑤ 아세틸콜린

120 갈락토세미아 환자에게 제공할 수 있는 식품은?

① 치즈　　　　② 우유
③ 두유　　　　④ 아이스크림
⑤ 탈지분유

올인원 영양사 모의고사 [1회]

제한시간 85분 / 점수 _____점

식품학 및 조리원리

001 조리에 필요한 에너지 전달방법에 대한 설명으로 옳은 것은?
① 대류는 가스나 액체의 밀도차에 의한 열전달이다.
② 열전도율이 작을수록 빨리 데워지고 빨리 식는다.
③ 복사는 열원 없이 물분자의 진동에 의한 열발생이다.
④ 전자레인지에는 파이렉스, 도자기, 법랑을 사용한다.
⑤ 전도는 조리기구 바닥이 좁고 둥근 것일수록 효과적이다.

002 작은 덩어리의 고기를 높은 열로 표면에 색을 낸 후 재료가 잠길 정도의 액체를 넣고 조리하는 복합조리법은?
① 로스팅   ② 스튜잉
③ 베이킹   ④ 브레이징
⑤ 브로일링

003 등온흡습탈습 곡선에 대한 설명으로 옳은 것은?
① 등온흡습곡선과 탈습곡선은 일치한다.
② 미생물 성장은 제Ⅱ영역에서 활발하다.
③ 제Ⅰ영역은 물과 용질이 주로 수소결합을 한다.
④ 건조식품의 안정성은 제Ⅲ영역에서 가장 크다.
⑤ 제Ⅰ영역에서는 수분활성도의 증가에 따라 유지산화 속도가 감소한다.

004 포도당의 알데히드기가 산화되어 형성된 당은?
① 소르비톨(sorbitol)
② 글루코사민(glucosamine)
③ 글루콘산(gluconic acid)
④ 글루카르산(glucaric acid)
⑤ 글루쿠론산(glucuronic acid)

005 설탕에 대한 설명으로 옳은 것은?
① 선광도는 우선성이다.
② 변선광의 특성을 나타낸다.
③ 온도가 낮으면 감미도가 증가한다.
④ 포도당과 과당이 β-1,4결합을 하고 있다.
⑤ 알칼리에서 Cu^{2+}를 환원시켜 적색의 침전물을 생성한다.

006 β-아밀라아제에 대한 설명으로 옳은 것은?
① α-1,4, α-1,6 결합을 분해한다.
② α-1,4 결합을 무작위로 분해한다.
③ 액화효소로 저분자의 한계 덱스트린을 생성한다.
④ 아밀로펙틴을 모두 포도당으로 분해한다.
⑤ 아밀로오스를 모두 맥아당으로 분해한다.

007 다당류와 구성당의 연결이 옳은 것은?
① 알긴산 – 아가로오스
② β-글루칸 – 글루코오스
③ 이눌린 – 만노푸라노오스
④ 아밀로펙틴 – 갈락투론산
⑤ 키틴 – N-아세틸갈락토사민

008 다음 설명의 ( )에 들어갈 수 있는 유지의 화학적 성질은?

> 스테아르산(stearic acid)의 함량이 높은 유지는 리놀렌산(linolenic acid)의 함량이 높은 유지보다 ( )가(이) 높다.

① 점도　　　　② 비중
③ 검화가　　　④ 굴절률
⑤ 요오드가

009 복합지질에 대한 설명으로 옳은 것은?

① 레시틴은 2번 탄소에서 인산과 에스터 결합을 한다.
② 당지질은 스핑고신, 지방산, 인산, 당으로 구성된다.
③ 스핑고미엘린의 스핑고신은 지방산과 에스터 결합을 한다.
④ 스핑고미엘린은 스핑고신, 지방산, 인산, 콜린으로 구성된다.
⑤ 글리세로인지질과 스핑고인지질은 모두 질소와 인을 1 : 1로 포함한다.

010 유지의 자동산화 반응에 대한 설명으로 옳은 것은?

① 종결단계에서 과산화물이 생성된다.
② 산가를 측정하여 유도기간을 설정한다.
③ 산화가 진행됨에 따라 굴절률은 점차 감소한다.
④ 항산화제는 자동산화의 유도기간을 연장시킨다.
⑤ 산화가 진행됨에 따라 과산화물은 꾸준히 증가한다.

011 아미노산의 성질에 대한 설명으로 옳은 것은?

① 비극성 용매에 잘 녹는다.
② 트립토판은 자외선을 흡수한다.
③ 알칼리 용액에서 양이온이 된다.
④ 모든 아미노산은 광학이성체가 존재한다.
⑤ 등전점에서는 전기영동의 음극으로 이동한다.

012 방향족 아미노산인 페닐알라닌, 트립토판, 티로신 검출을 위한 정색반응으로 옳은 것은?

① 황반응
② 뷰렛반응
③ 사카구치반응
④ 닌하이드린반응
⑤ 잔토(크산토)프로테인반응

013 대두 단백질인 글리시닌의 용해성 및 성질로 옳은 것은?

① 물에 용해
② 알코올에 용해
③ 묽은 산에 불용
④ 묽은 염류에 용해
⑤ 열에 응고하지 않는다.

014 다음 ( )에 들어갈 말로 옳게 나열된 것은?

> 클로로필은 알칼리에서 ( )이 제거되어 청록색의 ( )가(이) 되고, 여기에 산이 가해져서 마그네슘이 수소로 치환되면 ( )가(이) 생성된다.

① 피톨, 클로로필리드, 페오피틴
② 피톨, 클로로필리드, 페오포비드
③ 피톨, 클로로필린, 페오포비드
④ 메탄올, 클로로필린, 페오피틴
⑤ 메탄올, 클로로필리드, 페오포비드

015 카로티노이드에 대한 설명으로 옳은 것은?

① 열에 의해 쉽게 파괴된다.
② 테트라피롤환 구조이다.
③ 산에는 안정하나 알칼리에 불안정하다.
④ 잔토필류는 탄소, 수소로만 구성되어 있다.
⑤ β-이오논핵을 포함하는 것이 비타민A 전구체이다.

016 효소에 의한 갈변반응을 억제하는 방법으로 옳은 것은?

① 소금을 첨가한다.
② 양은용기를 사용한다.
③ 열처리를 하지 않는다.
④ 실온에서 건조시킨다.
⑤ pH 5~6 정도를 유지한다.

017 식품과 맛성분의 연결이 옳은 것은?

① 다시마의 감칠맛 – 5′-IMP
② 감의 떫은맛 – 시부올(shibuol)
③ 메밀의 쓴맛 – 나린진(naringin)
④ 후추의 매운맛 – 쇼가올(shogaol)
⑤ 커피의 떫은맛 – 엘라그산(ellagic acid)

018 온도가 증가할수록 역치가 감소하는 맛성분은?

① 짠맛 ② 쓴맛
③ 신맛 ④ 단맛
⑤ 아린맛

019 진균류에 대한 설명으로 옳은 것은?

① 조상균류는 격벽이 있다.
② 대부분의 버섯은 자낭균류에 속한다.
③ 불완전균류는 격벽이 없고 유성생식을 한다.
④ 자낭균류와 담자균류는 순정균류에 포함된다.
⑤ 유성생식을 하는 대부분의 효모는 담자포자를 생성한다.

020 통조림의 무가스 산패(flat sour)를 발생시키는 미생물로 옳은 것은?

① *Bacillus natto*
② *Bacillus cereus*
③ *Bacillus coagulans*
④ *Lactobacillus bifidus*
⑤ *Leuconostoc mesenteroides*

021 간장에 특유의 향미를 부여하는 내염성 효모로 옳은 것은?

① *Aspergillus oryzae*
② *Debaryomyces hansenii*
③ *Pichia membranaefaciens*
④ *Zygosaccharomyces rouxii*
⑤ *Zygosaccharomyces japonicus*

022 전분의 호정화에 의한 변화로 옳은 것은?

① 전분의 분자량이 증가한다.
② 점성은 약해지고 단맛이 증가한다.
③ 수소결합에 의해 결정성 영역이 형성된다.
④ sol 상태에서 반고체인 gel 상태가 된다.
⑤ 호정화되면 X선 회절도에서 V도형을 나타낸다.

023 밥맛에 영향을 주는 요인으로 옳은 것은?
① 3%의 소금을 넣으면 밥맛이 좋아진다.
② 장작불을 이용하면 가스에 비해 밥맛이 좋다.
③ 포도당 함량이 높을수록 밥맛이 나빠진다.
④ 밥물의 pH가 5~6일 때 밥맛이 가장 좋다.
⑤ 맛있는 쌀에는 트레오닌과 프롤린 함량이 높다.

024 당류의 결정화에 대한 설명으로 옳은 것은?
① 빠르게 저을수록 큰 결정이 생긴다.
② 폰당, 퍼지, 브리틀은 결정형 캔디이다.
③ 젓는 온도가 높을수록 미세한 결정이 생긴다.
④ 미세한 결정을 만들기 위해 과포화도를 높인다.
⑤ 과당은 설탕보다 과포화도가 낮아도 결정이 생긴다.

025 글루텐 형성에 대한 설명으로 옳은 것은?
① 달걀은 가열시 글루텐 형성을 돕는다.
② 온도가 낮을수록 글루텐 생성속도가 빠르다.
③ 밀가루 입자가 클수록 글루텐 형성이 잘된다.
④ 물을 소량씩 가하면 글루텐 형성이 억제된다.
⑤ 설탕은 수화를 촉진시켜 글루텐 형성을 촉진한다.

026 육류의 숙성기간에 일어나는 현상으로 옳은 것은?
① pH 감소
② 액토미오신을 생성한다.
③ 유리아미노산을 생성한다.
④ ATP 분해로 인산이 생성된다.
⑤ 글리코겐의 혐기적 분해가 일어난다.

027 육류의 가열조리시의 변화로 옳은 것은?
① 젤라틴이 콜라겐화 된다.
② 고기의 중량이 감소한다.
③ 옥시미오글로빈이 생성된다.
④ 열변성으로 보수성이 증가한다.
⑤ 70℃ 내외에서 응고하기 시작한다.

028 젤라틴의 응고를 저해하는 조건으로 옳은 것은?
① 농도를 높인다.
② 산을 첨가한다.
③ 우유를 첨가한다.
④ 경수를 사용한다.
⑤ 설탕을 첨가한다.

029 어패육이 수조육에 비해 쉽게 부패하는 이유는?
① 결합조직이 많다.
② 수분함량이 높다.
③ 근섬유가 굵고 길다.
④ 자가소화 효소가 적다.
⑤ 미오글로빈 함량이 높다.

030 어패류 조리에 대한 설명으로 옳은 것은?
① 산첨가로 근육조직이 연화된다.
② 찌개는 붉은살 생선이 적합하다.
③ 전유어에는 흰살 생선이 적합하다.
④ 양념장이 끓기 전에 넣고 조린다.
⑤ 조개류는 고온에서 단시간 조리한다.

031 달걀의 저장 중 변화로 옳은 것은?

① 난백이 산성화 된다.
② 기공을 통해 산소가 증발한다.
③ 난황의 pH가 9.0까지 상승한다.
④ 유리아미노산 함량이 감소한다.
⑤ 난백의 점성이 저하되어 묽어진다.

032 수란을 만들 때 달걀의 응고를 촉진시키는 첨가물로 옳은 것은?

① 설탕, 중조   ② 설탕, 소금
③ 소금, 식초   ④ 소금, 중조
⑤ 식초, 설탕

033 다음 식품 단백질과 특성의 연결이 옳은 것은?

① 오보뮤코이드 - 항균성
② 오보뮤신 - 물에 쉽게 용해
③ 락토글로불린 - 레닌에 의해 응고
④ 오브알부민 - 난백의 거품 형성에 기여
⑤ 락트알부민 - 열에 의한 우유의 피막형성

034 우유의 가열에 의한 변화로 옳은 것은?

① 지방구가 파괴되어 균질화된다.
② 유기산이 생성되어 가열취가 난다.
③ 65℃ 전후에서 카세인이 응고한다.
④ 아미노-카보닐 반응으로 갈변이 일어난다.
⑤ 카세인은 불용성의 파라카세인으로 분해된다.

035 두부제조와 조리에 대한 설명으로 옳은 것은?

① 응고제 사용량은 대두의 5~6%가 적당하다.
② 응고제는 두유 온도가 50℃ 이하일 때 넣는다.
③ 황산칼슘을 넣어 제조하면 두부의 표면이 매끈하다.
④ 두부는 주로 대두단백질의 염석 효과를 이용한 것이다.
⑤ 부드럽게 조리하기 위해 두부는 간을 하기 전에 넣는다.

036 튀김의 흡유량이 많아지는 경우로 옳은 것은?

① 강력분을 사용할 때
② 식품에 수분이 적을 때
③ 기름의 온도가 높을 때
④ 식품의 표면적이 적을 때
⑤ 유화제를 함유한 식품을 튀길 때

037 유지의 조리특성에 대한 설명으로 옳은 것은?

① 가소성이 클수록 쇼트닝성이 크다.
② β형 결정의 유지가 크리밍작용이 크다.
③ 쇼트닝성은 유화제가 많을수록 증가한다.
④ 라드는 쇼트닝성과 크리밍성이 모두 우수하다.
⑤ 크리밍 작용은 버터 > 마가린 > 쇼트닝 순이다.

038 채소를 절일 때 호염을 사용하면 단단함이 유지되는 이유로 옳은 것은?

① 보수성이 증가하므로
② 셀룰로오스가 안정해지므로
③ 펙틴과 불용성의 칼슘염을 생성하므로
④ 헤미셀룰로오스의 분해가 억제되므로
⑤ 프로토펙틴이 펙틴으로 가수분해되므로

039 채소의 조리시 색변화로 옳은 것은?

① 양파 썰 때 철제칼을 사용하면 색이 유지된다.
② 시금치를 데칠 때 뚜껑을 닫으면 녹색이 유지된다.
③ 자색 양배추는 레몬즙 첨가시 선명한 적색이 유지된다.
④ 우엉을 조릴 때 소량의 중조를 넣으면 하얗게 유지된다.
⑤ 가지로 침채류를 담글 때 식초를 넣으면 안정한 청색이 유지된다.

040 한천겔을 제조할 때 첨가물의 작용으로 옳은 것은?

① 소금 – 겔 강도 감소
② 과즙 – 겔 강도 증가
③ 우유 – 겔 구조 형성 촉진
④ 지방 – 겔 구조 형성 촉진
⑤ 설탕 – 점성 탄성 증가

급식, 위생 및 관계법규

041 식재료 구입부터 조리 및 서비스가 모두 한 장소에서 이루어지며 적온급식에 유리하고 식단 융통성이 크지만, 숙련된 조리인력이 항상 필요한 형태의 급식체계는?

① 편이식 급식체계
② 조리저장식 급식체계
③ 중앙공급식 급식체계
④ 전통적 급식체계
⑤ 조리냉동식 급식체계

042 다음 중 경영관리 계층과 요구되는 관리 능력에 대한 설명으로 옳은 것은?

① 개념적 능력이 가장 중요시되는 계층은 하위관리자층이다.
② 최고경영층은 기술적 능력이 가장 중요하다.
③ 인력관리능력은 경영관리 계층과 무관하게 중요하다.
④ 중간 관리층에게는 기술적 능력이 가장 중요하다.
⑤ 일선 감독자 층에게는 인력관리 능력이 가장 중요하다.

043 관리계층과 계획 및 의사결정 유형이 옳은 것은?

① 중간관리층 – 전략계획 – 전략적 의사결정
② 중간관리층 – 운영계획 – 관리적 의사결정
③ 하위관리층 – 전술계획 – 관리적 의사결정
④ 최고경영층 – 전략계획 – 업무적 의사결정
⑤ 하위관리층 – 운영계획 – 업무적 의사결정

044 라인조직의 기본 원칙이 되며, 권한과 책임이 명료하고 하위자는 명령, 보고체계의 일원화로 지휘에 대한 안정감을 느끼는 조직화의 원칙은?

① 계층단축화의 원칙
② 삼면등가의 원칙
③ 명령일원화의 원칙
④ 권한과 책임의 원칙
⑤ 권한위임의 원칙

045 직원식당에 식단표를 게시할 때 포함되는 내용으로 적합한 것은?

① 음식명, 원산지, 알레르기 유발식품
② 음식명, 재료명, 중량
③ 재료명, 조리법, 원산지
④ 음식명, 조리사 이름, 알레르기 유발식품
⑤ 음식명, 원산지, 조리법

046 다음 중 순환메뉴(cycle menu) 사용 시 장점으로 옳은 것은?

① 식자재 수급 상황에 대처가 용이하다.
② 주기가 짧을 수록 식단이 다양하다.
③ 식자재를 효율적으로 관리할 수 있다.
④ 메뉴에 대한 단조로움을 줄일 수 있다.
⑤ 메뉴가 다양하여 고객의 만족도가 높다.

047 마케팅적 접근에 의해 고객과 급식경영 측면을 종합적으로 평가하는 메뉴 평가방법은?

① 기호도 조사
② 메뉴엔지니어링
③ 잔반량조사
④ 고객만족도 조사
⑤ 직접 잔반 계측법

048 단체급식에서 새로운 메뉴개발과정 순서로 옳은 것은?

> ㉠ 기존메뉴 평가
> ㉡ 신메뉴 정보 수집
> ㉢ 실험조리
> ㉣ 단체급식 적용 타당성 검토
> ㉤ 표준 레시피 작성
> ㉥ 메뉴인덱스 등록

① ㉠ → ㉡ → ㉢ → ㉣ → ㉤ → ㉥
② ㉠ → ㉡ → ㉣ → ㉢ → ㉤ → ㉥
③ ㉠ → ㉡ → ㉢ → ㉤ → ㉣ → ㉥
④ ㉣ → ㉠ → ㉡ → ㉢ → ㉤ → ㉥
⑤ ㉢ → ㉣ → ㉠ → ㉡ → ㉤ → ㉥

049 여러 개 체인점을 운영하고 있는 패밀리레스토랑의 경우 구매유형으로 가장 적합한 것은?

① 독립구매
② 공동구매
③ 중앙구매
④ 무재고구매
⑤ 일괄위탁구매

050 시금치 구매시기와 가격을 결정하기 위해 출하시기를 미리 조사하였다면, 구매시장조사의 어떤 원칙을 따른 것인가?

① 경제성의 원칙
② 적시성의 원칙
③ 탄력성의 원칙
④ 정확성의 원칙
⑤ 계획성의 원칙

051 구매자, 공급업체, 검수부서에서 사용하며 물품의 품질표준 유지를 위한 장표로 구매 시 공급자와 구매자간 원활한 의사소통 수단이 되는 것은?

① 거래명세서　　② 구매청구서
③ 검수일지　　　④ 구매명세서
⑤ 발주서

052 경쟁입찰계약의 특징으로 옳은 것은?

① 신속하고 안전한 구매가 가능하다.
② 새로운 업자를 발견하기 용이하다.
③ 절차가 간편하여 경비와 인원이 절감된다.
④ 신용이 확실한 업자를 선정할 수 있다.
⑤ 불리한 가격으로 계약하기 쉽다.

053 정량발주가 적합한 품목으로 옳은 것은?

① 수요예측이 가능한 품목
② 가격이 고가인 품목
③ 항상 수요가 있고 재고부담이 적은 품목
④ 조달 시간이 오래 걸리는 품목
⑤ 재고부담이 큰 품목

054 재고를 물품의 가치도에 따라 분류하여 재고관리에 투여되는 시간, 노동력, 비용 등을 차별적으로 관리하는 재고관리 기법은?

① 최소-최대 관리방식
② EOQ 기법
③ 영구재고조사
④ ABC 관리방식
⑤ 실사재고조사

055 10월 식수를 단순이동평균법에 따라 예측하고자 한다. 다음 자료의 3개월 판매식수를 근거로 산출한 식수는?

월	6	7	8	9	10
판매식수(식)	12,200	12,500	12,000	12,550	

① 12,480　　② 12,350
③ 12,500　　④ 12,360
⑤ 12,650

056 급식소의 대량조리 시 주의점으로 옳은 것은?

① 조리 후 배식까지 상온에 보관한다면 2시간 이상 지나도 된다.
② 조리된 음식을 냉각하기 위해서는 한꺼번에 급냉한다.
③ 찬 두부요리는 삶아서 살균 후 차게 공급한다.
④ 조리된 음식은 소비될 때까지 여러 번 나누어 배식한다.
⑤ 가공식품, 소시지 등은 가열하지 않아도 된다.

057 급식소에서 의사소통 도구로 사용되며 일관된 품질의 음식과 양, 원가, 작업시간의 통제 수단으로 활용되는 것은?

① 작업계획서　　② 표준레시피
③ 조리작업지시서　④ 작업일정표
⑤ 생산계획표

058 검식에 대한 설명으로 옳은 것은?

① 배식 직전에 소독된 용기에 담아 냉동고에 보관한다.
② 검식내용은 급식일지에 작성한다.
③ 검식결과는 향후 식단 개선 자료로 활용할 수 있다.
④ 조리된 음식의 품질을 배식 후에 검사한다.
⑤ 식단계획 과정에서 음식의 조리결과를 미리 검토한다.

059 중앙통제로 1인 분량을 정확하게 제공할 수 있는 서비스로 환자식, 기내식, 호텔 룸 서비스에서 주로 이용하는 배식서비스는?

① 셀프 서비스
② 테이블 서비스
③ 카페테리아 서비스
④ 카운터 서비스
⑤ 트레이 서비스

060 단체급식소에서 음식의 품질을 통제하는 방법으로 가장 적합한 것은?

① 표준 레시피의 개발 및 활용
② 표준 재고액을 설정하여 원가 관리
③ 작업동작 분석을 통한 작업 개선
④ 물품 구매는 시장 상황에 맞게 구매
⑤ 관능평가는 소비자에게 위임

061 다음에 제시된 내용을 토대로 1식당 노동시간을 계산하였다. 옳은 것은?

- 1주일간 총 제공 식수: 3,000식
- 주 5일 급식소
- 3명의 작업자 중 1명은 1일 8시간, 2명은 1일 6시간 근무

① 1.8분/식 ② 2.0분/식
③ 1.5분/식 ④ 2.5분/식
⑤ 3.0분/식

062 작업의 강도, 작업자의 숙련 정도, 인력구성과 업무 특성을 고려하여 작업원의 시간대별 업무 배치를 계획하여 작성한 표는?

① 작업측정표 ② 작업배치표
③ 작업공정표 ④ 작업분담표
⑤ 작업과정표

063 급식소의 식품위생관리에 관한 설명으로 옳은 것은?

① 전처리에서 사용하는 세척수는 지하수로 사용하여도 무방하다.
② 달걀은 저장 전 표면을 소독하여 냉장고에 보관한다.
③ 해동할 때는 싱크대에 물을 충분히 담아 녹을 때까지 담궈둔다.
④ 조리된 음식은 냉장고 하단에 조리전 식재료는 냉장고 상단에 저장한다.
⑤ 냉장고 저장 용량은 공기 순환을 위해 70% 이하로 유지한다.

064 식기소독 방법 중 가장 경제적이고 안전하며 보편적으로 사용할 수 있는 것은?

① 건열소독　　② 약품소독
③ 열탕소독　　④ 자외선소독
⑤ 증기소독

065 급식소의 안전관리에 관한 설명으로 옳은 것은?

① 물을 끓일 때는 솥의 90%까지 물을 채운다.
② 칼을 사용한 후에는 다른 기구들과 함께 한꺼번에 세척한다.
③ 날카로운 칼이 무딘 칼보다 위험하다.
④ 뜨거운 솥이나 냄비의 뚜껑을 열 때는 사람이 없는 쪽으로 연다.
⑤ 뜨거운 팬을 옮길 때는 젖은 행주를 사용한다.

066 조리기기 배치에 관한 설명으로 옳은 것은?

① 가열기기는 분산 배치한다.
② 식재료 종류에 따라 기기를 배치한다.
③ 반복 동선을 최소화한다.
④ 동선을 넓혀 종업원의 피로도를 감소시킨다.
⑤ 작업대의 높이는 작업의 종류와 상관없이 동일하게 정한다.

067 악취 및 역류 방지, 방충, 방서의 목적으로 급식소 조리장 내 배수관에 설치하는 것은?

① 트렌치　　② 트랩
③ 그리스 필터　　④ 후드
⑤ 환풍기

068 원가구조에 대한 설명이다. 옳은 것은?

① 제조원가는 직접원가에 일반관리비를 합한 것이다.
② 제조원가는 직접재료비, 직접노무비, 직접경비를 합한 것이다.
③ 판매가격은 직접원가에 제조간접비를 합산하여 결정한다.
④ 총원가는 제조원가에 일반관리비와 판매경비를 합한 것이다.
⑤ 직접원가는 직접재료비와 직접노무비로 구성된다.

069 재무제표 중 일정 기간 동안 기업의 경영성과를 보고하는 회계보고서로써 비용과 수익의 관계로 당기순이익을 파악할 수 있는 것은?

① 재무상태표
② 현금흐름표
③ 손익계산서
④ 이익잉여금처분계산서
⑤ 자본변동표

070 1월 초 식재료 재고액이 500,000원, 1월에 구매한 식재료비가 1,500,000원, 1월 말 재고액이 400,000원이었다. 1월의 매출액이 3,200,000원일 때 식재료비의 비율은?

① 60%　　② 55%
③ 50%　　④ 45%
⑤ 40%

071 직무를 중심으로 기술된 서식으로 직무수행 내용, 방법, 사용 장비, 작업환경 등 직무에 대한 개괄적인 정보를 제공하는 것은?

① 직무명세서　② 직무기술서
③ 작업배치표　④ 작업공정표
⑤ 직무분석

072 과업의 수적 증가뿐만 아니라 직무에 대해 갖는 통제범위를 증가시켜 수평적 업무 추가와 수직적 책임을 함께 부여함으로써 직원에게 동기부여를 줄 수 있는 직무설계 방법은?

① 직무단순화　② 직무확대
③ 직무충실화　④ 직무순환
⑤ 직무의 정체성

073 인사고과를 할 때, '출근율이 좋은 종업원이 창의력도 우수하다.'라고 평가하였다면 이 경우에 해당하는 오류는?

① 논리오차　② 현혹효과
③ 편견　④ 대비오차
⑤ 관대화경향

074 피들러의 상황적합이론에 관한 설명으로 옳은 것은?

① 리더가 의사소통에 참여하기 위해 행하는 다양한 행동은 관계성 행동으로 정의한다.
② LPC 점수가 높으면 과업지향적 리더이다.
③ 관계지향적 리더는 중간정도의 통제상황에서 성공적이다.
④ 관계지향적 리더는 약한 통제상황에서 성공적이다.
⑤ 종업원의 성숙수준이 높은 상황에서는 과업행동을 줄이는 것이 효과적이다.

075 아담스의 공정성 이론에 대한 설명으로 옳은 것은?

① 작업동기의 가장 중요한 결정 요인을 작업자 개인의 욕구라고 가정한다.
② 직무에 대한 만족감을 느끼려면 동기부여 요인이 존재해야 한다.
③ 자신의 업적에 대한 보상이 다른 사람에 비해 공정한가에 따라 동기부여 방향이 달라진다.
④ 부정적 불공정 인식을 하게 되면 더 많은 노력을 해서 공정성을 회복하려고 한다.
⑤ 긍정적 불공정 인식을 하게 되면 불만이 쌓여 이직을 고려한다.

076 급식서비스에 적용하는 마케팅 믹스 구성요소(7P) 항목과 전략의 연결이 옳은 것은?

① 제품 – 가격의 책정, 할인 정책, 저가전략, 유인 가격전략
② 유통 – 제품의 생산공정과 검수, 생산규모, 브랜드, 디자인, 포장
③ 물리적 근거 – 시설의 외형, 간판, 주차장, 주변환경, 메모지, 티켓, 종업원 유니폼 등
④ 사람 – 대인간 직접 판매, 광고 등
⑤ 프로세스 – 복수점포 복수 서비스, 복수시장 전략 등

077 다음에서 설명하는 서비스 특성은?

> 객관적인 평가가 어렵기 때문에 질의평가와 의사소통이 어렵다. 이를 해결하기 위해서는 인적 접촉과 기업의 이미지를 세심하게 관리하여야 한다.

① 비일관성　② 동시성
③ 소멸성　④ 무형성
⑤ 이질성

078 독성시험에 대한 설명으로 옳은 것은?

① LD$_{50}$값이 작을수록 독성이 약하다.
② 아급성 독성시험으로 최대무작용량을 판정한다.
③ 급성독성시험은 시험물질을 1회 경구 투여한다.
④ 급성독성시험으로 만성독성시험의 투여량을 결정한다.
⑤ 사람의 1일 섭취허용량은 동물의 최대무작용량에 1/100을 곱한 것이다.

079 식품위생의 지표미생물인 대장균군의 특성으로 옳은 것은?

① 모든 동물에서 검출된다.
② 그람양성, 무포자, 간균이다.
③ 외계에서의 저항성이 강하다.
④ 건조식품에서의 생존율이 적다.
⑤ 가열에 약하지만 동결에 강하다.

080 화학적 소독제의 설명이 옳은 것은?

① 역성비누 – 결핵균 사멸에 효과적이다.
② 과산화수소 – 산화작용으로 살균한다.
③ 표백분 – 피부나 점막 소독에 사용된다.
④ 에틸알코올 – 균의 포자까지 사멸시킨다.
⑤ 석탄산 – 유기물 공존시 살균력이 떨어진다.

081 인체 내에서 독소를 생성하는 식중독균은?

① 보툴리누스균
② 로타바이러스
③ 장염비브리오균
④ 장관출혈성 대장균
⑤ 장관병원성 대장균

082 리스테리아 식중독에 대한 설명으로 옳은 것은?

① 잠복기가 24~36시간이다.
② 미량의 적은수로 발병이 가능하다.
③ 리스테리아는 그람음성 무아포 단간균이다.
④ 신경계 증상인 길랑바레 증후군을 유발한다.
⑤ 리스테리아는 미호기성으로 5~10% 산소를 요구한다.

083 소량의 균주로 감염되며, -20°C 이하의 낮은 온도에서도 장시간 생존하고 구토, 설사 등의 증상을 유발하는 식중독은?

① 세레우스 식중독
② 사카자키 식중독
③ 여시니아 식중독
④ 노로바이러스 식중독
⑤ 장염비브리오 식중독

084 황색포도상구균의 특징으로 옳은 것은?

① 만니톨을 분해하지 못한다.
② 구토, 설사, 심한 복통 및 고열이 지속된다.
③ 100°C, 30분 이상 가열해도 사멸되지 않는다.
④ 건조에 저항성이 강해 식품에서 장기간 생존한다.
⑤ 발육최적온도인 30~37°C에서만 엔테로톡신을 생성할 수 있다.

085 바이러스 식중독에 대한 설명으로 옳은 것은?

① 주로 여름철에 발생한다.
② 건조, 저온, 냉동에 약하다.
③ 2차 감염이 거의 일어나지 않는다.
④ 일정량 이상의 균이 있어야 발병한다.
⑤ 오염된 식수, 패류 등에 의해 발병한다.

086 주요 중금속과 그 증상으로 옳은 것은?

① 납 – 단백뇨, 골연화증
② 비소 – 중추신경계 마비
③ 카드뮴 – 흑피증, 피부각화
④ 수은 – 언어장애, 보행장애
⑤ 크롬 – 조혈기 장애, 안면창백

087 다음 유독성분 중 알칼로이드인 것으로 짝지어진 것은?

① 아미그달린, 리신
② 히오스시아민, 라이코린
③ 파세오루나틴, 라이코린
④ 아미그달린, 히오스시아민
⑤ 파세오루나틴, 히오스시아민

088 다음 곰팡이독 중 간장독에 해당하는 것은?

① 파툴린(patulin)
② 시트리닌(citrinin)
③ 제랄레논(zeralenone)
④ 시트레오비리딘(citreoviridin)
⑤ 스테리그마토시스틴(sterigmatocystin)

089 세균성이질에 대한 설명으로 옳은 것은?

① 가열로 쉽게 사멸되지 않는다.
② 철저한 검역을 통해 예방된다.
③ 급성 염증성 결장염 증세를 보인다.
④ 사람 외에 동물도 병원소가 될 수 있다.
⑤ 10^6 이상의 다량균으로만 감염된다.

090 기생충과 중간숙주의 연결이 옳은 것은?

① 아니사키스 – 민물어류
② 요코가와흡충 – 물벼룩
③ 스파르가눔 – 민물갑각류
④ 광절열두조충 – 연어, 숭어
⑤ 유극악구충 – 개구리, 뱀

091 HACCP의 중요관리점에서 설정된 한계기준을 적절히 관리하고 있는지 여부를 확인하기 위한 관찰 및 측정행위를 무엇이라고 하는가?

① 검증
② 모니터링
③ 개선조치
④ 한계기준
⑤ 문서화 및 기록유지

092 「식품위생법」에서의 정의로 옳은 것은?

① 집단급식소는 불특정 다수인에게 음식을 공급하는 곳이다.
② 용기·포장은 음식을 먹을 때 사용하거나 담는 것을 포함한다.
③ 화학적 합성품은 원소 또는 화합물에 분해반응을 일으켜 얻은 물질이다.
④ 식품첨가물은 감미, 착향, 표백, 소독을 목적으로 식품에 사용되는 물질이다.
⑤ 집단급식소의 식단은 음식명, 식재료, 영양성분, 조리방법, 조리인력 등을 고려하여 작성한 급식계획서이다.

093 식품에서 이물이 발견되었을 경우에 대해 옳은 것은?

① 소비자의 이물 발견 신고를 받은 소비자단체는 시·도지사에게 통보한다.
② 소비자 이물 발견 신고를 받은 시·도지사는 필요한 조치를 취해야 한다.
③ 소비자의 이물 발견 신고를 받은 시장·군수·구청장은 시·도지사에게 보고해야 한다.
④ 이물 발견 신고를 받고 보고하지 않은 영업자에게는 300만원 이하의 과태료를 부과한다.
⑤ 소비자의 이물 발견 신고를 받은 영업자는 1개월 이내에 시장·군수·구청장에게 보고한다.

094 조리사를 두어야 하는 집단급식소 운영자가 이를 위반했을 때의 벌칙은?

① 500만원 이하의 과태료
② 1년 이하의 징역 또는 1천만원 이하의 벌금
③ 3년 이하의 징역 또는 3천만원 이하의 벌금에 처하거나 이를 병과
④ 5년 이하의 징역 또는 5천만원 이하의 벌금에 처하거나 이를 병과
⑤ 10년 이하의 징역 또는 1억원 이하의 벌금에 처하거나 이를 병과

095 「식품위생법」에서 국가 및 지방자치단체가 과잉섭취로 인한 국민 보건상 위해를 예방하기 위해 노력해야 하는 영양성분으로 옳은 것은?

① 나트륨, 당류, 콜레스테롤
② 나트륨, 당류, 트랜스지방
③ 나트륨, 당류, 포화지방
④ 당류, 트랜스지방, 콜레스테롤
⑤ 나트륨, 트랜스지방, 콜레스테롤

096 학교급식의 위생·안전관리 기준으로 옳은 것은?

① 조리작업자는 1년 1회 건강진단을 실시해야 한다.
② 조리작업자의 건강진단 기록은 2년간 보관하여야 한다.
③ 가열조리 식품은 중심부가 71℃ 이상, 1분 이상 가열되어야 한다.
④ 식품 취급 등의 작업은 바닥으로부터 30cm 이상 높이에서 실시한다.
⑤ 조리한 식품은 온도관리를 하지 않는 경우 조리 후 4시간 이내에 배식을 마쳐야 한다.

097 국민의 건강상태·식품섭취·식생활조사 등 국민의 영양에 관한 조사를 정기적으로 실시해야 하는 자는?

① 시·도지사
② 시장·군수·구청장
③ 질병관리청장
④ 식품의약품안전처장
⑤ 보건소장

098 「국민영양관리법」의 목적에 해당하는 것은?

① 삶의 질 향상에 이바지하는 것
② 건전한 거래질서를 확립하는 것
③ 국민 식생활 개선에 기여하는 것
④ 건강에 관한 바른 지식을 보급하는 것
⑤ 스스로 건강생활을 실천할 수 있는 여건을 조성하는 것

099 농수산물의 원산지 표시에 관한 내용으로 옳은 것은?

① 식품접객업 중 단란주점영업은 원산지 표시를 해야 한다.
② 원산지 표시에 관한 사항은 식품의약품안전처에서 심의한다.
③ 집단급식소에서 토끼고기 사용시 원산지 표시를 해야 한다.
④ 배추김치에 사용한 봄동배추는 원산지표시를 하지 않아도 된다.
⑤ 원산지가 기재된 영수증은 매입일로부터 6개월간 비치 보관해야 한다.

100 나트륨 함량비교표시 대상 식품으로 옳은 것은?

① 어육소시지
② 특수용도식품
③ 햄버거 및 샌드위치
④ 코코아 가공품류 중 초콜릿류
⑤ 식육가공품 중 햄류와 소시지류

2회

[1교시]
영양학 및 생화학
영양교육, 식사요법 및 생리학

[2교시]
식품학 및 조리원리
급식, 위생 및 관계법규

올인원 영양사 모의고사 [2회]

제한시간 100분 / 점수_____점

영양학 및 생화학

001 세포막을 통한 물질의 이동방법 중 촉진확산에 대한 설명으로 옳은 것은?

① 에너지와 운반체를 필요로 한다.
② 나트륨-칼륨 펌프가 대표적인 예이다.
③ 신사구체 막을 통한 물질의 이동이다.
④ 물질의 농도가 증가함에 따라 포화현상이 나타난다.
⑤ 용질의 농도가 낮은 곳에서 높은 곳으로 물질이 이동한다.

002 48시간 금식 시 뇌의 주요 에너지원으로 옳은 것은?

① 포도당, 케톤체
② 포도당, 지방산
③ 지방산, 케톤체
④ 지방산, 아미노산
⑤ 젖산, 아미노산

003 혈당 조절에 대한 설명으로 옳은 것은?

① 에피네프린은 혈당 상승에 기여한다.
② 근육 글리코겐 분해로 혈당이 보충된다.
③ 인슐린은 포도당 신생합성을 촉진한다.
④ 혈당이 100mg/dℓ 이상일 때 소변으로 배설된다.
⑤ 혈당 저하 시 간에서 포도당 신생합성이 감소한다.

004 식이섬유에 대한 설명으로 옳은 것은?

① 대장 통과시간을 지연시킨다.
② 소장에서 당 흡수를 촉진한다.
③ 체내에서 에너지는 전혀 제공할 수 없다.
④ 인체 소화효소로 쉽게 분해된다.
⑤ 소장에서 담즙산의 재흡수를 억제한다.

005 인슐린에 의존성이 있는 포도당 수송체와 관련 조직의 연결이 옳은 것은?

① GLUT2, 뇌·정자·태반
② GLUT4, 간·신장·소장
③ GLUT4, 뇌·정자·태반
④ GLUT4, 골격근·지방조직
⑤ GLUT2, 골격근·지방조직

006 포도당의 체내 역할로 옳은 것은?

① 스테로이드 호르몬을 합성한다.
② 핵산의 구성성분을 생성한다.
③ 지방의 불완전 연소를 유도한다.
④ 에너지원인 케톤체 생성을 촉진한다.
⑤ 혈액의 산·염기 평형에 기여한다.

007 해당과정에 대해 옳은 것은?

① 산화적 인산화로 2ATP를 생성한다.
② 글루카곤, 에피네프린에 의해 촉진된다.
③ 과당 1,6-이인산은 알돌라아제의 기질이다.
④ 포스포프락토키나아제에 의해 ATP가 생성된다.
⑤ 초기에 ATP를 생성하고 후반부에 ATP를 소모한다.

008 포도당의 해당과정에서 일어나는 반응은?

① 탈탄산 산화반응
② 아세틸 CoA 합성
③ FAD를 FADH$_2$로 환원
④ 산화적 인산화로 ATP 생성
⑤ 탈수소 반응에 의해 NADH 생성

009 당질대사에 대한 설명으로 옳은 것은?

① 간에서 글리코겐 분해생성물은 UDP-glucose 이다.
② 피루브산은 호기적 조건에서 젖산으로 전환된다.
③ 피루브산이 젖산으로 전환될 때 NADH가 생성된다.
④ 오탄당인산경로를 통해 해당과정 중간체가 생성될 수 있다.
⑤ 당신생에서 피루브산이 옥살로아세트산으로 전환될 때 GTP를 소모한다.

010 해당과정과 포도당신생에 모두 관여하는 효소는?

① 피루브산 키나아제(pyruvate kinase)
② PEP 카르복시키나아제(PEP carboxykinase)
③ 피루브산 카르복실라아제(pyruvate carboxylase)
④ 포스포프락토키나아제-1(phosphofructokinase-1)
⑤ 포스포글루코오스 이성질화효소(phosphohexose isom)

011 당신생이 활발한 상태에서 저해되는 대사과정은?

① 해당과정
② 케톤체 생성
③ 체단백 분해
④ 지방조직 분해
⑤ 유리지방산 증가

012 다음 ( )에 들어갈 말을 순서대로 옳게 나열한 것은?

> 글루카곤은 간에서 ( )를 ( )하여 글리코겐의 ( )을(를) 촉진한다.

① 글리코겐 합성효소, 인산화, 합성
② 글리코겐 합성효소, 탈인산화, 합성
③ 글리코겐 가인산분해효소, 인산화, 합성
④ 글리코겐 가인산분해효소, 인산화, 분해
⑤ 글리코겐 가인산분해효소, 탈인산화, 분해

013 중성지방의 기능에 대한 설명으로 옳은 것은?

① 담즙산의 전구체이다.
② 혈중 콜레스테롤을 저하시킨다.
③ 체온유지 및 생체보호기능을 한다.
④ 수용성 비타민의 흡수와 운반을 돕는다.
⑤ 세포막의 구조적 완전성을 유지하는 기능을 한다.

014 인체 내에서 담즙산을 수용성 상태로 유지시키기 위해 결합하는 주요 아미노산은?

① 알라닌
② 글리신
③ 아르기닌
④ 히스티딘
⑤ 메티오닌

015 레시틴-콜레스테롤 아실전이효소(LCAT)의 도움으로 혈중 및 조직의 유리형 콜레스테롤을 에스터화시켜 운반하는 지단백질로 옳은 것은?

① HDL
② IDL
③ LDL
④ VLDL
⑤ 킬로미크론

016 19세 이상 성인에서 영양소의 에너지 적정비율로 옳은 것은?

① 총지질 – 7~20%
② 포화지방산 – 1% 미만
③ 탄수화물 – 55~70%
④ 트랜스지방산 – 1% 미만
⑤ 단백질 – 15~30%

017 트랜스지방산에 대한 설명으로 옳은 것은?

① 혈전형성과 염증유발 활성이 낮다.
② 시스지방산보다 지방의 유동성을 증가시킨다.
③ 이중결합을 포함하여 불포화지방산의 기능을 한다.
④ 소장에서 흡수될 때 담즙산을 필요로 하지 않는다.
⑤ 혈중 LDL-콜레스테롤을 증가시키고 HDL-콜레스테롤을 낮춘다.

018 지방의 소화 흡수에 대한 설명으로 옳은 것은?

① 영아는 구강 리파아제의 활성이 낮다.
② 콜레스테롤은 가수분해된 후 흡수된다.
③ 콜레시스토키닌은 위의 리파아제의 분비를 촉진한다.
④ 유화역할을 한 담즙산은 대부분 회장에서 재흡수된다.
⑤ 짧은사슬 지방산은 흡수 후 소장세포에서 킬로미크론에 합류된다.

019 리놀렌산의 β-산화에 대해 옳은 것은?

① 같은 수의 NADH와 $FADH_2$가 생성된다.
② β-산화 결과로 프로피오닐 CoA가 생성된다.
③ 이중결합의 trans를 cis로 전환하는 반응이 필요하다.
④ 스테아르산의 β-산화와 달리 탈탄산 반응이 일어난다.
⑤ 미토콘드리아로 이동할 때 카르니틴의 도움이 필요하다.

020 지질 대사에 대해 옳은 것은?

① 콜레스테롤 합성에는 NADH가 필요하다.
② 지방산 합성에는 숙시닐 CoA가 필요하다.
③ 간은 케톤체로부터 ATP를 생성하여 이용한다.
④ 케톤체 합성은 지방조직의 미토콘드리아에서 일어난다.
⑤ 지방산 생합성에 필요한 아세트산은 구연산 형태로 미토콘드리아에서 세포질로 이동한다.

021 다음 중 가수분해 산물이 세포내 2차 전달자(second messenger)로 작용할 수 있는 지질은?

① 스핑고미엘린
② 강글리오시드
③ 세레브로시드
④ 포스파티딜콜린
⑤ 포스파티딜이노시톨

022 단백질 소화 · 흡수에 대해 옳은 것은?
① 소장에서 아미노산만 흡수될 수 있다.
② 모든 단백질 분해효소는 전구체 형태로 분비된다.
③ 단백질은 위산에 의해 변성되어 소화효소의 작용을 쉽게 받는다.
④ 트립신과 키모트립신은 엑소펩티다아제(exopeptidase)이다.
⑤ 펩시노겐은 췌장에서 분비되어 트립신에 의해 활성화된다.

023 단백질 전환(turnover)에 영향을 미치는 요인에 대해 옳은 것은?
① 절식이 장기화될수록 체내 단백질 합성 속도는 증가한다.
② 글루카곤, 글루코코르티코이드는 단백질 분해를 촉진한다.
③ 인슐린, 성장호르몬, 에피네프린은 단백질 합성을 촉진한다.
④ 당신생을 위해 근육 단백질이 분해되면 소변 내 요소 배출은 감소한다.
⑤ 절식 초기에는 주로 케톤체가 에너지원이 되어 단백질 합성이 촉진된다.

024 단백질 필요량에 영향을 주는 요인에 대한 설명으로 옳은 것은?
① 근육조직이 많으면 단백질 필요량은 감소한다.
② 연령이 증가할수록 체중 kg당 단백질 필요량은 증가한다.
③ 충분한 양의 에너지를 섭취하면 단백질 필요량은 증가한다.
④ 식품내 식이섬유 양이 많아지면 단백질 필요량은 감소한다.
⑤ 식품내 필수아미노산의 조성이 높으면 단백질 필요량은 감소한다.

025 단백질 섭취량이 75g이고 대변 질소 배설량이 5g, 소변 질소 배설량이 2g일 때 체내 보유량은?
① 3g ② 5g
③ 7g ④ 10g
⑤ 12g

026 주로 근육이나 지방조직 등 간 외 조직에서 대사되는 아미노산은?
① 발린 ② 티로신
③ 트립토판 ④ 메티오닌
⑤ 페닐알라닌

027 아미노산 대사과정에 대한 설명으로 옳은 것은?
① 리신으로부터 포도당이 합성된다.
② 뇨중에는 암모니아가 존재하지 않는다.
③ 방향족 아미노산은 주로 간에서 대사된다.
④ 트립토판으로부터 노르에피네프린이 합성된다.
⑤ 호모시스테인은 글리신과 축합반응을 통해 시스테인으로 합성된다.

028 각 조직의 대사과정에서 생성된 암모니아를 간으로 운반하는 주요 아미노산으로 짝지어진 것은?
① 글루타민, 알라닌
② 트립토판, 알라닌
③ 트립토판, 글루타민
④ 아스파르트산, 알라닌
⑤ 아스파르트산, 글루타민

029 비경쟁적 저해제가 존재할 경우 효소기질 반응의 특징으로 옳은 것은?

① Km 감소, Vmax 감소
② Km 증가, Vmax 감소
③ Km 증가, Vmax 변화없음
④ Km 변화없음, Vmax 증가
⑤ Km 변화없음, Vmax 감소

030 단백질 생합성에 대한 설명으로 옳은 것은?

① mRNA의 3개 염기그룹을 안티코돈이라고 한다.
② 아미노산 하나가 연결될 때마다 1 ATP가 사용된다.
③ 개시코돈은 AUG로 포르밀화된 메티오닌을 암호화한다.
④ mRNA의 몇몇 기본 염기구조가 변형된 염기로 나타난다.
⑤ 첫 번째 아미노산의 아미노기가 두 번째 아미노산의 카르복실기와 펩티드 결합을 한다.

031 호흡계수가 1.0일 때의 상태로 옳은 것은?

① 식사섭취량이 낮다.
② 체지방 합성이 일어난다.
③ 유산소운동을 하고 있다.
④ 알코올을 과다섭취하고 있다.
⑤ 지방이 주에너지로 사용되고 있다.

032 식사성 발열효과에 대한 설명으로 옳은 것은?

① 백색지방 세포 활성화와 관련이 있다.
② 식사성 발열효과는 탄수화물이 가장 적다.
③ 혼합식을 할 경우 총에너지 소비의 20% 정도이다.
④ 지방은 에너지 생성이 많아 식사성 발열효과도 크다.
⑤ 많은 양을 한꺼번에 먹을 경우 식사성 발열효과가 크다.

033 비타민 A의 대사로 옳은 것은?

① 대부분 간조직에 레티닐에스터 형태로 저장된다.
② 섭취한 카로티노이드는 모두 레티날로 전환된다.
③ 소장에서 흡수되어 간문맥을 통해 간으로 이동한다.
④ 레티날이 레티노산으로 전환되는 과정은 가역적이다.
⑤ 비타민 A는 간에서 VLDL에 포함되어 혈중으로 방출된다.

034 비타민 D의 체내 기능으로 옳은 것은?

① 세포분화와 증식
② 세포막의 산화 방지
③ 신경계의 정상적인 기능
④ 간상세포에서 로돕신 합성
⑤ 체내 산화·환원 반응에 관여

035 비타민의 결핍증과 급원식품의 연결이 옳은 것은?

① 엽산 - 빈혈 - 녹색잎 채소
② 비타민 K - 모공각화증 - 과일
③ 비타민 A - 성장부진 - 전곡류
④ 티아민 - 안구건조증 - 돼지고기
⑤ 비타민 E - 지혈장애 - 식물성 기름

036 콜라겐 합성과정에 관여하는 수산화 효소의 작용에 필요한 영양소로 옳은 것은?

① 철, 비타민 K
② 철, 비타민 C
③ 아연, 비타민 C
④ 칼슘, 비타민 K
⑤ 칼슘, 비타민 C

037 비타민 B_6의 기능으로 옳은 것은?

① 혈중 콜레스테롤 저하 작용
② 세포 내 산화 환원 반응의 조효소
③ 아미노기 전이반응의 조효소
④ 글루타티온 환원효소의 조효소
⑤ 혈액 응고 인자의 합성에 관여

038 비타민 B_{12}의 흡수에 대한 설명으로 옳은 것은?

① 주로 단순확산으로 흡수된다.
② R 단백질과 결합상태로 회장까지 이동한다.
③ 흡수된 후 IF와 결합하여 혈중으로 이동한다.
④ 식품 중에 주로 지질과 결합된 형태로 존재한다.
⑤ 위의 산성환경에서 R 단백질과 우선적으로 결합한다.

039 다음 비타민과 기능의 연결이 옳은 것은?

① 니아신 - 지방산과 콜레스테롤 합성
② 티아민 - 비타민 B_6를 조효소로 활성화
③ 리보플라빈 - 케톨기 전이효소의 조효소
④ 엽산 - 메티오닌을 호모시스테인으로 전환
⑤ 판토텐산 - 피루브산 카르복실라아제의 조효소

040 혈중 칼슘농도가 7mg/dℓ일 때 체내 작용으로 옳은 것은?

① 부갑상선호르몬이 간에서 비타민 D 활성을 촉진한다.
② 신장 등 연조직에 칼슘이 침착된다.
③ 칼시토닌의 활성이 증가하여 뼈분해가 저해된다.
④ 활성화된 비타민 D에 의해 소장에서 칼슘 흡수가 증가한다.
⑤ 부갑상선 호르몬 분비저하로 칼슘 배설이 촉진된다.

041 무기질과 기능의 연결이 옳은 것은?

① 인 - 칼슘 채널 억제
② 황 - 근육 수축과 신경전달
③ 나트륨 - cAMP 생성에 관여
④ 칼륨 - 글리코겐 저장에 필요
⑤ 마그네슘 - 비타민 및 효소의 활성화

042 철 흡수를 증진시키는 인자로 옳은 것은?

① 시트르산
② 제산제 섭취
③ 폴리페놀 성분
④ Ca^{2+}과 함께 섭취
⑤ 저장 철함량 증가

043 아연에 대한 설명으로 옳은 것은?

① DNA 중합효소의 구성성분이다.
② 흡수율은 40~50% 정도이다.
③ 철의 흡수 및 이용을 촉진시킨다.
④ 히스티딘, 시스테인은 흡수를 억제한다.
⑤ 혈액에서 주로 셀룰로플라스민(ceruloplasmin)과 결합하여 이동한다.

044 나트륨의 혈중 농도가 저하되었을 때의 조절기전으로 옳은 것은?

① 부신피질에서 레닌이 분비된다.
② 안지오텐신에 의해 혈관이 이완된다.
③ 갈증중추가 자극되어 수분을 섭취한다.
④ 글루카곤이 나트륨의 재흡수를 억제한다.
⑤ 알도스테론이 나트륨의 재흡수를 촉진시킨다.

045 무기질의 흡수에 대한 설명으로 옳은 것은?

① 철은 주로 회장에서 흡수된다.
② 무기질 흡수는 담즙에 의해 촉진된다.
③ 칼슘은 주로 수동적 확산으로 흡수된다.
④ 체내 요구량이 높을수록 흡수율이 증가한다.
⑤ 식사 내 칼슘 함량이 높으면 흡수율이 증가한다.

046 대사성 알칼리증에 대해 옳은 것은?

① 당뇨가 심해질 때 발생한다.
② 보상기전으로 호흡율이 감소한다.
③ 만성폐질환이나 신경계 장애로 발생한다.
④ 보상기전으로 신장에서 HCO_3^-가 재흡수된다.
⑤ 보상기전으로 신장이 더 많은 수소이온이 배출된다.

047 가임기와 임신기 호르몬에 관한 설명으로 옳은 것은?

① 난포기에 분비가 증가되어 자궁내막을 증식시키는 호르몬은 프로게스테론이다.
② 임신기 에스트로겐은 태반에서 분비되며, 자궁근을 이완시켜 임신을 유지한다.
③ 임신기 프로게스테론은 유선세포 증식을 촉진시켜 수유에 대비한다.
④ 임신기 프로게스테론은 나트륨 보유를 촉진한다.
⑤ 태반락토겐은 황체를 자극하여 초기 임신을 유지시킨다.

048 임신기 모체 혈액성분과 관련한 생리적 변화로 옳은 것은?

① 혈중 중성지방 농도 감소
② 헤모글로빈 농도 감소
③ 혈장과 세포외액량 감소
④ 알부민 합성 감소
⑤ 모체의 순환혈액량 감소

049 모체의 거대적아구성 빈혈과 태아의 신경관결손을 예방하기 위해 임신 전과 임신 초기에 특히 섭취를 강조해야 하는 식품은?

① 감자, 고구마, 미역
② 시금치, 브로콜리, 소 간
③ 우유, 요구르트, 멸치
④ 사과, 토마토, 감
⑤ 소고기, 닭고기, 돼지고기

050 수유부 영양과 모유관련 설명으로 옳은 것은?

① 수유부가 영양 불량이 심해도 모유 분비량은 일정하게 유지된다.
② 모유의 에너지, 단백질, 콜레스테롤, 엽산 양은 수유부의 식사에 민감하게 영향을 받는다.
③ 채식주의자 수유부의 모유에는 리놀레산 함량이 비채식주의자 수유부보다 많다.
④ 당뇨병이 있는 수유부의 모유에는 포도당 농도가 높다.
⑤ 소모성 질환으로 영양불량이 심한 수유부의 경우에도 모유수유가 가능하다.

051 '2020 한국인 영양소 섭취기준'에서 임신부에게 추가 섭취가 많은 영양소(㉠)와 수유부에게 추가 섭취가 많은 영양소(㉡)의 연결이 옳은 것은?

	㉠	㉡
①	철	비타민 E
②	비타민 A	엽산
③	엽산	철
④	칼슘	니아신
⑤	비타민 D	칼슘

052 영아의 수분대사에 대한 설명으로 옳은 것은?

① 영아의 단위체중당 수분 필요량은 성인과 동일하다.
② 신생아의 세포 외액은 체중의 약 45% 정도를 차지하고 있다.
③ 영아의 수분평형은 음(-)의 상태를 유지한다.
④ 구토나 설사로 탈수가 나타나면 우선 세포 내액의 수분이 감소한다.
⑤ 영아의 신체 수분양은 체중의 50~60%로 성인의 60~70%보다 낮다.

053 이유가 지연될 때 나타날 수 있는 문제점은?

① 체내 철 고갈로 빈혈증
② 소화기능 미숙으로 설사
③ 지방세포수 증가로 비만
④ 식도역류에 의한 호흡기 증상
⑤ 모유 분비량 감소

054 모유에 함유된 항감염성 인자 중 병원성 미생물의 세포벽을 분해하는 것은?

① 대식세포
② 면역항체
③ 라이소자임
④ 비피더스 인자
⑤ 락토페린

055 5세 유아의 헤모글로빈 농도가 10g/dl, 혈중 알부민이 3.5g/dl였다. 이 유아에게 적합한 음식은?

① 바나나, 딸기우유
② 고구마, 사과주스
③ 국수, 귤
④ 소고기완자전, 오렌지주스
⑤ 호두, 우유

056 사춘기 성장 특징을 설명한 것으로 옳은 것은?

① 출생 후 제1급성장기로 빠른 성장속도를 보인다.
② 사춘기 동안 여성은 체단백 비율이 증가하고 남성은 체지방 비율이 증가한다.
③ 두뇌조직의 발달이 가장 빠른 시기로 이 시기에 거의 완료된다.
④ 사춘기의 시작은 여성이 남성에 비하여 늦으나 성장의 지속기간은 더 길다.
⑤ 남녀 모두 근육량이 증가하나 남성이 여성보다 증가율이 크고 지속적이다.

057 중년의 만성질환 예방을 위한 영양관리지침으로 옳은 것은?

① 고혈압 – 칼슘 섭취량 감소
② 대사증후군 – 열량섭취 감소
③ 대장암 – 지질 섭취량 증가
④ 골다공증 – 식이섬유 섭취 증가
⑤ 과체중 – 당질 섭취 증가

058 '2020 한국인 영양소 섭취 기준'에서 성인보다 노인에게 더 많이 권장하는 영양소와 그 이유가 옳게 연결된 것은?

① 비타민 B_{12} – 흡수율이 감소하기 때문
② 비타민 D – 골다공증에 대비해야 하기 때문
③ 칼슘 – 유당불내증이 있기 때문
④ 비타민 D – 신장기능 저하로 활성형 전환이 어렵기 때문
⑤ 비타민 C – 장기간 흡연으로 인해 항산화력이 감소했기 때문

059 노인에게 나타나는 생리적 변화로 옳은 것은?

① 체내 수분 비율 증가
② 수축기 혈압 감소
③ 적혈구양 증가
④ 타액분비 감소
⑤ 항이뇨호르몬 분비 증가

060 역도선수나 투포환선수처럼 순간적으로 단시간에 에너지를 필요로 하는 선수의 공급 에너지원은?

① 지방　　　　② 젖산
③ 카르니틴　　④ 크레아틴인산
⑤ 글리코겐

영양교육, 식사요법 및 생리학

061 지역사회영양사업 요구도 진단과정에서 수집된 자료를 토대로 영양사업으로 우선 선정해야 하는 영양문제는?

① 성인보다는 적은 인원이라도 어린이에게서 나타나는 영양문제
② 지역주민의 관심도는 낮으나 개선효과가 좋을 것으로 예상되는 영양문제
③ 경제적 손실이 큰 영양문제
④ 흥미롭고 대중매체에서 이슈가 되는 영양문제
⑤ 심각성이 크지 않은 영양문제

062 영양교육 과정의 첫 단계 내용으로 옳은 것은?

① 우선 개선 할 영양문제를 선정한다.
② 적절한 홍보로 참여율을 높인다.
③ 교육의 주제, 내용, 방법에 대해 구체적인 계획을 수립한다.
④ 대상자의 문제를 분석하고 교육요구도를 파악한다.
⑤ 교육내용과 방법 및 매체의 타당도를 평가한다.

063 영양교육 실시효과를 가장 빠른 시일 내에 측정할 수 있는 것은?

① 건강상태 변화
② 질병 발생률 변화
③ 신체 발육 상태의 변화
④ 식행동 및 식습관의 변화
⑤ 식행동 관련 지식의 변화

064 임신부를 대상으로 모유수유 영양교육을 실시하려고 한다. 계획적 행동이론을 적용하여 공공장소에서 모유수유 하는 방법, 유선염에 걸린 경우 모유수유 방법 등에 대해 교육한다면 적용한 구성요소는?

① 관찰학습 기회 증진
② 순응동기 증진
③ 인지된 행동통제력 증진
④ 모유수유에 대한 태도 증진
⑤ 주관적 규범 증진

065 체중조절 식사요법을 3개월간 실천하고 있는 A씨는 영양상담 후 후식으로 즐겨 먹던 아이스크림을 저지방 요거트로 먹게 되었다. A씨가 행동 변화를 위해 적용한 전략은?

① 자신방면   ② 대체조절
③ 보상관리   ④ 사회적 방면
⑤ 환경 재평가

066 프리시드-프로시드(PRECEDE-PROCEED) 모델의 역학적 진단에 대한 내용은?

① 행동과 환경적 요인에 영향을 미치는 요인을 구체적으로 찾는다.
② 행정적으로 문제가 되는 부분이 무엇인지 진단한다.
③ 주요 건강문제를 파악하고 이에 영향을 미치는 요인을 행동, 환경적 관점에서 알아본다.
④ 프로그램을 수행하는 기관의 정책, 자원, 환경 등을 조사한다.
⑤ 삶의 질에 대한 대상 집단의 주관적인 관심사를 알아본다.

067 데일의 경험원추이론에서 행동적 경험을 제공하는 매체는?

① 시범   ② 역할극
③ 견학   ④ 라디오
⑤ 영화

068 실제의 문제 상황을 단순화 시킨 모의상황 속에서 이루어지는 교육활동으로 실생활을 간접적으로 경험함으로써 문제를 인식하고 생각이나 태도가 변화되는 교육방법은?

① 인형극   ② 시뮬레이션
③ 견학   ④ 연구집회
⑤ 역할연기법

069 라디오 방송을 활용한 영양교육의 특징으로 옳은 것은?

① 청취자의 자세는 비교적 수동적이다.
② 교육 내용에 대한 주의집중에 효과적이다.
③ 음성으로 전달하므로 청취자에게 부담을 준다.
④ 수준 높은 정보를 효과적으로 전달할 수 있다.
⑤ 대상자의 교육 수준에 영향을 비교적 많이 받는다.

070 당뇨 환자를 대상으로 식품교환표를 이용하여 올바른 외식과 간식 선택법, 적당한 음주법 등을 교육했다면, 무엇을 목적으로 한 것인가?

① 주관적 규범 향상
② 자아효능감 증진
③ 인지된 위험성 증대
④ 행동에 대한 태도 향상
⑤ 인지된 위험성 감소

071 국민건강영양조사의 검진조사 중 신체계측 항목은?

① 상완위둘레 ② 머리둘레
③ 허리둘레 ④ 가슴둘레
⑤ 엉덩이둘레

072 다음의 업무를 주관하는 정부기관은?

- 국민영양관리 기본계획 수립
- 한국인 영양소 섭취기준 설정
- 지역보건의료기관 설치
- 영양사국가고시 관장
- 국민건강영양조사 기획

① 질병관리청 ② 식품의약품안전처
③ 보건복지부 ④ 교육부
⑤ 농림축산식품부

073 영양교육의 학습목표 진술로 가장 옳은 것은?

① 비타민의 체내 기능을 이해한다.
② 식품교환표의 식품군을 알도록 한다.
③ 식품구성자전거의 식품군을 열거한다.
④ 당뇨병의 식사요법을 설명하고, 실생활에 적용한다.
⑤ 패스트푸드와 영양문제를 토론한다.

074 보건소에서 실시하고 있는 영양플러스사업에 대한 설명은?

① 영양선별 결과 영양불량 및 영양위험군에 해당하면 소득수준과 관계없이 대상자가 된다.
② 개별상담과 집단교육을 병행한 영양교육과 식품패키지가 제공된다.
③ 영유아보육법을 근거로 하여 의사와 연계한 사업이다.
④ 수혜대상자는 동일한 영양교육비를 지불해야 한다.
⑤ 영양플러스사업을 신청한 보건소만 실시하고 있다.

075 영양관리과정 중 식품과 영양소 제공, 영양교육, 영양상담 및 타 분야와 연계한 영양관리 등의 전략을 적용하는 단계는?

① 영양판정
② 영양진단
③ 영양중재
④ 영양 모니터링 및 평가
⑤ 영양검색

076 다음의 특징에 해당하는 영양판정을 적용한 경우는?

가. 대상자의 신체적 징후를 주관적으로 평가한다.
나. 평가결과의 계량화, 표준화가 어렵다.
다. 영양적 요인 이외에도 복합적인 원인이 징후에 영향을 준다.

① 식사력 조사 실시
② 비만도 계산
③ 혈중 알부민 농도 측정
④ 혀가 부어있거나 혀의 돌기에 충혈여부 관찰
⑤ 혈중 LDL-콜레스테롤 농도 측정

077 입원 환자의 영양검색에 대한 설명으로 옳은 것은?

① 임상영양사의 고유 업무이다.
② 정확한 측정을 위해서는 특수한 방법을 이용하기도 한다.
③ 영양불량 위험이 있는 환자를 신속하게 선별하는 것이 목적이다.
④ 고도의 전문적인 지식이 필요하다.
⑤ 장기입원환자를 대상으로 시행한다.

078 환자의 면역기능 판정 방법은?

① 혈청 페리틴 측정
② 총 림프구수 측정
③ 프로트롬빈 시간(PT)
④ 72시간 분변검사
⑤ 경구당부하검사

079 환자식과 제공할 수 있는 음식의 연결이 옳은 것은?

① 글루텐 제한식 – 오트밀
② 티라민 제거식 – 발효치즈
③ 맑은 유동식 – 요구르트
④ 저잔사식 – 우유 및 유제품
⑤ 저퓨린식 – 고기 국물

080 환자 상태와 식이가 옳게 연결된 것은?

① 뇌졸중으로 삼킴이 어려운 경우 – 농후유동식
② 수술 후 처음 식사섭취 – 연식
③ 편도선 절제 환자 – 미지근한 농후유동식
④ 자연 분만한 산모 – 저작보조식(기계적 연식)
⑤ 급성 감염환자 – 맑은 유동식

081 연하곤란과 식욕부진이 심하여 구강 섭취가 어려운 환자로 위장관 기능은 정상이고 흡인의 위험은 없으며 3주 정도 사용이 예상되는 경우 적용할 수 있는 경관급식 경로는?

① 위장조루술
② 공장조루술
③ 비위관
④ 비십이지장관
⑤ 비공장관

082 위 운동이 촉진되어 위 배출이 빨라지는 경우는?

① 고단백 식사
② 유동성이 큰 음식
③ 고지방 식사
④ 교감신경 자극
⑤ 알칼리성 음식

083 소장에 유입된 단백질과 산에 의해 분비되는 호르몬과 그 기능으로 옳은 것은?

① 콜레시스토키닌 – 담낭 수축으로 담즙 분비
② 가스트린 – 위액 분비 촉진
③ 세크레틴 – 중탄산염 함량이 많은 췌액 분비 촉진
④ 엔테로가스트론 – 위운동 억제
⑤ 세크레틴 – 효소함량이 많은 위액 분비 촉진

084 치매로 마비성 연하장애가 있는 환자에게 적합한 식품은?

① 크래커
② 건포도
③ 호상 요구르트
④ 오렌지 주스
⑤ 찹쌀떡

085 소화성궤양 환자에게 제공이 가능한 음식은?
① 닭튀김
② 가자미찜
③ 고등어구이
④ 전유어
⑤ 고사리나물

086 만성장염 환자에게 가장 적합한 음식은?
① 달걀찜, 도라지생채
② 미역나물, 사과
③ 샐러드, 감자튀김
④ 병어조림, 애호박나물
⑤ 생선전, 오이생채

087 간경변증 환자의 대사변화와 증상에 관한 설명으로 옳은 것은?
① 콜레스테롤 합성이 증가하여 담즙생성 증가로 담석증의 위험이 높아진다.
② 인슐린 민감성이 증가하여 저혈당이 나타난다.
③ 신혈류량 감소로 레닌-안지오텐신계가 활성화 되어 고혈압이 나타난다.
④ 간문맥압이 감소하여 황달, 식도정맥류가 나타난다.
⑤ 요소합성이 증가하여 간성혼수가 나타난다.

088 항지방간 인자의 부족으로 발생한 지방간의 식사요법은?
① 탄수화물 섭취를 줄인다.
② 알코올을 금한다.
③ 체중을 감량한다.
④ 메티오닌, 셀레늄을 보충한다.
⑤ 포화지방산 섭취를 줄인다.

089 간 기능 검사 결과 간질환이 의심되는 경우는?
① 혈중 빌리루빈 수치가 감소하였다.
② 혈중 알부민과 글로불린비(A/G)가 상승하였다.
③ 요중 빌리루빈과 우로 빌리노겐이 상승하였다.
④ 혈중 AST와 ALT가 감소하였다.
⑤ 혈중 암모니아 농도가 감소하였다.

090 혈청 아밀라아제와 리파아제 농도가 정상 보다 매우 높았고 상복부 통증이 심하여 입원하였다. 통증이 완화될 때까지 금식하고 정맥영양으로 수분과 전해질을 공급받았다. 이후 식사요법으로 옳은 것은?
① 고단백식, 고지방식
② 고당질식, 저지방식
③ 저당질식, 고지방식
④ 저단백식, 저당질식
⑤ 고당질식, 고단백식

091 비만한 사람이 행동수정요법 중 자기 관찰을 위해 활용한 것은?
① 장보기는 식후에 한다.
② 바람직한 행동을 할 경우 특별한 선물을 한다.
③ 간식을 탄산음료에서 저지방우유로 바꾼다.
④ 식사일기와 활동량 일지를 기록한다.
⑤ 배가 많이 고플 때는 식사 전에 샐러드를 먼저 먹는다.

092 비만의 원인은?
① 기초대사율 증가
② 교감신경 활성화
③ 에스트로겐 감소
④ 갑상샘 기능 항진
⑤ 에너지 섭취 대비 활동량 증가

093 비만 치료를 위한 식사요법은?

① 하루 열량 800kcal 섭취
② 식물성 단백질 위주로 섭취
③ 당질은 하루 최소 100g 이상 섭취
④ 불포화지방산으로 총에너지의 10% 이하 섭취
⑤ 비타민, 무기질 섭취 제한

094 당뇨병에 관한 설명으로 옳은 것은?

① 임신성 당뇨병은 당뇨병 환자가 임신한 경우 발생한다.
② 제1형 당뇨병은 인슐린 저항성이 증가되어 발병한다.
③ 제2형 당뇨병은 주로 소아기에 발병한다.
④ 제2형 당뇨병은 상체비만자에서 많이 발병한다.
⑤ 제1형 당뇨병은 경구혈당강하제로 치료한다.

095 당뇨병 환자에서 나타나는 단백질 대사에 관한 설명으로 옳은 것은?

① 근육단백질 합성 증가
② 발린, 루신, 이소루신의 혈중 농도 증가
③ 요소합성 감소
④ 요중 질소배설량 감소
⑤ 성장 촉진

096 의식을 잃고 쓰러진 제1형 당뇨병 환자의 혈당을 측정해 보니 420mg/dL이었다. 식사요법으로 옳은 것은?

① 흡수가 빠른 설탕물과 인슐린 공급
② 우유와 수분 공급
③ 신속하게 인슐린 투여 및 전해질과 수분 공급
④ 경구혈당강하제와 수분을 공급한다.
⑤ 포도당을 정맥으로 투여한다.

097 당뇨병 환자의 식사요법으로 옳은 것은?

① 잼, 초콜릿, 사탕 등으로 에너지를 보충한다.
② 당뇨병성 신증이 있는 경우 단백질을 보충한다.
③ 단백질은 총 에너지의 10% 이내로 제공한다.
④ 당질은 총 에너지의 50% 이하로 제공한다.
⑤ 충분한 채소와 적당한 과일을 통해 식이섬유소를 충분히 제공한다.

098 인슐린 주사를 맞고 있는 당뇨병 환자의 식사요법은?

① 당질량의 세 끼 배분을 동일하게 제공한다.
② 인슐린 작용시간 및 지속성에 따라 영양소량과 식사량을 배분한다.
③ 하루에 6번 이상 식사를 해서 저혈당을 예방한다.
④ 단백질을 엄격하게 제한한다.
⑤ 식사는 일반인과 동일하게 섭취한다.

099 당뇨병 환자에게 식품교환표를 이용하여 간식으로 20~40g 당질을 제공하려고 할 때, 적합한 식품은?

① 치즈 1장, 오렌지주스 1/2잔
② 잔치국수 180g
③ 당근주스 1잔
④ 고구마 70g, 우유 1잔
⑤ 식빵 2장, 우유 1잔

100 혈압에 영향을 주는 인자는?

① 교감신경이 활성화 되면 혈압이 감소한다.
② 압력수용기에서 압력 감소가 인지되면 심장운동이 억제된다.
③ 히스타민 분비는 혈관을 이완 시켜 혈압이 감소한다.
④ 레닌-안지오텐신 시스템이 활성화되면 혈압이 감소한다.
⑤ 혈액의 점성이 증가하면 혈압이 감소한다.

101 심장에 관한 설명으로 옳은 것은?

① 심장에 산소와 영양을 공급하는 혈관은 대동맥이다.
② 심장근은 수의근이다.
③ 중추신경이 차단되면 수축할 수 없다.
④ 좌심실에서 전신으로 혈액을 보낸다.
⑤ 심장근은 평활근이다.

102 고혈압 환자에게 권장하는 식단으로 가장 적합한 것은?

① 보리밥, 감자국, 갈치조림, 케이크
② 율무밥, 오징어국, 삼겹살구이, 사과
③ 보리밥, 버섯국, 꽁치구이, 토마토
④ 현미밥, 조개탕, 달걀장조림, 우유
⑤ 보리밥, 육개장, 마른새우볶음, 꿀차

103 제4형(고VLDL혈증) 이상지질혈증의 식사요법으로 가장 적합한 것은?

① 단순당 섭취를 통해 열량을 보충한다.
② 적당한 알코올 섭취는 허용한다.
③ 콜레스테롤 섭취를 엄격히 줄인다.
④ 열량과 당질 섭취를 줄인다.
⑤ 단백질 섭취를 줄인다.

104 울혈성 심부전 환자의 식사요법은?

① 고열량, 고단백식사
② 저섬유, 무자극성식사
③ 고지방, 고수분식
④ 식욕촉진을 위해 충분한 향신료 허용
⑤ 적당한 알코올 및 카페인 음료 허용

105 와파린을 복용 중인 뇌졸중 환자가 섭취에 주의가 필요한 영양소는?

① 비타민 A ② 비타민 B군
③ 비타민 E ④ 비타민 D
⑤ 비타민 K

106 신장에서 전해질 평형 조절에 대한 설명으로 옳은 것은?

① 알도스테론은 원위세뇨관에서 칼륨의 재흡수를 증가시킨다.
② 혈장 삼투압이 낮으면 부신피질에서 알도스테론 분비가 증가한다.
③ 알도스테론은 원위세뇨관에서 나트륨의 배설을 촉진시킨다.
④ 혈장 삼투압이 증가하면 근위세뇨관에서 나트륨의 재흡수가 증가한다.
⑤ 혈장 삼투압이 감소하면 근위세뇨관에서 칼륨의 재흡수가 증가한다.

107 신장 질환자의 증상 관련 설명으로 옳은 것은?

① 신혈류량이 감소되어 고혈압, 동맥경화증, 신경화증이 발생하기 쉽다.
② 비타민 D 활성화가 증가되어 골절이 발생하기 쉽다.
③ 단백뇨로 교질삼투압이 높아져 부종이 발생한다.
④ 요로 적혈구 배출이 증가되어 빈혈이 발생하기 쉽다.
⑤ 신장환자는 간의 요소합성이 감소되어 고암모니아혈증이 발생한다.

108 사구체 여과율이 감소될 때 혈액에 나타나는 변화로 옳은 것은?

① 인 감소   ② 칼륨 감소
③ 칼슘 감소   ④ 크레아티닌 감소
⑤ 요소 감소

109 투석하지 않는 만성신부전 환자의 식사요법은?

① 에너지 섭취 제한
② 인 섭취 증가
③ 칼슘 섭취 증가
④ 단백질 섭취 증가
⑤ 칼륨 섭취 증가

110 신장에 인산칼슘 결석이 있는 환자에게 적합한 식품은?

① 우유   ② 견과류
③ 건과일   ④ 난황
⑤ 사탕

111 대장암 예방을 위한 식이섬유소의 기능으로 옳은 것은?

① 발암물질에 노출되는 시간이 길어진다.
② 장내 통과시간이 지연된다.
③ 대변량이 증가하여 배변 횟수가 감소한다.
④ 과잉의 식이섬유소는 무기질 흡수증진으로 암 예방에 도움이 된다.
⑤ 수분을 흡수하는 보수성으로 대장 내의 발암물질이 희석된다.

112 식사섭취가 어려운 항암치료 환자의 식사요법은?

① 정규 식사 섭취량을 늘리기 위해 간식을 제한한다.
② 삼킴 장애 시 쉽게 삼킬 수 있도록 맑은 유동식을 제공한다.
③ 식욕촉진을 위해 향이 강한 음식을 제공한다.
④ 영양밀도가 높은 음식을 제공한다.
⑤ 배가 많이 고플 때 식사하여 섭취량을 늘린다.

113 호흡과 혈액의 pH 변화와의 관계를 설명한 것으로 옳은 것은?

① 혈액의 pH와 호흡수와는 무관하다.
② 호흡곤란으로 이산화탄소 배설이 저하되면 혈액의 pH는 증가한다.
③ 혈액의 pH가 낮아지면 호흡수가 증가한다.
④ 혈액의 이산화탄소 농도가 높아지면 호흡수는 감소한다.
⑤ 과잉 호흡일 경우 호흡성 산독증이 일어난다.

114 폐결핵 환자의 식사요법은?

① 지방 섭취 제한   ② 칼슘 섭취 제한
③ 단백질 섭취 제한 ④ 고에너지식 제공
⑤ 수분 섭취 제한

115 회복기에 있는 화상 환자의 식사요법으로 옳은 것은?

① 고에너지식, 저지방식
② 고에너지식, 저단백식
③ 고에너지식, 고단백식
④ 저에너지식, 저당질식
⑤ 저에너지식, 고단백식

116 혈액을 원심분리한 후 적혈구가 차지하는 용적비는?

① 헤모글로빈   ② 평균혈구용적
③ 헤마토크리트   ④ 트랜스페린
⑤ 페리틴

117 혈액에서 면역기능을 담당하는 단백질은?

① 알부민   ② 글로불린
③ 트랜스페린   ④ 혈소판
⑤ 피브리노겐

118 골다공증 환자의 식사요법으로 옳은 것은?

① 단백질과 인을 충분히 섭취한다.
② 식이섬유를 충분히 섭취한다.
③ 포화지방산, 불포화지방산을 충분히 섭취한다.
④ 카페인과 알코올을 제한한다.
⑤ 고나트륨식은 뼈 밀도를 높인다.

119 갑상선 기능 저하증과 과잉증에서 나타나는 증상은?

① 에디슨 – 쿠싱증후군
② 시몬즈병 – 말단비대증
③ 요붕증 – 고혈압
④ 소인 – 거인증
⑤ 크레틴병 – 바세도우병

120 발린, 이소루신, 루신을 대사하지 못하는 선천성 대사장애는?

① 호모시스틴뇨증   ② 단풍당밀뇨증
③ 페닐케톤뇨증   ④ 과당불내증
⑤ 갈락토세미아

올인원 영양사 모의고사 [2회]

제한시간 85분 / 점수 _____점

식품학 및 조리원리

001 식품의 계량방법으로 옳은 것은?

① 물이용법은 빵이나 떡의 부피 측정에 이용된다.
② 냉장고에서 꺼낸 버터는 액체로 녹여 컵에 담아 계량한다.
③ 백설탕은 모양이 유지될 정도로 컵에 눌러 담아 계량한다.
④ 꿀이나 엿은 할편계량컵을 이용하여 위를 편평하게 깎아 계량한다.
⑤ 밀가루는 체에 친 후 계량컵에 눌러 담아 스페툴라로 편평하게 깎는다.

002 열원 중 전기의 특징으로 옳은 것은?

① 온도 상승이 빠르다.
② 최고 온도가 높다.
③ 점화 즉시 원하는 화력을 얻을 수 있다.
④ 유해가스가 발생한다.
⑤ 에너지 단가가 비싼 편이다.

003 식품의 수분활성도와 여러 화학 반응에 대한 설명 중 옳은 것은?

① 효소활성은 수분활성도가 높을수록 감소한다.
② 가수분해 반응은 수분활성도가 낮을수록 활발하다.
③ 아미노 카르보닐 반응은 Aw 0.6~0.7에서 최대이다.
④ 대부분의 곰팡이는 Aw 0.90 이하에서 생육할 수 없다.
⑤ 유지의 산화반응은 단분자층의 수분함량 이하에서 억제된다.

004 다음 중 탄수화물의 설명으로 옳은 것은?

① 물과 에테르에 잘 녹는다.
② 식물과 동물 세포의 연료로 쓰인다.
③ 서당(sucrose)는 변선광의 성질을 나타낸다.
④ 단당류 중 오탄당은 효모에 의해 발효되지 않는다.
⑤ 일반적으로 자신은 환원되고 다른 화합물은 산화시키는 환원성을 갖는다.

005 단당류의 유도체에 대한 설명으로 옳은 것은?

① ribitol은 비타민C의 합성원료로 사용된다.
② 단당류에서 -OH의 산소가 제거된 것이 sugar alcohol이다.
③ Thiosugar는 주로 6번 탄소의 -OH기가 -SH기로 치환된 것이다.
④ 당분자의 2번탄소의 OH기가 NH_2기로 치환된 것이 amino sugar이다.
⑤ 단당류의 말단에 있는 $-CH_2OH$기가 산화되어 -COOH기로 변한 것이 aldonic acid이다.

006 펙틴산(Pectinic acid)에 대한 설명으로 옳은 것은?

① pectin 전구물질로 덜 익은 과실에 존재한다.
② 셀룰로오스나 헤미셀룰로오스와 결합하고 있다.
③ carboxyl기에 methyl ester 형이 전혀 존재하지 않는다.
④ 칼슘과 결합한 경우 불용성의 calcium pectate가 되어 침전한다.
⑤ 천연의 pectinic acid는 적당량의 산과 당이 존재하면 gel이 된다.

007 당알코올류 중 버섯, 해조류에 존재하는 것은?
① 만니톨
② 솔비톨
③ 리비톨
④ 이노시톨
⑤ 자일리톨

008 유지의 화학적 측정법에 대한 설명 중 옳은 것은?
① 요오드가는 산패된 유지일수록 증가한다.
② 헤너가는 수용성 휘발산 함량의 측정법이다.
③ 검화가는 고급지방산이 많이 함유된 유지일수록 커진다.
④ 아세틸가는 유지 중 함유된 카보닐기의 양을 측정하는데 이용된다.
⑤ TBA가는 유지의 말론알데히드를 측정하여 산패도를 파악하는 데 이용된다.

009 지질의 분류가 옳은 것은?
① 유도지질 – wax
② 단순지질 – sterol
③ 복합지질 – lecithin
④ 단순지질 – squalene
⑤ 복합지질 – triglyceride

010 지질의 특성에 대한 설명으로 옳은 것은?
① 고급지방산이 많아질수록 비중은 커진다.
② 저급지방산이 많을수록 융점이 높아진다.
③ 유지의 결정형 중 융점은 α형이 가장 높다.
④ 경화유로 가공하면 산화 안정성이 증가한다.
⑤ 반복해서 사용할수록 유지의 발연점은 점차 높아진다.

011 아미노산의 성질로 옳은 것은?
① 아미노산 중 시스틴과 티로신은 물에 잘 녹는다.
② α-아미노산에 아질산을 가하면 아민이 생성된다.
③ 아미노산의 아미노기는 알코올과 반응하여 에스터를 이룬다.
④ 산성용액에서 아미노산 분자는 전기영동장치의 양극으로 이동한다.
⑤ 아미노산의 α-아미노기는 알데히드와 축합하여 시프염기(schiff base)를 형성한다.

012 글루탐산의 $pK_1=2.19$, $pK_r=4.25$, $pK_2=9.67$이다. 등전점은?
① 3.22
② 5.37
③ 5.93
④ 6.96
⑤ 7.83

013 단백질의 3차 구조에 대한 설명으로 옳은 것은?
① 변성에 의해 변화하지 않는 구조이다.
② 1회전에 3.6아미노산 잔기가 들어간다.
③ 아미노산의 펩티드결합으로 이루어진다.
④ 여러 개의 폴리펩티드 사슬의 회합이다.
⑤ 아미노산 R-기 사이의 수소결합이 관여한다.

014 안토잔틴(anthoxanthin)에 대한 설명으로 옳은 것은?
① 옥소늄이온을 포함하고 있다.
② 알칼리에서 칼콘이 형성된다.
③ 이소프렌으로 구성되어 있다.
④ C, H로 구성된 지용성 색소이다.
⑤ 가열에 의해 수용성으로 전환된다.

015 새우나 게 등의 갑각류의 색소로 가열에 의해 적색으로 전환되는 것은?

① 루테인　　② 지아잔틴
③ γ-카로틴　④ 아스타잔틴
⑤ 크립토잔틴

016 아미노카보닐 반응에 대한 설명으로 옳은 것은?

① 온도에 대한 영향을 받지 않는다.
② 오탄당보다 육탄당이 잘 반응한다.
③ 아미노산 중 특히 리신의 손실을 야기한다.
④ 아황산염은 아미노카보닐 반응을 촉진한다.
⑤ pH가 산성으로 갈수록 반응이 활발히 진행된다.

017 동물성 식품의 냄새성분에 대한 설명으로 옳은 것은?

① 리신으로부터 인돌, 스카톨이 생성된다.
② 해수어의 TMA가 TMAO로 산화되어 비린내 성분이 된다.
③ 김을 구울 때 발생하는 냄새성분은 글리세롤의 분해물이다.
④ 우유 특유의 향은 카보닐 화합물과 저급지방산으로 구성된다.
⑤ 상어나 홍어의 냄새성분은 아미노산으로부터 생성된 암모니아이다.

018 다음 중 맛의 대비에 해당되는 예로 옳은 것은?

① 커피에 설탕을 넣으면 커피의 쓴맛이 약화된다.
② 간장이나 된장의 짠맛은 감칠맛에 의해 약화된다.
③ MSG에 5′-IMP를 넣으면 감칠맛이 훨씬 증가한다.
④ 설탕용액에 사카린을 넣으면 단맛이 훨씬 증가한다.
⑤ 설탕용액에 소금용액을 소량 가하면 단맛이 증가한다.

019 페니실린이 미생물을 사멸시키는 기전으로 옳은 것은?

① 원형질 분리
② DNA 복제 저해
③ 단백질 합성 저해
④ 펩티도글리칸 합성 저해
⑤ 단백질 및 핵산의 변성 유도

020 생유에 발생하면 쓴맛의 원인이 되어 고미유를 만드는 균으로 옳은 것은?

① *Acetobacter aeti*
② *Proteus vulgaris*
③ *Campylobacter coli*
④ *Serratia marcescens*
⑤ *Pseudomonas fluorescens*

021 백국균으로 약주나 탁주 제조에 이용되는 곰팡이는?

① *Aspergillus niger*
② *Aspergillus oryzae*
③ *Aspergillus glaucus*
④ *Aspergillus flavus*
⑤ *Aspergillus shirousami*

022 전분의 호화에 영향을 미치는 요인에 대한 설명으로 옳은 것은?

① 지방이나 단백질 첨가로 호화가 저해된다.
② 설탕의 첨가량이 많을수록 호화가 촉진된다.
③ 곡류 전분보다 근경류 전분의 호화온도가 높다.
④ 알칼리성에서는 전분의 팽윤과 호화가 억제된다.
⑤ 아밀로오스보다 아밀로펙틴의 호화가 더 용이하다.

023 곡류의 영양성분에 대한 설명으로 옳은 것은?

① 단백질 함량은 10% 내외이다.
② 탄수화물은 대부분 난소화성이다.
③ 겨층의 무기질은 효과적으로 흡수된다.
④ 겨층에는 지질과 콜레스테롤이 함유되어 있다.
⑤ 쌀의 생물가는 밀가루의 생물가보다 낮은 편이다.

024 결정형 캔디의 결정이 커지는 원인으로 옳은 것은?

① 산을 첨가했다.
② 과포화도가 낮았다.
③ 빠른 속도로 저어 주었다.
④ 결정형성 방해물질이 있었다.
⑤ 40도로 냉각시킨 후 저어 주었다.

025 밀가루 팽창제에 대해 옳은 것은?

① 효모는 기질로 전분을 가장 선호한다.
② 공기가 수증기보다 효과적인 팽창제이다.
③ 스펀지케이크는 공기를 이용하여 팽창시킨다.
④ 효모를 이용할 때 적정 발효온도는 20~25℃이다.
⑤ 베이킹파우더 사용 시 별도의 산염을 첨가해야 한다.

026 다음 육류의 조리법에 대한 설명으로 옳은 것은?

① 육류는 간장에 오래 재워둘수록 연해진다.
② 설렁탕을 끓일 때는 고기를 끓는 물에 넣고 끓인다.
③ 가열 온도를 측정할 때는 살코기 중심부를 측정한다.
④ 스튜를 만들 때 토마토 주스를 넣고 가열하면 질겨진다.
⑤ 돼지고기 편육은 생강을 처음부터 넣고 가열하여야 냄새가 제거된다.

027 육류의 조직에 대한 설명으로 옳은 것은?

① 나이가 어릴수록 결합조직이 많다.
② 소고기보다 닭고기에 결합조직이 많다.
③ 콜라겐은 영양적으로 우수한 단백질이다.
④ 콜라겐은 물과 함께 가열하면 엘라스틴이 된다.
⑤ 근원섬유는 미오신과 액틴을 기본으로 구성된다.

028 사후경직 시 일어나는 변화로 옳은 것은?

① 글리코겐이 분해되어 젖산이 생성된다.
② pH가 약산성에서 약알칼리성로 변화된다.
③ ADP와 인산이 결합하여 ATP가 생성된다.
④ 액토미오신이 액틴과 미오신으로 분해된다.
⑤ 단백질 분해효소에 의해 단백질이 분해된다.

029 조개류의 감칠맛과 가장 관련 있는 것은?

① 구연산　　② 숙신산
③ 히스타민　④ 하이포잔틴
⑤ 트리메틸아민

030 어묵의 제조 원리는?

① 미오신의 열변성
② 콜라겐의 젤라틴화
③ 포화지방산의 경화
④ 염류에 의한 액틴, 미오신의 용출과 겔화
⑤ 글리코겐의 열에 의한 분해와 콜로이드화

031 달걀의 열응고성에 대한 설명으로 옳은 것은?

① 산은 달걀의 열응고를 촉진한다.
② 설탕은 달걀의 열응고를 촉진한다.
③ 우유는 달걀의 열응고를 방해한다.
④ 난백이 난황보다 열응고 온도가 높다.
⑤ 달걀의 농도가 높을 때 응고 온도가 높아진다.

032 엔젤 케이크나 마시멜로는 달걀의 어떤 성질을 이용한 것인가?

① 난황의 유화성   ② 난백의 기포성
③ 난황의 응고성   ④ 난황의 결합성
⑤ 난백의 청정성

033 우유의 성분에 관한 설명으로 옳은 것은?

① 우유에는 철과 구리가 풍부하다.
② 카세인 미셀의 외부에는 α-카세인이 위치해 있다.
③ 유지방은 검화가가 높고 요오드가는 낮다.
④ 우유의 유청단백질에는 카세인이 포함된다.
⑤ 우유 단백질의 80%를 차지하는 단백질은 락트알부민이다.

034 우유의 색과 관련있는 성분은?

① 유청단백질
② 플라보노이드
③ 카로티노이드
④ 아스코르브산
⑤ 폴리페놀옥시다아제

035 콩나물 조리시의 비린내 성분과 관련있는 성분은?

① 사포닌(saponin)
② 리파아제(lipase)
③ 올리고당(oligosaccharide)
④ 아스파르트산(aspartic acid)
⑤ 리폭시게나아제(lipoxygenase)

036 바삭한 튀김을 만드는 튀김옷에 대해 옳은 것은?

① 중력분을 사용한다.
② 최대한 오래 반죽한다.
③ 물의 1/3~1/4을 달걀로 대체한다.
④ 40℃ 정도의 따뜻한 물로 반죽한다.
⑤ 튀김옷에 소금을 0.2% 정도 첨가한다.

037 유지의 연화작용과 관련된 물리적 성질로 옳은 것은?

① 가소성   ② 응고성
③ 유화성   ④ 점탄성
⑤ 크리밍성

038 알칼리성 물로 채소를 조리할 때 일어나는 변화로 옳지 않은 것은?

① 녹색이 선명해 진다.
② 비타민 B가 파괴된다.
③ 클로로필을 클로로필리드로 변화시킨다.
④ 채소가 뭉그러지는 것을 어느 정도 막을 수 있다.
⑤ 세포벽 물질인 hemicellulose의 분해가 일어난다.

039 버섯의 성분에 대한 연결이 옳은 것은?

① 송이버섯의 향 – 렌티오닌
② 표고버섯의 향 – 계피산 메틸
③ 버섯 함유 비타민 – 비타민 A
④ 양송이버섯의 갈변 – 메일러드 반응
⑤ 표고버섯의 감칠맛 – 구아닐산(5′-GMP)

040 잼, 젤리의 제조에 대한 설명으로 옳은 것은?

① 설탕은 70~75%가 적절하다.
② phytic acid가 당, 산과 반응한 것이다.
③ 저메톡실 펙틴은 산만 존재하면 겔이 형성된다.
④ 설탕은 탈수작용을 하여 펙틴의 겔화에 기여한다.
⑤ 겔이 형성될 때 메톡실기가 많을수록 당과 산이 많이 필요하다.

급식, 위생 및 관계법규

041 급식소마다 급식시스템이 다르더라도 고객에게 질 좋은 음식을 제공한다는 급식의 목적은 다르지 않다는 개방시스템의 특징은?

① 역동적 안정성
② 상호의존성
③ 합목적성
④ 시스템 간의 공유영역
⑤ 경계의 유연성

042 조리저장식 급식체계에 대한 장점으로 옳은 것은?

① 급식의 품질 안전성에 대한 위험요소가 적다.
② 조리에 부여되는 노동시간을 최소화할 수 있다.
③ 인력 계획이나 작업 스케줄 계획이 용이하다.
④ 고객의 다양한 요구에 대응하기 쉽다.
⑤ 시스템에 맞는 표준 레시피를 구축하여야 한다.

043 조직의 내부 및 외부의 환경 분석을 통해 조직에 유리한 전략계획을 수립하는 기법은?

① 벤치마킹   ② 스왓분석
③ 목표관리법   ④ 전술계획
⑤ 전략계획

044 핵심역량부문에 경영자원을 집중하고 비핵심부문은 아웃소싱이나 전략적 제휴 등을 통해 운영하는 조직은?

① 매트릭스 조직   ② 팀형 조직
③ 네트워크 조직   ④ 위원회 조직
⑤ 프로젝트 조직

045 식사구성안에 대한 설명으로 옳은 것은?

① 식사구성안에 제시된 식품의 중량은 비가식부를 포함하며 익히기 전의 무게이다.
② 식사구성안의 채소류 중 콩나물의 1인 1회 중량은 50g이다.
③ 식사구성안은 일반 건강인을 대상으로 전반적인 건강을 증진시키기 위한 것이다.
④ 식사구성안은 생활습관이 변한 경우 식품대체가 어렵다.
⑤ 식사구성안은 특정 질병의 예방이나 치료를 위해서 사용되는 것이다.

046 메뉴표 역할에 대한 설명으로 옳은 것은?

① 고객만족도 측정 도구
② 잔반율 측정 도구
③ 식습관이 고려된 식생활 계획서
④ 작업지시서
⑤ 화폐가치

047 다음에 설명하는 메뉴 평가 방법은?

- 음식에 대한 수응도, 인기도 측정
- 급식대상자의 영양섭취 정도 평가, 조리법 변경 효과 분석, 1인 분량 변경의 효과 분석
- 직접 계측방법으로 측정

① 기호도 조사   ② 고객만족도 조사
③ 잔반량 조사   ④ 고객서비스 조사
⑤ 고객기호도 조사

048 메뉴엔지니어링기법으로 급식소의 메뉴를 분석한 결과 수익성은 높지만 고객에게 인기가 없는 메뉴에 대한 개선 방법은?

① 메뉴의 맛을 향상시킨다.
② 가격이 비싼 메뉴로 변경한다.
③ 메뉴표에서 눈에 잘 띄도록 게시 위치를 변경한다.
④ 메뉴를 삭제한다.
⑤ 현행대로 품질관리를 한다.

049 경영주나 소유주가 다른 여러 급식소들이 공동으로 협력하여 구매하는 형태로 소규모 급식소나 학교급식에서 효과적으로 활용하는 구매 유형은?

① 정기구매   ② 수시구매
③ 공동구매   ④ 독립구매
⑤ 중앙구매

050 구매절차에 따른 장표순서가 바르게 연결된 것은?

① 구매명세서 → 발주서 → 구매청구서 → 납품서
② 구매명세서 → 구매청구서 → 발주서 → 납품서
③ 구매청구서 → 구매명세서 → 발주서 → 납품서
④ 구매청구서 → 발주서 → 구매명세서 → 납품서
⑤ 발주서 → 구매명세서 → 구매청구서 → 납품서

051 급식인원 500명인 급식소에서 감자조림을 하려고 할 때, 감자의 1인 분량이 70g이고 폐기율이 20%, 냉장고에 3kg 남은 감자도 사용하려고 할 때, 감자의 발주량은? (소수 첫째자리에서 반올림)

① 20kg   ② 35kg
③ 40kg   ④ 41kg
⑤ 45kg

052 검수 시 발췌검사를 시행한 경우로 옳은 것은?
① 소량 구입한 경우
② 검사 시간이 충분한 경우
③ 생산자에게 품질 향상 의욕을 자극할 경우
④ 파괴할 필요가 없는 경우
⑤ 조금이라도 불량품이 섞여 있으면 안 되는 경우

053 농산물의 정보를 생산에서 판매단계까지 기록, 관리하여 안전성 관련 문제가 발생했을 때 원인 규명 및 필요한 조치를 할 수 있도록 만든 제도는?
① 우수농산물관리제도
② 농산물이력추적관리
③ 친환경농산물인증
④ 전통식품품질인증
⑤ 지리적 표시

054 실사재고조사에 대한 설명으로 옳은 것은?
① 입고, 출고자료를 통해 재고자산 파악이 용이하다.
② 어느 시점에서도 재고량 파악이 가능하다.
③ 주기적으로 창고에 보유하고 있는 물품의 수량과 목록을 기록하는 방법이다.
④ 대규모 급식소의 건조창고 및 냉동고 보유 물품 재고관리에 이용된다.
⑤ 고가품목에 적용한다.

055 수요를 예측하는 방법 중 주관적 방법은?
① 다중회귀분석법   ② 선형회귀분석법
③ 가중이동평균법   ④ 지수평활법
⑤ 델파이법

056 공항, 터미널의 간이식당, 커피숍, 스낵바 등에서 주로 이용하는 서비스로 적은 인력으로도 가능한 서비스 형태는?
① 셀프 서비스   ② 트레이 서비스
③ 테이블 서비스   ④ 카운터 서비스
⑤ 뷔페 서비스

057 급식소의 표준레시피 구성요소와 표기에 관한 설명으로 옳은 것은?
① 조리 후 식단평가 결과 내용을 표기한다.
② 식재료량은 부피 단위로 통일하여 표기한다.
③ 식재료명, 재료량, 조리법 및 총생산량과 1인분량을 표기한다.
④ 식재료의 품질과 규격을 표기한다.
⑤ 배식방법은 상황에 따라 달라지므로 표기하지 않는다.

058 다량생산 시 총 생산량을 한꺼번에 조리할 경우 품질이 저하되는 음식에 이용하는 방법이며 조리 후 배식까지 시간을 단축시킬 수 있는 조리방법은?
① 공동조리   ② 조리냉장
③ 조리냉동   ④ 분산조리
⑤ 표준조리

059 병원급식에서 환자식의 배선작업 시 식사오류가 있는지 확인하고, 오류가 발견되는 경우 시정조치를 취하는 통제의 유형은?
① 성과 통제   ② 계획 통제
③ 사전 통제   ④ 동시 통제
⑤ 사후 통제

060 작업동작을 기본요소의 동작으로 분류하고 그 동작이 어떤 조건하에서 수행되는지 확인한 다음, 이미 정해진 기준 시간 중에 유사한 것을 찾아 기본동작의 수행시간으로 간주하는 작업측정방법은?

① 기정시간표준 ② 표준자료법
③ 워크샘플링법 ④ 시간연구법
⑤ 실적자료법

061 급식생산성이 가장 높은 경우는?

① 전처리 하지 않은 식재료 사용
② 공정연구를 통한 음식 품질 표준화
③ 조리기술이 좋은 경력 조리원 고용
④ 작업동선 개선
⑤ 자동화기계를 활용한 종업원 동기부여

062 생산공정이나 작업방법의 내용을 공정순서에 따라 몇 가지 종류의 기호와 표현방식을 이용하여 공정도를 작성하고 각 공정을 분석하여 개선방안을 모색하는 것은?

① 동작연구 ② 공정분석
③ 시간연구 ④ 작업분석
⑤ 실적자료법

063 검수 시 식품별 온도측정방법으로 옳은 것은?

① 냉장육류는 제품의 가장 얇은 부분에 온도계를 찔러 측정한다.
② 진공포장제품은 포장을 열어 온도계 탐침을 넣은 후 측정한다.
③ 달걀은 배송트럭의 공기온도를 측정하고, 차량 온도기록을 확인한다.
④ 조개류는 여러 개를 포개어 중심온도를 측정한다.
⑤ 소스나 수프류는 포장 사이에 온도계를 설치하고 측정한다.

064 단체급식소 조리종사자의 정기 건강진단 결과 조리에 참여할 있는 종사자의 질환은?

① 세균성 이질 ② 화농성 피부질환
③ 장티푸스 ④ 비전염성 결핵
⑤ A형 간염

065 바로 섭취할 수 있는 채소, 과일 등에 사용하는 세척세제는?

① 1종 세척제 ② 2종 세척제
③ 3종 세척제 ④ 산성 세제
⑤ 연마성세제

066 급식소의 청결작업구역은?

① 배선구역 ② 전처리구역
③ 검수구역 ④ 식기세정구역
⑤ 식재료 저장구역

067 주방의 배기후드에 관한 설명으로 옳은 것은?

① 후드의 크기는 열 발생기구보다 15cm 이상 좁은 것이 좋다.
② 후드는 4방 폐쇄형이 효율적이다.
③ 후드의 경사각은 10~20°이 효율적이다.
④ 후드는 열 발생 기구와 분리해서 설치하는 것이 좋다.
⑤ 후드는 국소배기 방법으로 증기, 연기, 냄새 등을 제거한다.

068 급식원가에 관한 설명으로 옳은 것은?
① 정규직원 급여는 변동비이다.
② 인건비 비율은 총 공헌이익 중 인건비가 차지하는 비율이다.
③ 직접원가는 제조간접비가 포함되기 전 원가로 기초원가라고도 한다.
④ 판매 가격은 제조원가와 이익의 합계이다.
⑤ 정액법에 의해 계상되는 감가상각비는 매년 감소한다.

069 급식소에서 점심 식단을 4,000원에 판매하고 있다. 이 급식소의 1일 기준 고정비는 100,000원이며, 1식당 변동비는 3,200원일 때 손익분기점 판매량과 매출액은?

	판매량	매출액
①	130식	200,000원
②	130식	300,000원
③	125식	350,000원
④	125식	500,000원
⑤	120식	200,000원

070 재무상태표에 관한 설명으로 옳은 것은?
① 부채 항목은 상환기간이 긴 순으로 기입한다.
② 일정 시점에서 기업의 재무 상태를 나타낸다.
③ 자산 항목은 유동성이 작은 순으로 기입한다.
④ 부채와 자산의 합이 자본이다.
⑤ 자산 항목에는 자금 조달형태를 나타낸다.

071 다음 중 직무명세서에 기술되는 것으로 옳은 것은?
① 직무 수행에 필요한 장비
② 직무수행 작업환경
③ 직무수행에 필요한 기술과 능력
④ 직무수행 방법
⑤ 직무수행 내용

072 전처리 업무만 담당하던 조리원에게 냉장고 관리 업무를 추가하였다. 이와 같이 종업원이 수행하는 직무의 개별적인 활동 수를 증가시키는 직무설계 방법은?
① 직무단순화   ② 직무확대
③ 직무충실화   ④ 직무순환
⑤ 직무다양화

073 채용기준의 합리적인 설정을 위한 기초자료 제공과 가장 연관이 있는 것은?
① 직무설계   ② 직무분석
③ 인사고과   ④ 직무평가
⑤ 교육훈련

074 직무 수행의 기술, 노력, 책임, 작업조건을 평가요소로 하여 직무가 차지하는 상대적 가치를 결정하는 것은?
① 직무분석   ② 직무평가
③ 작업측정   ④ 작업평가
⑤ 직무설계

075 인사고과 결과를 A 20%, B 60%, C 20%로 배분하도록 하였다. 적용한 인사고과 방법은?

① 서열법
② 평가척도법
③ 서술법
④ 강제할당법
⑤ 대조법

076 다음 중 서비스 품질명세서와 서비스 전달수준의 차이로 인해 서비스 갭이 발생했다면 해결할 수 있는 방안으로 옳은 것은?

① 고객과의 지속적인 의사소통을 시도한다.
② 광고, 캠페인을 지속적으로 시도한다.
③ 종업원의 훈련과 이에 대한 모니터링을 실시한다.
④ 상향적 의사소통을 활성화시킨다.
⑤ 서비스 품질목표를 수립한다.

077 다음의 설명은 마케팅 믹스의 어떤 요소인가?

> 판매를 원활하게 하고, 매출을 증대시키기 위해 실시하는 활동을 말하며 소비자와 기업의 커뮤니케이션의 모든 방법을 말한다.

① 제품
② 촉진
③ 유통
④ 가격
⑤ 사람

078 유기성 위해요인에 대한 설명으로 옳은 것은?

① 비의도적으로 첨가한 농약이 해당된다.
② 항비타민물질, 항효소성물질이 해당된다.
③ 원재료 자체에 함유된 유독 유해성분이다.
④ 제품을 제조하는 과정에서 혼입 혹은 이행된 것이다.
⑤ 제조·저장 중 무독성분에서 유도된 유독유해물질이다.

079 식품의 초기부패판정에 대한 설명으로 옳은 것은?

① 생균수가 10^7/g이면 안전한계이다.
② K값은 어육의 신선도를 나타내는 지표이다.
③ 탄수화물 함유식품은 초기부패시 pH가 증가한다.
④ 트리메틸아민은 부패 초기 어패류에서 3mg%이다.
⑤ 단백질 함유식품은 부패 후 pH가 지속적으로 감소한다.

080 역성비누에 대한 설명으로 옳은 것은?

① 음이온이 비누의 주체이다.
② 포자나 결핵균에 효과적이다.
③ 살균기작은 탈수와 응고작용이다
④ 보통 비누와 병용하면 효과적이다.
⑤ 유기물 공존시 살균효과가 감소한다.

081 식품 중에 세균이 증식하면서 독소를 생산하고 그 독소를 식품과 함께 경구적으로 섭취함으로서 발생하는 식중독은?

① 살모넬라 식중독
② 알레르기성 식중독
③ 장염비브리오 식중독
④ 병원성 대장균 식중독
⑤ 황색 포도상구균 식중독

082 장염비브리오 식중독에 대한 설명으로 옳은 것은?

① 잠복기가 3~8일이다.
② 냉장온도에서 사멸하지 않는다.
③ 10% 식염농도에서 잘 증식한다.
④ 일반세균에 비해 증식속도가 빠르다.
⑤ 콜레라와 비슷한 설사증이 나타난다.

083 다음은 어떤 식중독에 대한 특징인가?

- 원인세균은 나선상 간균이며 미호기성균이다.
- 10^3 이하의 소량 균주로 감염된다.
- 증상 중에는 길랑바레 증후군이 있다.

① 살모넬라 ② 여시니아
③ 캠필로박터 ④ 리스테리아
⑤ 퍼프린젠스

084 보툴리누스 식중독에 대한 설명으로 옳은 것은?

① 잠복기가 1~5시간이다.
② 원인균은 그람양성, 포자 형성균이다.
③ A, B, E, F형 중 E형이 가장 치명적이다.
④ 발열과 더불어 신경계 마비 증상이 나타난다.
⑤ 내열성이 강한 독소를 생성하므로 열처리로 예방할 수 없다.

085 조제분유 등 영유아 식품을 통해 영유아에게 장염, 패혈증, 뇌수막염을 일으키는 식중독은?

① 바실러스 식중독
② 사카자키 식중독
③ 노로바이러스 식중독
④ 황색포도상구균 식중독
⑤ 장관독소원성 대장균 식중독

086 유기인제 농약에 의한 중독 특성으로 옳은 것은?

① 독성이 낮고 잔류성이 높다.
② 알디캅, 카르바밀 등이 있다.
③ 주로 위장염 증세만 나타난다.
④ 구연산이 축적되어 독성을 보인다.
⑤ 산성액으로 세척하면 쉽게 제거된다.

087 이타이이타이병의 특징으로 옳은 것은?

① 메틸수은이 주된 원인이다.
② 중추신경 마비증상이 있다.
③ 임신, 출산횟수가 많은 여성에게 많다.
④ 표적장기는 간으로 단백뇨를 일으킨다.
⑤ 손톱의 미스선으로 폭로 시간 추정이 가능하다.

088 황변미 독소와 원인 곰팡이 및 특징의 연결이 옳은 것은?

① 시트리닌 – *P. citrinum* – 신장독
② 파툴린 – *P. rubrum* – 신경독
③ 루브라톡신 – *P. expansum* – 간장독
④ 아일란디톡신 – *P. islandicum* – 신경독
⑤ 시트레오비리딘 – *P. citreoviride* – 간장독

089 장티푸스의 특징으로 옳은 것은?

① 대부분 영구 보균자이다.
② 잠복기는 평균 24시간이다.
③ 대변에 혈액과 고름이 섞여 나온다.
④ 환자의 대변 또는 소변을 통해 경구감염된다.
⑤ 철저한 검역관리, 개인위생으로 예방될 수 있다.

090 간흡충의 중간숙주로 옳은 것은?

① 왜우렁이 – 담수어
② 다슬기 – 민물갑각류
③ 다슬기 – 잉어, 은어
④ 물벼룩 – 연어, 농어
⑤ 물벼룩 – 개구리, 뱀, 담수어

091 HACCP이 효과적으로 적용되기 위한 선행요건 프로그램으로, 시설과 위생 및 공정에 관한 적정제조 기준을 설정한 것은?

① KS ② GMP
③ CCP ④ SSOP
⑤ Recall

092 「식품위생법」에서 집단급식소의 조리사 직무로 옳은 것은?

① 구매 식품의 검수 지원
② 급식시설의 위생 관리
③ 집단급식소에서의 검식
④ 집단급식소에서의 배식관리
⑤ 집단급식소의 운영일지 관리

093 「식품위생법」에서 식중독이 발생하였을 때 설문조사, 섭취음식 위험도 조사, 역학적 조사등을 실시하여야 하는 자는?

① 보건소장
② 시·도지사
③ 보건복지부장관
④ 시장·군수·구청장
⑤ 식품의약품안전처장

094 영양사를 두지 않은 집단급식소 운영자에 대한 벌칙으로 옳은 것은?

① 500만 원 이하 과태료 부과
② 1년 이하의 징역 또는 1천만 원 이하의 벌금
③ 3년 이하의 징역 또는 3천만 원 이하의 벌금
④ 3년 이하의 징역 또는 3천만 원 이하의 벌금에 처하거나 병과
⑤ 5년 이하의 징역 또는 5천만 원 이하의 벌금에 처하거나 병과

095 집단급식소 설치·운영자의 준수사항으로 옳은 것은?

① 조리 제공한 식품의 매회 1인 분량을 72시간 이상 보관한다.
② 동물의 내장을 조리한 경우 사용한 기구는 깨끗이 세척한다.
③ 식중독 발생 시 보존식이나 식재료 및 현장을 보존하여야 한다.
④ 지하수 등을 사용할 경우 일부항목 검사를 2년 마다 실시하여야 한다.
⑤ 수돗물을 식수로 사용할 경우 마시기 적합 여부를 검사로 인정받아야 한다.

096 학교급식 시설 설비에 대한 설명으로 옳은 것은?

① 식품보관실의 조명은 540룩스 이상이어야 한다.
② 휴게실은 외부로부터 조리실을 통해 출입할 수 있어야 한다.
③ 냉장고 온도는 10℃ 이하, 냉동고 온도는 -18℃ 이하이어야 한다.
④ 급식관리실은 조리종사자 수에 따라 옷장과 샤워시설을 갖추어야 한다.
⑤ 조리장 내부 벽은 내수성, 내구성이 있는 표면이 매끈한 재질이어야 한다.

097 「국민건강증진법」의 영양지도원의 업무로 옳은 것은?

① 조리사 위생교육
② 영양섭취 실태 조사
③ 식품섭취에 관한 조사
④ 집단급식시설에 대한 현황 파악
⑤ 집단급식시설에 대한 출입·검사

098 「국민영양관리법」에서 영양사의 면허 취소 사유에 해당하는 것은?

① B형 간염에 감염된 경우
② 보수교육의 의무를 위반한 경우
③ 3회 이상 면허정지처분을 받은 경우
④ 면허를 타인에게 대여하여 사용하게 한 경우 (1차 위반)
⑤ 위생과 관련된 중대한 사고발생에 직접 책임이 있는 경우(1차 위반)

099 미국에서 수입 후 국내에서 6개월 사육한 소의 올바른 원산지 표시법은?

① 소갈비(쇠고기: 국내산 육우)
② 소갈비(쇠고기: 미국산 육우)
③ 소갈비(쇠고기: 국내산, 미국산 육우)
④ 소갈비(쇠고기: 미국산, 국내산 육우)
⑤ 소갈비(쇠고기: 국내산 육우(출생국:미국))

100 부당한 표시 또는 광고의 내용으로 옳은 것은?

① 가축이 먹은 사료나 물에 첨가한 성분의 효능·효과를 표시·광고
② 의사 등이 해당제품 연구·개발에 참여한 사실만을 표시·광고
③ 특수용도식품으로 환자의 영양보급 등에 도움을 준다는 내용의 표시·광고
④ 건강기능식품으로 식품의약품안전처장이 정하여 고시하는 내용의 표시·광고
⑤ 특수의료용도식품에 '영양조절'을 위한 식품임을 표시·광고

3회

[1교시]
영양학 및 생화학
영양교육, 식사요법 및 생리학

[2교시]
식품학 및 조리원리
급식, 위생 및 관계법규

올인원 영양사 모의고사 [3회]

제한시간 100분 / 점수_____점

영양학 및 생화학

001 한국인 영양소 섭취기준에서 권장섭취량에 대한 설명으로 옳은 것은?
① 평균필요량에 표준편차의 2배를 더한 값이다.
② 인구집단의 50%에 해당하는 사람들의 하루 필요량이다.
③ 과량섭취로 인한 유해영향의 과학적 근거가 있을 때 설정한다.
④ 실험연구 또는 관찰연구에서 확인된 건강한 사람들의 섭취량이다.
⑤ 기준치보다 높게 섭취시 섭취량을 줄이면 만성질환에 대한 위험을 감소시킬 수 있다.

002 24시간 동안 금식 후 체내 반응으로 옳은 것은?
① 루신이나 리신이 간에서 포도당으로 전환된다.
② 체단백질 분해물이 근육에서 포도당으로 전환된다.
③ 체내 모든 조직에서 포도당이 에너지원으로 이용된다.
④ 간에 저장된 글리코겐이 혈당상승에 이용되기 시작한다.
⑤ 간에서 글리세롤이 포도당으로 전환되어 혈당상승에 기여한다.

003 글루카곤의 작용에 대한 설명으로 옳은 것은?
① 해당과정을 촉진한다.
② 체지방 합성을 촉진한다.
③ 글리코겐 합성을 촉진한다.
④ 포도당 신생합성을 촉진한다.
⑤ 근육의 포도당 이용을 촉진한다.

004 다음의 기능을 갖는 식이섬유로 옳게 짝지어진 것은?

> 대장 내 박테리아에 의해 분해되어 유기산을 생성하며, 1.5~2.5kcal/g의 에너지를 생성할 수 있다.

① 펙틴, 알긴산
② 알긴산, 리그닌
③ 펙틴, 셀룰로오스
④ 알긴산, 셀룰로오스
⑤ 펙틴, 헤미셀룰로오스

005 소장에서 포도당이 흡수되는 과정에 대한 설명으로 옳은 것은?
① 오탄당이 육탄당보다 흡수속도가 더 빠르다.
② 융모의 림프관으로 흡수되어 대정맥에 합류된다.
③ 단당류뿐만 아니라 이당류 형태도 흡수될 수 있다.
④ 포도당이 흡수되고 이동하는 과정에는 Na^+-K^+ pump가 관여한다.
⑤ 소장에서 포도당이 흡수되는 과정에는 에너지가 필요하지 않다.

006 탄수화물 섭취에 대한 설명으로 옳은 것은?

① 탄수화물의 평균필요량은 130g이다.
② 전 연령층에 대해 평균필요량과 권장섭취량이 설정되어 있다.
③ 식이섬유는 섭취에너지 1000kcal당 20g 섭취를 권장한다.
④ 영아전기에는 모유내 유당함량을 근거로 평균필요량을 설정한다.
⑤ 성인의 경우 케토시스 방지와 체내 필요한 포도당 공급을 근거로 섭취량이 설정된다.

007 다음 중 ATP를 생성하는 대사경로로 옳은 것은?

① 요소회로
② 시트르산회로
③ 포도당 신생과정
④ 오탄당 인산경로
⑤ 팔미트산 합성과정

008 해당과정 중 기질 수준의 인산화가 일어나는 반응으로 옳은 것은?

① 알돌라아제(aldolase)
② 헥소키나아제(hexokinase)
③ 피루브산 키나아제(pyruvate kinase)
④ 포스포프락토키나아제(phosphofructokinase)
⑤ 글리세르알데히드 3-인산 탈수소효소 (glyceraldehyde 3-phosphate dehydrogenase)

009 당질대사에 대한 설명으로 옳은 것은?

① 당신생과정은 간에서만 일어난다.
② 오탄당인산경로는 미토콘드리아에서 일어난다.
③ 포도당은 혐기적 조건에서 30(32) ATP를 생성한다.
④ 오탄당 인산경로는 간, 지방조직, 골수 등에서 활발하다.
⑤ 코리회로는 근육의 아미노산 분해물을 간으로 이동시킨다.

010 당질대사에 관여하는 효소와 관련된 조효소의 연결이 옳은 것은?

① 숙신산 탈수소효소: NAD
② 이소구연산 탈수소효소: PLP
③ 글리코겐 가인산분해효소: PLP
④ 피루브산 카르복실화효소: TPP
⑤ 글리세르알데히드 3-인산 탈수소효소: FAD

011 TCA 회로를 활성화시키는 물질로 옳은 것은?

① Ca^{2+} ② ATP
③ NADH ④ 구연산
⑤ 아세틸 CoA

012 과당대사에 대한 설명으로 옳은 것은?

① 주로 근육에서 대사된다.
② 프락토키나아제에 의해 프락토스 6-인산으로 전환된다.
③ 세포내로 유입될 때 인슐린을 필요로 한다.
④ 대사물이 주로 글리코겐 합성에 이용된다.
⑤ 중성지방 합성에 보다 직접적으로 이용된다.

013 지질과 함께 섭취할 경우 흡수가 촉진되는 영양소로 옳은 것은?

① 니아신 ② 비타민 D
③ 비타민 C ④ 비타민 B_1
⑤ 판토텐산

014 글루카곤에 의해 인산화되면 활성형으로 전환되는 효소로 옳은 것은?

① PFK-2(phosphofructokinase-2)
② 피루브산 키나아제
③ HMG CoA 환원효소
④ 호르몬 민감성 리파아제
⑤ 아세틸 CoA 카르복실화효소

015 인지질의 체내 기능으로 옳은 것은?

① 고효율의 에너지 공급원
② 세포막의 주요 구성성분
③ 체온조절 및 장기 보호기능
④ 스테로이드 호르몬의 전구체
⑤ 담즙산 및 비타민 D의 전구체

016 오메가-3 지방산에 대한 설명으로 옳은 것은?

① 혈소판 응집감소 효과가 있다.
② 염증반응을 촉진하는 기능을 한다.
③ 리놀레산, EPA, DHA가 해당된다.
④ 혈관수축 및 혈압강하 효과가 있다.
⑤ 주요 급원식품에는 참기름, 옥수수유가 있다.

017 체내에서 지방을 운반하는 지단백질에 대한 설명으로 옳은 것은?

① 지단백질 중 HDL은 중성지방의 함량이 가장 높다.
② Chylomicron은 공복시에는 혈중에 존재하지 않는다.
③ LDL은 간에서 합성된 중성지방을 조직으로 운반한다.
④ VLDL은 콜레스테롤 에스터가 가장 많은 지단백질이다.
⑤ HDL수치가 높을수록 심혈관계 질환에 걸릴 위험이 증가한다.

018 지방산의 산화과정에서 세포질의 지방산 아실기를 미토콘드리아로 운반하는 역할을 하는 것은?

① 담즙산 ② VLDL
③ 구연산 ④ 카르니틴
⑤ 옥살로아세트산

019 지방산의 산화과정에 대한 설명으로 옳은 것은?

① NADPH를 필요로 하는 반응이다.
② 팔미트산은 8회의 β-산화를 거친다.
③ 미토콘드리아와 세포질에서 일어나는 반응이다.
④ 아실 CoA 탈수소효소는 NAD를 조효소로 요구한다.
⑤ 지방산의 카르복실기 말단부터 탄소가 2개씩 절단되어 acetyl CoA가 생성된다.

020 지방산 합성과정에서 아세틸 CoA 카르복실화효소의 활성을 증가시키는 인자로 옳은 것은?

① 구연산
② ADP, NAD
③ CoA, NADP
④ 긴사슬 acyl CoA
⑤ 글루카곤, 에피네프린

021 케톤체 생성과정 중 아세토아세트산으로 전환되는 전구체로 옳은 것은?

① 아세톤
② HMG CoA
③ 메틸말로닐 CoA
④ 활성화된 이소프렌
⑤ β-하이드록시부티르산

022 아미노산에 대한 FAO 표준값과 밀의 아미노산 함량은 다음과 같다. 밀의 제1제한 아미노산과 아미노산가로 옳은 것은?

	리신	황함유 아미노산	트레오닌	트립토판
FAO 표준값	45	22	23	6
밀	25	35	30	11

① 리신, 56
② 리신, 40
③ 트레오닌, 77
④ 트립토판, 55
⑤ 황함유아미노산, 63

023 다음 식품의 조합으로 단백질의 아미노산이 상호 보완되는 것으로 옳은 것은?

① 쌀 - 보리
② 쌀 - 밀가루
③ 쌀 - 검은 콩
④ 쌀 - 옥수수
⑤ 젤라틴 - 옥수수

024 단백질 섭취에 대한 설명으로 옳은 것은?

① 마라스무스는 부종과 피부질환을 동반한다.
② 단백질 과잉 섭취는 체지방 분해를 촉진한다.
③ 동물성 단백질 과잉섭취는 칼슘배설을 증가시킨다.
④ 평균필요량은 단백질 소화율 80%를 보정하여 산정한다.
⑤ 단백질의 섭취가 부족하면 인체는 양의 질소평형 상태가 된다.

025 단백질 소화효소의 분비장소와 활성물질의 연결이 옳은 것은?

① 펩신: 소장, 위산
② 트립신: 췌장, 엔테로키나아제
③ 키모트립신: 소장, 엔테로키나아제
④ 아미노펩티다아제: 소장, 트립신
⑤ 카르복시펩티다아제: 소장, 펩신

026 다음 아미노산이 체내에서 생성하는 생리활성 물질의 연결이 옳은 것은?

① 트립토판 - 세로토닌
② 히스티딘 - 크레아틴
③ 페닐알라닌 - 포르피린
④ 글루탐산 - 에피네프린
⑤ 티로신 - γ-아미노부티르산

027 요소회로에 대한 설명으로 옳은 것은?

① 4분자의 ATP를 생성한다.
② 유리아미노기는 알라닌이 제공한다.
③ 요소는 미토콘드리아에서 생성된다.
④ 오르니틴은 미토콘드리아에서 세포질로 이동한다.
⑤ 세포질에서 아미노기는 아스파르트산이 공여한다.

028 아미노산 분해 후 탄소골격으로 케톤체 합성에 이용할 수 있는 아미노산은?

① 세린　　② 알라닌
③ 트립토판　　④ 시스테인
⑤ 아스파르트산

029 다음 중 mRNA에 대한 설명에 해당하는 것은?

① RNA 중 가장 작고 수가 많다.
② 세포내 RNA 중 80%를 차지한다.
③ 2가닥의 이중 나선구조를 하고 있다.
④ DNA 유전정보를 핵에서 리보솜으로 전달한다.
⑤ 아미노산을 리보솜으로 운반하는 역할을 한다.

030 효소의 활성을 저해하는 저해제 중 경쟁적 저해제에 대한 설명으로 옳은 것은?

① 효소와의 결합은 비가역적이다.
② 라인위버-버크식의 기울기를 감소시킨다.
③ 활성부위와 다른 부위에 저해제가 결합한다.
④ 효소 또는 효소-기질 복합체에 모두 결합할 수 있다.
⑤ 경쟁적 저해제에 의해 Km은 증가하고, Vmax는 변함없다.

031 다음 중 기초대사량 감소로 체중이 증가할 수 있는 조건으로 옳은 것은?

① 기온의 저하
② 갑상선 기능 저하
③ 감염으로 인한 발열
④ 스트레스 상태
⑤ 근육 강화 운동

032 과량의 알코올 섭취로 나타나는 신체 변화로 옳은 것은?

① 중성지방의 분해가 촉진된다.
② 비타민 A의 대사가 억제된다.
③ 요산의 생성을 촉진하여 통풍을 유발한다.
④ NAD^+를 소모하여 NADH를 생성하는 반응이 촉진된다.
⑤ 피루브산과 옥살로아세트산이 소모되어 당신생 과정이 저해된다.

033 비타민 D의 대사에 대해 옳은 것은?

① 알부민과 결합하여 간으로 운반된다.
② 간에서 지단백질에 결합되어 표적조직으로 이동한다.
③ 비타민 D_3는 간에서 25-히드록시-비타민 D_3로 전환된다.
④ 비타민 D의 영양상태 평가지표로 $1,25-(OH)_2-D_3$가 이용된다.
⑤ 흡수된 후에는 모세혈관을 거쳐 간문맥을 통해 간으로 이동한다.

034 다음 중 체내에서 합성되는 비타민으로 옳게 짝지어진 것은?

① 비타민 D, 비타민 K, 니아신
② 비타민 A, 비타민 K, 니아신
③ 비타민 A, 비타민 E, 비타민 C
④ 비타민 D, 비타민 K, 엽산
⑤ 비타민 A, 비타민 E, 엽산

035 비타민 E의 결핍증과 급원식품으로 옳은 것은?

① 용혈성 빈혈, 백미
② 면역계 손상, 견과류
③ 용혈성 빈혈, 표고버섯
④ 퇴행성 신경증, 견과류
⑤ 혈액응고 지연, 식용유

036 혈중 호모시스테인의 농도를 감소시키는 데 필요한 조효소로 옳은 것은?

① FAD, NAD, PLP
② FAD, PLP, 비타민 C
③ TPP, 메틸코발라민, PLP
④ 5-methyl THF, 메틸코발라민, PLP
⑤ 5-methyl THF, 메틸코발라민, TPP

037 리보플라빈의 기능에 대한 설명으로 옳은 것은?

① 탈탄산 반응의 조효소로 작용한다.
② 아미노기 전이 반응의 조효소로 작용한다.
③ 상피세포 분화에 관여하고 면역기능을 증강시킨다.
④ TCA 회로 등 산화 환원반응의 조효소로 작용한다.
⑤ 퓨린고리와 피리미딘 고리의 생합성 과정에서 메틸기를 전달한다.

038 다음 대사과정에 공통적으로 관여하는 비타민으로 옳은 것은?

- TCA 회로를 통한 에너지 생성
- 지방산 및 콜레스테롤 합성
- 아세틸 콜린 합성

① 엽산
② 티아민
③ 판토텐산
④ 코발라민
⑤ 아스코르브산

039 티아민의 체내 기능으로 옳은 것은?

① 글루타티온 환원효소의 조효소로 작용한다.
② 오탄당인산경로에서 케톨기 전이효소의 조효소로 작용한다.
③ TPP형태로 아미노기를 제거하는 탈아미노반응에 관여한다.
④ 지방산 합성과정에서 카르복실기 첨가반응에 조효소로 작용한다.
⑤ TCA 회로에서 숙신산이 푸마르산으로 전환되는 과정에 관여한다.

040 칼슘의 흡수를 증진시키는 인자로 옳은 것은?

① 폐경, 노령
② 철, 아연
③ 낮은 칼슘 섭취
④ 소장의 중탄산염
⑤ 흡수되지 않은 지방산

041 다음의 기능을 하는 무기질로 옳은 것은?

- 혈액응고
- 신경전달
- 세포대사 조절
- 근육의 수축과 이완

① 철
② 칼슘
③ 칼륨
④ 나트륨
⑤ 마그네슘

042 다음 중 칼륨에 대한 설명으로 옳은 것은?

① 체내 함량은 나트륨의 절반 정도이다.
② 세포외액에 Na : K = 10 : 1의 비율로 들어있다.
③ 단백질 합성이 증가할수록 칼륨 배설은 증가한다.
④ 알도스테론은 신장에서 칼륨의 흡수를 촉진한다.
⑤ 나트륨의 배설을 촉진하여 혈압을 낮출 수 있다.

043 다음 중 비헴철의 흡수율을 높일수 있는 식품으로 옳은 것은?

① 현미
② 커피
③ 우유
④ 오렌지
⑤ 시금치

044 다음 무기질의 기능이 옳게 연결된 것은?

① 아연: 철의 이용을 촉진
② 황: 간에서 약물 해독작용
③ 구리: 인슐린과 복합체 형성
④ 망간: Fe^{2+}를 Fe^{3+}로 산화
⑤ 크롬: 글루타민 합성효소 구성

045 다음 미량 무기질의 결핍증과 급원식품의 연결이 옳은 것은?

① 불소: 치아 우식증, 육류
② 구리: 미각감퇴, 조개류와 견과류
③ 셀레늄: 백혈구감소증, 육류의 내장
④ 망간: 피부질환, 육류 등 동물성 식품
⑤ 아연: 면역기능 손상, 조개류와 갑각류

046 체내 수분에 관한 설명으로 옳은 것은?

① 혈장은 세포외액에 속한다.
② 세포외액의 1/4이 세포간질액이다.
③ 세포내보다 세포외에 수분량이 더 많다.
④ 체내 수분함량은 나이가 들수록 증가한다.
⑤ 근육의 비율이 높을수록 체내 수분 비율은 감소한다.

047 임신 후기 모체의 영양소 대사 변화로 옳은 것은?

① 혈중 콜레스테롤 농도 감소
② 혈중 케톤체 농도 감소
③ 지방의 에너지 의존율 증가
④ 단백질 합성 증가
⑤ 글리코겐 합성 증가

048 임신 중 모유분비가 억제되는 이유는?

① 에스트로겐이 감소하고 프로게스테론이 다량 분비하기 때문
② 임신 중에는 유선과 유방이 발달하지 않기 때문
③ 에스트로겐과 프로게스테론이 프로락틴의 활성을 억제하기 때문
④ 임신 중에는 프로락틴이 생성되지 않기 때문
⑤ 임신 중 모체의 영양상태와 심리상태가 위축되기 때문

049 모유생성과 사출에 대한 설명으로 옳은 것은?
① 옥시토신은 유포 주위에 있는 근육을 이완시켜 모유 분비를 촉진한다.
② 영아의 흡유 자극이 수유부의 뇌하수체 전엽에 전달되어 프로락틴이 분비된다.
③ 뇌하수체 후엽에서 분비되는 프로락틴은 모유 생성을 촉진시킨다.
④ 영아의 흡유력은 유즙 분비량과 상관이 없다.
⑤ 유두를 빨면 그 자극이 수유부의 뇌하수체 전엽에 전달되어 옥시토신 분비가 촉진된다.

050 임신 28주에 다음과 같은 증상이 나타난 임신부에게서 의심되는 문제는? (단, 임신 전 BMI는 22였으며, 단태아 임신중)

- 체중: 임신 전 대비 23kg 증가
- 혈압: 150/110 mmHg
- 부종, 단백뇨, 경련

① 자간전증　　② 임신성 고혈압
③ 만성 고혈압　　④ 임신성 당뇨병
⑤ 자간증

051 영아의 소화, 흡수에 대한 설명으로 옳은 것은?
① 타액 리파아제 활성은 성인과 비슷하다.
② 키모트립신, 카복시펩티다아제 활성은 성인과 비슷하다.
③ 출생 시 락타아제 활성은 성인보다 높다.
④ 지방은 주로 췌장 리파아제에 의해 소화된다.
⑤ 췌장 아밀라아제 활성이 높아 전분 소화가 잘 된다.

052 영아용 조제유 관련 내용으로 옳은 것은?
① 우유에 지방함량이 적기 때문에 식물성유로 지방양을 추가한다.
② 우유에 카세인은 감량하고 알부민과 글로불린은 추가한다.
③ 우유에 다량 포함된 유당은 감량한다.
④ 대두를 이용한 조제유는 트립신을 강화한다.
⑤ 갈락토오스혈증이 있는 영아용 조제유는 유당을 추가하여 제조한다.

053 성숙유보다 초유에 더 많이 함유되어 있는 것은?
① 유당　　② 단백질
③ 에너지　　④ 지질
⑤ 엽산

054 생후 4~5개월 된 영아에게 가장 바람직한 이유식은?
① 삶아서 잘게 썬 고기
② 질척하고 부드러운 달걀 노른자
③ 타락미음
④ 으깬감자
⑤ 간 채소볶음

055 유아기에 식욕부진이 많이 나타나는 이유로 옳은 것은?

① 활동량 감소로 체중당 영양소 요구량이 감소하기 때문이다.
② 유아식에서 성인식으로 이행하는 과정이기 때문이다.
③ 성장속도가 감소하면서 체중당 영양소 요구량이 영아기보다 감소하기 때문이다.
④ 성장속도에 비해 소화능력의 발달이 미숙하기 때문이다.
⑤ 자아가 발달하면서 식품에 대한 기호가 뚜렷해지기 때문이다.

056 다음과 같은 행동 및 증상을 보이는 식이장애는?

- 음식에 대한 집착이 강하며 비밀리에 고열량 음식을 폭식한다.
- 자신이 비정상적임을 인정하고 자각한다.
- 폭식 후 구토, 설사와 같은 인위적인 장비우기를 반복하여 식도와 위의 점막 파열, 치아손상, 전해질 불균형 등의 문제가 발생한다.

① 신경성 식욕부진증
② 이식증
③ 비만
④ 신경성 탐식증
⑤ 마구먹기 장애

057 성인기 심혈관계 질환의 발생 위험을 높이는 요인은?

① 혈청 중성지방 농도 감소
② 혈청 HDL-콜레스테롤 농도 감소
③ 정상 혈압유지
④ 기초대사율 증가
⑤ 표준체중 유지

058 노인의 식사섭취량 감소와 관련되는 요인은?

① 위장관 운동능 증가
② 미각의 역치 감소
③ 위액 분비 증가
④ 미뢰수 감소
⑤ 타액 분비 증가

059 노인기 대사 변화와 관련한 설명으로 옳은 것은?

① 말초조직의 인슐린 민감성이 증가한다.
② 골수에서의 조혈작용은 성인과 유사하다.
③ 뼈의 분해 증가로 골밀도가 감소한다.
④ 단백질 이용율이 성인과 비슷하다.
⑤ 혈중 총콜레스테롤과 HDL-콜레스테롤 농도가 증가한다.

060 장시간 운동 시 나타나는 생리적 변화로 옳은 것은?

① 근육 내 젖산 농도 감소
② 호흡계수 증가
③ 혈중 알라닌 농도 증가
④ 혈중 유리지방산 농도 감소
⑤ 티아민 요구량 감소

영양교육, 식사요법 및 생리학

061 영양교육 과정 중 대상의 진단 단계에서 해야 하는 것은?

① 영양문제 개선을 위한 목적 설정
② 영양개선활동을 수행할 영양문제 선정
③ 대상 집단의 영양문제 파악 및 영양문제 원인 분석
④ 평가를 위한 계획 수립
⑤ 영양교육 활동 설계

062 행동변화단계 모델을 적용하여 고려단계에 있는 비만 중년 여성을 대상으로 영양교육을 실시하려고 한다. 적절한 교육내용은?

① 저칼로리 조리법
② 식사일기 작성 방법
③ 비만으로 인한 건강 위험
④ 영양표시 정보 활용 방법
⑤ 저칼로리 후식 선택법

063 사회인지론에 근거하여 비만 학생이 체중 감량에 반복적으로 실패하는 행동적 요인을 조사하고자 한다. 조사내용으로 옳은 것은?

① 학생이 식사요법과 운동요법을 실천 할 때 주위에서 칭찬이나 격려를 해주는지 조사한다.
② 학생이 체중감량에 대해 어느 정도의 자신감을 가지고 있는지 조사한다.
③ 학생이 다니고 있는 학교 매점에서 고열량, 저영양 식품을 어느 정도 판매하고 있는지 조사한다.
④ 체중조절을 위해 에너지 섭취량과 운동량 목표를 정하고 스스로 모니터링하고 있는지 조사한다.
⑤ 학생이 체중감량 후 나타날 변화들에 대하여 어떤 태도나 신념을 가지고 있는지 조사한다.

064 보건소의 건강교실에서 동맥경화증의 위험성, 동맥경화증에 걸렸을 때 건강에 미치는 심각한 영향에 대해 교육하고 혈청 지질 개선을 위한 식사요법의 이익에 대하여 교육하였다. 적용한 이론은?

① 사회학습이론
② 계획적 행동이론
③ 건강신념모델
④ 행동변화단계모델
⑤ 개혁확산모델

065 영양교육의 과정평가 내용으로 옳은 것은?

① 홍보의 적절성, 영양지식, 영양교육 내용
② 영양교육 자료, 신체계측치, 영양교육 내용
③ 영양지식, 영양교육 내용, 식행동, 참여도
④ 영양교육 방법, 관찰평가, 영양교육 내용
⑤ 사용매체, 영양지식, 영양교육 내용

066 지역사회영양프로그램의 목표를 다음과 같이 설정하였다. 목표 종류는?

> 2022년까지 지역 내 3~5세 유아의 빈혈 유병률을 현재보다 10% 낮춘다.

① 활용목표
② 효과목표
③ 결과목표
④ 과정목표
⑤ 변화목표

067 10~20명 정도의 같은 수준의 동격자들이 참가하여 1회에 2~3시간 정도 토의시간을 가지고 토의 주제와 관련된 각자의 체험이나 의견을 발표한 후 좌장이 전체 의견을 종합하는 집단토의 방법은?

① 공론식 토의
② 좌담회(원탁식 토의)
③ 강단식 토의(심포지엄)
④ 분단식 토의
⑤ 두뇌충격법(브레인스토밍)

068 영양문제 해결을 위해 참가자 전원이 자유롭게 다양한 의견을 제시하고 토의를 거쳐 그 중 가장 좋은 의견을 선택하는 방법은?

① 두뇌충격법(브레인스토밍)
② 연구집회
③ 패털토의
④ 분단식 토의
⑤ 강연식 토의법

069 영양교육 매체를 개발하려고 할 때, 가장 먼저 해야 하는 것은?

① 교육 목표 설정
② 대상자의 반응 확인
③ 교육대상자의 특성 분석
④ 매체활용에 대한 평가
⑤ 매체 선정 및 제작

070 영양상담 결과에 영향을 미치는 내담자 요인으로 옳게 짝지어진 것은?

① 지능, 경험과 숙련성
② 지적 능력, 경험과 숙련성
③ 문제의 심각성, 성격
④ 상담에 대한 기대, 지능
⑤ 지적 능력, 자발적 참여도

071 국민건강영양조사 중 영양조사 내용은?

① 식품섭취조사, 식사력조사, 식품안정성조사, 식품계정조사
② 식품섭취빈도조사, 식품섭취조사, 식품안정성조사, 식생활조사
③ 식품계정조사, 식품섭취빈도조사, 식품섭취조사, 식생활조사
④ 구강검사, 식사력조사, 이비인후검사, 혈당검사
⑤ 식생활조사, 식품섭취조사, 식품기호도조사, 식사력조사

072 영양관계법규와 주관 정부행정기관의 연결이 옳은 것은?

① 국민건강증진법 – 식품의약품안전처
② 영유아보육법 – 교육부
③ 지역보건법 – 보건복지부
④ 식생활교육지원법 – 교육부
⑤ 어린이 식생활안전관리 특별법 – 교육부

073 영양(교)사가 초등학교 고학년 학생들을 대상으로 표준체중 산출 영양교육을 실시하였다. 표준체중을 구하는 방법을 교육하고 학생들 스스로 자신의 표준체중을 계산하는 실습은 교수학습과정안의 어느 단계에 해당하는가?

① 계획 ② 도입
③ 전개 ④ 정리
⑤ 평가

074 다음 내용의 영양업무를 수행하는 영양사는?

- 지역사회 주민의 생애주기별 영양교육
- 맞춤형 방문건강관리사업
- 대사증후군 관리를 위한 식사교육

① 병원 임상영양사
② 산업체 영양사
③ 초등학교 영양(교)사
④ 보건소 영양사
⑤ 요양기관 영양사

075 표준화된 임상관리 업무의 절차로 입원 환자의 병태를 확인하고 영양치료를 시행하는 영양관리과정(NCP)의 단계는?

① 영양검색 → 영양판정 → 영양중재 → 영양모니터링 및 평가
② 영양검색 → 영양진단 → 영양중재 → 영양모니터링 및 평가
③ 영양진단 → 영양판정 → 영양중재 → 영양모니터링 및 평가
④ 영양판정 → 영양진단 → 영양중재 → 영양모니터링 및 평가
⑤ 영양판정 → 영양중재 → 영양진단 → 영양모니터링 및 평가

076 아래에서 설명하는 영양판정 방법은?

㉠ 영양검색 방법으로 사용할 수 있다.
㉡ 장기간의 영양상태 변화 추적에 좋은 방법이다.
㉢ 개인의 영양소 반영에 민감성이 부족하다.
㉣ 방법이 간단하고 안전하다.

① 신체계측조사 ② 임상조사
③ 식이섭취조사 ④ 표본가구조사
⑤ 개인별 식이섭취조사

077 영양판정 방법 중 예방적 관점에서 미래의 결핍을 예측할 수 있는 방법은?

① 체중 측정
② 혈중 알부민 농도 측정
③ 식사력 조사
④ 혈중 철 농도 측정
⑤ 영양지식 조사

078 단백질 영양상태를 평가하는 생화학적 지표는?

① 혈청 빌리루빈
② 혈청 페리틴
③ 혈청 트랜스페린
④ 혈청 총콜레스테롤
⑤ 혈청 GOT

079 식품교환표의 식품군, 1교환단위 중량 및 열량이 옳은 것은?

① 도토리묵 – 곡류군 – 100g, 100kcal
② 굴 – 중지방어육류군 – 100g, 50kcal
③ 삶은 국수 – 곡류군 – 90g, 100kcal
④ 두부 – 저지방어육류군 – 80g, 75kcal
⑤ 들기름 – 지방군 – 10g, 45kcal

080 편도선 절제 환자에게 제공할 수 있는 음식은?
① 잡곡밥　　② 오렌지 주스
③ 소고기 국　④ 토마토 주스
⑤ 아이스크림

081 6주 이상 경관급식이 필요하고 흡인 위험이 있는 환자에게 적합한 영양공급 경로는?
① 비위관　　② 비십이지장관
③ 비공장관　④ 공장조루술
⑤ 위조루술

082 위산의 역할로 옳은 것은?
① 지방 유화
② 당질 소화
③ 환원형 철을 산화형 철로 전환
④ 트립시노겐의 활성화
⑤ 위 내의 적정 산도 유지

083 위 절제 수술을 받은 후 식 후 15분경에 식은땀이 나고 혈압이 떨어지며 설사 증상이 나타났을 때 적절한 식사요법은?
① 농축당이나 단당류를 빠르게 공급한다.
② 1회 식사량을 늘리고 하루 1끼를 제공한다.
③ 식후 식사이동속도를 늦추기 위해 비스듬히 앉아 있는다.
④ 설사가 나타나므로 1~2끼는 금식한다.
⑤ 지방을 충분히 공급하고 단백질을 제한한다.

084 궤양성 대장염 환자의 식사요법으로 옳은 것은?
① 장 운동을 촉진하기 위해 과일과 채소주스 제공
② 장 통과시간을 줄이기 위해 고섬유식 제공
③ 장 자극을 줄이기 위해 식사횟수 감소
④ 지방은 제한하고 중쇄지방산 공급
⑤ 대장의 부담 경감을 위해 저단백식 제공

085 회장염이 심해서 회장조루술을 실시한 환자에서 보충해야 할 영양소는?
① 비타민 B_6　　② 엽산
③ 비타민 B_{12}　④ 티아민
⑤ 리보플라빈

086 저식이섬유 식사가 필요한 질환은?
① 이완성 변비　② 당뇨병
③ 급성장염　　④ 비만
⑤ 고혈압

087 담낭염 환자가 제한하지 않아도 되는 식품은?
① 감자튀김　② 토스트
③ 돈까스　　④ 탄산음료
⑤ 와인

088 간염에 대한 식사요법으로 옳은 것은?
① 측쇄아미노산의 섭취를 줄이고 방향족 아미노산 섭취를 늘린다.
② 황달이 나타나는 시기에는 고지방식을 섭취한다.
③ 간세포 재생을 위해 고단백식을 섭취하지만 간성혼수시에는 제한한다.
④ 부종과 복수가 있을 때는 나트륨을 보충한다.
⑤ 식욕촉진을 위해 강한 향신료를 사용한다.

089 급성췌장염으로 통증이 심한 경우 가장 먼저 해야 하는 것은?

① 저지방식
② 2~3일 금식
③ 저단백식
④ 양질의 단백질 적당량 섭취
⑤ 수분과 나트륨 제한 식사

090 담낭과 담즙의 주요 역할은?

① 담낭은 과다한 콜레스테롤을 용해시켜 침전되는 것을 막아준다.
② 담낭은 담즙에 축적된 빌리루빈을 분해한다.
③ 담즙은 소장 상부의 비정상적인 세균번식을 억제한다.
④ 담즙은 지용성 비타민의 흡수를 억제한다.
⑤ 담낭은 담즙에 담즙염을 추가하여 담즙을 농축시킨다.

091 비만에 대한 설명으로 옳은 것은?

① 소아기 비만은 지방세포 크기 증가가 원인이다.
② 내분비 장애와 비만은 관련이 없다.
③ 갑상선호르몬 분비 감소는 비만을 초래한다.
④ 소아비만은 식사요법으로 쉽게 체중을 줄일 수 있다.
⑤ 성장호르몬 분비 증가는 비만을 초래한다.

092 대사증후군 발생과 가장 관련 있는 요인은?

① 인슐린 민감성, 운동부족
② 운동부족, 체중 감소
③ 인슐린 저항성, 비만
④ 비만, 호르몬 분비 이상
⑤ 단백질 과잉섭취, 활동 부족

093 비만으로 저에너지식을 처방 받아 하루에 500kcal씩 적게 섭취한다면 1개월 후 체지방 몇 kg을 감량할 수 있나?

① 10kg   ② 5kg
③ 2kg   ④ 5.5kg
⑤ 3.5kg

094 당뇨병에 대한 설명으로 옳은 것은?

① 인슐린 결핍으로 지방 합성이 증가한다.
② 혈액이 알칼리성으로 기운다.
③ 당뇨병은 여러 질병 중 유전과의 상관성이 낮은 편이다.
④ 혈당이 170mg/dL 이상이 되면 소변으로 당이 배출된다.
⑤ 인슐린 민감성이 증가하면 당뇨병이 발생한다.

095 인슐린 쇼크(저혈당증)가 일어났을 때 급히 먹어야 하는 것은?

① 우유, 통밀빵   ② 수분, 염분
③ 설탕물, 꿀물   ④ 고기국물, 멸치
⑤ 두유, 과자

096 소아당뇨병의 식사요법으로 옳은 것은?

① 인슐린을 주사하므로 식품과 양은 제한하지 않는다.
② 인슐린을 사용하지 않고 식사조절 만으로 혈당조절이 가능하다.
③ 운동 시 적당한 당질 식품을 간식으로 섭취한다.
④ 운동량을 줄이고 지방과 당질은 충분히 섭취한다.
⑤ 당질을 많이 섭취하고 당질량에 따라 인슐린양을 증가시킨다.

097 당뇨병 환자의 지방 대사에 대한 설명으로 옳은 것은?

① 지방 산화가 촉진되어 혈중 지질 수준이 저하된다.
② 체지방 분해가 감소되어 체중이 증가한다.
③ 간에서 콜레스테롤 합성이 증가되어 동맥경화 발생 위험이 증가한다.
④ 입김에서 암모니아 냄새가 난다.
⑤ 지방의 분해로 다량 생산된 아세틸 CoA로부터 중성지방을 합성한다.

098 당뇨병 환자에게 일반 우유 1교환단위를 저지방 우유로 교체했을 때, 더 섭취할 수 있는 식품과 양은?

① 잡곡밥 70g
② 대두유 5g
③ 두부 80g
④ 토마토 300g
⑤ 시금치 70g

099 혈당지수가 가장 높은 음식은?

① 토마토
② 전곡빵
③ 우유
④ 시금치
⑤ 크로와상

100 심장박동수가 증가하는 요인으로 옳은 것은?

① 아세틸콜린 증가
② 체온상승
③ 미주신경의 자극
④ 호식호흡
⑤ 동맥혈압 상승

101 이산화탄소 농도와 산소 농도가 가장 높은 혈관을 옳게 연결한 것은?

① 대정맥 – 대동맥
② 대동맥 – 대정맥
③ 폐동맥 – 폐정맥
④ 폐정맥 – 폐동맥
⑤ 뇌동맥 – 신동맥

102 고중성지방혈증 환자의 식사요법으로 옳은 것은?

① 고단백질 섭취 감소
② 고당질 섭취 감소
③ 나트륨 섭취 감소
④ 식이섬유 섭취 감소
⑤ 콜레스테롤 섭취 감소

103 혈전증을 예방하는 식품으로 적합한 것은?

① 버터
② 옥수수유
③ 면실유
④ 들기름
⑤ 버터

104 고혈압 환자의 식단으로 가장 적합한 것은?

① 현미밥, 조개탕, 오이장아찌, 달걀장조림
② 보리밥, 감자국, 명란젓, 새우튀김
③ 흰쌀밥, 버섯국, 닭가슴살구이, 해초샐러드
④ 율무밥, 오징어국, 삼겹살구이, 콩나물무침
⑤ 흰쌀밥, 육개장, 깍두기, 마른새우볶음

105 울혈성 심부전 환자의 식사요법으로 옳은 것은?
① 고에너지, 고단백 식사
② 식욕 촉진을 위해 적당량의 카페인과 탄산음료 섭취
③ 장내 가스생성을 줄이기 위해 저섬유, 무자극 성식사
④ 식사섭취량을 늘리기 위해 고염식과 충분한 수분 섭취
⑤ 고지방, 고단백 식사

106 신장에 대한 설명으로 옳은 것은?
① 수질의 삼투압은 혈장 삼투압보다 낮다.
② 정상적인 사구체 여과액에는 알부민과 백혈구가 존재한다.
③ 항이뇨호르몬의 분비는 체액의 삼투압에 의해 좌우된다.
④ 신장의 혈압조절 기능에 관여하는 호르몬은 칼시토닌이다.
⑤ 신장에서는 요소를 합성한다.

107 체내 요구에 맞게 수분 재흡수가 조절되는 곳은?
① 근위세뇨관, 집합관
② 근위세뇨관, 보우만주머니
③ 집합관, 보우만주머니
④ 원위세뇨관, 집합관
⑤ 원위세뇨관, 보우만주머니

108 급성 사구체염의 핍뇨기 식사요법으로 옳은 것은?
① 칼륨은 보충한다.
② 단백질은 보충한다.
③ 에너지는 충분히 공급한다.
④ 나트륨은 보충한다.
⑤ 수분은 추가 보충한다.

109 신부전 환자에게 심장 부정맥, 심장마비 등을 유발할 수 있어 제한해야 하는 식품은?
① 콩나물   ② 단감
③ 아욱   ④ 포도
⑤ 쌀밥

110 투석을 하지 않는 만성 신부전 환자의 증상으로 옳은 것은?
① 저칼륨혈증   ② 저인산혈증
③ 저칼슘혈증   ④ 저요산혈증
⑤ 알칼리혈증

111 위절제 수술 후 식사요법으로 옳은 것은?
① 식사 후 자세를 바르게 한다.
② 단백질은 소화되기 어려우므로 되도록 적게 섭취한다.
③ 식사와 함께 물을 먹지 않는다.
④ 단순당이나 농축당을 섭취하여 빠르게 흡수 시킨다.
⑤ 섬유소는 저혈당을 유발하므로 소량 섭취한다.

112 암 환자의 영양소 대사 변화는?
① 단백질 합성과 혈청 알부민 농도 증가
② 지방 분해 감소하고 지방 합성 증가
③ 기초대사량과 에너지 소모량 증가
④ 코리회로(Cori-cycle) 감소로 당신생 감소
⑤ 지방 분해 증가로 혈중 유리지방산 감소

113 심한 화상을 입은 환자의 식사요법으로 옳은 것은?
① 저열량식, 고단백식
② 저열량식, 고당질식
③ 고열량식, 저단백식
④ 고열량식, 고당질식
⑤ 고열량식, 저비타민식

114 다음 중 수술 후 회복기 환자에서 나타나는 증상으로 옳은 것은?
① 수분 배설량이 감소한다.
② 칼륨 보유량이 증가한다.
③ 환자의 체중이 감소한다.
④ 나트륨 배설량이 감소한다.
⑤ 음의 질소 평형 상태를 보인다.

115 감염성 질환의 일반적인 증상으로 옳은 것은?
① 생리적인 영양소 흡수 증가
② 나트륨, 칼륨 배설 증가
③ 기초대사량 감소
④ 수분 손실 감소
⑤ 체지방 합성 증가

116 다음의 ㉠, ㉡에 각각 들어갈 것으로 옳은 것은?

- 평균혈구용적(MCV)는 (㉠)을 (㉡)으로 나눈 값
- 철 결핍성 빈혈 시 감소, 거대적아구성 빈혈 시 증가

	㉠	㉡
①	헤모글로빈 농도	철 농도
②	헤마토크리트치	헤모글로빈 농도
③	헤마토크리트치	적혈구 수
④	철 농도	적혈구 수
⑤	적혈구 수	헤마토크리트치

117 철 결핍성 빈혈 환자의 섭취 관련 설명으로 옳은 것은?
① 철 보충제를 복용할 때는 우유와 같이 섭취한다.
② 헤모글로빈이 정상수준으로 회복되어도 얼마간은 보충을 지속하여 철 저장량을 확보한다.
③ 신선한 채소를 매일 매일 섭취하여 철을 보충한다.
④ 식후 타닌이 풍부한 녹차를 마시면 철 흡수율을 높일 수 있다.
⑤ 헴철 보다 비헴철이 흡수율이 높으므로 난황을 충분히 섭취한다.

118 케톤식에 대한 설명으로 옳은 것은?
① 체중 감량에 효과적이므로 비만환자에게 권장된다.
② 항경련 효과가 커서 간질을 조절하는 데 도움이 된다.
③ 혼수를 나타내는 케톤증 환자에게 제공하는 식사이다.
④ 고당질, 저지방식으로 구성된다.
⑤ 인슐린 쇼크로 저혈당 시 제공되는 식사이다.

119 골다공증 치료에 가장 바람직한 식단은?
① 두부부침, 시금치, 커피
② 잡곡밥, 뱅어포, 오징어 젓갈
③ 계란찜, 치즈, 와인
④ 소고기 구이, 멸치볶음, 저지방 우유
⑤ 돈까스, 김치, 녹차

120 페닐케톤뇨증 질환의 식사요법에서 가장 주의해야 하는 식품은?
① 녹말가루
② 치즈
③ 복숭아잼
④ 대두유
⑤ 팝콘

올인원 영양사 모의고사 [3회]

제한시간 85분 / 점수 _____ 점

식품학 및 조리원리

001 다음 현상의 원인이 되는 물질로 옳은 것은?

- 콩을 조리할 때 사용하면 물러지지 않는다.
- 차를 끓일 때 사용하면 혼탁해 진다.

① 경수　　② 소금
③ 식소다　④ 설탕
⑤ 금속용기

002 데치기의 목적으로 옳은 것은?

① 식품의 맛과 향을 증진시키기 위해
② 효소를 불활성화하여 변색을 방지하기 위해
③ 지용성 비타민의 흡수를 촉진시키기 위해
④ 조미성분을 식품 자체에 배도록 하기 위해
⑤ 점탄성, 유화성 등 물성을 증대시키기 위해

003 등온흡습곡선의 Ⅰ영역에 대한 설명으로 옳은 것은?

① 유지의 산화 안전성이 가장 높다.
② 수분이 주로 다공질 구조에 응결된다.
③ 수분은 건조와 압착으로 제거가 가능하다.
④ 수분이 여러 성분에 대해 용매로 작용한다.
⑤ 수분이 주로 식품 성분 중 이온기와 결합되어 있다.

004 과당의 특징으로 옳은 것은?

① 유리상태로 존재하지 않는다.
② 용해도가 낮고 결정화가 잘된다.
③ 체내에서 글리코겐 합성에 이용된다.
④ 환원력을 갖지만 발효는 되지 않는다.
⑤ 이당류 형성 시 주로 푸라노오스형태이다.

005 펙틴에 대한 설명으로 옳은 것은?

① 약산성에서 쉽게 분해된다.
② 식품의 세포질에 존재한다.
③ 갈락투론산으로 구성된 단순다당류이다.
④ 과일 가공품에서 점탁질의 원인물질이다.
⑤ 과일이 익어갈수록 셀룰로오스와 결합상태가 된다.

006 다음 중 에피머 관계에 있는 당류로 짝지어진 것은?

① 포도당 - 만노오스
② 과당 - 갈락토오스
③ 포도당 - 과당
④ 과당 - 만노오스
⑤ 갈락토오스 - 만노오스

007 다음 중 다당류에 대한 설명으로 옳은 것은?
① 이눌린은 갈락토오스 중합체이다.
② 아밀로오스는 호화와 노화가 어렵다.
③ 셀룰로오스는 포도당이 $\beta-1,6$결합을 하고 있다.
④ 아밀로펙틴과 글리코겐의 요오드 반응은 적갈색이다.
⑤ 글리코겐은 아밀로펙틴보다 가지가 적고 사슬이 짧다.

008 검화되는 지질로 짝지어진 것은?
① 스쿠알렌, 콜레스테롤
② 세레브로시드, 콜레스테롤
③ 레시틴, 콜레스테롤에스터
④ 중성지방, 에르고스테롤
⑤ 지방족탄화수소, 세레브로시드

009 유지의 성질에 대한 설명으로 옳은 것은?
① 산화중합유는 비중이 낮다.
② 고급지방산이 많을수록 점도가 낮아진다.
③ 고급지방산이 많을수록 굴절률이 낮아진다.
④ 불포화지방산이 증가할수록 융점이 높아진다.
⑤ 불포화지방산이 증가할수록 점도가 낮아진다.

010 유지의 발연점에 대한 설명으로 옳은 것은?
① 유지에 열을 가하여 발화하는 온도이다.
② 유지의 표면적이 넓을수록 발연점은 높아진다.
③ 유지가 분해되어 지방산은 아크롤레인을 생성한다.
④ 식용유지의 발연점이 낮을수록 튀김용으로 적절하다.
⑤ 유지의 유리 지방산 함량이 높을수록 발연점은 낮아진다.

011 아미노산의 분류로 옳은 것은?
① 염기성 아미노산: 아르기닌, 히스티딘, 리신
② 방향족 아미노산: 페닐알라닌, 티로신, 트레오닌
③ 함황아미노산: 메티오닌, 티로신, 트립토판
④ 수산기 함유 아미노산: 세린, 트레오닌, 프롤린
⑤ 분지상 아미노산: 루신, 이소루신, 알라닌

012 아미노산의 카르복실기 제거반응을 통해 생성되는 물질로 옳은 것은?
① 아미드
② 히스타민
③ 암모니아
④ 쉬프염기
⑤ DNP-아미노산

013 단백질의 구조에 대한 설명으로 옳은 것은?
① 1차 구조는 펩티드 결합으로 연결된 아미노산의 배열이다.
② 2차 구조는 아미노산 곁사슬간의 수소결합에 의해 형성된다.
③ 3차 구조에는 α-나선구조와 β-병풍구조가 있다.
④ 모든 단백질은 소단위가 회합한 4차구조를 이루고 있다.
⑤ 3차 구조는 이황화 결합과 같은 단단한 공유결합에 의해서만 형성된다.

014 양배추에 식소다를 넣고 조리할 때 누렇게 변색이 일어나는 이유로 옳은 것은?

① 양배추의 탄닌이 산화효소에 의해 갈변이 일어났다.
② 양배추의 폴리페놀이 산화효소에 의해 갈변이 일어났다.
③ 양배추의 안토시아닌이 알칼리에 의해 담황색이 되었다.
④ 양배추의 안토잔틴 색소가 알칼리에 의해 황색이 되었다.
⑤ 양배추의 폴리페놀이 금속과 복합체를 형성하여 황변이 일어났다.

015 지용성 비타민으로 옳게 짝지어진 것은?

① 안토잔틴, 안토시아닌
② 안토잔틴, 카로티노이드
③ 클로로필, 안토잔틴
④ 클로로필, 카로티노이드
⑤ 카로티노이드, 안토시아닌

016 아미노-카보닐 반응의 초기단계에서 일어나는 반응으로 옳은 것은?

① osone 생성, 5-HMF 생성
② 알돌축합반응, 아마도리 전위
③ 질소배당체 생성, 아마도리 전위
④ 스트레커 분해반응, 멜라노이딘 생성
⑤ 질소배당체 생성, 산화된 당류분해물 생성

017 식품과 향 성분의 연결이 옳은 것은?

① 채소류: 암모니아, 아민
② 과일류: 유기산의 에스터
③ 버터: 메탄올, 아세테이트, 페놀
④ 민물어: 트리메틸아민, 암모니아
⑤ 신선육: 암모니아, 메틸메르캅탄

018 맛의 상승효과가 나타나는 경우로 옳은 것은?

① 커피에 설탕을 넣은 경우
② 단팥죽에 소금을 넣은 경우
③ 김치의 짠맛에 신맛이 혼합된 경우
④ 오징어를 먹은 후 밀감을 먹은 경우
⑤ MSG에 이노신산(IMP)을 혼합하는 경우

019 미생물에 대한 설명으로 옳은 것은?

① 바이러스는 DNA와 RNA를 갖는다.
② 바이러스는 살아있는 숙주세포에 기생한다.
③ 세균은 분열법이나 출아법 등으로 증식한다.
④ 효모는 원핵세포이며 단세포 미생물이다.
⑤ 곰팡이는 다른 미생물에 비해 건조한 조건에 생육이 어렵다.

020 김치 발효과정에 관여하는 미생물이 옳게 연결된 것은?

① 김치발효 초기: *Leuconostoc mesenteroides*
② 김치발효 중기: *Lactobacillus plantarum*
③ 김치발효 초기: *Lactobacillus plantarum*
④ 김치발효 후기: *Pediococcus cerevisiae*
⑤ 김치발효 후기: *Leuconostoc mesenteroides*

021 다음 곰팡이에 대한 설명으로 옳은 것은?

① *Aspergillus oryzae*: 홍국제조에 이용
② *Mucor pusillus*: 응유효소 생산균주
③ *Penicillium expansum*: 치즈 숙성균
④ *Penicillim chrysogenum*: 감귤류의 연부병
⑤ *Aspergillus niger*: 아플라톡신 생성

022 전분의 노화를 억제하는 방법으로 옳은 것은?

① 유화제를 사용한다.
② 냉장실에 보관한다.
③ 황산염을 첨가한다.
④ 식품의 pH를 최대로 낮춰준다.
⑤ 수분함량을 30~60%로 유지한다.

023 곡류단백질의 연결이 옳은 것은?

① 쌀 – 제인
② 보리 – 호르데인
③ 고구마 – 투베린
④ 감자 – 이포메인
⑤ 옥수수 – 오리제닌

024 고구마를 돌이나 재에 묻어서 구우면 단맛이 더 강해지는 이유는?

① 효소가 열에 의해서 파괴되었기 때문
② 알칼리에 의해 전분이 분해되었기 때문
③ 수크라아제에 의해 과당이 생성되었기 때문
④ β-아밀라아제에 의해 맥아당이 생성되었기 때문
⑤ 전분이 열에 의해 분해되어 포도당이 생성되었기 때문

025 곡류조리에 대한 설명으로 옳은 것은?

① 경단을 만들 때 찹쌀가루를 끓는 물로 반죽한다.
② 죽은 곡류 부피의 10배 이상의 물을 붓고 끓인다.
③ 감자튀김은 냉장보관한 감자를 이용하는 것이 좋다.
④ 밥을 지을 때 쌀의 양이 많아질수록 물의 비율은 증가한다.
⑤ 메시드포테이토를 만들 때에는 감자가 식은 후 으깨야 한다.

026 육류의 가열에 따른 색소 변화에 해당되는 것은?

① 옥시미오글로빈이 되어 선홍색을 띤다.
② Fe^{2+}로 환원된 메트미오글로빈을 생성한다.
③ 육색소는 가열에 의해 hemochrome형태가 된다.
④ 변성된 글로빈이 분리되어 Cl^-가 결합된 헤마틴이 된다.
⑤ 변성된 글로빈과 Fe^{3+}을 함유한 메트미오크로모겐이 된다.

027 다음 중 육류의 조리에 적절한 쇠고기의 부위가 옳게 연결된 것은?

① 장조림 – 홍두깨살
② 탕 – 등심, 안심
③ 구이 – 양지, 사태
④ 스테이크 – 앞다리
⑤ 육포 – 등심, 안심

028 육류의 연화방법으로 옳은 것은?
① 고기의 결대로 자른다.
② 10%의 소금을 첨가한다.
③ 사후강직 기간의 고기를 사용한다.
④ 적절한 양의 설탕을 첨가한다.
⑤ 장시간 간장에 재워두었다가 조리한다.

029 어류의 비린내 성분을 흡착하여 제거하는 방법에 해당하는 것은?
① 물로 씻는다.
② 레몬즙을 첨가한다.
③ 술이나 미림을 첨가한다.
④ 간장이나 된장을 첨가한다.
⑤ 마늘이나 양파를 첨가한다.

030 어패류의 조리법으로 옳은 것은?
① 조개는 2% 소금물을 이용하여 해감한다.
② 조개류는 높은 온도에서 장시간 조리한다.
③ 생선튀김은 150℃에서 1분간 조리한다.
④ 오징어는 껍질쪽에 칼집을 넣어 동그랗게 모양을 낸다.
⑤ 흰살생선은 양념이 깊게 밸 수 있게 오래 조린다.

031 신선한 난류의 특징에 해당하는 것은?
① 난각이 두껍고 광택이 있다.
② 10% 식염수에서 떠오른다.
③ 난황계수가 0.14~0.17이다.
④ 된 난백의 비가 60%이다.
⑤ 난황이 중심에 있지 않다.

032 난백 단백질 중 비오틴의 활성을 저해하는 것으로 옳은 것은?
① 리베틴 ② 아비딘
③ 라이소자임 ④ 오보글로블린
⑤ 오보뮤코이드

033 대두의 성분에 대한 설명으로 옳은 것은?
① 난백에 비해 메티오닌 함량이 높다.
② 단백질은 알부민에 속하는 글리시닌이다.
③ 비타민 C를 포함한 대부분의 비타민이 풍부하다.
④ 플라보노이드 중 하나인 아이소플라본을 함유한다.
⑤ 사포닌은 단백질의 소화작용을 방해하는 성분이다.

034 쇼트닝성이 증가하는 조건으로 옳은 것은?
① 불포화지방이 많을 때
② 기름의 양이 적을 때
③ 가소성이 작을 때
④ 기름의 온도가 낮을 때
⑤ 달걀을 첨가했을 때

035 유지에 대한 설명으로 옳은 것은?
① 리놀레산의 주요 급원은 들기름이다.
② 참기름의 천연 항산화제는 고시폴이다.
③ 발연점의 푸른 연기는 지방산의 분해물이다.
④ 쇼트닝은 쇼트닝성은 높으나 크리밍성은 약하다.
⑤ 올리브유에는 올레산이 가장 많이 함유되어 있다.

036 우유나 난백이 주로 함유되어 있으며 빛에 장시간 노출되었을 때 분해되어 루미크롬을 생성함으로써 손실되는 영양소는?

① 카세인
② 비타민 A
③ 비타민 D
④ 비타민 B_1
⑤ 비타민 B_2

037 우유의 균질처리에 대한 설명으로 옳은 것은?

① 우유의 결핵균을 사멸하는 과정이다.
② 균질처리한 우유는 산화에 안정해진다.
③ 균질처리한 우유는 소화 흡수가 증진된다.
④ 우유의 지방층 분리가 억제되나 맛의 저하가 일어난다.
⑤ 포스파타아제의 활성을 측정하여 적절히 처리되었는지 확인한다.

038 과일류에 대한 설명으로 옳은 것은?

① 준인과류에는 사과와 배가 포함된다.
② 아보카도에는 지방함량이 3% 미만이다.
③ 사과에는 폴리페놀 산화효소가 함유되어 있다.
④ 과일에는 유기산이 많이 함유되어 산성식품이다.
⑤ 과일의 전분함량은 과일이 익어감에 따라 증가한다.

039 겨자를 마쇄하면 생성되는 매운 냄새성분으로 옳은 것은?

① 알리신
② 황화수소
③ 티오프로판알
④ 메틸 메르캅탄
⑤ 알릴 이소티오시아네이트

040 해조류에 대한 설명으로 옳은 것은?

① 다시마의 감칠맛은 IMP이다.
② 김에는 알긴산이 다량 함유되어 있다.
③ 톳에는 칼슘의 함량이 적은 편이다.
④ 우뭇가사리는 한천 제조에 사용된다.
⑤ 마른 다시마 표면의 흰 분말은 타우린이다.

급식, 위생 및 관계법규

041 산업체급식에 관한 설명으로 옳은 것은?

① 1회 상시 급식인원 50인 이상인 경우 영양사를 의무고용한다.
② 기업의 생산성 향상, 산업사고 예방, 애사심 고취에 기여한다.
③ 영양적으로 적절한 식사공급으로 질병치료 개선 및 체력회복을 지원한다.
④ 다품종 소량 생산으로 생산성이 낮고 인건비 부담이 높다.
⑤ 영양필요량에 맞는 식사제공으로 신체적, 정신적 건강 증진에 기여한다.

042 숙련된 조리원이 거의 필요하지 않으며 조리된 가공음식을 구입 후 음식을 데워서 최종 조합만을 하여 제공하는 급식체계는?

① 전통적 급식체계
② 조리저장식 급식체계
③ 중앙공급식 급식체계
④ 편이식 급식체계
⑤ 예비저장식 급식체계

043 급식회사 최고경영층에서 회사의 전략계획으로 외식업에 진출하고자 결정하였다. 하급관리층인 매니저는 외식현장에서 수익을 최대로 올릴 수 있는 구체적인 실현방법에 대한 의사결정을 내리게 된다. 이 의사결정의 유형은?

① 비정형적 의사결정
② 업무적 의사결정
③ 전략적 의사결정
④ 관리적 의사결정
⑤ 전술적 의사결정

044 급식소에서 관리자가 일상적이고 단순, 반복적인 업무로 너무 많은 시간을 소비하고 있다면 직무조정 시 중요하게 적용해야할 원칙으로 옳은 것은?

① 삼면등가의 원칙
② 감독한계 적정화의 원칙
③ 명령일원화의 원칙
④ 권한위임의 원칙
⑤ 전문화의 원칙

045 1일 2,100kcal를 급식으로 제공하고자 한다. 에너지 적정 비율을 탄수화물 60%, 단백질 20%, 지질 20%로 정했을 때, 제공해야 할 당질양은?

① 100g ② 200g
③ 250g ④ 300g
⑤ 320g

046 급식소의 상황에 따라 식자재 수급과 가격에 맞게 식단을 계획할 수 있으며, 학교급식에서 많이 사용되는 메뉴는?

① 순환메뉴 ② 고정메뉴
③ 변동메뉴 ④ 알라카르테 메뉴
⑤ 따블도우떼 메뉴

047 메뉴평가의 기준이 되는 것은?

① 음식의 영양적 가치
② 사용된 조미료의 양
③ 식재료의 브랜드
④ 식재료의 가격
⑤ 조리원의 능력

048 식사구성안의 영양목표에 관한 설명으로 옳은 것은?

① 식이섬유는 100% 권장섭취량을 섭취 허용한다.
② 단백질은 총 에너지의 20~30%를 섭취 허용한다.
③ 비타민은 100% 평균필요량을 섭취 허용한다.
④ 총 당류 섭취량은 총 에너지 섭취량의 10~20%로 제한한다.
⑤ 성인의 지방 섭취는 총 에너지의 30% 이상을 섭취 허용한다.

049 최근 물류센터를 통한 식재료 유통이 활성화되면서 많이 이용하는 구매방법으로 재고량을 최소화하여 저장 공간을 효율적으로 사용하는 구매방법은?

① 공동구매
② 독립구매
③ 무재고 구매(JIT 구매)
④ 일괄위탁구매
⑤ 중앙구매

050 다음 중 경쟁입찰보다 수의계약이 더 유리한 식품은?

① 밀가루 ② 미역, 다시마
③ 쌀   ④ 삼치
⑤ 케찹

051 식품 검수절차 중 가장 우선적으로 확인하는 것과 마지막에 하는 업무로 적합한 것은?

① 납품서 대조 – 인수물품 입고
② 품질과 수량 확인 – 검수일지 작성
③ 불량품 반품 – 납품서 대조
④ 재고량 확인 – 인수물품 입고
⑤ 품질과 수량 확인 – 인수물품 입고

052 급식소에서 입·출고되는 물품의 양을 계속적으로 기록하는 재고조사 방법의 장점으로 옳은 것은?

① 특정시점에서의 재고수준과 재고자산을 파악할 수 있다.
② 재고수준을 직접 확인하므로 정확한 정보를 제공한다.
③ 시간소요와 노력이 많이 필요하다.
④ 오차가 생길 우려가 크므로 전산화하기는 어렵다.
⑤ 재고관리의 통제가 어렵다.

053 재고회전율에 관한 설명으로 옳은 것은?

① 재고회전율이 높으면 과잉의 재고를 보유한다.
② 재고량이 많으면 재고회전율은 증가한다.
③ 재고량이 많으면 재고회전율은 감소한다.
④ 수요량이 많으면 재고회전율은 감소한다.
⑤ 수요량이 적으면 재고회전율은 증가한다.

054 아래의 상황에 적합한 재고자산의 평가방법은?

> A산업체 급식소의 위탁계약이 만료되어 타 업체로 재고를 인수인계해야 한다. A업체 영양사는 먼저 입고된 물품이 먼저 출고되었다는 원칙하에 시간의 흐름에 따라 가격이 상승하는 상황에서 재고자산을 높게 책정하고자 한다.

① 총 평균법   ② 선입선출법
③ 최종구매가법   ④ 후입선출법
⑤ 실제구매가법

055 식수예측법 중 지수평활법에 관한 설명으로 옳은 것은?

① 전문가의 경험과 견해와 같은 주관적 요소를 이용하는 방법이다.
② 과거 일정 기간의 식수 자료를 평균하여 다음 기간의 식수를 예측한다.
③ 바로 직전 달의 식수에 가장 큰 비중을 두어 다음 달의 식수를 예측한다.
④ 정성적 식수 예측 방법 중 하나이다.
⑤ 식수에 영향을 주는 요인과의 인과관계를 파악하여 식수를 예측한다.

056 다음 중 표준 레시피 이용과 관련한 설명으로 옳은 것은?

① 종업원의 책임 소재를 분명히 할 수 있다.
② 급식 종사자들의 생산성이 증가한다.
③ 식재료 사용의 낭비가 증가한다.
④ 영구 사용이 가능하다.
⑤ 신규 종업원의 교육·훈련에 유용하다.

057 다음은 A고등학교 급식소에서 2021년 11월 22일 (월)에 점심 식사로 제공한 메뉴의 보존식 관리 내용의 일부이다. 식품위생법에 위배되는 사항을 모두 고른 것은?

> ㉠ 두부조림 1인 분량을
> ㉡ 11월 27일(토) 저녁까지
> ㉢ -18℃ 상태에서
> ㉣ 학생들이 제공받은 식판에 담아 보관하였다.

① ㉠, ㉡, ㉢ ② ㉠, ㉡, ㉣
③ ㉡, ㉢   ④ ㉡, ㉣
⑤ ㉠, ㉣

058 병원급식에서 중앙배선에 대한 설명으로 옳은 것은?

① 관리, 감독이 용이하다.
② 1인 배식량의 통제가 어렵다.
③ 식재료비의 낭비가 초래된다.
④ 시설, 설비관련 비용의 소요가 많다.
⑤ 적온급식이 용이하다.

059 다음 중 생산성 지표의 변동 요인으로 옳은 것은?

① 종업원의 근무 연한
② 배식 양
③ 1식 단가
④ 제공하는 메뉴 수
⑤ 주방 면적

060 어느 고등학교 급식소에서 한 달 동안 총 식재료비 4,200만원, 총 인건비 1,950만원, 총 경비 690만원이고 한 달 총 제공식수가 1,800식이었다. 이곳의 1식당 비용은?

① 3000원/식   ② 3,500원/식
③ 3,800원/식   ④ 4,000원/식
⑤ 4,200원/식

061 작업량을 분석하여 이에 따라 작업내용을 시간상으로 배열하여 제시한 표는?

① 작업일정표   ② 작업배분표
③ 작업공정표   ④ 공정분석표
⑤ 작업분석표

062 작업자들의 활동시간을 측정하여 표준시간을 설정하는 이유로 옳은 것은?

① 작업자의 휴식시간을 확보하기 위하여
② 작업에 필요한 작업장의 크기를 결정하기 위하여
③ 작업자의 숙련도를 측정하기 위하여
④ 여러 작업 방법을 비교하여 최선의 방법을 선택하기 위하여
⑤ 표준시간에 맞는 메뉴를 개발하기 위하여

063 다음 중 채소를 소독해야 하는 경우에 해당되는 것은?

① 된장찌개의 호박
② 닭볶음의 양배추
③ 오징어초무침의 오이
④ 불고기의 양파
⑤ 잡채에 들어가는 시금치

064 쌈용 생 채소 및 과일을 소독하기 위해 100ppm의 차아염소산나트륨 소독액 3L를 만들 때 필요한 차아염소산나트륨(유효염소 4%) 용액의 양은?

① 3mL   ② 5mL
③ 7.5mL   ④ 8.5mL
⑤ 9mL

065 집단급식소의 안전관리로 옳은 것은?
① 솥의 90%까지 물을 넣고 끓인다.
② 날카로운 칼은 위험하므로 무딘 칼을 사용한다.
③ 뜨거운 팬을 옮길 때 젖은 행주나 앞치마를 사용한다.
④ 무거운 물건은 몸에서 멀리하고 허리를 비틀며 일어난다.
⑤ 살균소독제 보관장소에는 이에 대한 물질안전보건자료를 게시한다.

066 급식소의 시설·설비 설계 시 옳은 것은?
① 조리실의 창문은 바닥면적의 50%를 유지해야 한다.
② 검수실 조명은 540Lux 이상이 되어야 한다.
③ 검수구역과 저장구역의 거리는 최대한 멀게 설계한다.
④ 조리실의 콘센트는 바닥에서 50cm 지점에 설치한다.
⑤ 조리실 바닥의 경사는 1/50이 적당하다.

067 다음 중 가열조리 기구는?
① 슬라이서(slicer) ② 브로일러(broiler)
③ 블랜더(blender) ④ 필러(peeler)
⑤ 스쿠퍼(scooper)

068 급식소의 컨벡션 오븐, 식기세척기 등과 같은 고정자산의 소모, 손상에 의한 가치를 연도에 따라 할당하여 감가한 비용은?
① 소모품비 ② 운영비
③ 감가상각비 ④ 수선비
⑤ 일반관리비

069 A급식소의 한 달 동안의 총 식재료비가 2,000만원, 총 인건비가 800만원, 총 경비가 200만 원이고 한 달 총 판매 식수가 6,000식이다. 1식당 원가는?
① 3,000원 ② 4,000원
③ 5,000원 ④ 6,000원
⑤ 7,000원

070 손익분기점에 관한 설명으로 옳은 것은?
① 손익분기점은 판매액과 출고액이 일치하는 지점이다.
② 손익분기점은 손익이 엇갈리는 지점으로 생산원가가 결정되는 지점이다.
③ 손익분기점은 판매액과 생산액이 일치하는 지점이다.
④ 손익분기점은 매출액과 총 비용이 일치하는 지점이다.
⑤ 손익분기점은 매출액과 이익이 일치하는 지점이다.

071 인사고과의 오류 중 중심화 오류에 관한 설명으로 옳은 것은?
① 실제 수행력보다 관대하게 평가되어 나타나는 오류이다.
② 확실한 기준이 없을 때, 평가대상자을 잘 모를 때 발생한다.
③ 서열법으로 인사고과 시 주로 나타나는 오류이다.
④ 같은 평가대상자에 대해서 결과가 다르게 나타날 수 있다.
⑤ 전반적인 인상이나 어느 특정 고과요소가 다른 요소에 영향을 주어 나타난다.

072 직장 내 훈련(OJT)의 효과가 가장 크게 나타나는 계층은?
① 상위경영층   ② 중간관리자
③ 하급관리자   ④ 기능직 직원
⑤ 모든 계층

073 다음 중 현장감독자가 취할 리더십으로 가장 적절한 것은?
① 민주적 리더십
② 전제적 리더십 + 민주적 리더십
③ 자유방임적 리더십 + 전제적 리더십
④ 민주적 리더십 + 자유방임적 리더십
⑤ 상황에 따라 리더십 유형을 구분하여 취한다.

074 동기부여 이론 중 브룸의 기대이론에 관한 설명으로 옳은 것은?
① 작업의 동기부여에 가장 중요한 결정 요인을 개인의 욕구라고 가정한다.
② 동기부여 요인은 직무에 대한 성취감, 인정, 승진 등이 포함된다.
③ 개인이 행동하기 전에 자신이 기대하는 노력과 보상에 대해 주관적인 평가를 내리고 이에 따라 동기부여 강도가 달라진다고 본다.
④ 자신의 업적에 대한 보상이 다른 사람과 비교해서 공정한가에 따라 동기부여의 방향이 달라진다고 본다.
⑤ 기대 이론의 주요 요소는 생존욕구, 관계욕구, 성장욕구이다.

075 다음 중 하향식 의사소통에 속하는 것은?
① 업무보고   ② 회계보고
③ 제안제도   ④ 고충처리
⑤ 성과피드백

076 급식소 서비스는 제품처럼 저장하거나 재고화할 수 없다. 이에 해당하는 서비스 특성은?
① 무형성   ② 비분리성
③ 소멸성   ④ 이질성
⑤ 동시성

077 새롭게 출시하는 제품에 대해 할인 정책으로 소비자의 관심을 유도하고자 하였다. 마케팅 믹스 요소 중 해당 하는 것은?
① 제품   ② 가격
③ 촉진   ④ 유통
⑤ 물리적 증거

078 식품의 위해요소 중 외인성 위해요소에 속하는 것으로 옳은 것은?
① 삭시톡신   ② 잔류농약
③ 아크릴아마이드   ④ 트리할로메탄
⑤ 식이성 알레르겐

079 식품위생의 오염지표 미생물에 대한 설명으로 옳은 것은?
① 전염병이나 식중독을 유발하는 미생물이다.
② 대장균군이 장구균에 비해 분리·동정이 어렵다.
③ *E. Coli*는 동결에 대한 저항성이 강하므로 냉동식품의 오염지표균이다.
④ 대장균군은 외계에서의 저항성이 강하여 건조식품의 오염지표로 이용된다.
⑤ 검출되면 식품의 제조과정 또는 제조 후의 비위생적인 관리를 의미한다.

080 화학적 소독법에 대한 설명으로 옳은 것은?
① 석탄산은 유기물 공존시 살균력이 저하된다.
② 포름알데히드는 탈수작용으로 미생물을 살균한다.
③ 역성비누는 보통 비누와 병용하여 사용해야 한다.
④ 차아염소산나트륨은 살균 이외에 표백·탈취 효과가 있다.
⑤ 석탄산계수가 낮을수록 살균력이 강한 소독제이다.

081 식품과 함께 섭취된 다량의 세균이 장관내에서 증식할 때 생성한 독소에 의해 설사 등의 증상을 보이는 식중독으로 옳은 것은?
① 살모넬라 식중독
② 보툴리누스 식중독
③ 황색 포도상구균 식중독
④ 바실러스 세레우스(구토형) 식중독
⑤ 바실러스 세레우스(설사형) 식중독

082 살모넬라 식중독의 특징으로 옳은 것은?
① 식중독 중 치사율이 높은 편이다.
② 발열, 급성위장염을 주증상으로 한다.
③ 원인균은 그람양성, 무포자, 간균이다.
④ 원인균은 10℃ 이하에서도 증식이 가능하다.
⑤ 화농성질환자를 통해 자주 발생하는 식중독이다.

083 돼지고기나 우유가 주원인균이며 고열, 설사, 구토, 맹장염의 통증과 유사한 복통, 패혈증과 2차 면역질환을 주증상으로 하는 식중독으로 옳은 것은?
① 리스테리아 식중독
② 캠필로박터 식중독
③ 여시니아 식중독
④ 퍼프린젠스 식중독
⑤ 황색포도상구균 식중독

084 오후 1시에 점심 식사를 한후 오후 4시경에 오심, 구토와 함께 얼굴이 창백해졌다면 어떤 식중독을 의심할 수 있는가?
① 살모넬라 식중독
② 퍼프린젠스 식중독
③ 황색포도상구균 식중독
④ 보툴리누스 식중독
⑤ 장염비브리오 식중독

085 보툴리누스 식중독에 대한 설명으로 옳은 것은?
① 발열, 신경계 마비증상, 시력장애 등이 나타난다.
② 독소가 열에 강하여 열처리로는 예방할 수 없다.
③ 원인균은 내열성 포자를 형성하고 운동성이 없다.
④ 조리기기의 청결과 화농성 질환자의 조리금지로 예방할 수 있다.
⑤ 통조림의 불충분한 가열이 원인이며 포자가 발아 증식시 독소가 생성된다.

086 다음 사건에서 공통적인 원인 중금속으로 옳은 것은?

> • 산분해 간장 제조 시 혼입
> • 모리나카 조제 분유 사건
> • 중금속이 함유된 농약을 밀가루로 오인하여 섭취

① 납 ② 비소
③ 수은 ④ 구리
⑤ 카드뮴

087 수돗물의 염소 소독과정에서 생성된 유해물질로 최기형성, 발암성 물질인 것은?

① 3-MCPD ② 메탄올
③ 아크릴아미드 ④ 트리할로메탄
⑤ 에틸카바메이트

088 기구나 용기, 포장재와 용출될 수 있는 유독물질의 연결이 옳은 것은?

① 도자기 - 헥사플루오로에탄
② 테플론 - 납, 카드뮴
③ 멜라민수지 - 포름알데히드
④ 법랑 - 프탈레이트
⑤ PVC - 형광증백제

089 다음 중 탄저병에 대한 설명으로 옳은 것은?

① 인간이 고유 숙주이다.
② 호흡을 통해서만 감염된다.
③ 사람 사이의 전파가 빈번하다.
④ BCG 접종을 통해 예방할 수 있다.
⑤ 원인균은 *Bacillus anthracis*이다.

090 채독증의 원인으로 경구 및 경피로 감염이 될 수 있는 기생충으로 옳은 것은?

① 회충 ② 편충
③ 요충 ④ 십이지장충
⑤ 동양모양선충

091 HACCP 7원칙 중 작성된 일지를 검토하여 HACCP 관리계획의 적절성과 실행여부를 평가하는 활동을 무엇이라고 하는가?

① 검증 ② 모니터링
③ 한계기준 설정 ④ 개선조치 수립
⑤ 문서화 및 기록유지

092 「식품위생법」상 기구에 해당하는 것으로 옳은 것은?

① 그물 ② 도마
③ 종이냅킨 ④ 탈곡기
⑤ 착유기

093 식품의약품안전처장이 판매를 목적으로 하는 식품에 대하여 고시하는 규격에 해당하는 것은?

① 제조방법에 관한 규격
② 성분에 관한 규격
③ 사용방법에 관한 규격
④ 가공에 관한 규격
⑤ 원재료에 관한 규격

094 「식품위생법」에서 식품, 식품첨가물의 판매 등 금지에 대한 설명으로 옳은 것은?

① 질병에 걸린 동물의 뼈는 판매가 가능하다.
② 강제로 물을 먹인 가축은 무해하므로 판매 할 수 있다.
③ 안전성 심사 대상인 식품은 심사를 받더라도 판매할 수 없다.
④ 기준·규격이 정하여지지 아니한 화학적 합성품은 판매를 목적으로 진열할 수 없다.
⑤ 식품의약품안전처장이 인체의 건강을 해칠 우려가 없다고 인정해도 유독·유해물질이 있으면 판매해서는 안 된다.

095 「식품위생법」에서 건강진단에 대한 설명으로 옳은 것은?

① 건강진단은 1년에 1회 받아야 한다.
② 화학적 합성품의 제조업자도 건강진단을 받아야 한다.
③ 완전 포장된 식품을 운반하는 종사자도 건강진단을 받아야 한다.
④ 기구 등의 살균 소독제의 제조업자도 건강진단을 받아야 한다.
⑤ 건강진단 항목에는 장티푸스, 폐결핵, 세균성 이질 검사가 포함된다.

096 「학교급식법」에서 위생안전관리를 위해 설정된 가열 조리식품(패류 제외)의 중심부 온도와 시간의 기준으로 옳은 것은?

① 65℃, 1분   ② 70℃, 1분
③ 70℃, 2분   ④ 75℃, 1분
⑤ 85℃, 1분

097 「국민건강증진법」에 근거하여 실시하는 국민영양조사에서 식품섭취조사에 해당하는 내용으로 옳은 것은?

① 식품 섭취의 과다 여부에 관한 사항
② 외식 횟수에 관한 사항
③ 식품의 재료에 관한 사항
④ 규칙적인 식사여부에 관한 사항
⑤ 혈압 등 신체계측에 관한 사항

098 「국민영양관리법」에서 다른 사람에게 영양사의 면허증을 빌려주거나 빌린 자, 빌려주거나 빌리는 것을 알선한 자에 대한 벌칙으로 옳은 것은?

① 500만원 이하의 과태료
② 1000만원 이하의 과태료
③ 1년 이하의 징역 또는 1천만원 이하의 벌금
④ 3년 이하의 징역 또는 3천만원 이하의 벌금
⑤ 5년 이하의 징역 또는 5천만원 이하의 벌금

099 다음 중 원산지표시를 해야하는 의무자로 옳은 것은?

① 휴게음식점영업, 위탁급식영업
② 휴게음식점영업, 단란주점영업
③ 휴게음식점영업, 유흥주점영업
④ 일반음식점영업, 단란주점영업
⑤ 일반음식점영업, 유흥주점영업

100 「식품 등의 표시·광고에 관한 법률」에서 영양표시 대상 영양성분에 해당되지 않는 것은?

① 당류   ② 단백질
③ 나트륨   ④ 식이섬유
⑤ 트랜스지방

4회

[1교시]
영양학 및 생화학
영양교육, 식사요법 및 생리학

[2교시]
식품학 및 조리원리
급식, 위생 및 관계법규

올인원 영양사 모의고사 [4회]

제한시간 100분 / 점수 _____ 점

영양학 및 생화학

001 2020 한국인 영양소 섭취기준에 대해 옳은 것은?
① 에너지 필요추정량은 권장섭취량에 해당한다.
② 전 연령층에서 지질의 에너지 적정 비율은 15~30%이다.
③ 모든 지용성 비타민에 대해 상한섭취량이 설정되어 있다.
④ 리놀레산, α-리놀렌산의 평균필요량과 권장섭취량이 설정되어 있다.
⑤ 1세 이후에는 탄수화물의 평균필요량과 권장섭취량이 설정되어 있다.

002 소장에서 포도당이 흡수될 때 관여하는 것으로 옳은 것은?
① 단순확산
② 삼투현상
③ Na^+-K^+ 펌프
④ $HCO_3^- - Cl^-$ 교환
⑤ 음세포 작용

003 혈당지수(glycemic index)에 대한 설명으로 옳은 것은?
① 찹쌀이 멥쌀보다 혈당지수가 낮다.
② 지방이 많이 함유된 식품이 혈당지수가 높다.
③ 식품의 당이 체내에 저장되는 정도를 의미한다.
④ 1회 분량에 함유된 탄수화물의 양을 기초로 한다.
⑤ 식이섬유가 많이 포함된 식품일수록 혈당지수가 낮다.

004 탄수화물의 기능과 관련된 설명으로 옳은 것은?
① 탄수화물의 섭취가 부족하면 혈액이 알칼리화된다.
② 탄수화물 섭취가 부족할 경우 케톤체 합성이 억제된다.
③ 심장과 근육은 주로 포도당만을 에너지원으로 이용한다.
④ 탄수화물이 부족하면 아세틸 CoA 부족으로 지방이 불완전 연소된다.
⑤ 케토시스를 예방하기 위해 하루 최소 50~100g 이상의 탄수화물을 섭취해야 한다.

005 체내에서 정장 작용과 혈청 콜레스테롤 저하 기능을 하며 장내 유익균의 영양원인 것은?
① 포도당
② 맥아당
③ 펩타이드
④ 올리고당
⑤ 아밀로오스

006 우유를 섭취한 후 복부팽만, 장경련, 복통, 설사를 유발하는 유당불내증은 어떠한 효소의 결함으로 생기는 현상인가?
① 락타아제
② 헥소키나아제
③ 갈락토키나아제
④ UDP-육탄당 4-에피머화효소
⑤ 갈락토오스 1-인산 우리딜 전이효소

007 간에서 포도당 1분자가 분해될 때, 혐기적 조건과 호기적 조건에서 생성하는 ATP의 비율로 옳은 것은?

① 1 : 4 ② 1 : 6
③ 1 : 10 ④ 1 : 16
⑤ 1 : 32

008 TCA 회로의 촉매효소인 α-케토글루타르산 탈수소효소의 작용에 필요한 물질로 옳게 짝지어진 것은?

① TPP, PLP, FAD, NAD
② 비오틴, TPP, FAD, NAD
③ TPP, 리포산, FAD, NAD
④ PLP, 리포산, FAD, NAD
⑤ 비오틴, 리포산, FAD, NAD

009 해당과정의 속도조절과 관련된 효소와 활성물질로 옳게 연결된 것은?

① PFK-1 : 시트르산
② 헥소키나아제 : ATP
③ PFK-1 : 프락토오스 1,6-이인산
④ 피루브산 키나아제 : 아세틸 CoA
⑤ 피루브산 키나아제 : 프락토오스 1,6-이인산

010 TCA 회로에 대한 설명으로 옳은 것은?

① 4단계의 산화 환원 반응을 포함한다.
② 기질수준의 인산화 반응은 일어나지 않는다.
③ 푸마르산이 말산으로 전환될 때 $FADH_2$를 생성한다.
④ 시트르산이 이소구연산으로 전환되는 반응이 속도조절 단계이다.
⑤ 1분자의 아세틸 CoA는 TCA 회로를 통해 12.5 ATP를 생성한다.

011 오탄당 인산경로에 대한 설명으로 옳은 것은?

① 해당과정과는 무관한 경로이다.
② 수유부의 유선조직에서 활발히 일어난다.
③ 전반부는 산화적 단계로 NADH를 생성한다.
④ 포도당을 분해하여 주로 ATP를 생성하는 경로이다.
⑤ 포도당 섭취가 부족할 때 왕성하게 진행되는 경로이다.

012 혈당 저하 시 분비된 글루카곤이 세포막 수용체에 결합하면 활성화되는 효소와 생성되는 2차 전령으로 옳은 것은?

① 글리코겐 합성효소, cAMP
② 아데닐산 고리화효소, ATP
③ 아데닐산 고리화효소, cAMP
④ 글리코겐 합성효소, 이노시톨 삼인산
⑤ 포스포릴라아제 키나아제, 이노시톨 삼인산

013 콜레스테롤에 대한 설명으로 옳은 것은?

① 간에서만 합성된다.
② 세포막에서 수송체 역할을 한다.
③ 담즙산과 비타민 D_3의 전구체이다.
④ 에스트로겐, 글루카곤의 전구체이다.
⑤ 섭취량과 관계없이 항상 일정량이 합성된다.

014 지질의 섭취에 대한 설명으로 옳은 것은?

① 오메가-3 지방산 섭취 증가를 위해 들기름을 사용한다.
② 콜레스테롤은 성인의 경우, 하루 500mg 이하로 제한한다.
③ 고지방식, 식이섬유 섭취는 혈중 콜레스테롤 수준을 높인다.
④ 포화지방산의 에너지 적정비율은 전 연령층에서 7% 미만이다.
⑤ 오메가-6 지방산 섭취를 위해 등푸른 생선을 주 2회 섭취한다.

015 체내에서 다음 기능을 하는 물질로 옳은 것은?

- 혈소판 응집을 통한 혈액응고
- 혈관 확장을 통해 혈압 저하
- 염증, 알레르기, 면역반응
- 평활근 수축

① 아이코사노이드
② 포화지방산
③ 인지질
④ 콜레스테롤
⑤ 필수아미노산

016 각 조직세포에서 사용하고 남은 콜레스테롤을 간으로 운반하는 지단백질로 옳은 것은?

① HDL　　② LDL
③ VLDL　　④ IDL
⑤ 킬로미크론

017 필수지방산의 기능으로 옳은 것은?

① 유화작용을 한다.
② 체온조절에 기여한다.
③ 프로게스테론의 전구체이다.
④ 두뇌발달과 시각기능을 한다.
⑤ 콜레스테롤 합성에 기여한다.

018 올레산이 β-산화를 거쳐 최종적으로 생성하는 물질들로 옳은 것은?

① NADH 7개, $FADH_2$ 7개, acetyl CoA 7개
② NADH 7개, $FADH_2$ 7개, acetyl CoA 8개
③ NADH 7개, $FADH_2$ 6개, acetyl CoA 8개
④ NADH 8개, $FADH_2$ 8개, acetyl CoA 9개
⑤ NADH 8개, $FADH_2$ 7개, acetyl CoA 9개

019 지방산 생합성에 관여하는 아세틸 CoA 카르복실화효소에 대한 설명으로 옳은 것은?

① 비오틴을 조효소로 한다.
② 구연산에 의해 활성이 억제된다.
③ 긴사슬 아실 CoA에 의해 활성이 증가한다.
④ 글루카곤에 의해 인산화되어 활성이 촉진된다.
⑤ 아세틸 CoA로부터 프로피오닐 CoA를 합성한다.

020 콜레스테롤 합성에 대한 설명으로 옳은 것은?

① 합성과정에 ATP와 NADH가 필요하다.
② 콜레스테롤 합성양의 50%가 소장에서 생성된다.
③ 처음 형성되는 스테로이드 환상구조 물질은 스쿠알렌이다.
④ 1분자의 콜레스테롤 합성에 14분자의 acetyl CoA가 필요하다.
⑤ 섭취한 콜레스테롤이 많으면 간에서 HMG CoA 환원효소의 활성이 저하된다.

021 간에서 케톤체를 에너지원으로 이용할 수 없는 이유는?

① HMG CoA 리아제의 부재 때문
② HMG CoA 합성효소의 부재 때문
③ 포스포메발론산 키나아제의 부재 때문
④ β-케토아실 CoA 전이효소의 부재 때문
⑤ β-하이드록시부티르산 탈수소효소의 부재 때문

022 단백질의 섭취기준에 대한 설명으로 옳은 것은?

① 단위체중당 단백질 필요량은 여자보다 남자가 많다.
② 단백질은 과다 섭취 우려로 상한섭취량이 설정되어 있다.
③ 스트레스 요인과 소화율을 가산하여 충분섭취량이 설정되어 있다.
④ 성인의 평균필요량은 질소 균형 실험결과에 소화율을 반영하여 산정한다.
⑤ 영아의 경우 모유섭취량과 모유내 단백질 함량을 근거로 평균필요량을 추정한다.

023 아미노산 풀에 대한 설명으로 옳은 것은?

① 에너지원으로 이용되지 못한다.
② 단백질 섭취량에 관계없이 일정하게 유지된다.
③ 탄수화물 섭취가 부족한 경우 당신생에 사용된다.
④ 주로 지방조직에 있으며 스테로이드 호르몬을 생성한다.
⑤ 아미노산 풀 내의 모든 아미노산은 섭취한 단백질로부터 얻어진다.

024 단백질에 대한 설명으로 옳은 것은?

① 단백질은 효율적인 에너지원이다.
② 분자내에 약 16%의 질소를 함유하고 있다.
③ 아미노산의 아미노기는 에너지 생성에 이용된다.
④ 알도스테론 등 호르몬이 단백질로부터 합성된다.
⑤ 근육은 우선적으로 단백질을 에너지원으로 사용한다.

025 요소회로의 중간 대사물 중 미토콘드리아 내에서 생성되는 것은?

① 카바모일 인산, 아르기닌
② 카바모일 인산, 시트룰린
③ 오르니틴, 시트룰린
④ 오르니틴, 푸마르산
⑤ 아르기니노 숙신산, 오르니틴

026 아미노기 전이반응에 대한 설명으로 옳은 것은?

① 필수아미노산을 합성하는 과정이다.
② 아미노기의 주요 수용체는 옥살로아세트산이다.
③ 아미노기전이효소는 조효소로 TPP를 필요로 한다.
④ 피루브산은 아미노기 전이반응을 통해 아스파르트산을 생성한다.
⑤ α-케토글루타르산은 아미노기 전이반응을 통해 글루탐산을 생성한다.

027 열량 섭취에 비해 장기간 단백질이 부족했을 때 나타나는 증상으로 옳은 것은?

① 체지방 합성 증가
② 칼슘 배설량 증가
③ 포도당 신생 증가
④ 혈중 알부민 증가
⑤ 조직 간질액의 증가

028 체내에서 크레아틴 생합성에 관여하는 아미노산으로 옳은 것은?

① 글리신, 아르기닌, 메티오닌
② 트립토판, 아르기닌, 메티오닌
③ 트립토판, 아르기닌, 페닐알라닌
④ 티로신, 페닐알라닌, 메티오닌
⑤ 티로신, 페닐알라닌, 아르기닌

029 효소의 성질에 대한 설명으로 옳은 것은?

① 효소는 촉매반응으로 소모된다.
② 변성시키면 촉매반응이 상실된다.
③ 화학반응의 활성화에너지를 높인다.
④ 모든 효소는 단백질 외 보조인자를 필요로 한다.
⑤ 아포효소와 조효소의 결합 형태를 동위효소라고 한다.

030 DNA 염기서열이 5′-ACCGTG-3′일 때 전사된 mRNA의 염기서열로 옳은 것은?

① 5′-TGGCAC-3′
② 5′-UGGCAC-3′
③ 5′-CACGGT-3′
④ 5′-CACGGU-3′
⑤ 5′-GTGCCA-3′

031 갈색지방세포에 대한 설명으로 옳은 것은?

① ATP 합성효소의 활성이 높다.
② 편안한 휴식 상태에서 활성화된다.
③ 산화적 인산화를 통해 에너지를 발생한다.
④ 등부분, 견갑골, 겨드랑이 밑 등에 존재한다.
⑤ 백색지방세포에 비해 미토콘드리아가 적게 들어 있다.

032 장기간 알코올을 섭취한 사람의 변화로 옳은 것은?

① 지방 분해와 포도당신생이 왕성해 진다.
② 위산의 분비가 억제되어 위염이 발생한다.
③ 피루브산으로부터 젖산의 생성이 증가한다.
④ 말산으로부터 옥살로아세트산의 생성이 증가한다.
⑤ 임산부의 알코올 섭취는 태아의 크레틴병을 유발한다.

033 비타민 E의 기능으로 옳은 것은?

① 세포막의 손상을 방지
② 상피세포의 분화에 기여
③ 혈중 칼슘 농도의 조절
④ 혈액응고 인자 합성에 관여
⑤ 뼈와 치아의 성장과 발육에 필요

034 비타민 A의 결핍증과 급원식품으로 옳은 것은?

① 용혈성 빈혈, 견과류
② 골연화증, 등푸른 생선
③ 안구건조증, 곡류의 배아
④ 연조직에 칼슘 침착, 버섯
⑤ 상피세포의 각질화, 대구간유

035 뼈의 오스테오칼신의 카르복실화 반응에 관여하는 영양소는?

① 칼슘　　　　② 티아민
③ 비타민 K　　④ 비타민 A
⑤ 비타민 D

036 다음 비타민의 급원식품으로 옳은 것은?

① 티아민: 돼지고기, 현미
② 니아신: 옥수수, 채소류
③ 엽산: 우유, 난류, 돼지고기
④ 비타민 B_{12}: 버섯, 땅콩, 난류
⑤ 비타민 C: 육류, 어류, 해조류

037 다음 반응에 공통적으로 관여하는 비타민으로 옳은 것은?

- 피루브산 → 옥살로아세트산
- 아세틸 CoA → 말로닐 CoA
- 프로피오닐 CoA → 메틸말로닐 CoA

① 니아신 ② 비오틴
③ 티아민 ④ 비타민 B_6
⑤ 리보플라빈

038 비타민의 결핍과 관련된 설명으로 옳은 것은?

① 티아민의 결핍은 펠라그라를 초래한다.
② 니아신 결핍 시 말초신경염이 나타난다.
③ 비타민 B_{12} 결핍 시 악성빈혈이 나타난다.
④ 비타민 B_{12}의 부족은 니아신의 결핍을 초래한다.
⑤ 비타민 B_2가 부족하면 베르니케 증후군이 나타난다.

039 다음의 기능을 수행하는 비타민으로 옳은 것은?

- 비타민 B_{12}를 조효소 형태로 활성화시킨다.
- 엽산과 B_{12}의 대사에 관여한다.
- 산화형 글루타티온을 환원형으로 재생시키는 과정에 필요하다.

① 비타민 B_1 ② 비타민 B_2
③ 비타민 C ④ 비타민 B_6
⑤ 비타민 B_{12}

040 다량무기질 중 황에 대한 설명으로 옳은 것은?

① 주로 유리된 무기질 상태로 흡수된다.
② 페놀류와 크레졸류의 해독작용에 관여한다.
③ 배설 시 황산음이온 형태로 인의 재흡수를 낮춘다.
④ 콜라겐과 카르니틴 합성에 관여한다.
⑤ 신경전달과 근육의 수축 이완에 관여한다.

041 칼슘 채널을 억제하여 세포내로의 칼슘 유입을 감소시키고, 소포체로부터 세포질로 칼슘이 이동하는 것을 억제하는 무기질로 옳은 것은?

① 인 ② 칼륨
③ 철 ④ 나트륨
⑤ 마그네슘

042 무기질의 과잉증으로 옳은 것은?

① 인: 저칼슘혈증
② 칼륨: 연조직의 칼슘 침착
③ 나트륨: 설사 및 신경장애
④ 칼슘: 과도한 마그네슘 흡수
⑤ 마그네슘: 부갑상선호르몬 증가

043 다음의 기능을 하는 무기질은 무엇인가?

- ATP 합성 및 에너지 대사
- 신경전달물질 합성
- 콜라겐과 카르니틴 합성

① 철 ② 칼슘
③ 아연 ④ 망간
⑤ 마그네슘

044 아연을 구성성분으로 하는 효소로 옳은 것은?

① 카탈라아제(catalase)
② 티로시나아제(tyrosinase)
③ 아르기나아제(arginase)
④ 피루브산 카르복실화효소
⑤ DNA 중합효소와 RNA 중합효소

045 글루타티온 과산화효소의 성분으로 비타민 E와 상호보완적 관계에 있는 무기질로 옳은 것은?

① 아연 ② 구리
③ 셀레늄 ④ 코발트
⑤ 요오드

046 체액의 산염기 균형과 관련하여 호흡성 산증이 일어나는 경우로 옳은 것은?

① 만성 폐질환으로 호흡이 부진한 경우
② 구토로 인한 위산 손실이 있는 경우
③ 고지대에서 저산소증이 일어난 경우
④ 당뇨병으로 인한 케톤체 합성 증가
⑤ 신기능 부전에 의한 산 배설 장애가 있는 경우

047 임신 후기 모체의 위장기능에 대한 설명으로 옳은 것은?

① 위배출속도가 빨라져서 소화 기능이 저하된다.
② 식도하부괄약근육 수축력이 강해져서 역류 증상이 자주 나타난다.
③ 소장에서 영양소가 천천히 흡수된다.
④ 대장의 운동능이 증가하여 변비가 초래된다.
⑤ 자궁이 확대됨에 따라 복식호흡, 설사, 가슴쓰림 등이 나타난다.

048 임신 전기 모체의 영양소 대사 특징에 대한 설명은?

① 탄수화물은 주로 태아 기관 형성과 태반 조직 형성에 이용된다.
② 지방은 대부분 모체의 지방조직에 축적되어 모체의 체중 증가에 기여한다.
③ 단백질은 주로 모체의 유선조직 발달에 이용되어 분만 후 수유에 대비한다.
④ 에너지는 우선적으로 태아와 태반, 적혈구 형성에 쓰여 정상적인 임신 유지에 기여한다.
⑤ 임신 전기 모체는 이화적 대사가 우세하여 태아에게 우선적으로 영양소를 전달한다.

049 임신성 빈혈인 임신부에게 적합한 식품은?

① 우유, 사과, 부추전
② 닭조림, 깍두기, 딸기
③ 소간전, 부추김치, 오렌지 주스
④ 잡곡밥, 두부조림, 콩나물국
⑤ 갈치구이, 미나리전, 요플레

050 수유부의 유즙 합성 및 분비와 관련이 있는 주요 호르몬은?

① 프로게스테론, 에스트로겐
② 프로락틴, 에스트로겐
③ 옥시토신, 알도스테론
④ 프로락틴, 옥시토신
⑤ 프로게스테론, 옥시토신

051 모유분비량에 영향을 주는 관련 요인은?

① 수유부 나이가 많을수록 모유 분비량이 증가한다.
② 이른 아침에 분비량이 가장 적고 영아가 젖을 빠는 오후로 갈수록 분비량이 증가한다.
③ 초산부보다 경산부에서 모유분비량이 많다.
④ 영아가 젖을 빨지 않으면 유즙생성 촉진단백질이 합성되어 유즙 생성이 증가한다.
⑤ 수유 간격이 짧을수록 분비량이 증가한다.

052 생애주기 중 체중, 신장 등 신체성장, 호흡기계, 순환기계, 신장, 골격 등의 성장이 가장 빠른 시기는?

① 영아기
② 유아기
③ 학동기
④ 청소년기
⑤ 성인기

053 영아의 단백질 소화에 관한 설명으로 옳은 것은?

① 트립신 함량은 성인보다 적다.
② 영아의 위에서는 펩신에 의해 유즙 응고가 나타나서 소화에 도움을 준다.
③ 장점막 기능이 미숙하여 알레르기를 유발할 수 있으나 면역단백질을 흡수하여 면역에 도움이 되기도 한다.
④ 키모트립신과 카복시펩티다아제의 양은 성인과 동일하다.
⑤ 영아의 단백질 소화 능력은 성인의 절반 수준이다.

054 신생아의 체내 수분 비율이 생후 6~12개월경 감소하는 주된 이유는?

① 단위체중당 체표면적의 증가
② 근육량의 증가
③ 체지방량의 감소
④ 세포외액의 감소
⑤ 골격량의 증가

055 미숙아의 신체적·생리적 특징에 관한 설명으로 옳은 것은?

① 몸통에 비해 머리가 작고 피부는 얇고 붉은 기가 강하다.
② 세포외액의 비율이 적고, 신생아의 생리적 체중감소량도 적다.
③ 정상아에 비해 체지방 저장량이 적어 체중의 약 1% 수준이다.
④ 면역기능이 정상아보다 활발하여 신체보호 능력이 우수하다.
⑤ 섭식기능은 미숙하지만 소화 및 흡수기능은 정상아와 동일하다.

056 식품알레르기가 있는 유아의 식사관리로 가장 우선 적용해야 하는 방법은?

① 원인식품을 조금씩 섭취시켜 적응시킨다.
② 가열식품보다는 생식품을 제공한다.
③ 단백질 식품은 모두 제한한다.
④ 의심되는 원인식품을 찾아 공급을 중단한다.
⑤ 여러 가지 음식을 혼합하여 제공한다.

057 제2급성장기에 기관 및 조직의 발달 특성에 대한 설명으로 옳은 것은?

① 근육량은 남녀 모두 성인이 될 때까지 꾸준히 증가한다.
② 에스트로겐은 여성의 체단백과 체지방 증가에 관여하지만 골격 성장과는 무관하다.
③ 테스토스테론은 남자의 기초대사율 증가 및 체단백 양을 증가시켜 성장에 기여한다.
④ 부신피질에서 분비되는 안드로겐은 여성의 생식기 발육 촉진을 비롯한 2차 성징 발현을 촉진한다.
⑤ 여자의 체지방량은 12세경에 체중의 20% 정도로 높았다가 이후 감소한다.

058 노인(65세 이상)과 성인(19~49세)의 영양소 필요량에 대한 설명으로 옳은 것은? (2020년 한국인 영양소 섭취 기준)

① 골다공증은 노인에서 많이 나타나므로 남녀 모두 칼슘 섭취량이 성인보다 많다.
② 성인과 노인은 모두 뼈의 보수와 유지를 위해 같은 양의 비타민 D를 권장한다.
③ 여성의 경우 노인의 철 권장량은 성인보다 적다.
④ 노인은 질병 발생이 많으므로 단백질은 성인과 같은 양을 권장한다.
⑤ 노인은 식욕부진이 흔하므로 이를 보상하기 위해 성인과 동일한 양의 에너지를 권장한다.

059 노인에서 특히 수분 섭취가 중요한 주된 이유는?

① 체수분 함량이 증가하기 때문
② 신장에서 수분 보유량이 증가하기 때문
③ 갈증을 쉽게 느끼지 못하기 때문
④ 항이뇨호르몬 감소로 수분배설량이 감소하기 때문
⑤ 노인에게 권장하는 수분양이 성인보다 많기 때문

060 운동 중에 나타나는 생리적 변화는?

① 혈중 젖산 농도 감소
② 혈당 증가
③ 인슐린 분비 증가
④ 근육 글리코겐 감소
⑤ 근육 혈류량 감소

영양교육, 식사요법 및 생리학

061 지역사회영양사업에서 영양상태를 간접 판정하는 방법으로 옳은 것은?

① 식이조사
② 신체계측 검사
③ 국민건강영양조사 결과 활용
④ 임상검사
⑤ 인터뷰 조사

062 평소 패스트푸드 섭취량이 많은 중학생 A를 대상으로 행동변화단계 모델을 적용하여 영양교육을 하려고 한다. 다음과 같은 A의 행동변화 단계에 적절한 영양교육 활동으로 옳은 것은?

> A는 본인의 식행동에 문제가 있다는 것은 알고 있으나 1개월 내에 식행동을 수정하겠다는 의지는 밝히지 않았다. 그러나 앞으로 6개월 내에 식행동을 수정하여 패스트푸드 섭취량을 줄이려는 의향은 있다.

① 간식으로 패스트푸드 대신 과일이나 우유를 먹도록 권한다.
② 바람직한 행동을 때 자신에게 보상을 하도록 한다.
③ 패스트푸드 코너에 가지 않도록 지도한다.
④ 패스트푸드 섭취량을 줄이는 것에 대한 장애요인을 알아본다.
⑤ 식행동 수정을 위한 영양교육 프로그램에 참여시킨다.

063 프리시드-프로시드(PRECEDE-PROCEED)모델에서 영양문제와 관련된 식행동에 영향을 미치는 요인을 분석하고 진단하는 단계는?

① 사회적 진단
② 역학적 진단
③ 교육·생태학적 진단
④ 행정적·정책적 진단
⑤ 환경적 진단

064 사회인지론을 적용하여 여자 중학생에게 〈과일과 채소를 많이 먹자〉라는 주제로 영양교육을 한다고 가정할 때, 다음에 해당하는 개인의 인지적 요인과 빈 칸에 들어갈 내용은?

> • 정의: 특정한 행동을 수행하거나 장애를 극복하는 데 대한 자신감
> • 적용: 자신감을 주기 위해 성취할 수 있는 여러 가지 행동 유도
> • 예: (   )

① 자아효능감 − 채소를 많이 먹으면 건강에 도움이 된다.
② 결과 기대감 − 과일과 채소를 많이 먹으면 적정한 체중조절에 도움이 된다.
③ 기대, 동기 − 채소를 많이 먹으면 피부가 좋아진다.
④ 자아효능감 − 과일과 채소를 고르는 방법, 보관 방법, 손쉽게 먹는 방법 등을 알려준다.
⑤ 결과 기대감 − 과일과 채소를 고르는 방법, 보관 방법, 손쉽게 먹는 방법 등을 알려준다.

065 외식빈도가 높은 사람들을 대상으로 영양교육을 실시할 때 순서를 바르게 나열한 것은?

> 가. 영양교육 활동을 설계하고 교안을 작성한다.
> 나. 건강에 좋은 외식을 유도하는 영양교육을 실행한다.
> 다. 외식빈도가 높은 이유 및 관련된 요인들을 분석한다.
> 라. 건강에 좋은 외식을 하는 횟수 등으로 효과를 평가한다.
> 마. 외식빈도를 줄이고 건강에 좋은 외식을 하기 위한 목표를 설정한다.

① 가 – 다 – 마 – 라 – 나
② 가 – 마 – 나 – 다 – 라
③ 다 – 가 – 마 – 나 – 라
④ 다 – 마 – 가 – 나 – 라
⑤ 마 – 라 – 가 – 다 – 나

066 영양교육의 평가 종류와 평가 내용이 옳게 연결된 것은?

① 투입자원 평가 – 교육내용, 교육방법, 참여도, 교육매체
② 과정평가 – 예산, 인력, 장비, 장소
③ 효과 평가 – 홍보의 적절성, 관찰평가, 교육매체
④ 효과평가 – 영양지식, 식태도, 식행동, 건강상태
⑤ 과정평가 – 영양지식, 식태도, 식행동, 건강상태

067 체중감량을 하려고 하는 사람에게 매끼 섭취한 식사가 균형식인지를 스스로 평가할 수 있는 영양교육을 하려고 할 때 가장 적절한 매체는?

① 움직이면서 교육할 수 있는 식품모형
② 영상으로 보여주는 식품사진
③ 간단한 영양정보를 인상적으로 전달하는 포스터
④ 사진이나 그림을 넣어 읽기 쉽게 설명한 팸플릿
⑤ 단순한 정보전달이 쉽고, 오래 보관할 수 있는 리플릿

068 편식이 심한 어린이들과 학부모들을 대상으로 〈편식 교정〉이라는 주제로 영양교육을 하려고 한다. 적절한 영양교육 방법과 적용 예시가 옳은 것은?

① 연구집회 – 영양(교)사들이 모여서 일정 기간 동안 어린이의 편식 교정 지도라는 주제하에 경험하고 연구한 것을 발표하고 토의한다.
② 원탁식 토의 – 편식 교정에 대하여 서로 의견이 다른 3~4명의 학부모와 어린이들이 본인들의 경험을 발표한 후 토의한다.
③ 결과시범 교수법 – 어린이 편식 교정의 성공 사례와 실패 사례를 들어 그 해결 과정을 살펴보면서 성공이나 실패의 요인을 알아본다.
④ 강단식 토의 – 편식 교정에 성공하거나 실패한 어린이와 학부모들이 4~6명씩 한 팀을 이루어 편식 교정에 대한 경험담을 주고받는다.
⑤ 패널 토의 – 편식이 심한 어린이들의 학부모들 중 일부가 단상에서 편식과 관련되어 가정에서 벌어지는 상황을 설정하고 역할연기한 후 그것을 토의 주제로 삼는다.

069 영양교육 매체는 교육 목표가 분명이 서술되어야 하고, 내용이 교육대상자에게 적합해야 하며 간단 명료하고 논리적이어야 한다는 것은 어떤 기준에 대한 설명인가?

① 효율성   ② 적절성
③ 신뢰성   ④ 편리성
⑤ 조직과 균형

070 건강한 성인을 대상으로 영양상담을 할 때, 사용하는 것으로 영양소 양을 식품 양으로 바꾸어 식품군별 1인 1회 섭취 분량이 제시되어 있다. 식단계획 시에 활용이 용이한 도구는?

① 식품영양표시   ② 식생활지침
③ 식사구성안   ④ 식품교환표
⑤ 식품성분표

071 영양교육 및 상담을 할 때 사용하는 도구로 다음의 내용에 해당하는 것은?

> - 만성 퇴행성 질환의 유병률이 높아지면서 여러 나라에서 보편화 되었다.
> - 가공식품의 생산이 증가하면서 생긴 것이다.
> - 산업체에서는 외국에 식품을 수출할 때 대상국가의 기준에 맞추어야 한다.
> - 소비자의 식품선택을 돕기 위한 표준화된 품질표시 양식이다.
> - 식사계획을 세울 때 도움이 된다.

① 식사구성
② 식품영양표시
③ 한국인 영양소 섭취기준
④ 생애주기별 식생활 지침
⑤ 식품교환표

072 농림축산식품부에서 주관하는 식품영양정책은?

① 어린이 급식관리지원센터 설립
② 음식물쓰레기 관련 제도 관리
③ 식생활교육 지원
④ 식품위생관리
⑤ 학교급식 감독

073 영양교육 교수·학습과정안의 학습목표 진술에 대한 설명으로 옳은 것은?

① 교육자 자신이 수업계획을 세우게 되어 학습효과를 높일 수 있다.
② 교사가 좋은 수업태도를 가지고 지도하게 된다.
③ 학습평가의 타당도와 신뢰도를 높인다.
④ 어떤 교육매체를 선택해야 할지 혼선을 준다.
⑤ 학습자가 학습목표를 몰라도 좋은 수업태도를 가질 수 있다.

074 지역사회에서 영양지도를 할 때 우선적으로 고려해야 하는 것은?

① 아동복지시설 - 비만아동은 식사섭취 감소를 통한 체중감량
② 산업체 - 식습관 및 생활습관 개선을 통한 건강증진
③ 병원 - 환자의 기호도 존중
④ 학교 - 학생의 기호에 맞춘 식사
⑤ 보건소 - 건강한 지역주민을 위한 식단계획

075 영양관리과정 중 다음의 내용에 해당하는 단계의 설명으로 옳은 것은?

> 잘못된 식사패턴은 식품과 영양에 대한 해로운 신념과 연관되어 있고 근거는 식후 하제를 복용했다고 하고 하제를 복용할 경우 에너지로 흡수되지 않는다는 진술이다.

① 개인에게 적합한 영양처방을 계획하고 시행하는 단계다.
② 영양과 관련된 문제와 원인을 파악하기 위해 필요한 정보를 수집하고 확인하는 단계다.
③ 영양중재를 통해 해결할 수 있거나 개선할 수 있는 영양문제를 규명하여 기술하는 단계다.
④ 환자의 요구, 영양진단, 영양중재 결과를 영양중재 목표치와 비교하는 단계다.
⑤ 식품 및 영양소 제공, 영양교육, 영양상담, 타 분야와 영양관계 연계의 영역이 있다.

076 성인의 비만 판정 지표는?

① 혈중 총콜레스테롤 농도, 허리둘레
② 허리둘레, 체질량지수
③ 피부두겹두께, 제지방량
④ 체질량지수, 제지방량
⑤ 신체 총수분량, 혈중 중성지방 농도

077 식품섭취빈도조사법에 대한 설명으로 옳은 것은?

① 대상자가 전 날 섭취한 식품의 종류와 양을 기록한다.
② 대상자가 섭취한 식품의 종류와 양을 먹을 때마다 기록한다.
③ 일정기간 동안 섭취한 식품의 섭취횟수를 조사하여 특정 영양소 섭취 경향을 파악한다.
④ 대상자가 섭취한 식품의 종류와 양을 조사자가 저울로 측정해서 기록한다.
⑤ 양적으로 정확한 섭취량을 파악할 수 있다.

078 철 결핍 진단 지표로 활용되며, 철 결핍 초기 상태에서 감소하는 지표는?

① 트랜스페린 포화도
② 적혈구 프로토포피린
③ 혈청 페리틴
④ 헤모글로빈
⑤ 총철결합능

079 간식으로 옥수수 반 개(70g), 일반 우유 1컵(200mL), 귤 중간크기 1개를 섭취할 경우 식품교환표를 이용하여 산출한 총 에너지와 단백질 양은?

① 325kcal, 8g   ② 275kcal, 8g
③ 250kcal, 6g   ④ 250kcal, 8g
⑤ 345kcal, 10g

080 경관영양을 실시하기 어려운 환자는?

① 의식불명 뇌졸중 환자
② 삼킴 장애가 있는 경우
③ 위장관 출혈이 심한 경우
④ 수술 전 심한 영양불량 환자
⑤ 신경성 식욕부진 환자

081 환자식과 적합한 식품의 연결로 옳은 것은?

① 맑은 유동식 – 미음
② 저퓨린식 – 소고기무국
③ 저잔사식 – 우유
④ 연하곤란식 – 액상요구르트
⑤ 기계적연식 – 딸기

082 위산의 기능으로 옳은 것은?

① 콜레스테롤 용해작용
② 트립시노겐을 트립신으로 활성
③ 담낭 수축 및 담즙 분비 촉진
④ 세균의 살균 및 번식 방지 작용
⑤ 위내의 산성환경 유지와 십이지장의 알칼리성 유지

083 다음의 식사요법이 필요한 경우는?

> ㉠ 단백질은 소화가 어려우므로 적당량 공급하고 빈혈 예방에 좋은 식품을 이용한다.
> ㉡ 식욕이 저하되어 있으므로 적당한 향신료를 사용하여 조리한다.
> ㉢ 식전에 연한 커피, 홍차, 주스 등을 허용하여 위벽을 자극한다.
> ㉣ 소량으로 영양가가 높고 소화가 잘 되는 식품을 선택한다.

① 위식도역류   ② 위축성 위염
③ 덤핑증후군   ④ 과산성위염
⑤ 소화성궤양

084 이완성 변비의 식사요법으로 옳은 것은?

① 과일이나 채소는 익힌 것으로 자극적이지 않도록 섭취한다.
② 탄산음료나 농축당, 꿀 등은 도움이 된다.
③ 바나나, 쑥차, 초콜릿 등을 많이 섭취하여 장을 자극한다.
④ 해초는 장의 연동운동 촉진으로 통증을 악화시킨다.
⑤ 아침 공복에 냉수를 마시는 것은 장을 자극하므로 제한한다.

085 만성 장염환자에게 제공할 수 있는 음식은?

① 생선전유어, 도라지생채
② 샐러드, 삼겹살구이
③ 미역나물, 청국장
④ 동태조림, 애호박나물
⑤ 달걀프라이, 열무김치

086 지방변이 있는 환자의 식사요법으로 옳은 것은?

① 지방을 충분히 공급하여 지방소실을 보충한다.
② 장쇄지방산인 불포화지방산 섭취를 증가시킨다.
③ 열량과 단백질을 충분히 공급한다.
④ 지용성 비타민의 섭취는 제한한다.
⑤ 철과 엽산 섭취를 제한한다.

087 간경변증 환자의 식사요법으로 옳은 것은?

① 복수나 부종이 있을 경우 단백질을 제한한다.
② 식도정맥류가 나타나면 섬유소 섭취를 보충한다.
③ 지방은 필수지방산을 함유한 식물성 기름으로 충분히 공급한다.
④ 간성혼수가 나타나면 단백질을 제한한다.
⑤ 단백질은 간세포 재생을 위해 일시적으로 제한한다.

088 췌장액에 대한 설명으로 옳은 것은?

① 십이지장으로 분비되어 지방을 유화시킨다.
② 췌장액의 pH는 약산성이다.
③ 콜레시스토키닌은 췌장액의 분비를 촉진시킨다.
④ 세크레틴은 췌장액의 분비를 억제한다.
⑤ 췌장액은 단백질 소화효소의 활성형을 분비한다.

089 담석증 환자의 식사요법으로 옳은 것은?

① 수용성 식이섬유는 담즙산 배설을 촉진하므로 통증이 있어도 충분히 섭취한다.
② 대변색이 보통으로 회복되면 지방을 충분히 제공한다.
③ 우유, 완두콩은 증상 완화에 도움이 되므로 충분히 섭취한다.
④ 급성기에는 1~2일간 금식을 한다.
⑤ 에너지는 주로 단백질로 제공한다.

090 췌장염 환자에게 가장 적합한 음식은?

① 닭튀김, 현미밥
② 흰밥, 두부찜
③ 흰밥, 생선튀김
④ 돈까스, 보리밥
⑤ 전유어, 감자튀김

091 비만자와 정상 성인의 체조성에 대한 설명으로 옳은 것은?

① 근육량이 동일한 경우 비만자는 체중에 대한 수분 비율이 높다.
② 근육량이 동일한 경우 비만자의 지방량은 정상인과 유사하다.
③ 근육량이 동일한 경우 비만자는 체중에 대한 수분 비율이 낮다.
④ 동일 체중인 경우 비만자는 근육량이 높다.
⑤ 동일 체중인 경우 정상인과 비만자의 근육량은 같다.

092 체중 부족의 경우 식사요법으로 적합한 것은?

① 하루에 100kcal 정도의 열량을 추가한다.
② 농축당이나 당질 섭취를 늘린다.
③ 식품 자체가 열량이 높거나 지방을 첨가한 조리법을 이용한다.
④ 소비열량을 감소시키기 위해 운동은 하지 않는다.
⑤ 열량 추가를 위해 많은 양의 음식을 섭취한다.

093 체중 70kg, 키 160cm 성인 여성의 체질량지수 판정으로 옳은 것은?

① 23.3으로 정상체중
② 29.3으로 비만
③ 21.3으로 저체중
④ 27.3으로 비만
⑤ 25.3으로 비만

094 당뇨병 환자의 수분과 전해질 대사로 옳은 것은?

① 혈당 상승으로 혈액에서 말초조직으로 수분이 이동하여 부종이 나타난다.
② 혈액 삼투압 증가로 세포 외액에서 조직으로 수분이 이동한다.
③ 혈액 삼투압 증가로 세포 내액에서 혈액으로 수분이 이동하여 탈수가 나타난다.
④ 체단백 분해로 칼륨 배설이 감소되어 전해질 불균형이 초래된다.
⑤ 혈당 상승으로 탈수와 핍뇨 증상이 나타난다.

095 당뇨병성 혼수의 원인으로 옳은 것은?

① 세포 내 염분 축적
② 단백질 섭취 부족
③ 혈중 케톤체 축적
④ 혈중 암모니아 축적
⑤ 체내 수분 축적에 따른 부종

096 제2형 당뇨병 환자의 식사요법으로 옳은 것은?

① 열량 산출 시 비만이라도 현재 체중을 기준으로 한다.
② 당질을 제한하는 대신 지방을 많이 공급한다.
③ 단백질은 체중 kg당 0.7~0.8 이하로 공급한다.
④ 무기질과 비타민은 식품의 형태로 충분히 공급한다.
⑤ 다가불포화지방산은 체중과 무관하게 충분히 공급한다.

097 인슐린 주사를 맞는 당뇨병 환자의 식사요법으로 옳은 것은?

① 하루에 여섯 번 식사를 한다.
② 당질량의 세 끼 배분을 동일하게 한다.
③ 인슐린 작용시간의 지속성에 따라 영양소량 및 식사량을 배분한다.
④ 단백질을 엄격하게 제한한다.
⑤ 인슐린 주사를 맞으면 식사는 정상인과 동일하게 섭취한다.

098 당뇨병 환자가 자유롭게 섭취할 수 있는 식품은?

① 과일, 견과류
② 도넛, 우유
③ 우유, 샐러드
④ 사탕, 청량음료
⑤ 달걀, 연근

099 건강검진 결과, 혈중 중성지방 160mg/dL, 공복시 혈당 112mg/dL, 허리둘레 88cm인 여성의 식사요법으로 옳은 것은?

① 단순당 섭취 증가
② 채소류, 해조류 섭취 증가
③ 충분한 에너지 섭취
④ 불포화 지방산 섭취 제한
⑤ 나트륨, 칼슘, 칼륨 섭취

100 혈관의 내경이 1/2로 감소하면 혈액량의 변화는?

① 1/2 감소
② 1/4 감소
③ 1/8 감소
④ 1/16 감소
⑤ 변화없음

101 재분극이 지속되면 나타나는 현상은?

① 세포 외액에 나트륨이온 증가로 심박동수 증가
② 세포 외액에 칼슘이온 증가로 심박동수 감소
③ 세포 외액에 칼륨이온 증가로 심박동수 감소
④ 세포 내액에 칼륨이온 증가로 심박동수 감소
⑤ 세포 외액에 나트륨이온 증가로 심박동수 감소

102 심장 및 혈관기능에 대한 설명으로 옳은 것은?

① 심박수는 체온과 신경에는 영향을 받지만 호르몬, 화학물질에는 영향이 없다..
② 이산화탄소 농도가 가장 높은 혈관은 폐정맥이고 산소농도가 가장 높은 혈관은 폐동맥이다.
③ 혈액의 점성이 증가하면 혈류양이 감소한다.
④ 혈중 이산화탄소 농도가 증가하면 심박동수는 감소한다.
⑤ 혈관의 반지름이 감소하면 혈압도 감소한다.

103 동맥경화증 환자의 식단으로 적합한 것은?

① 곱창, 달걀, 우유
② 두부, 야자유, 성게
③ 달걀노른자, 돼지갈비, 감자
④ 들기름, 달걀흰자, 저지방우유
⑤ 케이크, 오징어젓갈, 새우튀김

104 고혈압 환자에서 엄격한 나트륨 제한식사의 설명으로 옳은 것은?

① 나트륨 함량이 많은 쌀밥 섭취는 제한한다.
② 통조림, 치즈, 마가린, 샐러드 드레싱은 무염 제품으로 사용한다.
③ 우유가 든 수프는 무염식에 이용할 수 있다.
④ 샐러리, 당근, 시금치, 근대 등의 채소는 충분히 섭취한다.
⑤ 조리과정이나 식탁에서 소량의 소금은 사용할 수 있다.

105 심근경색증 환자의 식사요법으로 옳은 것은?

① 식이섬유소 섭취를 제한한다.
② 고열량, 고단백, 고지방식을 한다.
③ 소량씩 자주 섭취한다.
④ 소금 섭취를 늘려 식욕을 돋군다.
⑤ 커피, 알코올을 적당량 섭취한다.

106 네프론 기능에 대한 설명으로 옳은 것은?

① 수분은 대부분 원위세뇨관에서 재흡수 된다.
② 포도당, 아미노산은 사구체 여과막을 통과할 수 없다.
③ 알부민은 사구체 여과막을 통과하고 근위세뇨관에서 재흡수 된다.
④ H^+, NH_3는 세뇨관으로 분비된다.
⑤ 원위세뇨관과 집합관에서 나트륨 재흡수를 촉진하는 호르몬은 항이뇨호르몬이다.

107 핍뇨가 심하고 요독증이 있는 신장질환자에게 제공할 수 있는 식품은?

① 바나나 ② 사탕
③ 근대 ④ 달걀찜
⑤ 단호박

108 복막투석 환자의 식사요법으로 옳은 것은?

① 고열량 섭취를 위해 당질과 지방은 충분히 섭취한다.
② 칼륨과 나트륨은 엄격히 제한한다.
③ 인과 칼슘이 많은 식품을 충분히 공급한다.
④ 단백질은 충분히 공급한다.
⑤ 단순당, 알코올은 적당히 섭취한다.

109 급성 사구체신염 환자가 섭취를 제한해야 하는 영양소는?

① 당질, 수분 ② 칼슘, 단백질
③ 당질, 염분 ④ 단백질, 칼륨
⑤ 단백질, 지질

110 신장결석의 식사요법으로 옳은 것은?

① 시스틴결석은 산성식을 섭취한다.
② 요산결석에는 고단백식을 섭취한다.
③ 수산결석은 비타민 C를 추가 섭취한다.
④ 수산결석은 시금치 같은 채소를 충분히 섭취한다.
⑤ 수분은 3L 이상 충분히 섭취한다.

111 암 치료 중 나타나는 부작용 해결방법으로 옳은 것은?

① 연하곤란 - 목 넘김이 쉬운 맑은 국물 음식
② 이미각증 - 따뜻하게 데운 음식
③ 메스꺼움, 구토 - 시원한 음식, 배고프기 전에 식사
④ 식욕부진 - 식사 횟수를 줄이고 한 번에 많은 양 제공
⑤ 구강건조 - 많이 씹을 수 있도록 거친 음식

112 암 악액질에서 나타나는 대사 변화로 옳은 것은?

① 인슐린 민감성 증가로 조직의 포도당 이용율 증가
② 암세포의 포도당 이용률 감소로 체단백 손실
③ 기초대사량 감소로 에너지 필요량 증가
④ 식욕감퇴로 체중 감소 등 심한 영양불량
⑤ 영양소의 흡수증가로 체지방 합성 증가

113 생리적 스트레스 상황(수술, 화상, 외상 등)에서 나타나는 대사 변화로 옳은 것은?

① 체단백질 합성이 증가하여 스트레스에 대응한다.
② 글루카곤, 에피네프린 분비가 감소하여 이화작용이 촉진된다.
③ 기초대사율이 항진되고 포도당 신생과정이 촉진된다.
④ 체온, 호흡수, 맥박수가 감소한다.
⑤ 위장으로 유입되는 혈류량이 증가하고 위장기능도 촉진된다.

114 선천성 면역과 후천성 면역에 관계하는 것의 조합이 옳은 것은?

① 적혈구 – 대식세포
② 보체계 – 호중구
③ 호중구 – 림프구
④ 백혈구 – 단핵세포
⑤ 호산구 – 호염기구

115 호흡부전 시 식사요법으로 옳은 것은?

① 고에너지식을 섭취한다.
② 식사 시에 수분을 충분히 섭취한다.
③ 지방과 단백질 섭취를 늘린다.
④ 부종이 생기면 수분과 염분을 보충한다.
⑤ 고당질 식사를 섭취한다.

116 헤모글로빈의 산소해리가 증가하는 상태로 옳은 것은?

① 혈중 이산화탄소 분압이 감소하는 경우
② 혈중 수소 이온 농도가 감소하는 경우
③ 체온이 상승하는 경우
④ 혈중 산소 분압이 증가하는 경우
⑤ 2,3-DPG 농도가 감소하는 경우

117 거대적아구성 빈혈 환자가 섭취하면 좋은 식품은?

① 무, 오이, 우유
② 닭고기, 간, 상추
③ 잡곡밥, 양파, 돼지고기
④ 감자, 고구마, 깻잎
⑤ 달걀, 샐러리, 쑥갓

118 뇌전증(간질)환자의 식단구성은?

① 고당질, 고지방식사
② 고당질, 고단백식사
③ 저당질, 고지방식사
④ 저당질, 저단백식사
⑤ 저당질, 저지방식사

119 통풍환자가 자유롭게 섭취할 수 있는 식품은?

① 우유, 달걀   ② 버섯, 고기국물
③ 고등어, 멸치   ④ 쇠고기, 어란
⑤ 알코올, 닭고기

120 호르몬 분비기관과 분비 이상으로 생기는 증상으로 옳은 것은?

① 뇌하수체 전엽 – 요붕증
② 부갑상선 – 바세도우병
③ 뇌하수체 후엽 – 시몬즈병
④ 부신피질 – 쿠싱증후군
⑤ 갑상선 – 골다공증

올인원 영양사 모의고사 [4회]

제한시간 85분 / 점수 _____ 점

식품학 및 조리원리

001 에너지 전달방법 중 복사에 대한 설명으로 옳은 것은?

① 열의 전달속도는 대류와 전도의 중간이다.
② 열원없이 식품 자체 내에서 열을 발생시킨다.
③ 조리용기의 표면이 검고 거칠수록 열을 잘 흡수한다.
④ 비중 차에 의해 기체가 이동하면서 열이 전달되는 현상이다.
⑤ 오븐이나 전자레인지를 이용한 조리의 주요 에너지 전달방법이다.

002 건조 대구나 청어를 불리는 요령으로 옳은 것은?

① 쌀뜨물에 담근다.
② 설탕물에 담근다.
③ 식초물에 담근다.
④ 소금물에 담근다.
⑤ 맹물에 담근다.

003 결합수에 대한 설명에 해당하는 것은?

① 표면장력과 점성이 크다.
② 4℃에서 비중이 가장 높다.
③ 보통의 물보다 밀도가 작다.
④ 당류와 염류에 대해 용매로 작용한다.
⑤ 미생물 번식과 포자 발아에 이용되지 못한다.

004 이당류의 결합형태로 옳은 것은?

① 설탕: 포도당과 포도당의 α-1,4결합
② 맥아당: 포도당과 갈락토오스의 α-1,6결합
③ 유당: 갈락토오스와 포도당의 β-1,4결합
④ 트레할로오스: 포도당과 포도당의 α-1,6결합
⑤ 셀로비오스: 포도당과 포도당의 α-1,1결합

005 미역, 다시마 등 갈조류의 주요 세포벽 구성성분으로 옳은 것은?

① 한천   ② 알긴산
③ 구아검   ④ 덱스트란
⑤ 카라기난

006 호화전분의 특징으로 옳은 것은?

① 방향부동성과 복굴절성이 나타난다.
② 전분분자의 분해가 일어난 상태이다.
③ X선 회절도가 V도형을 나타낸다.
④ 물 속에서 현탁액을 생성한다.
⑤ 수소결합에 의해 규칙적인 미셀구조를 형성한다.

007 이론상의 포도당 입체이성질체 수는?

① 4개   ② 6개
③ 8개   ④ 10개
⑤ 16개

008 다음은 어떤 유지의 지방산 조성에 해당하는가?

지방산(%, 탄소수 : 이중결합수)					
	4:0	6:0	8:0	10:0	12:0
㉠	3.8	2.3	1.1	2.0	3.1

지방산(%, 탄소수 : 이중결합수)					
	18:1	18:2	18:3	20:5	22:6
㉡	17.0	1.3	2.0	12.1	7.2

① ㉠: 버터, ㉡: 어유
② ㉠: 버터, ㉡: 라드
③ ㉠: 대두유, ㉡: 어유
④ ㉠: 대두유, ㉡: 야자유
⑤ ㉠: 대두유, ㉡: 들기름

009 유지의 가공특성에 대한 설명으로 옳은 것은?

① 중성지방은 유화액의 유화제 기능을 한다.
② 동유처리는 저온에서 탁해지지 않는 샐러드유 제조에 필수 공정이다.
③ 경화는 지방의 상호 아실기 교환을 통해 물성을 개선하는 공정이다.
④ 동유처리 과정에 시스형 불포화지방산 일부가 트랜스형으로 전환된다.
⑤ 에스터교환반응은 유지의 산패정도를 평가하는데 이용되는 반응이다.

010 가열에 의한 산화가 일어난 기름의 특징으로 옳은 것은?

① 비중은 감소한다.
② 산가는 감소한다.
③ 굴절률은 감소한다.
④ 요오드가는 증가한다.
⑤ 소화율이 저하된다.

011 묽은 산, 묽은 알칼리, 알코올에 용해되는 단백질로 옳은 것은?

① 알부민
② 글로불린
③ 글루텔린
④ 프롤라민
⑤ 프로타민

012 등전점에서 단백질의 특징으로 옳은 것은?

① 수화, 팽윤, 삼투압이 최대이다.
② 용해도, 점도, 표면장력이 최대이다.
③ 침전, 흡착력, 용해도가 최대이다.
④ 탁도, 흡착력, 기포력이 최대이다.
⑤ 삼투압, 흡착력, 기포력이 최대이다.

013 단백질의 변성에 대한 설명으로 옳은 것은?

① 열변성이 많이 진행될수록 소화는 촉진된다.
② 활성기가 표면에 나타나 반응성이 증가한다.
③ 변성단백질은 용해도와 점도가 증가한다.
④ 전해질과 설탕은 단백질의 열응고를 촉진한다.
⑤ 수분함량이 높을수록 온도가 높아야 변성이 일어난다.

014 안토시아닌 색소에 대한 설명으로 옳은 것은?

① 화황소이다.
② 열에 매우 안정적이다.
③ 유리상태가 아닌 배당체로만 존재한다.
④ pH에 따른 색변화는 비가역적이다.
⑤ 페닐환의 수산기가 증가하면 청색이 짙어진다.

015 동물성 식품의 색소에 대한 설명으로 옳은 것은?

① 옥시미오글로빈은 Fe^{3+}을 포함하며 선홍색이다.
② 미오글로빈은 산소화되면 메트미오글로빈이 된다.
③ 메트미오글로빈은 환원되면 미오글로빈으로 전환된다.
④ 메트미오글로빈은 Fe^{2+}를 포함하며 적갈색을 나타낸다.
⑤ 미오글로빈은 가열에 니트로소미오크로모겐이 되어 분홍색을 띤다.

016 다음 식품의 갈변 원인이 옳게 짝지어진 것은?

① 간장의 갈변 - 메일러드 반응
② 홍차의 갈변 - 아스코르브산 산화
③ 사과의 갈변 - 아미노-카보닐 반응
④ 감자의 갈변 - 폴리페놀 산화효소에 의한 산화
⑤ 오렌지 분말의 갈변 - 티로시나아제에 의한 산화

017 우유의 가열취 성분에 대한 설명으로 옳은 것은?

① 미생물의 작용에 의해 생성된 질소화합물이다.
② 저급지방산이 분해되어 생성된 유황화합물이다.
③ 리신이 분해되어 생성된 피페리딘, δ-아미노발레르산이다.
④ 단백질 열변성으로 활성화된 -SH기에서 유리된 황화합물이다.
⑤ 단백질이 열에 의해 변성되어 생성된 메틸메르캅토프로피온산이다.

018 식품의 매운맛 성분의 연결이 옳은 것은?

① 고추 - 쇼가올
② 생강 - 진저롤
③ 울금 - 진저론
④ 겨자유 - 알리신
⑤ 계피 - 커큐민

019 어떤 세균을 55℃에서 2분간 가열했을 때, 1,000CFU/㎖에서 100CFU/㎖로 줄었다. 이 세균의 D55℃ 값은 얼마인가?

① 30초
② 1분
③ 2분
④ 5분
⑤ 10분

020 청국장 제조에 이용되는 미생물로 옳은 것은?

① *Bacillus subtilis*
② *Bacillus cereus*
③ *Bacillus coagulans*
④ *Pediococcus soyae*
⑤ *Pediococcus cerevisiae*

021 다음 미생물에 대한 설명으로 옳은 것은?

① *Leuconostoc mesenteroides* : 요구르트 제조에 이용
② *Lactobacillus homohiochii* : 김치 숙성 말기
③ *Acetobacter aceti* : 초산 발효에 이용
④ *Hansenula anomala* : 김치 숙성 중 피막 형성
⑤ *Pichia membranaefaciens* : 간장에 향미 부여

022 곡류의 특징에 대한 설명으로 옳은 것은?

① 백미의 도정률이 가장 높다.
② 배유의 주요 성분은 탄수화물이다.
③ 배아에는 전분과 단백질이 풍부하다.
④ 도정을 많이 할수록 전분의 비율이 감소한다.
⑤ 도정을 많이 할수록 식이섬유함량은 증가한다.

023 멥쌀과 찹쌀에 대한 설명으로 옳은 것은?

① 비중은 멥쌀이 찹쌀보다 높다.
② 찹쌀은 멥쌀보다 반투명하고 길다.
③ 호화온도는 멥쌀이 찹쌀보다 높다.
④ 단백질 함량은 찹쌀보다 멥쌀이 높다.
⑤ 멥쌀의 아밀로오스 함량은 1~2% 정도이다.

024 점질감자와 분질감자에 대한 설명으로 옳은 것은?

① 점질감자가 비중이 높다.
② 식용가가 낮을수록 점질감자에 해당된다.
③ 분질감자는 전분입자가 작고 단백질 함량이 높다.
④ 점질감자는 포실한 가루가 일고 파삭한 질감이 있다.
⑤ 분질감자는 찐감자, 오븐구이용, 메시드포테이토용으로 적합하다.

025 밀가루 반죽에서 재료의 역할로 옳은 것은?

① 달걀은 연화작용을 한다.
② 설탕은 이스트 성장을 촉진시킨다.
③ 소금은 글루텐의 강도를 약화시킨다.
④ 지방은 캐러멜화로 향취와 갈색을 부여한다.
⑤ 설탕은 글루텐 강도를 증가시키고 맛을 향상시킨다.

026 육류의 조리법에 대한 설명으로 옳은 것은?

① 편육은 찬물에 처음부터 넣고 끓여야 한다.
② 직화구이는 처음부터 낮은 온도로 서서히 굽는다.
③ 장조림은 처음부터 물과 간장, 설탕을 넣고 끓인다.
④ 브레이징은 끓는 물에 고기를 넣고 장시간 끓인다.
⑤ 스튜잉은 작은 고기를 구운 후 재료가 잠길정도의 물을 넣고 끓인다.

027 육류의 사후강직 및 숙성기간에 영향을 미치는 성분으로 옳은 것은?

① 콜라겐
② 미오겐
③ 포화지방
④ 글리코겐
⑤ 콜레스테롤

028 다음 중 젤라틴에 대한 설명으로 옳은 것은?

① 장에서 소화되지 않는 성분이다.
② 실온에서도 쉽게 응고될 수 있다.
③ 마시멜로는 젤라틴을 이용한 식품이다.
④ 설탕을 첨가할수록 응고가 용이하다.
⑤ 파인애플즙을 넣으면 쉽게 응고된다.

029 신선한 생선에 해당하는 것은?

① pH가 알칼리이다.
② 살이 뼈와 잘 떨어진다.
③ 특유의 바닷물 냄새가 난다.
④ 세균수가 $10^7 \sim 10^8$/g이다.
⑤ 트리메틸아민이 6mg%이다.

030 어패류의 혈합육에 대한 설명으로 옳은 것은?

① 흰살 생선에 많다.
② 근섬유가 가늘고 길다.
③ 지방의 함량이 높다.
④ 뼈쪽에 많이 분포한다.
⑤ 미오글로빈의 함량이 높다.

031 난류의 가열에 의한 녹변현상으로 옳은 것은?

① 신선한 달걀일수록 잘 일어난다.
② 가열 온도가 낮을수록 잘 일어난다.
③ 가열시간이 15분 이상이면 억제할 수 있다.
④ 삶은 즉시 찬물에 넣어 식히면 방지할 수 있다.
⑤ 난백의 철과 난황의 황화수소가 결합한 것이다.

032 난류의 기포성에 대한 설명으로 옳은 것은?

① 난황을 교반하면 기포가 생기는 특성이다.
② 농후난백보다 수양난백의 거품이 안정성이 높다.
③ 오래된 달걀이 거품은 잘 생기지 않으나 안정성은 높다.
④ 소금과 기름은 기포형성을 촉진시키고 안정성을 향상시킨다.
⑤ 설탕은 기포형성 능력은 감소시키지만 광택이 있는 안정한 거품을 생성한다.

033 다음 중 청포묵, 빈대떡의 원료로 사용되는 두류는?

① 팥   ② 녹두
③ 동부   ④ 완두
⑤ 대두

034 유화액의 안정성과 관련된 설명으로 옳은 것은?

① 분산상의 입자가 클수록 안정하다.
② 분산상 표면에 전하를 띠지 않아야 안정하다.
③ 유화상태는 온도에 의해 영향을 받지 않는다.
④ 분산매와 분산상의 비중차가 클수록 안정하다.
⑤ 유화제를 사용하여 계면장력을 낮추어야 한다.

035 약과를 튀길 때 풀어지는 이유로 옳은 것은?

① 기름의 양이 너무 많았다.
② 강력분을 사용하였다.
③ 기름의 온도가 너무 높았다.
④ 달걀이 너무 많이 들어갔다.
⑤ 반죽을 너무 오래 치대었다.

036 우유의 응고성에 대한 설명으로 옳은 것은?

① 열에 의해 응고하는 단백질은 카세인이다.
② 과일의 유기산에 의해 카세인이 응고한다.
③ 레닌에 의한 단백질 응고에는 나트륨이 필요하다.
④ 카세인은 pH 7 이상에서 쉽게 응고한다.
⑤ 높은 온도에서 생성된 응고물은 부드럽다.

037 우유의 저온살균 조건으로 옳은 것은?

① 58~60℃, 30분
② 63~65℃, 30분
③ 72~75℃, 15~16초
④ 100~120℃, 5~6초
⑤ 130~150℃, 0.5~2초

038 녹색 채소를 데치면 일어나는 변화로 옳은 것은?

① 효소에 의해 갈변이 일어난다.
② 녹색 채소의 클로로필이 페오피틴이 된다.
③ 세포 내 탈기에 의해 엽록소가 표출된다.
④ 수분이 흡수되어 채소의 부피가 증가한다.
⑤ 아스코르비나아제에 의해 비타민 C가 파괴된다.

039 무생채를 만들 때 당근을 넣으면 무의 비타민 C 함량이 감소하는 이유로 옳은 것은?

① 무의 디아스타아제가 당근에 작용하였기 때문
② 무의 티로시나아제가 당근에 작용하였기 때문
③ 당근의 아스코르비나아제가 무에 작용하였기 때문
④ 무의 클로로필라아제에 의해 당근이 산화되었기 때문
⑤ 당근의 폴리페놀산화효소에 의해 비타민 C가 손실되었기 때문

040 한천 겔의 이액현상을 감소시키는 방법으로 옳은 것은?

① 한천의 농도를 낮춘다.
② 설탕의 농도를 높인다.
③ 우유를 첨가한다.
④ 과즙을 첨가한다
⑤ 방치시간을 가급적 연장한다.

급식, 위생 및 관계법규

041 급식 시스템 모형의 구성요소 중 다음의 내용이 속하는 것은?

> 고급 레스토랑 수준의 프리미엄 급식소를 열기로 계획한다면, 이에 맞는 능력있는 조리사를 고용하고 필요한 식자재와 물품을 계획해야 하며 시설과 인테리어도 이에 맞추어야 한다.

① 변환과정　　② 산출
③ 투입　　　　④ 통제
⑤ 기록

042 경쟁우위에 있는 다른 기업의 경영활동을 비교, 분석하여 상대의 강점을 파악하고 최고와 비교함으로써 동등 이상이 되기 위한 계획안 개발 방법은?

① 벤치마킹　　② 스왓분석
③ 아웃소싱　　④ 목표관리법
⑤ 리엔지니어링

043 다음 중 사후통제 관리기능에 해당하는 것은?

① 예산　　　　　　② 잔반율 조사
③ 작업공정표 작성　④ 영양기준량 설정
⑤ 직무능력 검사

044 다양한 부문에서 여러 사람들을 선출하여 부서 간의 이견을 조정할 수 있으며 경영정책이나 특정한 과제를 합리적으로 해결하기 위해 만든 조직은?

① 매트릭스 조직　② 사업부제 조직
③ 프로젝트 조직　④ 위원회 조직
⑤ 팀형 조직

045 식단작성 시 고려해야 할 사항으로 옳은 것은?
① 발주량
② 폐기량
③ 구매계약
④ 식재료비
⑤ 영양사의 조리숙련도

046 식단작성 순서로 옳은 것은?
① 급여 영양량 결정 → 급식 횟수와 영양배분 → 주식종류와 양 결정 → 조리의 배합
② 급여 영양량 결정 → 주식종류와 양 결정 → 급식 횟수와 영양배분 → 조리의 배합
③ 급식 횟수와 영양배분 → 주식종류와 양 결정 → 급여 영양량 결정 → 조리의 배합
④ 주식종류와 양 결정 → 급여 영양량 결정 → 급식 횟수와 영양 배분 → 조리의 배합
⑤ 급여 영양량 결정 → 조리의 배합 → 급식 횟수와 영양 배분 → 주식종류와 양 결정

047 일반인이 한국인 영양소 섭취기준을 충족할 수 있도록 식품군별 대표식품과 섭취 횟수를 이용하여 영양소 단위를 식품 단위로 변경하여 제시한 것은?
① 식품교환표
② 식사구성안
③ 식품성분표
④ 식품분석표
⑤ 식량구성표

048 카페테리아 방식의 선택식에 대한 설명으로 옳은 것은?
① 식사준비에 필요한 시간과 노력이 감소한다.
② 식재료비가 감소한다.
③ 영양관리에 어려움이 있다.
④ 음식의 선택이 자유롭지 못하다.
⑤ 급식 고객의 기호가 존중될 수 없다.

049 독립구매에 관한 설명으로 옳은 것은?
① 구매비용이 절약된다.
② 구매절차가 간단하고 능률적이다.
③ 재고가 없어 공간 활용에 효과적이다.
④ 규모가 큰 급식소에서 주로 이용하는 방법이다.
⑤ 소유주가 서로 다른 급식소들이 함께 구매하는 방식이다.

050 거래명세서에 대한 설명으로 옳은 것은?
① 검수원이 작성하여 급식관리자의 결재를 받는다.
② 검수한 물품의 품질이 구매명세서와 다를 때 작성한다.
③ 물품명, 수량, 단가, 공급가액, 공급자명 등이 기재된 서식이다.
④ 검수자의 확인도장이 찍힌 것을 구매부서에 제출하여 대금을 청구한다.
⑤ 품질에 맞게 물품이 공급되었는지 확인할 때 사용한다.

051 구매를 위하여 상품가격, 저장 비용, 주문 비용, 계절적 요인 등을 조사하였다. 이 같은 내용은 무엇을 위한 것인가?
① 출고 시스템 결정
② 보관 방법 결정
③ 재고조사 방법 결정
④ 검수 방법 결정
⑤ 적정 발주량 결정

052 다음 내용을 근거로 산출한 A품목의 발주량은?

- 식수 인원: 100명
- 재고량: 500g
- 폐기율: 10%
- 1인 분량: 50g

① 7kg ② 6.5kg
③ 6kg ④ 5.5kg
⑤ 5kg

053 안전재고량을 유지하면서 재고량이 최소재고량에 이르면 조달될 때까지 사용할 양을 고려한 적정량을 주문하여 최대한의 재고량을 보유하도록 하는 재고관리 방법은?

① 안전재고관리
② 실사 재고관리
③ 최소-최대 재고관리
④ 영구 재고관리
⑤ ABC 재고관리

054 가장 최근의 단가를 이용하여 재고자산을 평가하는 방법이며 단체급식소에서 가장 널리 사용되는 것은?

① 실제구매가법 ② 최종구매가법
③ 후입선출법   ④ 선입선출법
⑤ 총 평균법

055 다음 중 이동평균법에 대한 설명으로 옳은 것은?

① 선형회귀분석, 다중회귀분석이 포함된다.
② 최근 일정 기간의 기록을 평균하여 수요를 예측한다.
③ 식수에 영향을 미치는 요인들과의 인과관계를 분석한다.
④ 새로운 기록이 생길 때마다 가장 최근의 기록을 제외한다.
⑤ 시장조사법, 델파이법, 최고경영자법, 외부의 견조사법 등이 있다.

056 A급식소의 직원 500명에게 비빔밥을 제공하고자 할 때, 표준레시피상 비빔밥의 식재료 중 쌀의 100인분 중량이 10kg이다. 변환계수를 이용하여 대량조리 산출량을 옳게 조정한 것은?

① 20kg ② 30kg
③ 40kg ④ 50kg
⑤ 60kg

057 급식소에서 감자조림을 만들 때 적합한 조리기기는?

① 번철   ② 브로일러
③ 블랜더 ④ 스팀솥
⑤ 오븐

058 카페테리아 서비스에 관한 설명으로 옳은 것은?

① 영양지도에 효과적이다.
② 피급식자의 음식선택이 어렵고 배식시간이 지연된다.
③ 급식의 강제성을 완화시킨다.
④ 직선식의 진열방식이 분산식 보다 더 넓은 공간이 필요하다.
⑤ 잔반량을 줄일 수 있는 방법이다.

059 급식소의 노동시간당 식수가 가장 많은 곳은?

① 환자식과 직원식을 운영하는 병원급식
② 환자식만 운영하는 병원급식
③ 단독 조리 방식의 학교급식
④ 공동조리장의 학교급식
⑤ 단일 메뉴의 산업체 급식

060 동작경제의 원칙 중 신체사용에 관한 설명으로 옳은 것은?

① 양팔의 동작은 대칭적으로 시간 차이를 두고 행한다.
② 중력과 관성을 최대한 이용한다.
③ 방향 전환을 할 때는 연속적이고 빠르게 한다.
④ 작업은 가능한 한 직선적으로 배열한다.
⑤ 양손은 동시에 동작을 시작하고 완료는 시차를 두고 완료한다.

061 메뉴품질의 양적평가를 하고자 할 때 적합한 지표는?

① 관능평가　　② 잔반평가
③ 1인분량　　④ 기호도 조사
⑤ 수응도 조사

062 불필요한 기능 제거, 중복된 기능 결합, 효율적인 흐름에 맞게 기기나 업무순서 재배치, 동작경제의 원칙에 따라 시간과 노력의 단순화는 무엇을 위한 내용인가?

① 직무배분 절차　　② 작업표준화 절차
③ 작업개선 절차　　④ 직무분석 절차
⑤ 교육훈련 절차

063 급식소 조리장에 싱크대가 하나인 경우 교차오염 위험도를 낮출 수 있는 세척순서는?

① 가금류 → 채소류 → 육류 → 어류
② 채소류 → 육류 → 어류 → 가금류
③ 채소류 → 어류 → 육류 → 가금류
④ 어류 → 채소류 → 가금류 → 육류
⑤ 육류 → 어류 → 가금류 → 채소류

064 학교급식 종사자의 「식품위생법」상 건강진단 횟수로 옳은 것은?

① 월 1회　　② 분기별 1회
③ 6개월에 1회　　④ 연 1회
⑤ 수시로 시행

065 다음 중 대량 조리한 음식을 배식할 때, 지켜야 할 위생수칙으로 옳은 것은?

① 생선회나 날 음식을 제공할 때는 실내온도를 낮춘다.
② 1인 포장된 두부를 차게 제공할 경우에는 포장된 채로 차게 하여 제공한다.
③ 조리된 음식은 배식 때까지 상온에 두어도 무방하다.
④ 조리 후 배식까지 2시간 이내에 완료한다.
⑤ 조리한 음식은 냉장고에 보관하면 장기간 보관이 가능하다.

066 주조리장의 작업공간 배치 시 가장 중요하게 고려해야 하는 것은?

① 창을 충분히 확보하여 채광에 유의한다.
② 최소의 경비를 들인다.
③ 반복되는 동선을 최소화한다.
④ 청결작업 공간이므로 위생적인 측면을 가장 먼저 고려한다.
⑤ 배식수보다 식단을 가장 먼저 고려한다.

067 급식시설의 실내 바닥 마감재 선택 시 고려해야 할 사항으로 옳지 않은 것은?

① 감촉이 좋고 피로하지 않아야 한다.
② 내구성이 있고 탄력성이 있는 것이 좋다.
③ 습기와 기름기가 잘 스며들어야 한다.
④ 영구적으로 색상을 유지할 수 있어야 한다.
⑤ 미끄럽지 않고 산, 염기, 유기 용액에 강해야 한다.

068 제품 생산에 직접적으로 쓰인 비용에 속하는 것은?

① 급료　　② 감가상각비
③ 간접재료비　　④ 외주가공비
⑤ 가스비

069 장표의 종류와 내용이 옳은 것은?

① 식품수불부 – 매일의 식재료비를 계산하여 기록하는 장부
② 식단표 – 급식으로 제공된 식품의 영양량을 산출하여 기록하는 전표
③ 급식일지 – 매일 급여되는 식사의 종류와 식수를 기록하는 장부
④ 식품사용일계표 – 저장식품의 재고품에 대한 출납을 기록하는 장부
⑤ 검식일지 – 배식 전 상차림에 대한 종합적인 평가 내용을 기록하는 전표

070 A 급식소의 한 달 매출액이 1,500만원, 동일한 기간에 이용 고객수는 1,500명이었다. 평균 객단가는 얼마인가?

① 10,000원　　② 12,000원
③ 15,000원　　④ 20,000원
⑤ 25,000원

071 A 병원 영양과에서는 6개월마다 조리조와 배선조를 교대하여 동일작업으로 인한 불만을 감소시켰다. 이에 적용한 직무설계방법은?

① 직무충실화　　② 직무확대
③ 직무순환　　④ 직무단순화
⑤ 직무평가

072 인사고과 시 어떤 요소가 우수하게 평가되면 다른 요소도 우수하다고 인식하고 평가하게 될 때 이와 관련하여 나타나는 오류는?

① 시간적 오류　　② 관대화 오류
③ 상동적 태도　　④ 논리적 오류
⑤ 중심화 오류

073 경영자에게 한정된 시간 내에 의사결정, 업무처리와 관련한 능력 및 유연성을 훈련하는 방법은?

① 세미나법　　② 프로그램 학습
③ 사례법　　④ 경영게임
⑤ 서류함기법

074 다음에서 설명하는 내용의 (가), (나)에 들어갈 말로 옳은 것은?

> 허쉬와 블랜차드의 상황이론에서는 급식 관리자가 경험이 없는 종업원을 지도할 때는 (가) 리더십을 발휘하는 것이 적합하지만, 이 종업원이 급식 업무에 익숙해지면 통제를 줄이고 의사결정과 권한을 적절하게 부여하는 (나) 리더십을 발휘하는 것이 바람직하다고 하였다.

	(가)	(나)
①	지원적	지시적
②	지시적	위양적
③	참가적	방임적
④	위양적	참가적
⑤	방임적	지원적

075 허츠버그의 이요인이론 중 위생요인(불만족요인)과 동기부여요인(만족요인)에 해당하는 것으로 옳은 것은?

① 위생 요인 - 성장가능성
② 동기부여 요인 - 동료
③ 동기부여 요인 - 인정
④ 위생 요인 - 책임감
⑤ 동기부여 요인 - 작업조건

076 시장세분화에 관한 설명으로 옳은 것은?

① 기업에 가장 유리한 조건을 갖춘 주 고객집단을 선정하는 과정이다.
② 고객의 마음속에 특정 상품이 우수한 제품으로 확고히 자리 잡을 수 있도록 하는 것이다.
③ 동일한 세분시장 내에서는 소비자들의 욕구가 동질적이어야 하며 세분시장 간에는 이질적일수록 좋다.
④ 시장세분화는 마케팅 믹스에 대한 반응이 집단 간 동일해야 한다.
⑤ 시장세분화 기준은 고객 측면보다는 기업 활동에 유리한 측면으로 정한다.

077 관리계층을 축소하고 상향적 의사소통을 활성화하여 서비스 품질을 개선하고자 하였다. 이는 어떤 서비스 괴리를 해결하기 위한 방안인가?

① 서비스 품질 표준과 서비스 전달수준의 차이
② 서비스에 대한 고객기대와 경영자의 인식차이
③ 서비스 전달과 외부 의사소통과의 차이
④ 경영자 인식과 서비스 품질표준의 차이
⑤ 서비스 품질표준과 외부 의사소통과의 차이

078 자외선 조사법에 대한 설명으로 옳은 것은?

① 잔류효과가 매우 높다.
② 피조사물이 열에 의해 변화된다.
③ 살균력이 강한 파장은 2,537 Å 이다.
④ 유기물 공존시에도 살균 효과가 유지된다.
⑤ 침투력이 좋기 때문에 포장채 살균이 가능하다.

079 식품의 변질을 방지하는 방법으로 옳은 것은?

① 소금농도 5% 이상에서 대부분의 균증식이 억제된다.
② 당장법은 당의 분자량이 클수록 세균증식 억제 효과가 크다.
③ 산장법은 미생물을 탈수시켜서 사멸시킨다.
④ 같은 pH에서 무기산이 유기산보다 살균효과가 더 크다.
⑤ 당농도 50% 정도면 일반세균의 증식이 억제된다.

080 초기부패를 판정하는 기준이 되는 세균수로 옳은 것은?

① $10^3 \sim 10^4$ CFU/g(mℓ)
② $10^4 \sim 10^5$ CFU/g(mℓ)
③ $10^5 \sim 10^6$ CFU/g(mℓ)
④ $10^7 \sim 10^8$ CFU/g(mℓ)
⑤ $10^8 \sim 10^9$ CFU/g(mℓ)

081 그람음성, 간균이며 단모성 편모, 호염성균으로 경구나 창상을 통해 감염되며 피부괴사, 패혈증을 유발하는 세균으로 옳은 것은?

① *Vibrio vulnificus*
② *Staphylococcus aureus*
③ *Bacillus cereus*
④ *Listeria monocytogenes*
⑤ *Clostridium botulinum*

082 장관출혈성 대장균 식중독에 대한 설명으로 옳은 것은?

① 발열, 복통이 주증상이다.
② 사람간 전파는 일어나지 않는다.
③ 콜레라와 비슷한 설사증을 유발한다.
④ 1세 이하의 신생아에서 주로 발생한다.
⑤ 생 혹은 덜익은 햄버거를 통해 자주 발생한다.

083 저온에서도 생육이 가능하여 냉장 식품으로도 발병할 수 있는 식중독으로 옳은 것은?

① 살모넬라, 여시니아
② 여시니아, 리스테리아
③ 비브리오, 리스테리아
④ 비브리오, 캠필로박터
⑤ 리스테리아, 캠필로박터

084 소량의 균주로도 발병할 수 있는 식중독으로 옳게 짝지어진 것은?

① 캠필로박터, 장염비브리오
② 캠필로박터, 살모넬라
③ 캠필로박터, 리스테리아
④ 장염비브리오, 리스테리아
⑤ 장염비브리오, 바실러스세레우스

085 바실러스 세레우스 식중독에 대한 설명으로 옳은 것은?

① 설사형 독소는 저분자 펩티드이다.
② 구토형 독소는 열에 쉽게 파괴된다.
③ 구토형은 장관내에서 독소가 생성된다.
④ 설사형이 구토형보다 잠복기가 짧다.
⑤ 구토형은 주로 탄수화물 식품이 원인이다.

086 미나마타병을 유발하는 중금속의 중독 증상에 해당하는 것은?

① 중추신경계 마비증상
② 안면창백, 연산통
③ 흑피증, 피부각화현상
④ 비중격천공, 무통성 궤양
⑤ 간세포 괴사, 간의 색소침착

087 검은조개, 섭조개, 홍합 등의 중장선에 함유되어 사지마비, 보행장애 등의 증상을 유발하는 독소로 옳은 것은?

① 베네루핀   ② 삭시톡신
③ 테트라민   ④ 오카다산
⑤ 네오수루가톡신

088 다음 식물과 함유되어 있는 식물성 자연독의 연결이 옳은 것은?

① 청매: 빌로볼
② 수수: 라이코린
③ 피마자: 리신, 리시닌
④ 카사바: 아미그달린
⑤ 고사리: 파세오루나틴

089 다음 중 기생충에 대한 설명으로 옳은 것은?

① 회충은 집단 감염 가능성이 매우 높다.
② 광절열두조충은 어패류를 통해 감염된다.
③ 무구조충과 선모충은 돼지고기를 통해 감염된다.
④ 톡소플라스마의 종숙주는 주로 개, 고양이, 사람이다.
⑤ 요충은 채찍모양으로 주로 채소류를 통해 감염된다.

090 주로 우유를 통해 감염되는 감염병으로 짝지어진 것은?

① 결핵, Q열, 돈단독
② 결핵, 돈단독, 탄저
③ 결핵, 탄저, 파상열
④ 결핵, 파상열, Q열
⑤ 파상열, Q열, 렙토스피라증

091 HACCP 의무 적용식품에 해당되는 것은?

① 깍두기　　② 커피류
③ 다류　　　④ 레토르트 식품
⑤ 우유 및 유제품

092 「식품위생법」에서 판매가 가능한 동물의 질병으로 옳은 것은?

① 선모충증　　② 살모넬라병
③ 식도경색증　④ 리스테리아병
⑤ 파스튜렐라병

093 「식품위생법」에서 위탁급식영업은 누구에게 신고하여야 하는가?

① 시·도지사
② 질병관리청장
③ 보건복지부장관
④ 식품의약품안전처장
⑤ 특별자치시장·특별자치도지사 또는 시장·군수·구청장

094 「식품위생법」에서 집단급식소를 설치·운영하려는 자가 받아야 하는 교육과 영업 시작 후 매년 받아야 하는 정기교육의 시간이 순서대로 바르게 나열된 것은?

① 6시간, 3시간　② 6시간, 4시간
③ 8시간, 3시간　④ 8시간, 4시간
⑤ 8시간, 6시간

095 식품 또는 식품첨가물의 기준과 규격, 기구 및 용기·포장의 기준과 규격을 실은 식품 등의 공전을 작성·보급하여야 하는 사람은?

① 시·도지사
② 질병관리청장
③ 보건복지부장관
④ 식품의약품안전처장
⑤ 특별자치도지사·특별자치시장·시장·군수 또는 구청장

096 「학교급식법」에서 학교급식 운영평가 기준으로 옳지 않은 것은?

① 급식예산의 편성 및 운용
② 학생 식생활지도 및 영양상담
③ 학교급식에 대한 수요자의 만족도
④ 조리종사자 선발기준 및 지도감독 여부
⑤ 학교급식 위생·영양·경영 등 급식운영관리

097 「국민건강증진법」에서 영양지도원의 업무로 옳지 않은 것은?

① 영양지도의 기획·분석 및 평가
② 건강상태와 식품섭취에 관한 조사
③ 지역주민에 대한 영양상담 및 교육
④ 영양교육자료의 개발 보급 및 홍보
⑤ 집단급식시설에 대한 현황 파악 및 급식업무 지도

098 「국민영양관리법」에서 영양관리를 위한 영양 및 식생활조사에 대한 설명으로 옳은 것은?

① 보건복지부장관이 실시한다.
② 영양 및 식생활 조사는 2년에 1회 실시한다.
③ 영양성분 실태조사는 가공식품에 대해서만 조사한다.
④ 음식별 식재료량 조사는 식품접객업소 및 집단급식소의 음식별 식재료에 대해 실시한다.
⑤ 당, 나트륨, 포화지방 등 건강위해가능 영양성분의 실태조사를 가공식품에 대해 실시한다.

099 집단급식소 설치·운영자가 조리하여 판매할 경우 원산지 표시 대상인 것은?

① 달걀말이의 달걀
② 김밥의 시금치
③ 제육볶음의 돼지고기
④ 꽁치조림의 꽁치
⑤ 황태구이의 황태

100 「식품 등의 표시·광고에 관한 법률」에서 영양표시 대상식품으로 옳은 것은?

① 한식메주
② 식육가공품 중 햄류
③ 레토르트식품 중 축산물
④ 음료류 중 인스턴트 커피
⑤ 식용유지가공품 중 모조치즈

5회

[1교시]
영양학 및 생화학
영양교육, 식사요법 및 생리학

[2교시]
식품학 및 조리원리
급식, 위생 및 관계법규

올인원 영양사 모의고사 [5회]

제한시간 100분 / 점수 _____ 점

영양학 및 생화학

001 전자전달계와 TCA 회로에 필요한 효소가 있어서 ATP 생성에 주요한 역할을 하는 세포 소기관으로 옳은 것은?

① 핵
② 리보솜
③ 리소좀
④ 미토콘드리아
⑤ 조면소포체

002 19~29세 성인 여성에게 권장되는 탄수화물 섭취량으로 옳은 것은?

① 180~210g
② 200~250g
③ 275~325g
④ 425~475g
⑤ 500~550g

003 장기간의 금식으로 혈당이 저하되었을 때 체내에서 증가하는 반응으로 옳은 것은?

① 케톤체의 합성
② 중성지방의 합성
③ 체내 단백질의 합성
④ 체내 콜레스테롤의 합성
⑤ 간과 근육의 글리코겐 합성

004 갈락토오스가 체내에서 대사되지 못하여 생기는 갈락토오스혈증은 어떠한 효소의 결함으로 발생하는가?

① 이성질화효소
② 갈락토키나아제
③ 포스포 프락토키나아제
④ UDP-육탄당 4-에피머화효소
⑤ 갈락토오스 1-인산 우리딜 전이효소

005 식이섬유 섭취가 혈당 상승 속도 저하에 기여하는 기전으로 옳은 것은?

① 음식물의 위 배출을 지연시킨다.
② 장내 유익균의 증식을 증가시킨다.
③ 소장에서 담즙산의 재흡수를 억제한다.
④ 위산 및 소화효소의 분비를 촉진시킨다.
⑤ 대장내 박테리아에 의해 분해되어 가스를 생성한다.

006 포도당이 피루브산으로 전환되는 해당과정에서 일어나는 반응에 대한 설명으로 옳은 것은?

① 탈탄산 산화반응이 일어난다.
② 니아신이 조효소로 요구된다.
③ 산화 환원 반응은 일어나지 않는다.
④ 탈수소 반응을 통해 $FADH_2$가 생성된다.
⑤ 산화적 인산화가 일어나 ATP가 생성된다.

007 근육의 글리코겐이 혈당 상승에 기여하지 못하는 이유로 옳은 것은?

① 근육에는 헥소키나아제가 없기 때문
② 근육에는 포도당 수송체가 없기 때문
③ 근육에는 포도당 신생과정 관련 효소가 없기 때문
④ 근육에는 포도당 1-인산 가수분해효소가 없기 때문
⑤ 근육에는 포도당 6-인산 가수분해효소가 없기 때문

008 TCA 회로의 중간산물과 이를 이용하여 합성될 수 있는 물질들과의 연결이 옳은 것은?

① 아세틸 CoA – 피루브산
② 숙시닐 CoA – 포르피린
③ 옥살로아세트산 – 글루탐산
④ 구연산 – 포스포엔올피루브산
⑤ α-케토글루타르산 – 아스파르트산

009 피루브산 탈수소효소의 작용을 억제하는 물질로 옳은 것은?

① 지방산, Ca^{2+}
② NAD^+, ADP
③ NAD^+, ATP
④ 아세틸 CoA, ATP
⑤ 아세틸 CoA, ADP

010 격심한 근육 운동을 할 경우 혈액을 통해 근육에서 간으로 이동되는 물질들로 옳은 것은?

① 알라닌, 젖산　② 글리신, 젖산
③ 알라닌, 글리신　④ 글리신, 포도당
⑤ 알라닌, 피루브산

011 저탄수화물, 고지방식을 장기간하였을 때, 식욕부진, 메스꺼움, 탈수 등의 증상이 나타났다. 이를 예방하기 위해 섭취해야 하는 식품으로 옳은 것은?

① 쌀 90g　② 고등어 60g
③ 콩나물 70g　④ 닭가슴살 60g
⑤ 우유 200mL

012 다음 효소들의 조효소가 바르게 연결된 것은?

① hexokinase: 비오틴
② transketolase: PLP
③ 피루브산 카르복실라아제: 비오틴
④ 아세틸 CoA 카르복실화 효소: NAD^+
⑤ 글리세르알데히드 3-인산 탈수소효소: FAD

013 콜레시스토키닌의 기능으로 옳은 것은?

① 위산과 펩신의 분비를 촉진한다.
② 담낭을 수축하여 담즙 분비를 촉진한다.
③ 위 운동을 촉진하여 위 배출 속도를 촉진한다.
④ 장운동을 촉진하여 음식물의 배설을 촉진한다.
⑤ 췌장을 자극하여 중탄산나트륨 분비를 촉진한다.

014 체내에서 아이코사노이드 합성의 전구체인 지방산으로 짝지어진 것은?

① 아라키돈산, EPA
② 아라키돈산, DHA
③ 팔미트산, EPA
④ 스테아르산, 팔미트산
⑤ 스테아르산, 아라키돈산

015 다가불포화지방산의 섭취와 더불어 비타민 E의 섭취를 증가시켜야 하는 이유는?

① 다가불포화지방산에 의해 비타민 E가 파괴되므로
② 다가불포화지방산은 비타민 E의 흡수를 방해하므로
③ 다가불포화지방산이 많은 식품에는 비타민 E가 부족하므로
④ 다가불포화지방산의 흡수와 이용에 비타민 E가 필요하므로
⑤ 다가불포화지방산의 산화로 과산화물이 생성되는 것을 비타민 E가 막아주므로

016 킬로미크론과 VLDL의 중성지방을 가수분해하여 2개의 지방산과 1개의 모노글리세리드로 분해함으로써 조직세포에 들어가도록 돕는 효소는?

① 에스터라아제(esterase)
② 가인산분해효소(phospholylase)
③ 포스포리파아제(phospholipase)
④ 지단백질 리파아제(lipoprotein lipase)
⑤ 레시틴-콜레스테롤 아실 전이효소 (lecithin-cholesterol acyl transferase)

017 간질환으로 지방의 소화가 되지 않는 사람에게 줄 수 있는 지방의 형태로 옳은 것은?

① 포화지방산 함량이 높은 중성지방
② 불포화지방산 함량이 높은 중성지방
③ 긴사슬 지방산 함량이 높은 중성지방
④ 짧은사슬 지방산 함량이 높은 중성지방
⑤ 오메가-3 지방산 함량이 높은 중성지방

018 다음 빈칸에 들어갈 용어들이 순서대로 나열된 것은?

> 홀수지방산은 β-산화 결과 아세틸 CoA외에 (㉠)가 생성되며, ㉠을 대사시키는 과정에서 조효소로 (㉡)와/과 (㉢)가 필요하다.

	㉠	㉡	㉢
①	말로닐 CoA	비오틴	PLP
②	말로닐 CoA	비오틴	비타민 B_{12}
③	프로피오닐 CoA	비오틴	비타민 B_{12}
④	프로피오닐 CoA	PLP	TPP
⑤	프로피오닐 CoA	PLP	FAD

019 지방산 합성 과정 중 환원과정에 필요한 조효소를 생성하는 대사경로로 옳은 것은?

① 해당과정
② TCA회로
③ 요소회로
④ 오탄당인산경로
⑤ 글리옥실산회로

020 팔미트산 생합성 과정을 위해 필요한 ATP와 NADPH의 수로 옳은 것은?

① ATP 6개, NADPH 10개
② ATP 6개, NADPH 12개
③ ATP 7개, NADPH 10개
④ ATP 7개, NADPH 12개
⑤ ATP 7개, NADPH 14개

021 케톤체 생성에 대한 설명으로 옳은 것은?

① 간세포의 세포질에서 생성된다.
② 케톤체는 간에서 에너지원으로 이용된다.
③ 체내 포도당 농도가 충분할 때 생성된다.
④ 생성과정의 조효소로 NADPH가 필요하다.
⑤ 간에서 옥살로아세트산이 부족할 때 생성된다.

022 다음의 기능을 수행하는 영양소로 옳은 것은?

> - 체조직의 성장과 유지
> - 삼투압 조절
> - 산-염기 평형조절
> - 면역반응

① 지방　　② 단백질
③ 나트륨　④ 칼륨
⑤ 칼슘

023 단백질의 질 평가방법 중 흡수된 질소의 체내 보유 정도를 나타낸 것은?

① 화학가　　② 생물가
③ 아미노산가　④ 단백질 효율
⑤ 단백질 실이용률

024 다음 중 양의 질소평형 상태에 해당되는 경우는?

① 성장, 질병 회복기
② 질병, 운동훈련시
③ 기아, 성장호르몬 분비증가
④ 수술, 갑상선호르몬 분비증가
⑤ 필수아미노산 부족, 코티솔 분비 증가

025 탈아미노 반응에 대해 옳은 것은?

① 보조효소로 비오틴이 요구된다.
② NADH가 산화되어 NAD^+가 생성된다.
③ 모든 아미노산이 탈아미노 반응을 한다.
④ 유리된 아미노기는 신장에서 요소로 전환된다.
⑤ 글루탐산 탈수소효소에 의해 유리 암모니아가 생성된다.

026 아미노산의 아미노기의 대사로 옳은 것은?

① 에너지 생성에 이용된다.
② 유리 암모니아 상태로 뇌에서 간으로 이동한다.
③ 근육에서 탈아미노 반응을 거쳐 요소를 합성한다.
④ 간에서 탈아미노 반응을 거쳐 TCA회로에 유입된다.
⑤ 신장에서 암모니아 완충계로 산·염기 평형에 기여한다.

027 요소회로에서 요소 1분자 내 2개의 아미노기는 각각 어떤 물질로부터 제공되는가?

① 알라닌, 글루탐산
② 알라닌, 아스파르트산
③ 유리암모니아, 글루타민
④ 유리암모니아, 글루탐산
⑤ 유리암모니아, 아스파르트산

028 측쇄 케토산 분해효소의 결함으로 측쇄아미노산이 정상적으로 대사되지 않아 경련, 구토 등의 증상을 동반하는 선천성 대사질환으로 옳은 것은?

① 알비니즘　　② 테이삭스병
③ 페닐케톤뇨증　④ 단풍당밀뇨증
⑤ 호모시스틴뇨증

029 DNA로부터 mRNA 합성시 존재하지만 단백질 합성에는 직접 관여하지 않는 부분으로, mRNA 전구체 합성 후에 제거되는 부분은?

① 엑손　　② 인트론
③ 오페론　④ 프로모터
⑤ 스플라이싱

030 효소의 촉매작용이 가장 효율적인 조건은?

① Km값이 작고, Vmax값이 크다.
② Km값이 작고, Vmax값이 작다.
③ Km값이 크고, Vmax값이 크다.
④ Km값이 크고, Vmax값이 작다.
⑤ Km값이 일정하고, Vmax값이 크다.

031 기초대사량이 1,100kcal, 활동대사량이 600kcal 인 사람이 균형식을 할 경우 식품이용을 위한 에너지 소비량은 얼마인가?

① $(1100+500) \times 0.1$
② $(1100+500) \times 0.3$
③ $(1100+500) \times 0.5$
④ $(1100+500) \times 0.7$
⑤ $(1100+500) \times 0.8$

032 기초대사량의 측정조건으로 옳은 것은?

① 수면상태에서 측정한다.
② 식후 편안한 상태에서 측정한다.
③ 적절한 일상 활동 중에 측정한다.
④ 4시간 금식 후 휴식상태에서 측정한다.
⑤ 12~14시간 금식 후 완전 휴식 상태에서 측정한다.

033 다음 비타민의 과잉증으로 옳은 것은?

① 비타민 A: 고칼슘혈증
② 비타민 K: 혈액응고 지연
③ 니아신: 펠라그라, 홍조현상
④ 비타민 E: 면역계 손상, 혈액응고 방해
⑤ 비타민 D: 사산, 기형, 출산아의 영구적 학습장애

034 노인기에 비타민 D의 섭취기준량이 증가하는 이유는?

① 위산 분비가 저하되어 흡수가 저해되므로
② 췌장에서 분비되는 분해효소가 저하되므로
③ 간에서 담즙의 합성능력이 증가하므로
④ 야외활동이 적고 합성능력 및 활성화 능력이 저하되므로
⑤ 지질의 섭취가 증가하고 단백질 합성능력이 감소하므로

035 비타민 A와 비타민 D의 공통적인 기능으로 옳은 것은?

① 면역기능
② 세포분화
③ 항산화기능
④ 에너지 대사
⑤ 산화·환원반응의 조효소

036 다음 반응에 필요한 비타민으로 옳은 것은?

- 글리신과 세린의 상호전환 반응
- 디옥시티미딜산 합성 반응
- 호모시스테인으로부터 메티오닌 합성반응

① 엽산　　② 니아신
③ 코발라민　　④ 피리독신
⑤ 리보플라빈

037 비타민 C에 대한 설명으로 옳은 것은?

① 혈액응고 작용에 관여한다.
② 무기질의 흡수를 방해한다.
③ 산성용액에서 쉽게 파괴된다.
④ 다른 항산화제를 환원형으로 재생시킨다.
⑤ 티로신으로부터 페닐알라닌 합성에 관여한다.

038 아미노기 전이반응에 필수적이어서 단백질 섭취와 더불어 섭취량을 증가시켜야 하는 비타민으로 옳은 것은?

① 엽산
② 비타민 B_1
③ 비타민 B_6
④ 비타민 B_{12}
⑤ 비타민 C

039 비타민 유사물질인 콜린에 대한 설명으로 옳은 것은?

① 담즙산염의 성분
② 호르몬 작용 기전에 관여
③ 세포 분화 및 성장에 관여
④ 미토콘드리아의 유기산 제거
⑤ 메틸기 전이반응에서 메틸기 공여체로 작용

040 혈액응고와 관련된 비타민과 무기질로 옳은 것은?

① 비타민 A, Ca^{2+}
② 비타민 K, Ca^{2+}
③ 비타민 A, Mg^{2+}
④ 비타민 K, Mg^{2+}
⑤ 비타민 E, Mg^{2+}

041 신경자극의 전달과 근육의 수축·이완에 관여하므로 결핍시 눈꺼풀 떨림 등의 증상이 나타나는 무기질은?

① 황
② 칼륨
③ 구리
④ 아연
⑤ 마그네슘

042 나트륨의 체내 균형에 대한 설명으로 옳은 것은?

① 안지오텐신Ⅱ는 세동맥 수축과 알도스테론 분비 작용을 한다.
② 나트륨의 혈중 농도가 낮아지면 부신에서 레닌이 분비된다.
③ 레닌은 안지오텐신Ⅰ을 안지오텐신Ⅱ로 전환시키는 효소이다.
④ 알도스테론은 나트륨과 수분의 배설을 촉진한다.
⑤ 안지오텐신Ⅱ와 알도스테론은 동맥압을 낮추는 작용을 한다.

043 철의 기능과 대사에 대한 설명으로 옳은 것은?

① 임신기에는 철 흡수율이 감소한다.
② 트립토판으로부터 도파민 합성에 관여한다.
③ 수퍼옥사이드 디스뮤타아제의 구성성분이다.
④ 체내 철저장량이 많을수록 흡수가 증가한다.
⑤ 페리틴은 장점막 상피세포에서 철의 흡수를 조절한다.

044 체내에서 콜라겐과 엘라스틴이 교차결합을 하는 데 작용하여 결합조직 합성에 필요하고 콜레스테롤 대사에도 관여하는 무기질로 옳은 것은?

① 아연
② 구리
③ 요오드
④ 망간
⑤ 크롬

045 무기질의 영양섭취기준에 대한 설명으로 옳은 것은?

① 칼륨과 나트륨은 상한섭취량이 설정되어 있다.
② 칼륨은 평균필요량과 권장섭취량이 설정되어 있다.
③ 셀레늄은 체내 항산화작용을 하므로 많이 섭취할수록 좋다.
④ 19~29세 성인남자의 칼슘과 인의 권장섭취량은 700mg으로 동일하다.
⑤ 나트륨은 과잉 섭취시의 문제로 만성질환위험감소섭취량이 설정되어 있다.

046 수분 평형에 관여하는 물질과 분비기관의 연결이 옳은 것은?

① 레닌 – 신장
② 안지오텐신 – 부신피질
③ 알도스테론 – 뇌하수체 후엽
④ 당질코르티코이드 – 시상하부
⑤ 항이뇨호르몬 – 뇌하수체 전엽

047 임신 중 체중 증가 관련 내용으로 옳은 것은?

① 임신 초기 모체의 체중증가는 대부분 태아조직과 태반에 기인한다.
② 20kg 이상의 과다한 체중 증가는 신생아 질식 등 산과적 손상이 초래될 위험이 있다.
③ 체중증가의 주된 성분은 지방이다.
④ 임신 전 BMI가 20정도인 모체는 10kg 정도의 체중증가가 적정하다.
⑤ 체중증가 성분 중 단백질은 주로 모체에 지방은 주로 태아와 태반에 축적된다.

048 임신부의 무기질 영양 관련 내용으로 옳은 것은?

① 칼슘은 태아 축적, 수유에 대비한 모체 축적 등을 위해 10mg을 추가 권장한다.
② 임신 중 생리적인 철 흡수율 증가, 월경 중지 등으로 철 손실을 방지하므로 철 추가권장량은 없다.
③ 임신 중 증가한 에스트로겐과 혈중 비타민 D 농도 증가로 식품의 칼슘흡수율이 증가하기 때문에 칼슘의 추가 권장량은 없다.
④ 요오드는 임신 후기 기초대사량 항진에 따라 필요량이 증가하지만 생리적 적응반응이 있으므로 추가량은 없다.
⑤ 요오드가 결핍된 임신부는 크레틴병의 나타날 위험이 있다.

049 임신부 3/3분기에 추가하는 에너지와 단백질양은? (2020년 한국인 영양소 섭취 기준 근거)

① 340kcal, 15g
② 340kcal, 30g
③ 450kcal, 15g
④ 450kcal, 30g
⑤ 340kcal, 20g

050 수유부의 지방대사에 대한 설명으로 옳은 것은?

① 수유부는 프로락틴의 영향으로 유선조직에서 지방대사가 감소한다.
② 수유부는 프로락틴의 영향으로 유선조직에서 인슐린 민감성이 감소한다.
③ 수유부는 프로락틴의 영향으로 유선조직에서 인슐린 민감성이 증가한다.
④ 수유부는 옥시토신의 영향으로 지방조직에서 지방합성이 증가한다.
⑤ 수유부는 옥시토신의 영향으로 유선조직에서 인슐린 민감성이 감소한다.

051 영아의 생리발달에 따른 지방 소화의 특징은?
① 우유가 장쇄지방산의 소화, 흡수가 더 잘된다.
② 영아는 췌장 리파아제 함량과 담즙산이 많아 지방 소화능력이 높다.
③ 모유는 우유보다 불포화지방산 함량이 많아 소화, 흡수가 용이하다.
④ 구강 리파아제에 의한 지질 소화는 일어나지 않는다.
⑤ 모유에 있는 담즙산염 자극 리파아제는 지질 소화를 방해한다.

052 영아의 간 기능 미숙으로 나타나는 생리적인 현상은?
① 체중 감소　② 빈혈
③ 변비　　　④ 황달
⑤ 탈수

053 모유의 당질에 관한 설명으로 옳은 것은?
① 모유의 갈락토오스는 병원균으로부터 영아를 보호하는 역할을 한다.
② 모유의 유당은 칼슘, 인, 마그네슘 흡수를 촉진한다.
③ 모유의 유당은 용해도가 높아 소장에서 빠르게 흡수된다.
④ 우유의 유당 함량이 모유 보다 많아 영아용 조제유 제조 시 유당을 감량해야 한다.
⑤ 유당은 초유가 성숙유보다 함량이 많다.

054 설사를 하는 영아의 영양관리 방법은?
① 설사가 심하면 체중감소가 나타날 수 있으므로 수유량을 늘려서 제공한다.
② 가당 주스나 유산균 음료를 충분히 공급하여 탈수를 예방한다.
③ 설사가 멎은 후 조제유를 줄 때는 영양밀도를 높게 하여 제공한다.
④ 설사가 멎은 후 모유를 줄 때는 젖 먹는 양을 늘리기 위해 모유만 제공한다.
⑤ 설사가 심하면 수유를 중단하고 엷은 포도당액, 보리차, 끓인 물을 계속해서 공급한다.

055 유아의 식사지도 방법으로 옳은 것은?
① 간식은 영양보충이 주 목적이므로 지방 함량이 높은 식품으로 열량을 보충한다.
② 간식은 하루 에너지 필요량의 약 30% 정도의 양으로 배분한다.
③ 1일 4~5회 정규식사와 간식으로 나누어 규칙적으로 제공한다.
④ 기분전환과 다양한 경험을 위해 가공식품을 활용하여 간식을 제공한다.
⑤ 씹기 싫어하는 유아의 경우 액상식품으로 제공하여 식사를 하도록 지도한다.

056 생애주기 중 흉선, 편도선, 림프절 등 면역관련 조직의 발달 속도가 가장 빠른 시기는?
① 태아기　② 영아기
③ 유아기　④ 학령기
⑤ 성인기

057 성인기에 심뇌혈관계 질병 예방을 위해 섭취를 줄여야 하는 식품은?

① 고등어, 잡곡밥
② 사과, 달걀
③ 오징어젓갈, 삼겹살
④ 우유, 미역
⑤ 오렌지, 멸치

058 노인기 소화, 흡수에 관여하는 위장기능의 변화에 대한 설명으로 옳은 것은?

① 내적인자 감소로 비타민 B_6 흡수가 감소한다.
② 담즙 분비는 성인과 차이가 없으나 췌장 리파아제 활성이 감소하여 지방소화가 저하된다.
③ 위액 분비선이 위축되어 칼슘과 철의 흡수가 감소한다.
④ 미뢰수 감소와 미뢰의 위축으로 짠 맛, 단 맛에 대한 역치가 감소한다.
⑤ 위액의 산도 저하로 단백질의 흡수율이 감소한다.

059 성인 여성에 비해 노인 여성에게 권장량이 증가하는 영양소는?

① 단백질　　② 칼슘
③ 비타민 C　④ 칼륨
⑤ 철

060 꾸준한 운동 수행에 따른 생리적 효과는?

① 근육의 글리코겐 저장 능력이 감소한다.
② 혈중 LDL-콜레스테롤 농도가 증가한다.
③ 최대 산소소비량이 감소한다.
④ 적혈구 생성량, 혈액량, 근육 모세혈관수가 증가한다.
⑤ 혈중 포도당 증가로 운동성 당뇨병이 발생한다.

영양교육, 식사요법 및 생리학

061 영양교육 실시의 어려운 점으로 옳은 것은?

① 식생활에 대한 사고방식이 매우 개방적이다.
② 교육의 효과는 가시적이고 단기적이다.
③ 여러 원인이 복합적으로 관여하여 식생활 변화로 나타나는 경우가 많다.
④ 사람들의 식습관은 영양지식에 의존하기 쉽다.
⑤ 개개인의 식습관은 거의 비슷하다.

062 폐경 후 심혈관질환의 발병위험이 높은 50대 여성에게 심혈관질환의 위험성과 심혈관계질환에 걸렸을 때 건강에 미치는 심각한 결과를 교육하고 다양한 채소와 과일의 충분한 섭취 및 지방 섭취를 줄였을 때 장점을 교육하였다. 어떤 영양교육 이론을 적용한 것인가?

① 계획적 행동이론
② 사회인지론
③ 행동변화단계모델
④ 건강신념모델
⑤ 사회마케팅

063 A씨는 최근 유방암 수술을 받고 정신적, 신체적 어려움을 호소하고 있다. 임상영양사는 A씨에게 같은 경험을 가지고 있는 사람들의 동호회 모임에 가입하도록 권유하였고 A씨는 동호회에서 도움을 주고받으며 안정을 찾아가고 있다. 임상영양사가 적용한 전략은?

① 사회적 방면　② 대체조절
③ 조력관계　　④ 자신방면
⑤ 환경재평가

064 사회인지론을 적용하여 〈편식예방〉 영양교육을 실시하려고 한다. 환경적 요인을 활용한 경우는?

① 골고루 먹을 수 있다는 자신감을 향상시킬 수 있도록 한다.
② 편식의 장점과 단점에 대해 교육한다.
③ 학교급식에서 다양한 식품 섭취 기회를 제공한다.
④ 골고루 먹을 때 더욱 건강해짐을 교육한다.
⑤ 골고루 먹으려는 태도를 가지도록 교육한다.

065 아침 결식, 빠른 식사, 과식, 잘못된 간식 선택의 문제를 가지고 있는 아동을 대상으로 영양교육을 실시하려고 한다. 영양교육의 목표를 영양지식 증가 – 식태도 변화 – 식행동 변화를 통한 식습관 개선으로 할 때 옳게 연결된 것은?

① 아침식사의 중요성을 안다. – 아침 식사를 한다. – 아침 식사를 거르지 않는다.
② 적절한 식사 속도를 안다. – 식사를 천천히 한다. – 평소 15~20분 정도 식사한다.
③ 규칙적인 식사의 중요성을 안다. – 제때에 식사를 하려고 결심한다. – 규칙적인 식사를 한다.
④ 과식의 문제점을 안다. – 과식을 하지 않으려고 생각한다. – 아침 결식 후 점심에 과식하지 않는다.
⑤ 건강에 좋은 간식의 종류를 안다. – 간식으로 도넛 대신 과일을 먹으려고 생각한다. – 아침 식사로 매일 과일을 먹는다.

066 영양교육 실시과정 중 계획단계에 대한 설명은?

① 영양교육이 실행되는 동안 계획대로 진행되는지 점검
② 영양교육의 목표를 달성하기 위한 영양중재방법 선택
③ 대상 집단의 영양문제들 중 장시간 소요될 문제 선정
④ 영양교육 실행에 사용되는 모든 자원 조사, 평가
⑤ 대상 집단의 실태 파악을 통한 영양문제의 발견과 분석

067 효과적인 건강정보 커뮤니케이션을 수행하는 절차를 순서 없이 제시하였다. 첫 번째와 마지막에 해당하는 것은?

> 가. 메시지 개발과 사전 점검
> 나. 실행
> 다. 효과평가
> 라. 매체와 의사소통 경로 선택
> 마. 계획과 전략 선택

① 가 – 다 ② 나 – 다
③ 마 – 라 ④ 마 – 다
⑤ 라 – 다

068 매스미디어를 통해 영양교육을 실시했을 때 달성하기 어려운 목표는?

① 영양에 대한 태도 및 가치관 형성
② 영양에 관한 수용자와 의견교환
③ 영양, 건강과 관련한 개인의 식행동 변화
④ 매스미디어를 통한 영양상담
⑤ 애매모호한 영양, 건강정보의 해결방법 제시

069 교육대상자 중심의 학습활동 형태는?

① 컴퓨터 보조학습
② 시범
③ 모델링
④ 세미나
⑤ 강의

070 영양사와 10세 영희의 영양상담 내용이다. 영양사가 사용한 상담기술은?

> 영희: 요즘에는 식욕도 없고, 친구들하고 만나는 것도 싫어요. 어제 저녁에도 밥이 먹기 싫어서 굶었어요.
> 영양사: 요즘에 영희가 식욕이 없어졌다고 말하던 것을 이해할 수 있어. 왜 그런지 이유를 좀 더 자세히 얘기해 줄 수 있니?

① 수용
② 반영
③ 해석
④ 명료화
⑤ 직면

071 〈현장의 바람직한 영양교육 방향〉에 대해 식품영양 분야의 전문가들이 모여 서로의 경험과 연구 내용을 발표하고 토의하는 집단지도 교육 방법은?

① 강단식토의(심포지엄)
② 분단식 토의
③ 방법시범교수법
④ 연구집회(워크숍)
⑤ 패널토의

072 2020 한국인 영양소 섭취기준에 관한 설명으로 옳은 것은?

① 2015 한국인 영양소 섭취기준과 다르게 지방 섭취량이 설정되었다.
② 영양소 섭취기준의 목적은 국민의 질병치료이다.
③ 식인성 만성질환 위험 감소를 위해 에너지적정섭취비율, 만성질환위험섭취감소량을 설정하였다.
④ 만성질환의 위험을 감소시키기 위해 최대 수준 섭취량을 설정하였다.
⑤ 충분섭취량과 상한섭취량은 과잉 섭취의 위험을 예방하기 위해 설정되었다.

073 「국민건강증진법」을 근거로 실시하고 있는 제5차 국민건강증진종합계획(Health Plan 2030)의 총괄 목표는?

① 기대수명 연장과 건강 형평성 제고
② 기대수명 연장과 소득격차 완화
③ 평균수명 연장과 소득격차 완화
④ 건강수명 연장과, 소득 및 지역간 건강형평성 제고
⑤ 건강수명 연장과 소득격차 완화

074 응용영양사업에 관한 설명으로 옳은 것은?

① 저소득층을 대상으로 영양섭취기준에 맞는 식품을 구매할 수 있는 영양교육프로그램이다.
② 지역별 영양문제 파악과 영양 격차 해소를 위한 국가 영양정책이다.
③ 쌀 중심의 식생활 형태 개선, 국민의 체위 향상, 영양식품 생산 증가 등의 목적으로 1968년부터 1986년까지 시행된 영양사업이다.
④ 보건복지부가 주관하여 국제기구와 공동으로 추진된 사업이다.
⑤ 국민건강영양조사와 함께 만성질환 예방을 위한 영양정책사업이다.

075 혈청 알부민에 대한 설명으로 옳은 것은?

① 수술 전 혈청 알부민은 수술 후 사망률 예측에 좋은 지표가 된다.
② 식품에서 단백질 섭취가 부족해도 합성 양은 일정하다.
③ 사구체에서 여과되고 세뇨관에서 재흡수된다.
④ 혈장 단백질 중 글로불린 다음으로 많은 양이 존재한다.
⑤ 혈액 중 농도가 감소하면 혈액 삼투압도 감소하여 탈수가 나타난다.

076 다음 중 환자의 1일 에너지 필요량 산출 시 고려하지 않아도 되는 것은?

① 연령　　　② 활동량
③ 비만도　　④ 외상 여부
⑤ 식습관

077 진찰소견과 징후, 환자가 호소하는 증상으로 판단하며 영양불량과 관련한 신체적 징후를 기초로 판단하는 영양판정방법은?

① 식이섭취조사　　② 신체계측
③ 생화학적검사　　④ 임상조사
⑤ 영양검색

078 가장 객관적이고 정량적인 영양판정 방법으로 영양소 섭취수준을 반영하는 유용한 지표가 되며 비교적 현재의 영양상태 판정에 이용하는 방법은?

① 식이섭취조사　　② 신체계측
③ 생화학적검사　　④ 임상조사
⑤ 영양검색

079 다음 중 가장 우선적으로 중심정맥영양(TPN)이 필요한 경우는?

① 의식불명 환자　　② 연하곤란 환자
③ 사구체신염 환자　④ 심한 화상 환자
⑤ 소화불량 환자

080 수술 직후 제공하는 음식으로 적합한 것은?

① 요구르트　　② 크림수프
③ 두유　　　　④ 미음
⑤ 맑은 사과주스

081 경관영양 환자의 영양액 선택으로 옳은 것은?

① 만성 신부전 환자는 칼륨 강화 영양액을 사용한다.
② 부종이 있는 경우 지방 제한 영양액을 사용한다.
③ 호흡기 질환자는 지방 비율이 높은 영양액을 사용한다.
④ 화상 환자는 저단백 영양액을 사용한다.
⑤ 수분제한이 필요한 경우 저에너지 영양액을 사용한다.

082 소화관 구조와 기능에 관한 설명은?

① 소장의 소화효소는 장액과 함께 분비된다.
② 식도와 위의 경계를 유문이라고 한다.
③ 위와 소장의 경계를 분문이라고 한다.
④ 소장의 점막에는 다수의 융모가 있으나 대장점막에는 융모가 없다.
⑤ 식도에서 항문에 이르는 위장관 벽은 3개의 근육층으로 구성되어 있다.

083 청년에서 많이 나타나는 위염으로 위점막 자극과 통증이 있는 사람에게 권장하는 음식은?
① 진한 육즙 ② 오렌지 주스
③ 병어조림 ④ 잡곡밥
⑤ 시금치나물

084 덤핑증후군이 있는 사람에게 적절한 영양관리는?
① 복합당질보다는 흡수가 빠른 단순당을 공급한다.
② 지질은 유화된 형태로 소량씩 자주 공급한다.
③ 섬유소는 소화를 방해하므로 제한한다.
④ 우유를 충분히 섭취하여 단백질을 보충한다.
⑤ 철은 음식보다는 보충제로 섭취하는 것이 효과적이다.

085 역류성 식도염 발생 위험이 높은 경우는?
① 표준체중을 유지하고 있는 경우
② 임신 12주의 임신부
③ 식사를 천천히 먹는 경우
④ 체형 보정 속옷으로 복부를 압박하는 경우
⑤ 소식을 하는 경우

086 염증성 장질환의 식사요법으로 옳은 것은?
① 영양불량이 심하므로 식사는 반드시 하도록 한다.
② 고지방식이로 열량을 충분히 공급한다.
③ 수산이 많은 식품은 신결석의 위험이 있으므로 제한한다.
④ 식욕 저하가 심하므로 자극성 음식으로 섭취량을 늘린다.
⑤ 고섬유식으로 장운동을 촉진시킨다.

087 정상적인 간의 단백질 대사로 옳은 것은?
① 필수아미노산 합성
② 암모니아 합성
③ 알부민, 글로불린 합성
④ 지단백질 분해
⑤ 피브린 합성

088 간성혼수 환자의 식사요법으로 옳은 것은?
① 양(+)의 질소평형을 유지하도록 단백질과 에너지를 공급한다.
② 섬유소는 대변으로 질소산물 배출을 증가시키고 변비예방을 위해 고섬유식 공급한다.
③ 곁가지 아미노산/방향족 아미노산 비가 낮은 식품을 공급한다.
④ 혼수상태 시 무단백식을 공급하지만 근육조직의 분해를 막기 위해서는 1일 35g~50g보다 적게 주지는 않는다.
⑤ 지방은 주 에너지원이므로 충분히 공급한다.

089 위식도정맥류가 있는 간경변증 환자에게 제공할 수 있는 음식은?
① 보리밥 ② 도라지생채
③ 애호박나물 ④ 생강차
⑤ 사과

090 당뇨병 합병증이 있는 췌장염 환자의 식사요법은?
① 고당질식으로 에너지를 충분히 공급한다.
② 커피, 향신료 등으로 식욕을 촉진한다.
③ 유화지방이 주 에너지원이 되도록 한다.
④ 신선한 채소와 과일을 충분히 공급한다.
⑤ 당뇨병 식사요법을 실시한다.

091 고혈압, 당뇨, 심혈관계 질환 등 만성질환 발생 위험이 높은 비만의 형태는?

① 내장지방형 비만 – 하체 비만
② 피하지방형 비만 – 지방세포비대형
③ 복부 비만 – 상체 비만
④ 둔부 비만 – 복부 비만
⑤ 소아 비만 – 하체비만

092 저체중 환자의 체중증가에 적합한 식단은?

① 보리밥, 콩나물국, 달걀찜, 우유, 배
② 볶음밥, 완자탕, 생선전, 아이스크림, 바나나
③ 샌드위치, 샐러드, 우유, 포도
④ 잡곡밥, 시금치국, 소고기편육, 도라지생채, 참외
⑤ 흰밥, 미역국, 두부조림, 시금치나물, 사과

093 초저당질 고지방 식사요법에 관한 설명으로 옳은 것은?

① 당질을 총 열량의 10% 이하로 섭취하므로 케톤체가 생성된다.
② 기초대사량 감소폭이 적고, 체중이 빨리 빠진다.
③ 고지방식이로 충분한 에너지가 제공되므로 체중감량이 되지 않는다.
④ 혈중 칼슘 증가로 통풍 발생 위험이 크다.
⑤ 채소, 과일, 전곡류의 충분한 섭취로 비타민과 무기질, 식이섬유 부족은 없다.

094 공복 시 혈당검사에서 정맥혈당치가 123mg/dL로 나타났다. 어떤 상태인가?

① 정상
② 내당능장애
③ 제1형 당뇨병
④ 공복혈당장애
⑤ 제2형 당뇨병

095 당뇨병 환자의 당질대사에 관한 설명으로 옳은 것은?

① 간으로부터 포도당 방출 감소
② 말초조직으로 포도당 이동 증가
③ TCA 회로 효소활성 저하
④ 혈당 170mg/dL 이상이면 세뇨관에서 재흡수 촉진
⑤ 간에서 글리코겐 합성 증가

096 당뇨병의 대표적인 증상에 관한 설명으로 옳은 것은?

① 당과 함께 다량의 수분이 보유되므로 부종이 나타난다.
② 체단백 분해 결과 과다하게 생성된 암모니아로 혼수가 나타난다.
③ 신장의 포도당 역치가 140mg/dL 이상이 되면 소변으로 당이 배설된다.
④ 지방의 불완전 산화로 알칼리성 케톤체가 생성된다.
⑤ 세포의 활동 부족으로 심한 피로감이 나타난다.

097 당뇨병 발병 원인과 관련 있는 것은?

① 제1형 당뇨병은 성인, 제2형 당뇨병은 소아에서 주로 발생한다.
② 당뇨병은 유전과는 관련이 없다.
③ 스트레스로 부신피질호르몬 분비 증가가 원인이 된다.
④ 제1형 당뇨병은 인슐린 수용체 수 감소가 직접적인 원인이다.
⑤ 제2형 당뇨병은 내인성 인슐린 분비량 부족이 원인이다.

098 제2형 당뇨병의 식사요법으로 옳은 것은?

① 고혈압이 없는 당뇨병 환자는 나트륨을 제한하지 않는다.
② 펙틴, 만난 등은 만복감 증가와 혈당 상승을 억제하므로 충분히 섭취한다.
③ 인공감미료는 총 열량의 20% 이내로 사용할 수 있다.
④ 알코올은 혈당을 낮추는 작용이 있어 규칙적으로 사용할 수 있다.
⑤ 당뇨병성 신증의 경우 당질 섭취를 제한한다.

099 고혈당으로 혼수가 나타난 환자에게 인슐린 주사 후 제공할 수 있는 식품은?

① 미음
② 설탕물
③ 과일 주스
④ 우유
⑤ 염분이 있는 맑은 국물

100 심부전 환자의 저나트륨식에서 제공할 수 있는 조미료는?

① 고춧가루
② MSG
③ 계피가루
④ 맛소금
⑤ 겨자

101 혈청 콜레스테롤을 낮추는 유지류는?

① 옥수수기름
② 코코넛 기름
③ 마가린
④ 라드
⑤ 버터

102 고혈압 위험인자에 관한 설명으로 옳은 것은?

① 저체중
② 식이섬유 과잉 섭취
③ 소식
④ 과식
⑤ 규칙적인 운동

103 제2b형(고LDL, 고VLDL혈증) 식사요법으로 옳은 것은?

① 열량과 당질을 충분히 섭취
② 열량과 단백질을 충분히 섭취
③ 포화지방산, 알코올 섭취 제한
④ 불포화지방산, 단순당 섭취 제한
⑤ 콜레스테롤, 알코올의 적당한 섭취

104 심뇌혈관계 질환에서 식이섬유에 관한 설명으로 옳은 것은?

① 고콜레스테롤혈증 환자에서 펙틴, 검, 글루코만난을 충분히 공급한다.
② 동맥경화증 환자에게 주식으로 흰 쌀밥과 흰 빵을 공급한다.
③ 울혈성 심부전 환자에게 채소 쌈밥을 공급한다.
④ 협심증 환자에게 부드러운 호박나물, 흰 죽을 공급한다.
⑤ 뇌졸중 환자에게 1일 20g 이하로 식이섬유 섭취를 제한한다.

105 동맥경화증 발생을 촉진하는 요인으로 옳은 것은?

① 폐경 전 여성이 남성보다 발병률이 높다.
② 흡연은 혈액응고를 촉진하여 발생 위험률이 증가한다.
③ 저체중은 혈압 감소로 혈관을 손상시킨다.
④ 동물성 지방, 총 지방, 콜레스테롤 섭취량과 발생 위험률은 반비례한다.
⑤ 고지혈증, 고혈압은 동맥경화증 발생과 관계가 없다.

106 신장질환자에게 저칼륨식을 제공하고자 한다. 식사 준비를 위한 조리법으로 옳은 것은?

① 유제품은 치즈 및 연유로 충분히 공급한다.
② 곡류는 정제되지 않은 현미를 선택한다.
③ 육류, 우유, 채소류를 충분히 공급한다.
④ 육류는 양념을 충분히 넣고 구이로 조리한다.
⑤ 채소는 잘게 썰어 물에 충분히 담갔다가 삶아서 조리한다.

107 세뇨관에서 분비되는 물질은?

① 포도당 ② 아미노산
③ 요소 ④ 알부민
⑤ 적혈구

108 신증후군 환자의 식사 원칙으로 옳은 것은?

① 고섬유소식 ② 고지방식
③ 저열량식 ④ 저단백질식
⑤ 저나트륨식

109 혈액투석 환자의 식사요법으로 옳은 것은?

① 칼륨 보충 ② 칼슘 보충
③ 단백질 제한 ④ 에너지 제한
⑤ 수분 보충

110 신장에 요산결석이 있는 환자에게 적합한 식품은?

① 표고버섯 ② 청어
③ 시금치 ④ 아이스크림
⑤ 멸치

111 암과 영양소에 관한 설명으로 옳은 것은?

① 충분한 열량 섭취는 종양의 발현을 억제하고 DNA 회복 능력을 상승시킨다.
② 저단백식은 세포매개성 면역이 억제되어 암 발생 위험을 높인다.
③ 고지방은 유방암, 담낭암, 대장암의 발생 위험을 낮춘다.
④ 아연 결핍은 유방암의 발생 위험을 높인다.
⑤ 저섬유식은 대장암 발생 위험을 높인다.

112 암 환자의 영양관리에 관한 설명으로 옳은 것은?

① 고에너지식을 공급한다.
② 비타민과 무기질을 보충하여 충분히 공급한다.
③ 질소평형을 개선하기 위해 단백질을 충분히 공급한다.
④ 식사섭취량을 늘리기 위해 수분 섭취는 제한한다.
⑤ 에너지 밀도를 높이기 위해 지방 식품을 이용한다.

113 만성폐쇄성폐질환 환자의 식사요법으로 옳은 것은?

① 농축 에너지 식품으로 1일 3식에 맞추어 공급한다.
② 주된 에너지원으로 당질보다는 지질 섭취를 권장한다.
③ 호흡기능을 돕기 위해 에너지 섭취를 제한한다.
④ 단백질 섭취를 제한하여 호흡기능을 개선한다.
⑤ 가스발생음식을 제공하여 변비를 예방한다.

114 달걀 알레르기가 있는 사람이 섭취할 수 있는 식품은?

① 생선전 ② 호상요구르트
③ 마요네즈 ④ 케이크
⑤ 돈까스

115 화상 시 나타나는 생리적 변화로 옳은 것은?

① 에너지 필요량 감소
② 소변량 증가
③ 기초대사율 감소
④ 체액의 나트륨 손실 증가
⑤ 면역기능 증가

116 혈액 역할에 관한 설명으로 옳은 것은?

① 비타민 D 활성화
② 해독작용
③ 혈압조절 작용
④ 수분, 체온, pH 조절 작용
⑤ 단백질 합성

117 철 결핍 초기 단계와 철 결핍성 빈혈 진단 단계에 감소지표로 옳은 것은?

① 혈청 페리틴 – 적혈구 프로토포르피린
② 혈청 페리틴 – 헤모글로빈 농도
③ 트랜스페린 포화도 – 총철결합능
④ 총철결합능 – 헤마토크리트
⑤ 헤모글로빈 농도 – 혈청 페리틴

118 비만도 130인 성인 남성이 최근 골관절염 진단을 받았다. 영양관리로 적절한 것은?

① 염증 감소를 위해 고단백 식사 제공
② 체단백 분해 감소를 위해 당질 섭취 증가
③ 오메가-6 지방산 섭취 증가
④ 적정 체중 유지를 위해 섭취 에너지 감소
⑤ 우유 및 유제품을 1일 3회 섭취

119 호모시스틴뇨증의 식사요법으로 옳은 것은?

① 메티오닌 보충 ② 시스테인 보충
③ 엽산 제한 ④ 단백질 보충
⑤ 비타민 B_6 제한

120 혈당 유지와 관련되는 호르몬은?

① 알도스테론 ② 항이뇨호르몬
③ 칼시토닌 ④ 코티솔
⑤ 가스트린

올인원 영양사 모의고사 [5회]

제한시간 85분 / 점수_____점

식품학 및 조리원리

001 전자레인지에 사용하기 부적합한 용기로 옳은 것은?

① 유리
② 나무
③ 법랑
④ 실리콘 수지
⑤ 폴리프로필렌

002 조리를 위한 전처리 과정에 대한 설명으로 옳은 것은?

① 한천은 불리면 2.5배 증대된다.
② 채소는 자른 후에 씻어야 위생적이다.
③ 폴딩은 제과 제빵 시 용적 팽창에 필요한 조작이다.
④ 분쇄나 마쇄 과정을 통해 갈변을 억제시킬 수 있다.
⑤ 육류의 경우 완만냉동, 급속해동이 이상적이다.

003 54% 수분과 34.2% 설탕을 함유한 식품의 수분활성도값은? (단, 분자량은 H_2O: 18, 설탕: 342)

① 0.82
② 0.85
③ 0.92
④ 0.97
⑤ 0.99

004 전화당의 특징으로 옳은 것은?

① 발효되기 어렵다.
② 선광도가 좌선성이다.
③ 환원력과 용해도가 낮다.
④ 자당보다 단맛은 약하다.
⑤ 포도당과 서당의 등량혼합물이다.

005 당알코올 중 비타민 B_2의 구성성분인 것은?

① 리비톨
② 솔비톨
③ 만니톨
④ 자일리톨
⑤ 이노시톨

006 전분의 노화에 영향을 미치는 요인에 대한 설명으로 옳은 것은?

① 황산염은 전분의 노화를 억제한다.
② 아밀로오스 함량이 많을수록 노화가 억제된다.
③ 수분함량이 30~60%일 때 노화가 잘 일어난다.
④ 곡류 전분이 서류 전분보다 노화가 안 일어난다.
⑤ 유화제는 아밀로오스와 결합하여 노화를 촉진한다.

007 전분분해효소인 α-아밀라아제에 해당하는 설명으로 옳은 것은?

① 액화효소이다.
② 엿기름에 함유되어 있다.
③ 맥아당을 생성한다.
④ α-1,4결합과 α-1,6결합을 분해한다.
⑤ 큰 분자의 한계 덱스트린을 생성한다.

008 다음 중 융점이 가장 낮은 지방산으로 옳은 것은?

① 카프르산(capric acid)
② 스테아르산(stearic acid)
③ 올레산(oleic acid)
④ 리놀레산(linoleic acid)
⑤ 리놀렌산(linolenic acid)

009 유지의 자동산화에 대한 설명으로 옳은 것은?

① 유지의 불포화도가 높을수록 유도기간은 짧아진다.
② 자동산화의 종결단계에서 자유라디칼이 생성된다.
③ 자동산화가 일어난 유지는 점도가 감소한다.
④ 자외선 조사에 의해 유지의 자동산화는 억제된다.
⑤ 수분과 금속은 연쇄적인 산화반응을 억제한다.

010 폴렌스케가(Polenske value)가 가장 높은 유지로 옳은 것은?

① 버터
② 대두유
③ 야자유
④ 마가린
⑤ 정어리유

011 1차 유도단백질에 해당하는 것은?

① 시토크롬, 로돕신
② 프로테오스, 펩톤, 펩티드
③ 리포비텔린, 리포비텔리닌
④ 알부미노이드, 글루텔린, 히스톤
⑤ 응고단백질, 파라카세인, 젤라틴

012 단백질 정색반응에 대한 설명으로 옳은 것은?

① 닌하이드린 반응은 펩티드결합이 있을 때 반응한다.
② 뷰렛반응은 아미노산, 펩티드, 단백질 정량에 이용된다.
③ 황반응은 시스테인과 메티오닌 검출에 이용된다.
④ 홉킨스 콜 반응은 트립토판 검출에 이용된다.
⑤ 잔토프로테인반응은 아르기닌의 검출에 이용된다.

013 다음 효소의 기능이 옳게 짝지어진 것은?

① 나린지나아제(naringinase): 밀감통조림의 백탁방지
② 인버타아제(invertase): 셀룰로오스의 $\beta-1,4$ 결합 분해
③ 펙티나아제(pectinase): 과즙이나 과실주의 청징에 이용
④ 헤스페리디나아제(hesperidinase): 감귤류의 고미성분 제거
⑤ 폴리페놀 산화효소(polyphenol oxidase): 포도당과 산소 제거

014 다음 색소와 화학구조 연결이 옳은 것은?

① 클로로필: 벤조피란 유도체
② 안토시안: 테트라피롤 유도체
③ 헤모글로빈: 테트라피롤 유도체
④ 카로티노이드: 벤조피란 유도체
⑤ 안토잔틴: 이소프렌 유도체

015 다음 식품과 색소명이 옳게 연결된 것은?

① 양파: 나린진(naringin)
② 비트: 베타레인(betalain)
③ 검은콩: 나수닌(nasunin)
④ 감귤류: 퀘르세틴(quercetin)
⑤ 가지: 크리산테민(chrysanthenin)

016 경수로 탄 차에서 갈색 침전이 생기는 원인으로 옳은 것은?

① 산화효소에 의한 변색이다.
② 열에 의한 탄닌의 분해로 인한 변색이다.
③ 알칼리에 의한 탄닌의 침전물이다.
④ 금속이온과 탄닌의 복합체가 생성된 것이다.
⑤ 금속이온과 클로로필의 복합체가 생성된 것이다.

017 감미도를 비교할 때 설탕을 표준으로 하는 이유로 옳은 것은?

① 비대칭 탄소가 존재하지 않기 때문
② 저렴하고 쉽게 구입할 수 있기 때문
③ 가장 많이 사용하는 단맛 성분이기 때문
④ 천연의 당 중에 단맛이 가장 강하기 때문
⑤ α-, β- 이성체가 존재하지 않아 단맛이 일정하기 때문

018 다음 식품의 맛성분으로 옳게 연결된 것은?

① 다시마와 미역의 감칠맛 – MSG
② 가열한 배추의 불쾌취 – 암모니아
③ 겨자의 매운맛 – 다이알릴다이설파이드
④ 가열한 양파의 단맛 – 글리시리진
⑤ 다진 마늘의 매운향 – 알릴이소티오시아네이트

019 원핵세포의 세포벽에 대한 설명으로 옳은 것은?

① 그람음성균에는 테이코산이 함유되어 있다.
② 그람양성균에는 지질을 함유한 외층이 있다.
③ 셀룰로오스와 헤미셀룰로오스로 구성되어 있다.
④ 그람음성균이 더 많은 양의 펩티도글리칸을 함유한다.
⑤ 세포벽 조성에 따라 그람음성균과 그람양성균으로 나뉜다.

020 미생물의 생육곡선에 대한 설명으로 옳은 것은?

① 세포수가 기하급수적으로 증가하는 시기는 대수기이다.
② 외부 자극에 가장 예민한 시기는 정지기이다.
③ 포자 형성균들이 포자를 형성하기 시작하는 시기는 대수기이다.
④ RNA 함량이 증가하고, 단백질이 합성되는 시기는 정지기이다.
⑤ 최대 세포수에 도달되는 시기는 유도기이다.

021 가스 구멍이 있는 경질의 스위스 에멘탈 치즈 숙성균으로 옳은 것은?

① *Streptococcus lactis*
② *Streptococcus cremoris*
③ *Propionibaterium shermanii*
④ *Propionibaterium freudenreichii*
⑤ *Penicillium roqueforti*

022 고구마에 대한 설명으로 옳은 것은?
① 티로시나아제에 의한 갈변이 일어난다.
② 수분함량은 감자보다 많아서 열량이 낮다.
③ 고구마 단백질은 프롤라민의 일종인 이포메인이다.
④ 절단면의 점성물질은 뮤신으로 산화되어 검게 변한다.
⑤ 흑반병에 걸린 고구마의 쓴맛 성분은 이포메아마론(ipomeamarone)이다.

023 전분의 당화에 대한 설명으로 옳은 것은?
① 전분에 물을 넣고 열을 가했을 때 일어나는 현상이다.
② 전분에 열을 가해 분해가 일어난 현상이다.
③ 호화전분이 겔이 되어 반고체 상태가 되는 현상이다.
④ 전분의 당화를 이용한 식품에는 도토리묵이 있다.
⑤ 보리의 엿기름을 이용하여 전분을 분해한 것이다.

024 다음 식품의 성분이 옳게 연결된 것은?
① 카사바의 독성 – 솔라닌
② 돼지감자의 주성분 – 알긴
③ 마의 점질성분 – 갈락탄
④ 토란의 점성물질 – 뮤신
⑤ 곤약의 식이섬유 – 글루코만난

025 다음 중 결정형 캔디에 속하는 것은?
① 폰단트, 퍼지, 디비니티
② 폰단트, 퍼지, 태피, 토피
③ 태피, 토피, 브리틀, 퍼지
④ 태피, 토피, 디비니티, 누가
⑤ 브리틀, 마시멜로, 누가, 퍼지

026 숙성된 육류의 특징으로 옳은 것은?
① 유리지방산 증가
② 콜라겐의 젤라틴화
③ 육추출물 증가로 보수성 증가
④ ATP 생성으로 감칠맛 증가
⑤ 메트미오글로빈 생성으로 선홍색

027 쇠고기 완자를 만들 때 약간의 소금을 넣고 반죽한 고기풀이 점성을 띠는 이유는?
① 미오겐이 용출되었기 때문
② 콜라겐이 용출되었기 때문
③ 점성이 있는 검질이 용출되었기 때문
④ 육기질이 반유동성 액체가 되었기 때문
⑤ 염용성의 근섬유 단백질이 용출되었기 때문

028 돼지고기에 대한 설명으로 옳은 것은?
① 쇠고기 지방보다 돼지고기 지방의 융점이 높다.
② 쇠고기보다 티아민 함유량이 높다.
③ 쇠고기보다 결합조직의 양이 많다.
④ 쇠고기보다 미오글로빈의 함량이 높다.
⑤ 닭고기보다 숙성기간이 짧다.

029 어류의 가열에 의한 변화로 옳은 것은?
① 비린내가 감소한다.
② 중량이 20~30% 증가한다.
③ 결합조직이 응고하여 단단해진다.
④ 미오겐에 의해 열응착성이 생긴다.
⑤ 뼈나 가시가 부드러워진다.

030 어패류의 성분에 대해 옳은 것은?

① 담수어에는 티아미나아제가 함유되어 있다.
② 담수어의 비린내 성분은 트리메틸아민이다.
③ 홍어의 냄새성분은 암모니아로부터 생성된 요소이다.
④ 해수어의 비린내 성분은 피페리딘이다.
⑤ 흰살생선은 붉은살생선보다 히스티딘 함량이 높다.

031 난류의 조리특성을 이용한 식품으로 옳은 것은?

① 열응고성 – 머랭
② 결합제 – 완자전
③ 청정제 – 달걀찜
④ 기포성 – 커스터드
⑤ 농후제 – 맑은 육수

032 다음 단백질에 대한 설명으로 옳은 것은?

① 오보뮤신: 비오틴을 불활성화시킨다.
② 오브알부민: 열에 의해 쉽고 응고된다.
③ 라이소자임: 트립신 저해작용을 한다.
④ 오보글로불린: 거품형성을 저해한다.
⑤ 리포비텔린: 난백에 함유되어 있는 당단백질이다.

033 두류의 조리에 대한 설명으로 옳은 것은?

① 두유를 끓일 때 생성되는 거품을 제거하기 위해 기름을 넣는다.
② 간장의 색은 폴리페놀 산화효소에 의해 생성된 멜라닌이다.
③ 응고제 중 글루코노델타락톤은 염석효과에 의해 단백질을 응고시킨다.
④ 청국장의 점질물질은 폴리펩타이드와 갈락탄의 혼합물이다.
⑤ 콩나물을 데칠 때에는 뚜껑을 열고 데쳐야 비린내를 방지할 수 있다.

034 마요네즈의 유화상태가 파괴되어 분리되었을 때 재생하는 방법으로 옳은 것은?

① 신선한 난황을 넣어준다.
② 기름을 조금 더 첨가한다.
③ 설탕을 조금 첨가해 준다.
④ 난백을 조금씩 넣으며 저어준다.
⑤ 마요네즈의 온도를 높여준다.

035 유지의 조리성과 식품의 연결이 옳은 것은?

① 크리밍성 – 마요네즈
② 쇼트닝성 – 아이스크림
③ 쇼트닝성 – 파이크러스트
④ 유화성 – 파운드케이크
⑤ 크리밍성 – 생크림

036 유가공품에 대한 설명으로 옳은 것은?

① 저지방우유는 유지방 0.5% 이하이다.
② 무당연유는 15%의 수분을 증발시킨 것이다.
③ 숙성치즈는 대부분 산으로 응고시킨 치즈이다.
④ 유청단백질을 응고시킨 응고물이 치즈이다.
⑤ 크림을 교동시켜 지방구를 융합시켜 만드는 것이 버터이다.

037 크림의 거품을 잘 일어나게 하기 위한 조건으로 옳은 것은?

① 지방의 입자가 작을수록 거품이 잘 형성된다.
② 크림의 온도가 높을수록 거품이 잘 형성된다.
③ 지방의 양이 많을수록 거품 형성이 저해된다.
④ 12시간 이상 숙성된 크림일수록 거품이 잘 형성된다.
⑤ 설탕은 처음부터 모두 넣고 저어야 거품이 잘 형성된다.

038 오이피클의 색이 갈색으로 변하는 이유로 옳은 것은?

① 클로로필이 산에 의해 페오피틴이 되었기 때문
② 클로로필이 산에 의해 클로로필린이 되었기 때문
③ 안토잔틴이 알칼리에 의해 칼콘이 되었기 때문
④ 안토잔틴이 산에 의해 페오포비드가 되었기 때문
⑤ 폴리페놀 산화효소에 의해 페오피틴이 생성되었기 때문

039 포도를 사용하여 젤리를 만들 때, 다음 설명 중 옳은 것은?

① 포도즙을 실온에 두었다가 사용하면 더 달다.
② 젤리는 프로토펙틴이 망상구조를 형성한 것이다.
③ 유리병보다 금속캔에 담으면 색이 더 잘 유지된다.
④ 당도굴절계의 시도가 65% 이상이면 완성된 것이다.
⑤ 과숙한 포도를 사용할수록 젤리 형성이 더 용이하다.

040 김에 함유된 붉은색 색소로 옳은 것은?

① 안토시아닌 ② 피코에리트린
③ 푸코잔틴   ④ 베타카로틴
⑤ 제아잔틴

급식, 위생 및 관계법규

041 중앙공급식 급식체계의 장점으로 옳은 것은?

① 피크타임 해소로 작업원의 스트레스를 줄일 수 있다.
② 생산된 음식이 바로 고객에게 제공되어 품질이 좋은 음식을 제공할 수 있다.
③ 공동조리장에서 대량 생산으로 식재료비 절감과 음식 품질을 표준화할 수 있다.
④ 운송 중 미생물적, 관능적, 영양적 품질이 저하될 우려가 있다.
⑤ 고객의 요구에 대응하기가 쉽다.

042 경영관리기능 중 리더십, 동기부여, 의사소통을 활용하며 사람에게만 해당하는 것은?

① 계획   ② 조직화
③ 지휘   ④ 조정
⑤ 통제

043 한 사람의 관리자가 직접 통제하는 하위자의 수를 적정하게 제한해야 한다는 조직화의 원칙은?

① 전문화의 원칙
② 삼면등가의 원칙
③ 감독범위적정화의 원칙
④ 명령일원화의 원칙
⑤ 권한위임의 원칙

044 사업부제 조직에 대한 설명으로 옳은 것은?
① 집권적 조직의 한 형태로 독립채산적인 관리단위로 분권화하고 본부에서 총괄관리 한다.
② 제품별, 시장별, 지역별 단위 등을 중심으로 부문화된 조직이다.
③ 각 부문의 정책, 계획, 관리가 통일적이다.
④ 시장의 요구에 대처가 느리고 사업의 성패에 대한 책임소재가 불분명하다.
⑤ 조직의 규모가 커지면 한계에 부딪치게 된다.

045 순환메뉴에 관한 설명으로 옳은 것은?
① 고정식단에 비해 노동력이 감소되며 교육훈련이 용이하다.
② 식단 짧아지면 고객만족도가 높아진다.
③ 외식업체에서 사용하기에 적합한 메뉴유형이다.
④ 작업분담을 고르게 분배하고 발주서 작성에 소요되는 시간이 절약된다.
⑤ 식재료 관리나 생산관리가 어렵다.

046 식단계획 시 고객측면에서 고려해야 하는 사항은?
① 식재료비
② 급식소의 시설, 설비
③ 음식의 관능적 특성
④ 조리원의 숙련도
⑤ 위험 식재료

047 식사구성안에서 식품의 1인 1회 분량에 관한 것으로 옳은 것은?
① 쌀밥 70g ② 애호박 50g
③ 고등어 60g ④ 닭고기 50g
⑤ 사과 120g

048 메뉴엔지니어링 분석결과, 1인 제공량을 줄이거나 이윤이 높은 음식과 세트를 구성하여 판매하는 전략이 필요한 메뉴는?
① 인기도와 공헌이익이 낮은 메뉴
② 인기도는 높고 공헌이익이 낮은 메뉴
③ 인기도와 공헌이익이 높은 메뉴
④ 인기도는 낮고 노동생산성이 높은 메뉴
⑤ 인기도와 노동생산성이 낮은 메뉴

049 전국적으로 100여개의 급식소를 운영하고 있는 위탁급식업체의 경우 가장 적합한 구매유형은?
① 독립구매 ② 분산구매
③ 중앙구매 ④ 창고클럽구매
⑤ 무재고구매

050 구매시장조사 전에 계획을 수립하여 원칙에 입각한 조사가 되어야 한다는 구매시장 조사 원칙은?
① 경제성의 원칙 ② 적시성의 원칙
③ 탄력성의 원칙 ④ 정확성의 원칙
⑤ 계획성의 원칙

051 다음에서 설명하는 서식은?

㉠ 영양사, 조리사, 구매부서장, 구매담당자가 팀을 이루어 작성
㉡ 구매 시 공급자와 구매자 간의 원활한 의사소통을 위해 사용
㉢ 제품명, 가격, 단위중량, 포장단위당 개수, 구매품목의 규격 및 등급 기록
㉣ 물품사용부서, 구매부서, 검수부서, 창고관리 부서, 공급업체에서 사용

① 물품사양서 ② 구매청구서
③ 거래명세서 ④ 식품수불부
⑤ 발주전표

052 고가의 제품이어서 재고부담이 크고 조달되는 시간이 오래 걸리는 경우 적합한 발주는?

① 정량발주 ② 정기발주
③ 경제적발주방식 ④ 계속실사발주방식
⑤ 선입선출발주방식

053 재고회전율이 표준치 보다 높은 상황에서 나타나는 현상은?

① 저렴한 가격으로 물품 구입
② 물품의 낭비 발생
③ 급식 생산 지연
④ 물품의 부정 유출 발생
⑤ 종업원들의 사기 증가

054 A급식소의 5월 식용유 구입내역이다. 5월 말 재고조사 실시결과 10통이 남았다. 선입선출법과 후입선출법으로 재고자산을 계산했을 때 옳은 것은?

날짜	구입량(통)	단가(원)
5월 01일	10통	30,000
5월 11일	14통	30,500
5월 20일	5통	31,000

① 300,000원 - 310,000원
② 300,410원 - 300,000원
③ 310,000원 - 300,000원
④ 427,000원 - 300,000원
⑤ 300,000원 - 300,410원

055 A급식소의 6월 판매식수가 1,200식, 예측식수가 1,150식이다. 지수평활법을 이용하여 7월의 식수를 예측한 것으로 옳은 것은? (지수평활계수 α=0.4)

① 1,250명 ② 1,150명
③ 1,170명 ④ 1,270명
⑤ 1,120명

056 중앙배선에 대한 설명으로 옳은 것은?

① 주조리실의 면적이 작아도 가능하다.
② 많은 수의 감독자와 종업원 수를 필요로 한다.
③ 전문적인 중앙통제가 잘되며 배식량 조절이 쉽다.
④ 병원에서 중앙배선 시 환자에게 세심한 서비스가 가능하다.
⑤ 건물구조가 낮고 넓게 배치된 경우 효과적이다.

057 급식관리 중 사후통제에 해당하는 것은?

① 식수 수요예측 ② 배식온도 측정
③ 잔반율 조사 ④ 식재료 검수
⑤ 영양기준량

058 생산성 지표는 생산을 위해 다양한 자원을 투입(㉠)한 것에 대해 생산활동의 결과로 나타난 산출(㉡)의 비율로 나타낸다. ㉠, ㉡으로 옳은 것은?

	㉠	㉡
①	인력, 음식	기술, 비용
②	고객만족, 비용	기기, 설비
③	음식, 수익	식재료, 인력
④	인력, 기술	종업원의 직무만족, 고객만족
⑤	자본, 식재료	설비, 음식

059 작업일정표에 대한 설명으로 옳지 않은 것은?

① 작업에 대한 책임소재를 알 수 있다.
② 작업원별, 근무시간대별로 주요 담당 업무내용이 포함되어야 한다.
③ 작업내용을 시간적으로 배열하고 몇 가지 작업공정으로 정리한 표이다.
④ 관리자와 조리원 간 의사소통을 원활히 한다.
⑤ 작업배치표라고도 하며 신입사원의 훈련에 유용하다.

060 같은 종류의 작업을 한 곳에 집중시키고 기능을 고도화하거나 공정순으로 할당하여 작업이 체계적으로 진행될 수 있도록 계획하였다면 작업개선 원칙에 무엇에 근거한 것인가?

① 전문화의 원칙　② 단순화의 원칙
③ 기계화의 원칙　④ 표준화의 원칙
⑤ 자동화의 원칙

061 조리작업 설비에 관한 설명으로 옳은 것은?

① 기기는 한 가지 작업을 전문적으로 수행할 수 있도록 선택한다.
② 기기는 작업동선에 맞게 배치한다.
③ 조리대는 오른손잡이를 기준으로 할 때 오른쪽에서 왼쪽으로 배치한다.
④ 조리대의 길이는 55cm, 너비는 85cm가 되도록 한다.
⑤ 기기는 식재료 종류에 따라 집중적으로 배치한다.

062 다음에서 설명하는 것으로 옳은 것은?

- 작업 중에 포함되어 있는 불필요한 작업요소를 제거하고 필요한 작업요소로만 이루어진 가장 빠르고 효과적인 방법을 발견하는 기법
- 공정분석, 작업분석, 동작분석의 방법을 이용

① 작업측정　② 직무분석
③ 방법연구　④ 직무평가
⑤ 작업기술

063 식재료의 보관, 저장 시 위생관리에 관한 설명으로 옳은 것은?

① 냉장고에 보관할 때는 냉기의 접촉면을 넓히기 위해 뚜껑을 덮지 않는다.
② 유제품은 향이 강한 음식과 분리하여 보관한다.
③ 유통기한이 짧은 것은 뒤쪽에 진열하여 선입선출이 되도록 한다.
④ 냉장고에는 전체 용량의 80% 이상 보관하여 냉기 순환을 원활하게 한다.
⑤ 선반은 바닥과 벽에 밀착하여 설치한다.

064 조리 종사자의 위생관리에 관한 설명으로 옳은 것은?

① 가족 중에 법정 감염병 보균자가 있을 때는 조리작업을 할 수 있다.
② 손, 얼굴에 화농성 종기가 있는 경우 소독 후 조리에 참여한다.
③ 매일 조리작업 전에 조리종사자의 건강상태를 점검한다.
④ 발열, 설사, 복통, 구토하는 종사자는 작업 후 의사의 진단을 받도록 한다.
⑤ 조리작업 전 싱크대에서 손씻기와 소독을 실시한다.

065 열풍소독의 용도에 가장 적합한 것은?

① 조리대　② 식기, 조리기구
③ 발판, 식품접촉면　④ 행주
⑤ 생 채소, 과일

066 급식예상 고객수는 900명, 좌석수는 300석일 때 필요한 식당의 면적은? (1좌석 당 면적 1.5m²)

① 300m²　② 400m²
③ 450m²　④ 500m²
⑤ 550m²

067 조리기기를 선정할 때 가장 먼저 고려해야 하는 것은?

① 디자인 ② 유지관리의 용이성
③ 내구성 ④ 조리법
⑤ 성능

068 다음 중 단체급식에서 원가 계산의 목적으로 옳은 것은?

① 예산 편성, 판매 가격 결정
② 원가관리, 공급업체 계약관리
③ 예산편성, 감가상각비 산출
④ 식단가격 결정, 구매 금액 결정
⑤ 재무제표 작성, 공급업체 선정

069 손익분기의 분석 결과를 활용하는 것과 관련한 내용으로 옳은 것은?

① 직원 교육 훈련에 필요한 주제 선정에 관한 자료 제공
② 메뉴의 객단가 책정에 관한 정보 제공
③ 급식운영 결과 보고에 필요한 정보 제공
④ 메뉴별 판매 실적에 대한 정보 제공
⑤ 일정 회계기간 동안의 순이익에 대한 정보 제공

070 급식소에서 사용하는 주요 장표에 관한 설명으로 옳은 것은?

① 식품수불부 – 급식으로 제공된 식품의 영양량 산출표
② 검식일지 – 물품 검수 및 배달과 관련한 내용 기록
③ 식품사용일계표 – 그 날의 식재료비를 계산하고 급식의 원가관리에 이용
④ 식사처방전 – 급식인원의 파악을 위해 사용되는 전표
⑤ 납품전표 – 납품업자에게 급식재료를 주문하기 위한 전표

071 인사고과에 관한 설명으로 옳은 것은?

① 직무수행에 관련이 없어도 피고과자가 지닌 특성은 모두 고과대상이 된다.
② 피고과자와 그가 맡은 직무의 관계에서 사람과 직무를 모두 평가한다.
③ 피고과자가 수행하는 직무 정보를 획득하는 과정이다.
④ 피고과자의 현재, 과거, 미래에 발휘될 능력도 평가한다.
⑤ 조직구성원의 잠재능력, 성격, 근무태도, 업적 등을 객관적으로 평가하는 절차다.

072 인사고과 평가를 할 때 나타나는 관대화 경향을 방지하기 위해 이용하는 방법으로 옳은 것은?

① 주요사건기술법 ② 대조법
③ 강제할당법 ④ 짝비교법
⑤ 서열법

073 인사고과 절차의 순서로 옳은 것은?

① 인사고과 설계 → 성과평가 → 성과자료 수집 → 고과면담 → 최종 평가
② 인사고과 설계 → 성과자료 수집 → 성과평가 → 고과면담 → 최종 평가
③ 성과평가 → 인사고과 설계 → 성과자료 수집 → 고과면담 → 최종 평가
④ 성과자료 수집 → 인사고과 설계 → 성과평가 → 고과면담 → 최종 평가
⑤ 고과면담 → 인사고과 설계 → 성과평가 → 성과자료 수집 → 최종 평가

074 고객의 급식서비스 만족도를 향상시키고자 종사원 대상 서비스교육을 하고자 한다. 고객이 식사에 불만을 제기하는 상황에서 종사원의 응대요령과 표준 대화문을 연습하게 하는 방법은?

① 프로그램 학습 ② 사례연구
③ 시청각 교육법 ④ 역할연기법
⑤ 모의상황

075 생산목표를 강조하기 때문에 모든 활동을 기획하고 지시하며 통제하는 데 관심을 집중하는 리더유형은?

① 민주형 리더 ② 권위형 리더
③ 변혁적 리더 ④ 거래적 리더
⑤ 방임형 리더

076 마케팅 전략 중 시장을 세분화 한 후 가장 목표에 적합한 세분시장에 마케팅 활동을 집중하는 것은?

① 감성마케팅 ② 차별적 마케팅
③ 멀티 마케팅 ④ 집중적 마케팅
⑤ 비차별적 마케팅

077 조직의 모든 영역에서 지속적인 개선을 추구하고자 고객중심, 공정개선, 전사적 참여의 원칙을 가지고 품질경영을 하는 방법은?

① 통계적 품질관리
② 전략적 품질관리
③ 종합적 품질경영
④ 고객만족 품질경영
⑤ 고객감성 품질경영

078 세균 중 포자형성균의 사멸에 효과적인 살균법으로 옳게 짝지어진 것은?

① 건열살균법, 간헐살균법
② 자비소독법, 건열멸균법
③ 자비소독법, 화염멸균법
④ 고압증기 멸균법, 자비소독법
⑤ 고압증기 멸균법, 증기소독법

079 방사선 살균법에 대한 설명으로 옳은 것은?

① 잔류효과가 높다.
② 식품조사처리에는 ^{60}Co의 감마선을 이용한다.
③ 침투력이 없어 살균효과가 표면에 한정된다.
④ 온도상승이 높아 단백질 변성이 일어난다.
⑤ 고등생물보다 하등생물의 감수성이 더 크다.

080 그람음성, 무포자 간균으로 유당을 35℃에서 48시간 이내에 발효시켜 가스를 생산하며 황금빛 녹색의 금속성 광택의 집락을 만드는 것은?

① *Escherichia coli*
② *Enterococcus faecium*
③ *Campylobacter jejuni*
④ *Listeria monocytogenes*
⑤ *Streptococcus cremoris*

081 장염비브리오 식중독의 예방법으로 가장 적절한 것은?

① 소금물로 세척한다.
② 위생 곤충류의 구제가 중요하다.
③ 담수로 세척하거나 냉장보관한다.
④ 우유나 치즈를 철저히 살균한다.
⑤ 분유조제시 70℃이상의 물을 사용한다.

082 대규모 음식 조리 후 장시간 방치한 음식을 통해 자주 발생하며 특히 고단백 식품, 튀김 등이 원인식품인 식중독으로 옳은 것은?

① 여시니아 식중독
② 살모넬라 식중독
③ 리스테리아 식중독
④ 퍼프린젠스 식중독
⑤ 황색포도상구균 식중독

083 노로바이러스 식중독에 대한 설명으로 옳은 것은?

① 염소 농도 10ppm에서 사멸한다.
② 미량으로 감염되며 잠복기는 2~3주 정도이다.
③ 예방하기 위해 75℃, 1분 가열처리 하여야 한다.
④ 소아는 구토, 성인이나 노인은 설사가 주증상이다.
⑤ 낮은 온도에서 장기간 생존하나 실온에서는 불안정하다.

084 임산부의 경우 유산이나 사산을 유발하고, 신생아나 노인에게 패혈증을 일으키는 식중독으로 옳은 것은?

① 리스테리아 식중독
② 여시니아 식중독
③ 보툴리누스 식중독
④ 바실러스 세레우스 식중독
⑤ 캠필로박터 식중독

085 꽁치나 고등어 등에서 탈탄산 효소를 생성하여 히스티딘으로부터 히스타민을 생성함으로써 식중독을 유발하는 원인균으로 옳은 것은?

① *Listeria monocytogenes*
② *Morganella morganii*
③ *Clostridium perfringens*
④ *Campylobacter jejuni*
⑤ *Yersinia enterocolitica*

086 식품의 제조 · 조리 과정에서 생성되는 유독물질로 옳은 것은?

① 육류의 고온 조리: 벤조피렌
② 감자의 고온 조리: 3-MCPD
③ 수돗물 소독과정: 페오포비드
④ 발효식품: 말론알데히드
⑤ 산분해간장: 트리할로메탄

087 다음 동물성 식품과 함유되어 있는 자연독의 생성이 옳게 연결된 것은?

① 검은조개, 가리비, 백합: 베네루핀
② 소라고동, 조각매물고동: 테트라민
③ 수랑(육식성 권패): 테트로도톡신
④ 모시조개, 바지락, 굴: 삭시톡신
⑤ 검은조개, 섭조개, 홍합: 베네루핀

088 다음 유해첨가물에 대한 설명으로 옳은 것은?

① 롱가리트: 물엿이나 연근에 사용된 유해 표백제
② 아우라민: 자동차 엔진 부동액인 유해감미료
③ 둘신: 살인당, 원폭당으로 설탕의 200배 단맛
④ 로다민 B: 중국에서 불법으로 우유에 첨가했던 유해물질
⑤ 페릴라틴: 위액에 의해 분해되어 발암성 물질을 생성하는 유해 착색료

089 세균성 식중독과 비교한 경구감염병의 특징으로 옳은 것은?

① 식품은 증식매체 역할을 한다.
② 다량의 세균이 존재하여야 감염된다.
③ 잠복기간이 2~7일 정도로 비교적 길다.
④ 일반적으로 면역성이 없는 경우가 많다.
⑤ 식품 중의 균의 증식을 막으면 예방이 가능하다.

090 콜레라에 대한 설명으로 옳은 것은?

① 원인균은 *Vibrio parahaemolyticus*이다.
② 잠복기는 평균 24시간으로 경구감염병 중 짧은 편이다.
③ 원인균은 가열이나 산, 소독제에 대해 저항력이 강하다.
④ 증상은 심한 발열, 쌀뜨물 같은 설사, 탈수 등이 나타난다.
⑤ 가족 및 고아원 등에서 집단 감염이 흔히 발생한다.

091 식품안전관리인증기준 선행요건 적용기준에 대한 설명으로 옳은 것은?

① 저수조는 연 1회 이상 청소와 소독을 실시한다.
② 조리된 음식을 28℃ 이하에서 보관할 경우 조리 후 2~3시간 이내에 섭취 완료한다.
③ 지하수 사용시 먹는물 수질기준에서 미생물학적 항목에 대한 검사를 연 1회 이상 실시하여야 한다
④ 조리한 식품은 식판에 매회 1인 분량을 -18℃ 이하에서 144시간 이상 보관하여야 한다.
⑤ 해동은 냉장해동, 전자레인지 해동 또는 실온 해동을 실시한다.

092 「식품위생법」에서의 집단급식소에서의 영양사 직무에 해당되는 것은?

① 영양문제 수집 및 분석
② 영양요구량 산정 등의 영양판정
③ 식생활지도, 정보제공 및 영양상담
④ 종업원에 대한 영양지도 및 식품위생교육
⑤ 영양관리상태 점검을 위한 영양모니터링 및 평가

093 다음 중 「식품위생법」에서 영업에 종사할 수 있는 사람으로 옳은 것은?

① 콜레라, 세균성이질 환자
② 장티푸스, 파라티푸스 질환자
③ 장출혈성대장균감염증 환자
④ 피부병 또는 화농성 질환자
⑤ 비감염성 결핵질환자

094 조리사에 대한 설명으로 옳은 것은?

① B형 간염환자는 조리사 면허를 받을 수 없다.
② 급식시설의 위생적 관리와 구매식품의 검수를 담당한다.
③ 1회 급식인원 100명 미만인 산업체도 조리사를 두어야 한다.
④ 특별자치시장·특별자치도지사·시장·군수·구청장의 면허를 받아야 한다.
⑤ 조리사의 면허가 취소된 날부터 6개월이 지나면 조리사 면허를 받을 수 있다.

095 위해식품 등의 판매 등 금지를 위반한 사람에 대한 벌칙으로 옳은 것은?

① 1000만원 이하의 과태료
② 1년 이하의 징역 또는 1천만원 이하의 벌금
③ 3년 이하의 징역 또는 3천만원 이하이 벌금
④ 5년 이하의 징역 또는 5천만원 이하의 벌금에 처하거나 병과
⑤ 10년 이하의 징역 또는 1억원 이하의 벌금에 처하거나 병과

096 「학교급식법」에서 학교급식의 위생·안전관리기준 이행 여부의 확인·지도를 위한 출입·검사는 1년에 몇 회이상 실시하는가?

① 2년마다 1회 이상
② 연 1회 이상
③ 연 2회 이상
④ 연 3회 이상
⑤ 연 4회 이상

097 「국민건강증진법」에서 영양조사원과 영양지도원의 임명(위촉)권자로 옳은 것은?

	영양조사원	영양지도원
①	질병관리청장 또는 시·도지사	특별자치시장·특별자치도지사·시장·군수·구청장
②	질병관리청장 또는 시·도지사	질병관리청장 또는 시·도지사
③	질병관리청장 또는 시·도지사	보건복지부장관 또는 시·도지사
④	특별자치시장·특별자치도지사·시장·군수·구청장	특별자치시장·특별자치도지사·시장·군수·구청장
⑤	특별자치시장·특별자치도지사·시장·군수·구청장	질병관리청장 또는 시·도지사

098 「국민영양관리법」에 대한 내용으로 옳은 것은?

① 영양소 섭취기준 및 식생활지침의 발간 주기는 3년으로 한다.
② 국민영양관리 시행계획은 시장·군수·구청장이 5년마다 수립한다.
③ 식생활지침에는 식사모형과 1일 식사구성안이 포함되어야 한다.
④ 국가나 지방자치단체는 영양취약계층에 대한 영양관리사업을 실시할 수 있다.
⑤ 영양사는 실태와 취업상황을 면허증 교부일로부터 5년마다 보건복지부장관에게 신고하여야 한다

099 원산지 표시를 거짓으로 하거나 이를 혼동하게 할 우려가 있는 표시를 하는 행위를 한자에 대한 벌칙으로 옳은 것은?

① 1000만원 이하의 과태료
② 1년 이하의 징역 또는 1천만원 이하의 벌금
③ 3년 이하의 징역 또는 3천만원 이하의 벌금
④ 5년 이하의 징역 또는 5천만원 이하의 벌금에 처하거나 병과
⑤ 7년 이하의 징역 또는 1억원 이하의 벌금에 처하거나 병과

100 집단급식소에서 배추김치를 제조할 때 사용한 배추는 국내산, 고춧가루는 중국산, 마늘은 국내산일 경우 「농수산물의 원산지 표시에 관한 법률」에 근거한 올바른 원산지 표시법으로 옳은 것은?

① 배추김치(중국산)
② 배추김치(국내산)
③ 배추김치(배추: 국내산)
④ 배추김치(배추: 국내산, 고춧가루: 중국산)
⑤ 배추김치(배추: 국내산, 고춧가루: 중국산, 마늘: 국내산)

6회

[1교시]
영양학 및 생화학
영양교육, 식사요법 및 생리학

[2교시]
식품학 및 조리원리
급식, 위생 및 관계법규

올인원 영양사 모의고사 [6회]

제한시간 100분 / 점수 _____ 점

영양학 및 생화학

001 「한국인 영양소 섭취기준」에서 영양소와 설정기준으로 옳게 연결된 것은?

① 판토텐산: 충분섭취량
② 비타민 A: 충분섭취량, 상한섭취량
③ 비타민 C: 충분섭취량, 상한섭취량
④ 비타민 K: 충분섭취량, 상한섭취량
⑤ 비오틴: 평균필요량, 권장섭취량, 상한섭취량

002 식후 체내 대사로 옳은 것은?

① 체지방의 사용이 촉진된다.
② 근육의 당 사용이 억제된다.
③ 근육의 포도당 흡수가 억제된다.
④ 간에서 글리코겐 합성이 증가한다.
⑤ 간에서 포도당 신생과정이 촉진된다.

003 탄수화물의 기능과 특성에 대한 설명으로 옳은 것은?

① 주요 신체 구성성분이다.
② 효율이 낮은 에너지 공급원이다.
③ 점액에 함유된 뮤신의 주성분이다.
④ 지용성 비타민의 흡수를 촉진한다.
⑤ 혈액에서 포도당이 0.01% 정도 함유되어 있다.

004 수용성 식이섬유가 혈중 콜레스테롤 농도를 낮추는 이유로 옳은 것은?

① 담즙산의 배설을 촉진한다.
② 대장 통과시간을 지연시킨다.
③ 콜레스테롤 재흡수를 증가한다.
④ 소장에서 지방의 흡수를 촉진한다.
⑤ 담즙의 지방 유화작용을 촉진한다.

005 다음 식품 섭취를 통해 흡수될 수 있는 탄수화물 형태를 모두 나열한 것은?

> 현미, 삼겹살, 돼지감자, 우유

① 포도당, 과당
② 과당, 갈락토오스
③ 포도당, 갈락토오스
④ 포도당, 과당, 갈락토오스
⑤ 포도당, 갈락토오스, 이눌린

006 혈당지수에 대한 설명으로 옳은 것은?

① 소화 흡수가 느린 식품일수록 혈당지수는 낮다.
② 두류, 전곡빵, 우유는 혈당지수가 높은 식품이다.
③ 식이섬유소 함량이 높으면 혈당지수는 높아진다.
④ 지방을 이용하여 조리하면 혈당지수는 높아진다.
⑤ 아밀로오스 함량이 높을수록 혈당지수는 높다.

007 포도당의 해당과정에 대한 설명으로 옳은 것은?

① 산소가 부족하면 아세틸 CoA를 생성한다.
② 호기적 대사로 많은 양의 ATP가 생성된다.
③ 1회의 산화 환원 반응을 포함하는 반응이다.
④ 세포질과 미토콘드리아에서 일어나는 반응이다.
⑤ 2군데의 비가역적인 속도조절 단계가 포함된다.

008 지방산 합성에 필요한 NADPH를 생성하는 반응으로 옳은 것은?

① 피루브산 → 말산
② 옥살로아세트산 → 피루브산
③ 글루코오스 → 글루코오스 6-인산
④ 글루코오스 6-인산 → 글루콘산 6-인산
⑤ 글리세르알데히드 3-인산 → 글리세르알데히드 1,3-이인산

009 식이로 섭취한 과당의 대사로 옳은 것은?

① 주로 근육에서 대사된다.
② 글리코겐 합성에 직접 이용된다.
③ 지방산과 글리세롤 합성에 이용된다.
④ 세포내로 유입될 때 인슐린을 요구한다.
⑤ 세포내에서 포도당으로 전환되지 못한다.

010 피루브산 1분자가 CO_2와 H_2O로 완전히 연소될 때 생성되는 물질로 옳은 것은?

① NADH 3분자, $FADH_2$ 1분자, GTP 1분자
② NADH 3분자, $FADH_2$ 2분자, GTP 1분자
③ NADH 4분자, $FADH_2$ 1분자, GTP 1분자
④ NADH 4분자, $FADH_2$ 2분자, GTP 1분자
⑤ NADH 4분자, $FADH_2$ 2분자, GTP 2분자

011 TCA회로의 중간산물로부터 아미노기 전이반응을 통해 직접 합성할 수 있는 아미노산으로 옳은 것은?

① 글루탐산, 알라닌
② 글루타민, 알라닌
③ 글루탐산, 글루타민
④ 알라닌, 아스파르트산
⑤ 글루탐산, 아스파르트산

012 포도당 신생합성에 대해 옳은 것은?

① 2분자의 ATP가 생성되는 과정이다.
② 지방산으로부터 포도당이 합성된다.
③ 관여하는 효소는 모두 해당과정과 동일하다.
④ 포도당 6-인산은 미토콘드리아 내에서 생성된다.
⑤ 피루브산이 옥살로아세트산으로 전환되는 반응은 미토콘드리아에서 일어난다.

013 영양소 소화효소와 분비기관이 옳게 연결된 것은?

① 트립신 - 위
② 아밀라아제 - 위
③ 펩신 - 소장상부
④ 디펩티다아제 - 췌장
⑤ 카르복시펩티다아제 - 췌장

014 지질에 대한 설명으로 옳은 것은?

① 콜레스테롤은 간에서만 합성된다.
② 중성지방은 위장관 통과시간이 짧다.
③ 중성지방은 지용성 비타민의 이용을 돕는다.
④ 인지질은 신체 장기를 충격으로부터 보호한다.
⑤ 저장된 중성지방은 고강도 운동시 주 에너지원으로 사용된다.

015 다음 지방산 형태와 주요 급원식품의 연결이 옳은 것은?

① 리놀레산 – 소고기
② 라우르산 – 야자유
③ 올레산 – 코코넛기름
④ 부티르산 – 돼지고기
⑤ α-리놀렌산 – 옥수수유

016 불포화지방산에 대해 옳은 것은?

① 과잉 섭취시 비타민 E 요구량이 증가한다.
② 19세 이상 적정 섭취비율은 총에너지의 7% 미만이다.
③ 혈중 콜레스테롤 농도를 상승시키는 데 주로 기여한다.
④ 올레산, 리놀레산, 리놀렌산은 체내에서 합성되지 않는다.
⑤ 오메가-6 계열은 혈관을 이완시키고 혈소판 응집억제 효과가 있다.

017 HDL의 인지질 sn-2의 지방산을 콜레스테롤에 전달하여 콜레스테롤에스터로 만드는 데 기여하는 효소로 옳은 것은?

① 췌장 리파아제
② 지단백 리파아제
③ 호르몬 민감성 리파아제
④ 콜레스테롤 에스터 리파아제
⑤ 레시틴 콜레스테롤 아실 전이효소

018 세포질의 지방산 아실기가 미토콘드리아로 이동될 때 필요한 물질과, 이 물질을 체내에서 합성할 때 필요한 아미노산이 옳게 연결된 것은?

① CoA 리신, β-알라닌
② 콜린: 리신, 메티오닌
③ 콜린: 리신, β-알라닌
④ 카르니틴: 리신, 메티오닌
⑤ 카르니틴: β-알라닌, 메티오닌

019 지방산 β-산화에 대한 설명으로 옳은 것은?

① NADPH를 필요로 한다.
② 산화-탈수-산화-분해 과정을 거친다.
③ 미토콘드리아와 세포질에서 일어난다.
④ 분해반응을 통해 말로닐 CoA를 생성한다.
⑤ 지방산 활성화에 2분자의 ATP를 소모한다.

020 지방산으로부터 아이코사노이드를 합성할 때 관여하는 효소로 옳은 것은?

① 고리산소화효소, 티올라아제
② 고리산소화효소, 리폭시게나아제
③ 아실 CoA 탈수소효소, 티올라아제
④ 아실 CoA 탈수소효소, 고리산소화효소
⑤ 아실 CoA 탈수소효소, 리폭시게나아제

021 인슐린의 작용으로 옳은 것은?

① 케톤체 합성을 촉진한다.
② 콜레스테롤 합성을 촉진한다.
③ 지방산의 β-산화를 촉진한다.
④ 지방산의 생합성을 억제한다.
⑤ 호르몬민감성 리파아제를 활성화시킨다.

022 단백질의 소화 흡수에 대한 설명으로 옳은 것은?

① 단백질은 아미노산 형태로만 흡수된다.
② D형 아미노산이 L형보다 빠르게 흡수된다.
③ 단백질은 췌장효소에 의해 분해가 시작된다.
④ 아미노산은 촉진확산이나 능동수송으로 흡수된다.
⑤ 흡수에 담즙이 요구되며 림프관으로 이동한다.

023 질소균형 실험에서 단백질 60g을 섭취하고, 소변과 대변 배설 질소량이 10g일 때 질소균형 상태로 옳은 것은?

① 양의 질소균형 – 화상
② 양의 질소균형 – 임신
③ 음의 질소균형 – 감염
④ 음의 질소균형 – 질병에서 회복
⑤ 음의 질소균형 – 성장호르몬 분비

024 단백질의 질평가 방법 중 섭취한 질소가 체내에 보유된 정도를 평가하는 방법으로 옳은 것은?

① 생물가
② 아미노산가
③ 단백질 효율
④ 단백질 실이용률
⑤ 단백질 소화율 보정 아미노산

025 다음의 경우에 공통적으로 나타나는 증상으로 옳은 것은?

> 단백질 섭취부족, 티아민 섭취부족, 신장질환, 간질환

① 탈모　　② 부종
③ 황달　　④ 피부염
⑤ 골다공증

026 아미노산 풀이 증가했을 때 체내에서 일어나는 현상으로 옳은 것은?

① 체지방 합성 증가
② 포도당 합성 감소
③ 체단백 분해 증가
④ 글리코겐 분해 증가
⑤ 체내 아미노산 합성 증가

027 다음 빈칸에 들어갈 말을 순서대로 나열한 것으로 옳은 것은?

> 요소회로에서 최종적으로 (　　　)은 가수분해되어 (　　　)과 요소를 생성한다.

① 아르기닌, 오르니틴
② 아르기닌, 시트룰린
③ 아르기니노숙신산, 오르니틴
④ 아르기니노숙신산, 시트룰린
⑤ 아르기니노숙신산, 푸마르산

028 포도당-알라닌 회로와 관련 없는 반응으로 옳은 것은?

① 해당과정
② 코리회로
③ 탈아미노반응
④ 포도당 신생반응
⑤ 아미노기 전이반응

029 아미노기 전이반응에 대한 설명으로 옳은 것은?

① 탄소골격은 요소형태로 배설된다.
② 아미노기는 에너지 생성에 이용된다.
③ 아미노기는 필수아미노산 생성에 이용된다.
④ 공복시 탄소골격은 지방산 생성에 이용된다.
⑤ 탄소골격은 포도당이나 케톤체 생성에 이용된다.

030 단풍시럽뇨증에 대한 설명으로 옳은 것은?

① 고요산혈증이 유발된다.
② 방향족 아미노산 대사의 결함이다.
③ 시스타티오닌 합성효소의 결함이다.
④ 티로신이 체내에 과도하게 축적된다.
⑤ 곁가지 아미노산의 산화적 탈탄산 효소의 결함이다.

031 단백질 생합성 과정에 대한 설명으로 옳은 것은?

① tRNA가 주형역할을 한다.
② mRNA가 아미노산을 운반한다.
③ mRNA의 3개 염기가 안티코돈이다.
④ 단백질 합성의 개시코돈은 UAA이다.
⑤ 아미노산 연결과정에서 GTP가 소모된다.

032 효소의 비경쟁적 저해제에 대한 설명으로 옳은 것은?

① 활성부위에 저해제가 결합한다.
② 저해제 구조는 기질과 유사하다.
③ 효소-기질 복합체에만 결합 가능하다.
④ 비경쟁적 저해제가 있으면 Km은 감소한다.
⑤ 효소와 효소-기질 복합체에 모두 결합 가능하다.

033 기초대사율에 대한 설명으로 옳은 것은?

① 나이가 어릴수록 기초대사율이 낮다.
② 기온이 26℃일 때 기초대사율이 가장 높다.
③ 임신부는 비임신부보다 기초대사율이 낮다.
④ 수유부는 비수유부에 비해 기초대사율이 낮다.
⑤ 동일 체중일 때 키가 크고 마른 사람이 기초대사율이 낮다.

034 비타민 D에 대한 설명으로 옳은 것은?

① 나이가 들어감에 따라 충분섭취량이 감소한다.
② 부갑상선 호르몬에 의해 간에서 활성화가 촉진된다.
③ 소장에서 흡수된 후 모세혈관을 통해 간으로 이동한다.
④ 비타민 D의 영양판정에는 혈중 25(OH)-비타민 D가 이용된다.
⑤ 피부에서의 합성량은 자외선 조사량에 비례하여 지속적으로 증가한다.

035 부족시 프로트롬빈이 활성화되지 못하여 혈액응고가 지연되는 비타민과 이 비타민의 급원식품의 연결이 옳은 것은?

① 비타민 A - 녹황색 채소
② 비타민 D - 등푸른 생선
③ 비타민 E - 대두유, 견과류
④ 비타민 K - 순무, 양배추
⑤ 비타민 K - 대두유, 견과류

036 다음 대상자에게 쉽게 결핍증이 나타날 수 있는 비타민은?

> 신생아, 지방흡수불량자, 담즙분비불량자, 항응고제 투여자

① 비타민 A
② 비타민 D
③ 비타민 E
④ 비타민 K
⑤ 비타민 C

037 트립토판이 니아신으로 전환되는 데 필요한 비타민으로 옳은 것은?

① 엽산, 비타민 B_{12}
② 비오틴, 비타민 B_{12}
③ 비타민 B_2, 비타민 B_6
④ 비타민 B_2, 비타민 B_{12}
⑤ 비타민 B_6, 비타민 B_{12}

038 비타민의 기능에 대한 설명으로 옳은 것은?

① 피리독신은 탈탄산반응의 조효소로 작용한다.
② 티아민은 지방산의 베타산화에 조효소로 작용한다.
③ 비타민 B_{12}는 탄수화물 대사에 필수적인 비타민이다.
④ 지방산 합성과정에는 리보플라빈이 조효소로 작용한다.
⑤ 아미노기 전이반응은 조효소로 니아신을 필요로 한다.

039 수용성 비타민과 결핍증의 연결이 옳은 것은?

① 티아민 – 골다공증
② 리보플라빈 – 각기병
③ 니아신 – 피부염
④ 비타민 B_6 – 괴혈병
⑤ 엽산 – 소적혈구성 빈혈

040 다음 중 무기질 대사에 대한 설명으로 옳은 것은?

① 인의 체내 흡수율은 80~90%이다.
② 칼륨의 흡수는 포도당 흡수에 영향을 미친다.
③ 칼슘, 철 등 무기질은 주로 소장 상부에서 흡수된다.
④ 알도스테론은 나트륨의 배설을 촉진하는 호르몬이다.
⑤ 칼슘 흡수를 촉진하는 인자에는 인산, 수산 등이 있다.

041 마그네슘의 기능으로 옳은 것은?

① cAMP 생성을 억제한다.
② 신경의 흥분을 유도한다.
③ 아세틸콜린 분비를 촉진한다.
④ 신경세포의 칼슘채널을 저해한다.
⑤ 액틴과 미오신의 결합을 유도한다.

042 황에 대한 설명으로 옳은 것은?

① 골격의 주요 구성성분이다.
② 충분섭취량이 설정되어 있다.
③ 티아민과 비오틴의 구성성분이다.
④ 소장에서 분해되어 무기물 상태로 흡수된다.
⑤ 삼투압의 정상유지와 수분 평형조절에 필요하다.

043 체내 활성물질과 그 구성성분이 바르게 연결된 것은?

① 당내성인자: 크롬
② 글루타티온: 구리
③ 시토크롬: 망간
④ 헤페스틴: 칼슘
⑤ 세룰로플라스민: 칼륨

044 항산화 작용과 관련된 영양소로 짝지어진 것은?

① 구리, 아연, 망간, 셀레늄
② 칼슘, 구리, 아연, 셀레늄
③ 구리, 아연, 망간, 나트륨
④ 구리, 망간, 칼륨, 나트륨
⑤ 아연, 망간, 칼륨, 셀레늄

045 다음 무기질과 기능의 연결이 옳은 것은?

① 철: 알코올 탈수소효소 구성
② 아연: 신경전달물질 합성
③ 망간: 결합조직의 건강에 관여
④ 요오드: 체내 대사과정 촉진
⑤ 셀레늄: 시토크롬 산화효소 구성

046 체내의 수분균형과 관련된 호르몬에 대한 설명으로 옳은 것은?

① 부신수질의 에피네프린은 수분의 배설을 촉진시킨다.
② 뇌하수체 전엽의 항이뇨호르몬은 수분의 배설을 억제한다.
③ 부신피질의 알도스테론은 수분과 나트륨의 재흡수를 촉진한다.
④ 갑상선에서 분비된 갑상선호르몬은 수분의 재흡수를 촉진시킨다.
⑤ 신장에서 분비된 레닌은 안지오텐신을 안지오텐시노겐으로 전환시킨다.

047 임신 중 혈액양과 혈액 조성에 관한 설명으로 옳은 것은?

① 임신으로 총 혈액량은 증가하지만 알부민, 적혈구 등의 합성은 감소하여 혈액 희석현상이 나타난다.
② 임신부의 혈중 중성지방, 콜레스테롤, 유리지방산 농도는 감소한다.
③ 임신부는 헤모글로빈 농도, 헤마토크리트는 감소하고, 총철결합능, 트랜스페린은 증가한다.
④ 임신 중 레닌과 알도스테론 활성이 감소하여 혈액양 증가에 기여한다.
⑤ 혈중 총 단백질 농도, 알부민/글로불린 비율, 엽산, 비타민 B_{12} 농도는 증가한다.

048 임신말기에 분비가 증가하며 모체의 글리코겐 분해를 촉진하고 인슐린 저항성을 증가시켜 혈당 증가에 기여하는 호르몬은?

① 에스트로겐
② 프로게스테론
③ 태반락토겐
④ 융모성선자극 호르몬
⑤ 갑상선호르몬

049 수유부의 모유 생성과 분비에 관여하는 호르몬 설명으로 옳은 것은?

① 에스트로겐은 뇌하수체 후엽에서 분비되어 수유 유지에 도움을 준다.
② 영아의 흡유 자극이 뇌하수체 전엽에 전달되어 프로락틴이 분비된다.
③ 프로락틴은 유포의 포상세포에 작용하여 모유 생성을 억제한다.
④ 에스트로겐과 프로게스테론은 임신 중 모유 분비를 자극한다.
⑤ 옥시토신은 유포 주위에 근상피세포를 이완시켜 모유 분비를 촉진한다.

050 수유부의 식이 섭취와 유즙 성분에 대한 설명으로 옳은 것은?

① 수유부의 에너지와 단백질 섭취는 유즙성분에 영향을 준다.
② 수유부가 고단백식, 고비타민식을 하면 유즙량이 감소한다.
③ 유즙의 비타민 A 수준은 수유부의 식사에 영향을 받지 않는다.
④ 수유부의 식이 지방 섭취는 유즙의 지방산 조성에 영향을 준다.
⑤ 수유부의 탄수화물 섭취량 증가는 모유 분비량을 증가시킨다.

051 모유에 많이 함유된 성분과 그 기능에 대한 연결이 옳은 것은?

① 콜레스테롤 – 장내 비피더스균의 성장 촉진
② 유당 – 호르몬 합성, 중추신경계 발달
③ 락토페린 – 철과 결합하여 세균의 증식 억제, 체내 철 이용률 증가
④ 리놀레산 – 장내 산성화로 유해균 증식 억제
⑤ 불포화지방산 – 지방 흡수율 낮음

052 생후 4~5개월 된 모유영아에게 제공할 이유식으로 가장 바람직한 것은?

① 삶아서 잘게 썬 고기
② 부드러운 으깬 달걀 노른자
③ 타락미음
④ 으깬 감자
⑤ 다진 채소볶음

053 단위 체중당 영아의 수분필요량이 성인보다 높은 이유는?

① 신장의 소변 농축능력이 높기 때문
② 체격에 비해 체표면적이 작기 때문
③ 단백질 분해산물 배설이 많기 때문
④ 새로운 조직의 합성과 체액 부피 증가가 적기 때문
⑤ 피부와 호흡을 통한 손실이 적기 때문

054 초유에서 성숙유로 이행되면서 나타나는 모유 성분 변화로 옳은 것은?

① 단백질 함량이 점차 증가한다.
② 유당과 지방 함량이 점차 감소한다.
③ 등푸른 생선을 많이 먹는 수유부의 경우 EPA 지방산 함량이 높아진다.
④ 무기질 함량이 점차 증가한다.
⑤ 수용성비타민은 점차 감소한다.

055 유아의 신체 성장에 대한 설명으로 옳은 것은?

① 림프조직 발달이 성인의 2배 정도로 급속히 발달한다.
② 영아기 성장속도가 지속적으로 유지된다.
③ 두뇌는 지속적으로 발달하여 2세경에 성인 수준이 된다.
④ 골격이 지속적으로 성장한다.
⑤ 신체의 수분 비율과 지방 비율은 증가하고 근육량은 감소한다.

056 청소년기에 나타나는 신경성 식욕부진 섭식장애에 대한 설명으로 옳은 것은?

① 무월경, 빈혈, 저혈압, 골다공증 등의 증상이 나타난다.
② 체중의 변화가 심하며, 정상체중 또는 과체중을 보이기도 한다.
③ 잦은 구토와 설사로 인해 수분과 전해질 균형이 깨질 수 있다.
④ 한꺼번에 씹기 쉬운 음식을 폭식하고 인위적인 장 비우기를 반복한다.
⑤ 사회 초년생에게서 많이 나타나며 자신의 문제를 인식하고 있다.

057 성인기 만성질환 예방에 도움이 되는 식생활은?

① 트랜스지방을 총 열량의 1% 이상 섭취한다.
② 염도 1% 이상으로 간을 맞추어 식사섭취량을 늘린다.
③ 해조류, 과일을 통해 수용성식이섬유의 섭취량을 늘린다.
④ 불포화지방보다는 포화지방이 풍부한 육류를 섭취한다.
⑤ 에너지 섭취는 지방보다는 당질 위주로 공급될 수 있도록 계획한다.

058 노인기 영양소 대사에 대한 설명으로 옳은 것은?

① 말초조직의 인슐린 민감성이 증가한다.
② 골수에서의 조혈작용은 성인과 유사하다.
③ 뼈의 분해 증가로 골밀도가 감소한다.
④ 단백질 이용률이 성인과 비슷하다.
⑤ 혈중 총콜레스테롤과 HDL-콜레스테롤 농도가 증가한다.

059 노인기 신체 및 생리적 변화에 대한 설명으로 옳은 것은?

① 췌액 분비 과다로 비타민 B_{12} 흡수가 저하된다.
② 체지방량 증가, 제지방량 감소로 기초대사량이 증가한다.
③ 위액분비 감소로 철 흡수 및 단백질 소화가 감소한다.
④ 타액 분비 감소로 단백질 흡수가 감소한다.
⑤ 미뢰수 감소로 짠맛에 대한 역치가 감소한다.

060 운동으로 나타나는 생리적 효과는?

① 최대 산소소비량이 감소한다.
② 혈중 포도당 증가로 운동성 당뇨병이 나타난다.
③ 적혈구 생성량, 전체 혈액량, 근육 모세혈관수가 증가한다.
④ 혈중 LDL-콜레스테롤 농도가 증가한다.
⑤ 근육의 글리코겐 저장 능력이 감소한다.

영양교육, 식사요법 및 생리학

061 영양교육 과정 중 대상의 진단 단계에서 해야 하는 것으로 옳은 것은?

① 영양문제 개선을 위한 목적 설정
② 영양개선활동을 수행할 영양문제 선정
③ 대상집단의 영양문제 파악 및 영양문제 원인 분석
④ 평가를 위한 계획 수립
⑤ 영양교육 활동 설계

062 계획적 행동이론을 적용하여 영양교육을 실시할 때 내용으로 가장 적절한 것은?

① 보상을 제공하여 바람직한 식행동을 강화시킨다.
② 타인의 행동과 그 결과를 관찰함으로써 행동수행을 학습하게 한다.
③ 통제적 신념을 수정하기 위해 식행동의 방해요인을 극복하는 방법을 제시하여 행동 수행에 자신감 갖도록 한다.
④ 통제적 신념을 수정하기 위해 바람직한 영양지식을 습득할 수 있도록 교육한다.
⑤ 특정 건강문제의 위험을 가지고 있음을 인식하게 한다.

063 영양사가 행동변화단계모델을 적용하여 4개월째 행동변화를 유지하고 있는 A씨에게 개인상담을 통해 식사일기를 평가하고 열량 섭취량 계산 등을 통해 행동변화를 지지하고 격려하는 활동을 했다면 현재 A씨의 행동변화단계는?

① 고려 전 단계
② 고려단계
③ 준비단계
④ 행동단계
⑤ 유지단계

064 B 회사에서는 참여를 원하는 직원들을 대상으로 구내식당의 저염식단 이용과 이에 따른 건강상태 관찰 프로그램을 시행하였다. 호응이 좋은 저염식단 레시피와 건강효과를 책자로 제작하여 저염식단을 직장 내에서 홍보하고 가정에서도 실천할 수 있도록 책자를 배포하여 참여자를 증가시키고자 하였다. 이 프로그램은 어떤 이론을 근거로 하였는가?

① 합리적 행동이론
② 건강신념모델
③ 개혁확산모델
④ 사회인지론
⑤ 사회마케팅

065 지역사회 주민들의 영양문제를 조사해보니 염분 섭취량이 타지역 평균치보다 높았다. 이를 개선하기 위해 계획한 영양사업 내용 중 가장 먼저 착수해야 하는 것은?

① 염분 과다 섭취 대상자를 위한 영양교육 실시
② 사업수행 후 비용-효과 분석
③ 주민대표 대상 소집단 좌담회를 통한 프로그램 요구도 조사
④ 염분 과다 섭취와 관련한 만성질환에 대한 강연회 개최
⑤ 염분 섭취 감소 조리법 및 식품 선택 자료 제작 및 배포

066 영양교육 평가도구가 원래 측정하고자 하는 것을 제대로 측정하고 있는지를 의미하는 개념은?

① 신뢰도　② 만족도
③ 수용도　④ 객관도
⑤ 타당도

067 식품교환표를 비만 환자에게 교육할 때 가장 효과적인 매체는?

① 융판, 포스터, 레코드
② 슬라이드, 식품모형, 라디오
③ 식품모형, 융판, 리플릿
④ 텔레비전, 영화, 식품모형
⑤ 역할극, 사진, 기호

068 현실적으로 일어날 수 있는 상황을 연출하고 극화하여 실제 해봄으로써 간접경험을 하게 하는 학습 방법은?

① 시뮬레이션　② 견학
③ 관찰　④ 역할연기법
⑤ 실습활동

069 교육매체를 개발하고 활용하기 위한 절차를 제시한 ASSURE 모형의 단계 중 첫 번째 단계의 내용으로 옳은 것은?

① 매체를 통하여 교육을 실시한 후 대상자의 반응을 확인한다.
② 교육 목적에 부합하는 매체를 선정한다.
③ 교육대상자의 연령, 학력, 직업, 기호 등의 특성을 파악한다.
④ 교육하기 전에 매체를 꼼꼼히 검토한다.
⑤ 대상자가 매체에 적응하지 못하면 매체 사용을 중지한다.

070 〈아침을 반드시 먹자〉를 1~2주간 집중적으로 반복하고 강조하여 학생들에게 알리고 실천하도록 하는 방법으로 가장 적합한 것은?

① 시범교수법　② 견학
③ 관찰　④ 캠페인
⑤ 실습활동

071 영양상담 결과에 영향을 미치는 내담자의 요인으로 옳은 것은?

① 상담자와 내담자간의 의사소통
② 경험과 숙련성
③ 성격 측면의 상호 유연성
④ 문제의 심각성, 상담 동기
⑤ 내담자에 대한 호감도

072 영양교육사업 중 식품의약품안전처에서 지원하는 것은?

① 영양플러스사업
② 생애주기별 식생활지침 교육
③ 어린이 급식관리지원센터
④ 노인장기요양 지원
⑤ 식단은행

073 보건소 사업 중 영양교육과 가장 관련성이 큰 사업은?

① 구강보건 사업
② 영양플러스 사업
③ 학교급식 위생관리 사업
④ 전염병 예방 및 관리 사업
⑤ 식품위생 사업

074 영양교육 교수·학습과정안의 학습목표 진술에 대한 설명으로 옳은 것은?

① 교육자 자신이 수업계획을 세우게 되어 학습효과를 높일 수 있다.
② 교사가 좋은 수업태도를 가지고 지도하게 된다.
③ 학습평가의 타당도와 신뢰도를 높인다.
④ 어떤 교육매체를 선택해야 할지 혼선을 준다.
⑤ 학습자가 학습목표를 몰라도 좋은 수업태도를 가질 수 있다.

075 비만 환자의 자료를 근거로 패스트푸드의 잦은 섭취로 인한 '지방 섭취 과다'라는 영양문제를 파악하고 기술하였다. 이는 영양관리과정(NCP) 중 어디에 해당하는가?

① 개인에게 적합한 영양처방을 계획하고 시행하는 단계이다.
② 영양과 관련된 문제와 원인을 파악하기 위해 필요한 정보를 수집하고 확인하는 단계다.
③ 영양중재를 통해 해결할 수 있거나 개선할 수 있는 영양문제를 규명하여 기술하는 단계다.
④ 환자의 요구, 영양진단, 영양중재 결과를 영양중재 목표치와 비교하는 단계다.
⑤ 식품 및 영양소 제공, 영양교육, 영양상담, 타 분야와 영양관계 연계의 영역이 있다.

076 입원환자의 영양검색에 대한 설명으로 옳은 것은?

① 정확한 영양판정이 가능하다.
② 중증환자를 대상으로 한다.
③ 고도의 전문지식이 있는 영양사만 실시한다.
④ 장기간 입원한 환자를 대상으로 한다.
⑤ 영양불량이 있는 환자를 선별한다.

077 단백질 영양상태를 평가하는 생화학적 검사 항목은?

① 혈청 빌리루빈
② 혈청 페리틴
③ 혈청 트랜스페린
④ 혈청 총콜레스테롤
⑤ 혈청 GOT

078 체내에서 철 감소 2단계에 증가하는 지표는?

① 트랜스페린 포화도
② 혈청 페리틴
③ 헤모글로빈
④ 헤마토크리트
⑤ 적혈구 프로토포르피린

079 간식으로 삶은 달걀 1개(55g), 두유 1컵(200mL), 바나나 반 개(50g)를 섭취할 경우 식품교환표를 이용하여 산출한 총 에너지와 단백질 양은?

① 250kcal, 14g ② 275kcal, 14g
③ 320kcal, 16g ④ 350kcal, 16g
⑤ 375kcal, 16g

080 수술 후 수분 공급을 주목적으로 제공하는 음식은?

① 보리차   ② 토마토주스
③ 요거트   ④ 우유
⑤ 미음

081 뇌출혈로 마비성 연하곤란과 흡인의 위험이 높은 A씨에게 5주간 경관영양을 하려고 할 때 관 삽입 경로로 옳은 것은?

① 위조루술   ② 공장조루술
③ 비위관   ④ 비공장관
⑤ 비십이지장관

082 경장영양액에 대한 설명으로 옳은 것은?

① 섬유소가 첨가된 영양액은 수분 제한 환자에게 제공한다.
② 지방에너지 비율이 낮은 영양액은 호흡기질환자에게 제공한다.
③ 대사성 스트레스가 심한 환자에게는 글루타민을 첨가해 준다.
④ 소화흡수력이 저하된 환자에게는 펩티드 함량이 많은 영양액을 제공한다.
⑤ 중쇄지방산이 많이 첨가된 영양액일수록 맛이 좋아 수응도가 좋다.

083 위액 성분으로 옳은 것은?

① 세크레틴   ② 콜레시스토키닌
③ 내적인자   ④ 담즙
⑤ 트립신

084 음식물을 삼킬 때 통증을 느끼는 식도염 환자에게 적합한 식단은?

① 바케트, 스크램블드에그, 우유
② 쌀밥, 갈비탕, 배추김치
③ 쌀밥, 동태찜, 가지나물
④ 쌀밥, 삼겹살구이, 밀크커피
⑤ 토스트, 햄구이, 토마토주스

085 위 절제 후 식사요법에 대한 설명으로 옳은 것은?

① 섬유소는 혈당을 떨어뜨리므로 소량 섭취한다.
② 식사 후 바른 자세를 유지한다.
③ 단백질은 소화가 어려우므로 되도록 적게 섭취한다.
④ 단순당이나 농축당은 제한하고 저당질식을 한다.
⑤ 식사와 함께 물을 섭취하여 음식이 잘 넘어가게 한다.

086 위 운동을 억제하여 소화를 지연시키는 영양소와 식품의 연결이 옳은 것은?

① 당질 – 꿀
② 지방 – 버터
③ 당질 – 감자
④ 비타민 – 과일통조림
⑤ 단백질 – 흰살 생선

087 경련성 변비에 대한 영양관리로 옳은 것은?

① 식욕을 촉진시키기 위해 자극성 있는 향신료를 사용한다.
② 장을 적당히 자극하기 위해 탄산음료를 준다.
③ 과민한 장을 자극하지 않기 위해 부드러운 음식을 준다.
④ 식욕을 촉진시키기 위해 식전에 과일이나 신 음료를 섭취한다.
⑤ 변을 부드럽게 하기 위해 식이섬유를 섭취한다.

088 간질환 환자에게서 나타나는 현상으로 옳은 것은?

① 고단백혈증이 나타난다.
② 혈액 응고가 빨라진다.
③ 혈중 암모니아 농도가 높아진다.
④ 혈장 알부민과 글로불린의 비율이 증가된다.
⑤ 비필수아미노산의 합성이 증가한다.

089 담낭 질환자의 식사요법으로 옳은 것은?

① 고열량, 고지방
② 저당질, 고단백
③ 무자극성, 가스 발생식품 제한
④ 고단백, 고지방
⑤ 고섬유식, 저당질

090 지방간의 식사요법으로 옳은 것은?

① 당질 위주로 섭취
② 무지방식 섭취
③ 저단백식 섭취
④ 양질의 단백질 적당량 섭취
⑤ 수분과 나트륨 제한 섭취

091 회복기에 있는 급성 췌장염 환자에게 적합한 음식은?

① 닭튀김, 쌀밥
② 가지미찜, 쌀밥
③ 생선전, 감자구이
④ 고등어조림, 현미밥
⑤ 닭볶음, 잔치국수

092 소아비만의 특징으로 옳은 것은?

① 지방세포의 수와 크기가 모두 증가한다.
② 주로 복부 비만이 많다.
③ 건강상의 장애가 적게 발생한다.
④ 성인비만보다 체중 감량이 쉽다.
⑤ 기초대사량 저하가 주된 원인이다.

093 비만 환자의 식사요법으로 옳은 것은?

① 하루 100g 이하의 당질을 섭취한다.
② 식사 속도가 빠를수록 섭취량을 줄일 수 있으므로 부드러운 식품을 이용한다.
③ 동일한 열량이라도 섭취 횟수를 줄여서 섭취한다.
④ 식사 전에 신선한 채소로 공복감을 줄인다.
⑤ 당질과 수분은 섭취량을 제한한다.

094 기아나 단식요법에 의한 비만 치료 시 발생할 수 있는 합병증은?

① 고혈압　　　② 고요산혈증
③ 당뇨병　　　④ 뇌졸중
⑤ 콩팥병

095 당뇨병 환자의 지방 대사에 대한 설명으로 옳은 것은?

① 지방 산화가 촉진되어 혈중 지질 수준이 저하된다.
② 체지방 분해가 감소되어 체중이 증가한다.
③ 간에서 콜레스테롤 합성이 증가되어 동맥경화 발생 위험이 증가한다.
④ 입김에서 암모니아 냄새가 난다.
⑤ 지방의 분해로 다량 생산된 아세틸 CoA로부터 중성지방을 합성한다.

096 인슐린 쇼크(저혈당증)가 일어났을 때 급히 먹어야 하는 것은?

① 우유, 통밀빵　　　② 수분, 염분
③ 설탕물, 꿀물　　　④ 고기국물, 멸치
⑤ 두유, 과자

097 당뇨병 식사요법으로 옳은 것은?

① 혈당지수가 높은 식품은 제한 없이 먹을 수 있다.
② 식이섬유를 과다하게 섭취하면 장 이동속도가 촉진되므로 혈당이 빠르게 상승된다.
③ 인슐린 처방 시에는 식사 간격보다는 식사량 조절이 더 중요하다.
④ 설탕의 과잉 사용을 제한하기 위해 인공감미료를 사용할 수 있다.
⑤ 지방은 섭취 총량이 중요하므로 지방산 종류는 고려하지 않아도 된다.

098 제2형 당뇨병의 원인으로 옳은 것은?

① 내분비질환
② 췌장기능 장애
③ 인슐린 저항성 증가
④ 인슐린 결핍
⑤ 위장질환

099 포도당 경구 투여 2시간 후 정맥혈당치가 190mg/dL로 나타났다. 어떤 상태인가?

① 제2형 당뇨병　　　② 공복혈당장애
③ 정상　　　　　　　④ 내당능장애
⑤ 제1형 당뇨병

100 제1형 당뇨병 환자가 인슐린 주사를 맞지 않고 당질을 다량 섭취하면 일어날 수 있는 증상은?

① 부종　　　② 산독증
③ 복수　　　④ 저혈압
⑤ 알칼리혈증

101 혈압을 상승시키는 요인은?

① 혈관 이완
② 혈관직경 증가
③ 심박출량 감소
④ 혈관점성 감소
⑤ 혈관저항 증가

102 고혈압 환자에서 나트륨의 엄격한 제한식사의 설명으로 옳은 것은?
① 나트륨 함량이 많은 쌀밥 섭취는 제한한다.
② 통조림, 치즈, 마가린, 샐러드 드레싱은 무염 제품으로 사용한다.
③ 우유가 든 스프는 무염식에 이용할 수 있다.
④ 샐러리, 당근, 시금치, 근대 등의 채소는 충분히 섭취한다.
⑤ 조리과정이나 식탁에서 소량의 소금은 사용할 수 있다.

103 제4형 (고VLDL혈증) 고지혈증에 대한 설명으로 옳은 것은?
① 주로 동물성지방의 과잉섭취로 나타난다.
② 에너지 섭취를 제한한다.
③ 혈중 총 콜레스테롤 수준이 높다.
④ 에너지는 주로 당질 위주로 공급한다.
⑤ 우리나라에서는 흔하지 않은 고지혈증 유형이다.

104 동맥경화증 환자의 식단으로 적합한 것은?
① 곱창, 달걀, 우유
② 두부, 야자유, 성게
③ 달걀노른자, 돼지갈비, 감자
④ 들기름, 달걀흰자, 저지방우유
⑤ 케이크, 오징어젓갈, 새우튀김

105 울혈성 심부전 환자의 식사요법으로 옳은 것은?
① 고에너지, 고단백 식사
② 식욕 촉진을 위해 적당량의 카페인과 탄산음료 섭취
③ 장내 가스생성을 줄이기 위해 저섬유, 무자극성식사
④ 식사섭취량을 늘리기 위해 고염식과 충분한 수분 섭취
⑤ 고지방, 고단백 식사

106 내인성 중성지방을 증가시키는 식이 요인은?
① 고비타민   ② 고당질
③ 고단백   ④ 고식이섬유
⑤ 고무기질

107 사구체 여과율이 저하될 때 혈중 농도가 낮아지는 것은?
① 크레아티닌   ② 칼륨
③ 칼슘   ④ 요소
⑤ 인

108 만성콩팥병 환자에서 핍뇨가 있을 때 제한해야 하는 영양소는?
① 불포화지방산   ② 칼륨
③ 철   ④ 탄수화물
⑤ 칼슘

109 콩팥병 환자에게서 눈가, 하지, 전신에 나타나는 부종의 원인은?
① 사구체 여과율 증가로 수분과 나트륨 보유 때문
② 단백뇨, 저알부민혈증으로 혈액 삼투압 증가 때문
③ 신혈류량 저하로 레닌-안지오텐신-알도스테론 시스템 활성화 때문
④ 혈중에 질소화합물이 증가하기 때문
⑤ 신장질환자의 수분 섭취량이 많기 때문

110 신증후군의 식사요법에 대한 설명으로 옳은 것은?
① 사구체여과율이 감소하면 단백질 공급을 증가한다.
② 인, 칼륨의 섭취를 철저히 제한한다.
③ 부종 예방과 이뇨를 위해 나트륨을 제한한다.
④ 에너지 공급을 위해 지방을 충분히 공급한다.
⑤ 손실된 단백질 보충을 위해 단위체중당 2g 이상의 충분한 단백질을 공급한다.

111 복막투석 환자의 식사요법으로 옳은 것은?
① 고열량 섭취를 위해 당질과 지방은 충분히 섭취한다.
② 칼륨과 나트륨은 엄격히 제한한다.
③ 인과 칼슘이 많은 식품을 충분히 공급한다.
④ 단백질은 충분히 공급한다.
⑤ 단순당, 알코올은 적당히 섭취한다.

112 암 치료 중 나타나는 부작용 해결방법으로 옳은 것은?
① 연하곤란 – 목 넘김이 쉬운 맑은 국물 음식
② 이미각증 – 따뜻하게 데운 음식
③ 메스꺼움, 구토 – 시원한 음식, 배고프기 전에 식사
④ 식욕부진 – 식사 횟수를 줄이고 한 번에 많은 양 제공
⑤ 구강건조 – 많이 씹을 수 있도록 거친 음식

113 암 악액질의 대사 변화로 옳은 것은?
① 인슐린 민감성 증가로 조직의 포도당 이용율 증가
② 암세포의 포도당 이용률 감소로 체단백 손실
③ 기초대사량 감소로 에너지 필요량 증가
④ 식욕감퇴로 체중 감소 등 심한 영양불량
⑤ 영양소의 흡수증가로 체지방 합성 증가

114 급성 감염성 질환의 대사 변화에 대한 설명으로 옳은 것은?
① 글리코겐 저장량 증가
② 발열과 기초대사량 증가
③ 호흡 및 맥박수 감소
④ 체단백질 합성 증가
⑤ 수분 보유량 증가

115 수술 후 회복기 환자에서 나타나는 증상은?
① 수분 배설량이 감소한다.
② 칼륨 보유량이 증가한다.
③ 환자의 체중이 감소한다.
④ 나트륨 배설량이 감소한다.
⑤ 음의 질소 평형 상태를 보인다.

116 호흡부전 시 식사요법으로 옳은 것은?
① 고에너지식을 섭취한다.
② 식사 시에 수분을 충분히 섭취한다.
③ 지방과 단백질 섭취를 늘린다.
④ 부종이 생기면 수분과 염분을 보충한다.
⑤ 고당질 식사를 섭취한다.

117 체온이 상승할 때 헤모글로빈의 산소해리곡선 변화는?
① 오른쪽으로 이동하여 산소가 쉽게 해리된다.
② 왼쪽으로 이동하여 산소가 쉽게 해리된다.
③ 변화 없다.
④ 오른쪽으로 이동하여 산소해리가 어려워진다.
⑤ 왼쪽으로 이동하여 산소해리가 어려워진다.

118 소혈구성 저색소성 빈혈에 섭취하면 좋은 식품은?

① 무, 오이, 우유
② 닭고기, 건조과일, 오렌지 주스
③ 잡곡밥, 양파, 돼지고기
④ 감자, 고구마, 깻잎
⑤ 달걀, 샐러리, 쑥갓

119 뇌전증 환자의 식사요법으로 옳은 것은?

① 고당질, 고단백식사
② 고당질, 고지방식사
③ 저당질, 고지방식사
④ 저당질, 저단백식사
⑤ 저당질, 저지방식사

120 통풍 환자가 자유롭게 섭취할 수 있는 식품은?

① 우유, 달걀
② 버섯, 고기국물
③ 고등어, 멸치
④ 쇠고기, 어란
⑤ 알코올, 닭고기

올인원 영양사 모의고사 [6회]

제한시간 85분 / 점수_____점

식품학 및 조리원리

001 전자레인지의 특징으로 옳은 것은?
① 조리에 장시간이 소요된다.
② 식품의 중량 감소가 가장 적다.
③ 조리실 전체의 온도가 상승한다.
④ 식품 표면의 갈변이 쉽게 일어난다.
⑤ 단일식품이 아닐 경우 익는 정도가 다르다.

002 조리법에 대한 설명으로 옳은 것은?
① 복합조리법에는 브로일링과 스튜잉이 있다.
② 유동성 식품도 용기를 이용하여 찌기가 가능하다.
③ 튀기기는 수용성 영양소 손실이 가장 큰 조리법이다.
④ 찌기는 가열시간이 짧고 연료소비가 적은 조리법이다.
⑤ 채소를 냉동하거나 건조하기 위한 전처리 공정은 볶기이다.

003 식품의 수분활성도에 대한 설명으로 옳은 것은?
① 곰팡이 생육의 최저 수분활성도는 0.80이다.
② 세균 증식은 수분활성도 0.7 이상에서 가능하다.
③ 유지의 산화는 수분활성도가 낮을수록 억제된다.
④ 비효소적 갈변반응은 수분활성도가 낮을수록 잘 일어난다.
⑤ 모든 효소의 작용은 수분활성도가 낮으면 일어나지 않는다.

004 당알코올 중 버섯, 해조류에 존재하며 곶감의 백색 분말의 원인인 것은?
① 리비톨 ② 솔비톨
③ 만니톨 ④ 자일리톨
⑤ 이노시톨

005 다음 단당류에 대한 설명으로 옳은 것은?
① 포도당과 과당은 케토오스이다.
② 오탄당은 효모에 의해 발효된다.
③ 오탄당은 체내의 에너지원으로 이용된다.
④ 육탄당은 천연에 유리상태로 존재하지 않는다.
⑤ 폴리하이드록시 알데히드 혹은 폴리하이드록시 케톤이다.

006 다음 빈칸에 들어갈 말이 순서대로 나열된 것은?

> ( )은/는 α형(β형)만의 환상구조를 갖는 당이 수용액에서 쇄상을 거쳐 β형(α형)의 다른 이성질체인 환상구조로 전환되면서 ( )이/가 변화하는 현상이다.

① 선광도, 변선광
② 에피머, 선광도
③ 에피머, 변선광
④ 변선광, 선광도
⑤ 변선광, 에피머

007 전분의 노화에 대한 설명으로 옳은 것은?
① 노화전분의 X선 회절도는 V형이다.
② 황산염이 첨가되면 노화는 촉진된다.
③ 아밀로펙틴이 많을수록 노화가 촉진된다.
④ 곡류 전분이 서류 전분보다 노화가 어렵다.
⑤ 수분함량 30~60%일 때 노화가 가장 억제된다.

008 지질에 대한 설명으로 옳은 것은?
① 포화지방산이 많을수록 융점이 낮아진다.
② 지방산은 탄소사슬이 길수록 용해도가 높다.
③ 유지의 불포화도가 높을수록 점도는 감소한다.
④ 유지의 불포화도가 높을수록 비중은 감소한다.
⑤ 유지의 검화가가 클수록 지방산의 평균분자량은 크다.

009 버터에 야자유의 혼입여부를 알아보기 위해 비수용성 휘발성 지방산을 측정하는 것은?
① 헤너가
② 아세틸가
③ 커슈너가
④ 폴렌스키가
⑤ 라이헤르트마이슬가

010 유지의 산화 반응에 대한 설명으로 옳은 것은?
① 자동산화 초기 단계에는 과산화물이 생성된다.
② 산화적 산패에 관여하는 효소는 리폭시게나아제이다.
③ 금속은 산화를 촉진하지만, 소금은 산화를 억제한다.
④ 리파아제에 의한 가수분해는 산패로 분류하지 않는다.
⑤ 산화가 진행됨에 따라 과산화물 생산량은 계속 증가한다.

011 아미노산에 알칼리를 가하여 등전점보다 높은 pH가 되었을 때 전기영동에서의 변화로 옳은 것은?
① 이동하지 않는다.
② 음이온 형태로 양극으로 이동한다.
③ 음이온 형태로 음극으로 이동한다.
④ 양이온 형태로 양극으로 이동한다.
⑤ 양이온 형태로 음극으로 이동한다.

012 단백질 변성에 대한 설명으로 옳은 것은?
① 대부분 가역적으로 일어난다.
② 단백질 변성은 냉동에 의해 억제된다.
③ 변성으로 인해 펩티드 결합이 끊어진다.
④ 변성 단백질은 대부분 용해도가 증가한다.
⑤ 초기 변성단백질은 효소 작용을 받기 쉽다.

013 과실주 제조시 청징을 위해 이용되는 효소로 옳은 것은?
① pectinase
② invertase
③ naringinase
④ hesperidinase
⑤ polyphenol oxidase

014 오이가 산에 의해 녹갈색이 되었을 때 다시 선록색으로 복원하는 방법으로 옳은 것은?
① 철을 첨가한다.
② 열처리를 한다.
③ 소금을 첨가한다.
④ 구리를 첨가한다.
⑤ 알칼리를 첨가한다.

015 감자의 갈변현상에 관한 설명으로 옳은 것은?

① 비타민 C가 공존할 경우 갈변이 촉진된다.
② 티로신을 기질로 티로시나아제에 의해 일어난다.
③ 장기간 저장된 오렌지 주스의 갈변과 같은 현상이다.
④ 카테킨을 기질로 폴리페놀 산화효소에 의해 일어난다.
⑤ 감자의 환원당과 아미노산 간의 반응에 의해 일어난다.

016 다음 식품의 색변화를 옳게 설명한 것은?

> 적색 양배추에 식초를 넣었더니 붉게 변하였다.

① 안토잔틴 색소가 산성에서 붉은색을 나타낸 것이다.
② 안토시아닌 색소가 산성에서 붉은색을 나타낸 것이다.
③ 베탈레인 색소가 산성에서 붉은색을 나타낸 것이다.
④ 플라보노이드 색소가 산성에서 붉은색을 나타낸 것이다.
⑤ 타닌이 식초에 의해 산화되어 붉은색을 나타낸 것이다.

017 온도가 증가하면 더 강하게 느껴지는 맛성분으로 옳은 것은?

① 짠맛
② 쓴맛
③ 단맛
④ 신맛
⑤ 아린맛

018 다음 식품의 맛성분이 옳게 연결된 것은?

① 조개의 감칠맛 – 호박산
② 감귤류의 쓴맛 – 사포닌
③ 감초의 단맛 – 페릴라틴
④ 감의 떫은맛 – 엘라그산
⑤ 생강의 매운맛 – 차비신

019 다음 중 진균류에 대한 설명으로 옳은 것은?

① 불완전균류는 격벽이 없다.
② 대부분의 버섯은 담자균류에 속한다.
③ 조상균류에는 자낭균류와 담자균류가 있다.
④ 순정균류는 격벽이 없으며 접합균류가 포함된다.
⑤ 유성생식이 가능한 대부분의 효모는 담자포자를 생성한다.

020 청징에 이용되는 pectinase를 생산하는 곰팡이는?

① *Aspergillus niger*
② *Aspergillus oryzae*
③ *Aspergillus glaucus*
④ *Penicillium citrinum*
⑤ *Penicillium chrysogenum*

021 그람염색법에 의해 적색을 띠는 균으로 옳은 것은?

① *Bacillus* 속
② *Clostridium* 속
③ *Acetobacter* 속
④ *Pediococcus* 속
⑤ *Lactobacillus* 속

022 전분의 당화를 이용한 식품은?

① 떡　　　　　② 팝콘
③ 식혜　　　　④ 청포묵
⑤ 미숫가루

023 밥맛을 좋게 하는 조건으로 옳은 것은?

① 용기의 재질이 얇고 가벼운 것이 좋다.
② 0.03%의 소금을 첨가하면 밥맛이 좋다.
③ 수분함량이 낮은 쌀일수록 밥맛이 좋다.
④ 식초를 첨가하여 pH를 5~6으로 맞춘다.
⑤ 아밀로오스 함량이 높을수록 밥맛이 좋다.

024 글루텐 형성에 관한 설명으로 옳은 것은?

① 설탕을 첨가하면 글루텐 형성은 촉진된다.
② 반죽을 오래할수록 글루텐 형성은 감소한다.
③ 소금을 첨가하면 글루텐의 점탄성이 감소한다.
④ 유지는 글루텐의 점성과 탄성을 증진시켜 준다.
⑤ 반죽 시 물을 소량씩 나누어 첨가하면 글루텐 형성이 촉진된다.

025 결정형 캔디로 옳게 짝지어진 것은?

① 퍼지, 폰당, 디비니티
② 퍼지, 태피, 디비니티
③ 토피, 태피, 디비니티
④ 퍼지, 브리틀, 캐러멜
⑤ 토피, 브리틀, 캐러멜

026 육류의 숙성에 대한 설명으로 옳은 것은?

① IMP가 분해되어 ATP가 생성된다.
② 카텝신 활성화로 단백질이 분해된다.
③ 혐기적 해당으로 인해 pH가 감소한다.
④ 액토미오신이 생성되어 근육이 수축한다.
⑤ 글리코겐 분해효소가 활성화되어 글리코겐이 분해된다.

027 육류를 연화시키는 방법으로 옳은 것은?

① 사후강직 기간에 조리한다.
② pH를 등전점으로 조절한다.
③ 파인애플 통조림을 이용한다.
④ 근섬유와 평행하게 썰어준다.
⑤ 1.2~1.5%의 소금을 첨가한다.

028 국이나 탕을 끓이기에 적합한 부위로 옳은 것은?

① 양지, 사태
② 등심, 안심
③ 안심, 갈비
④ 양지, 우둔육
⑤ 우둔육, 홍두깨살

029 어류의 조리시 식초를 첨가했을 때의 변화로 옳은 것은?

① 액틴과 미오신이 용출된다.
② 껍질이 수축되고 지방이 용해된다.
③ 단백질이 응고되고 근육이 연화된다.
④ 수분이 침출되고 뼈나 가시가 단단해진다.
⑤ 비린내 성분이 중화되어 비린내가 감소한다.

030 어패류의 조리에 대한 설명으로 옳은 것은?
① 튀김에는 붉은 살 생선이 적합하다.
② 가열시 열응착성은 미오겐이 원인이다.
③ 조개류는 고온에서 단시간 가열해야 질기지 않다.
④ 흰살생선은 양념이 깊이 밸 수 있도록 오래 조리해야 한다.
⑤ 생선은 양념장이 끓기 전에 넣어야 생선의 원형이 유지된다.

031 신선한 난류의 특징으로 옳은 것은?
① 난각이 얇고 광택이 있다.
② 된 난백의 비가 40%이다.
③ 난황계수가 0.14~0.17이다.
④ 난백의 pH가 알칼리성이다.
⑤ 10% 식염수에서 가라앉는다.

032 난류의 열응고성에 대한 설명으로 옳은 것은?
① 설탕을 넣으면 응고물이 단단해진다.
② 온도가 낮을수록 응고시간은 짧아진다.
③ 달걀을 희석하면 응고 온도가 낮아진다.
④ 약간의 식초를 넣으면 응고성이 증가한다.
⑤ 염류의 응고 효과는 원자가가 작을수록 효과적이다.

033 콩나물에서 비린내 성분의 원인에 해당하는 효소로 옳은 것은?
① 리파아제
② 프로테아제
③ 카탈라아제
④ 포스파타아제
⑤ 리폭시게나아제

034 튀김기름의 발연점에 대해 옳은 것은?
① 이물질이 많을수록 발연점은 높아진다.
② 정제도나 순도가 낮을수록 발연점은 낮아진다.
③ 1회 사용할 때마다 발연점은 10~15℃ 높아진다.
④ 유리지방산 함량이 많을수록 발연점은 높아진다.
⑤ 입구가 좁은 냄비나 팬에 조리하면 발연점이 낮아진다.

035 약과를 만들어서 튀겼을 때 풀어진다면 그 이유로 옳은 것은?
① 유지의 첨가량이 많았다.
② 설탕의 첨가량이 부족했다.
③ 반죽을 너무 많이 치대었다.
④ 튀김온도가 지나치게 높았다.
⑤ 반죽에 달걀을 첨가하여 튀겼다.

036 우유를 75℃ 이상 가열했을 때 생성되는 가열취의 원인으로 옳은 것은?
① 열에 의한 카세인 변성
② 열에 의한 락토글로불린 변성
③ 리폭시게나아제에 의한 지방산 산화
④ 유당의 분해로 생성된 포도당의 산화
⑤ 가열에 의해 생성된 피막성분의 광분해

037 크림의 거품이 잘 생성될 수 있는 조건은?
① 지방입자가 큰 크림
② 실온에 방치해둔 크림
③ 지방함량이 30% 이하
④ 설탕을 충분히 첨가한 크림
⑤ 숙성시키지 않은 신선한 크림

038 오이지를 담글 때 천일염을 사용하면 질감이 더 아삭해지는 이유로 옳은 것은?

① 천일염의 칼슘이온이 펙틴과 결합하였기 때문
② 천일염의 염소이온이 펙틴과 결합하였기 때문
③ 천일염의 칼슘이온이 셀룰로오스와 결합하였기 때문
④ 천일염의 염소이온이 셀룰로오스와 결합하였기 때문
⑤ 천일염의 염소이온에 의해 세포벽이 파괴되었기 때문

039 껍질을 벗긴 귤에서 효소적 갈변반응이 일어나지 않는 이유로 옳은 것은?

① 수분의 함량이 높기 때문
② 비타민 C 함량이 높기 때문
③ 산소와의 친화도가 낮기 때문
④ 효소가 쉽게 불활성화되기 때문
⑤ 폴리페놀화합물의 함량이 높기 때문

040 감칠맛 성분인 글루탐산나트륨을 함유하는 갈조류로 옳은 것은?

① 톳
② 파래
③ 다시마
④ 모자반
⑤ 우뭇가사리

급식, 위생 및 관계법규

041 산업체 급식에 대한 설명으로 옳은 것은?

① 단체급식 시장에서 차지하는 시장 규모가 가장 크다.
② 근로자를 대상으로 한 영양교육과 상담이 의무화되어 있다.
③ 식대보험 급여화제도가 도입되어 급식 품질이 향상되었다.
④ 다품종 소량조리로 생산성이 낮다.
⑤ 급식시장 50인 이상인 집단급식소에 영양사를 의무 고용한다.

042 급식생산 체계 중 생산, 배식, 서비스가 모두 동일한 장소에서 연속적으로 이루어지며 노동 생산성이 낮고 인건비 소요가 많은 급식은?

① 조합식 급식
② 공동조리장 급식
③ 중앙공급식 급식
④ 전통적 급식
⑤ 예비저장식 급식

043 급식소에서 관리자가 일상적이고 단순, 반복적인 업무로 너무 많은 시간을 소비하고 있다. 직무조정 시 중요하게 적용해야 할 원칙은?

① 삼면등가의 원칙
② 감독한계 적정화의 원칙
③ 명령일원화의 원칙
④ 권한위임의 원칙
⑤ 전문화의 원칙

044 조직의 성장과 발전을 위해 새로운 사업기획, 아이디어 개발은 경영자의 어떠한 역할 수행인가?

① 대표자　　② 협상자
③ 기업가　　④ 정보탐색자
⑤ 문제해결자

045 대형 단체급식 전문업체에서 조리원의 작업일정 계획과 급식 생산의 구체적 업무를 직접 결정하는 관리계층은?

① TQM 관리계층　　② 최고경영층
③ 하위관리층　　④ 중간관리층
⑤ 상위경영층

046 식단 작성 시 가장 먼저 해야 하는 것은?

① 식단표 작성
② 식단 구성
③ 급여영양량 결정
④ 급식횟수와 영양량 배분
⑤ 메뉴 품목 수 및 종류 결정

047 주기메뉴에 대한 설명으로 옳은 것은?

① 식재료 재고관리나 작업통제가 어렵다.
② 메뉴개발과 발주서 작성에 소요되는 시간을 절약할 수 있다.
③ 패스트푸드점에서 사용하기에 적합하다.
④ 소비자의 요구에 탄력적으로 대응할 수 있다.
⑤ 변동메뉴라고도 부른다.

048 식사구성안에 대한 설명으로 옳은 것은?

① 식사구성안에 제시된 식품의 중량은 비가식부를 포함하며 익히기 전의 무게이다.
② 식사구성안의 채소류 중 콩나물의 1인 1회 중량은 50g이다.
③ 식사구성안은 일반 건강인을 대상으로 전반적인 건강을 증진시키기 위한 것이다.
④ 식사구성안은 생활습관이 변한 경우 식품대체가 어렵다.
⑤ 식사구성안은 특정 질병의 예방이나 치료를 위해서 사용되는 것이다.

049 메뉴엔지니어링 분석결과, 수익은 높지만 판매량이 적었다. 이 메뉴에 대한 개선방안은?

① 메뉴를 삭제한다.
② 가격을 인상한다.
③ 눈에 잘 띄도록 메뉴 게시 위치를 바꾼다.
④ 현행대로 유지한다.
⑤ 가격이 비싼 메뉴와 세트 메뉴를 구성하여 수익을 더 높이도록 한다.

050 여러 개의 대규모 산업체급식을 위탁운영하고 있는 급식업체에서 원가 절감의 효과를 기대할 수 있는 구매유형은?

① 무재고구매　　② 공동구매
③ 중앙구매　　④ 독립구매
⑤ 정기구매

051 구매절차에 따른 장표 순서가 바르게 나열된 것은?

① 구매명세서 → 발주서 → 구매청구서 → 납품서
② 구매명세서 → 구매청구서 → 발주서 → 납품서
③ 구매청구서 → 구매명세서 → 발주서 → 납품서
④ 구매청구서 → 발주서 → 구매명세서 → 납품서
⑤ 발주서 → 구매명세서 → 구매청구서 → 납품서

052 정량발주가 적합한 품목은?

① 조달에 시간이 오래 걸리는 품목
② 가격이 비싼 품목
③ 재고부담이 큰 품목
④ 수요예측이 가능한 품목
⑤ 항상 수요가 있는 품목

053 검수 담당자가 우선적으로 확인해야 할 사항은?

① 식품의 폐기율
② 출고계수
③ 표준레시피
④ 식품의 품질과 수량
⑤ 기기관리 대장

054 급식소에서 입고 및 출고되는 물품의 양을 계속적으로 기록하여 남아 있는 물품의 목록과 수량을 파악하고 적정 재고량을 유지하는 재고관리 방식은?

① ABC 관리방식
② 최소-최대 관리방식
③ 영구재고관리
④ 실사재고관리
⑤ 선입선출관리

055 구입한지 오래된 물품의 단가가 마감 재고액에 반영되는 재고자산 평가방법은?

① 최종구매가법
② 후입선출법
③ 선입선출법
④ 총 평균법
⑤ 실제 구매가법

056 표준 레시피 이용 시 효과는?

① 조리원의 조직몰입도 증가
② 고객의 기호도 변화에 적절히 대응
③ 음식의 양과 질의 표준 제시
④ 고객 영양량 충족
⑤ 과잉 생산으로 인한 생산성 지표 향상

057 중앙배선에 대한 설명으로 옳은 것은?

① 주조리실의 면적이 작아도 가능하다.
② 많은 수의 감독자와 종업원 수를 필요로 한다.
③ 전문적인 중앙통제가 잘되며 배식량 조절이 쉽다.
④ 병원에서 중앙배선 시 환자에게 세심한 서비스가 가능하다.
⑤ 건물구조가 낮고 넓게 배치된 경우 효과적이다.

058 다음은 A 대학교 식당에서 일주일간 판매한 현황이다. 노동시간당 식당량은?

- 식수: 식사류 4,000식, 면류 500식
- 일주일간 총 작업시간: 480시간

① 8.0식당량/시간
② 9.4식당량/시간
③ 9.9식당량/시간
④ 8.9식당량/시간
⑤ 10.2식당량/시간

059 조리작업 중 불필요한 작업요소를 제거하고 빠르고 효과적인 방법을 발견하는 기법으로 공정분석, 작업분석, 동작분석 등을 이용하는 관리기법은?

① 실적기록법　② 방법연구
③ PTS법　　　④ 워크샘플링법
⑤ 시간연구법

060 메뉴품질의 양적평가를 하고자 할 때 적합한 지표는?

① 관능평가
② 잔반평가
③ 식수, 1인분량
④ 기호도 조사
⑤ 수응도 조사

061 영양사가 조리원의 출·퇴근 시간과 근무시간대별 주요 담당업무와 업무내용을 기록하여 전체적인 급식생산성을 향상시키기 위해 작성하는 것은?

① 작업직무표
② 작업공정표
③ 작업배치표
④ 작업측정표
⑤ 작업과정표

062 효율적인 조리작업을 위한 설비로 옳은 것은?

① 조리대의 너비는 양손이 닿을 수 있는 90cm 정도 넓이로 한다.
② 작업원이 일정한 방향으로 작업을 진행할 수 있도록 동선을 계획한다.
③ 조리대는 전처리구역 중심부에 배치한다.
④ 오른손잡이를 기준으로 조리대는 오른쪽에서 왼쪽으로 배치한다.
⑤ 불필요한 기둥이나 벽은 부수기 어려우므로 그대로 두고 기기를 배치한다.

063 조리종사원의 위생관리 내용으로 옳은 것은?

① 일주일에 1회 종사원의 건강상태를 체크한다.
②「식품위생법」상 6개월에 1회 건강진단을 받아야 한다.
③ 발열, 설사가 있는 종사원은 조리작업에 참여시키지 않는다.
④ 손에 상처나 종기가 있는 종사원은 상처 소독 후 조리 작업에 참여시킨다.
⑤ 무침조리를 할 때는 손을 깨끗이 씻고 맨손으로 무친다.

064 급식소에서 교차오염으로 인한 식중독 사고가 발생할 수 있는 상황은?

① 검식은 별도의 용기에 담아서 실시하구 용기에 남은 음식은 폐기하였다.
② 조리 후 1시간이 지난 후 음식을 배식하였다.
③ 소고기를 썬 도마를 물로 헹구고 오이무침용 오이를 썰었다.
④ 전처리용 고무장갑을 끼고 식기세척작업을 하였다.
⑤ 대파를 썬 도마에 양파를 썰었다.

065 생채소의 소독을 위해 유효염소 4% 락스를 이용하여 100ppm 농도의 소독액 2L를 제조하려고 한다. 몇 mL 락스가 필요한가?

① 20mL
② 15mL
③ 10mL
④ 5mL
⑤ 2mL

066 검수구역과 조리구역 사이에 위치하는 것이 바람직하며 평균식수, 배달 빈도, 재고회전율 등을 고려하여 면적을 계획해야하는 공간은?

① 전처리공간
② 검수공간
③ 저장공간
④ 배식공간
⑤ 조리공간

067 급식소에 기기를 배치할 때 가장 중요하게 고려해야 하는 것은?

① 사용하기 쉬운 순서대로
② 동작의 순서대로
③ 조리작업의 순서대로
④ 동력의 종류별로
⑤ 보기 좋은 모양으로

068 매출액의 증감과 관계없이 일정하게 발생하는 비용에 해당하는 것은?

① 통신비 ② 식재료비
③ 급료   ④ 임대료
⑤ 소모품비

069 1일 총 매출액이 1,400,000원인 급식소에서 인건비를 비롯한 고정비용이 400,000원, 식료비를 포함한 변동비용이 500,000원이다. 1일 총 수익은?

① 200,000원 ② 400,000원
③ 500,000원 ④ 600,000원
⑤ 700,000원

070 1월 초 식재료 재고액이 500,000원, 1월에 구매한 식재료비가 1,500,000원, 1월 말 재고액이 400,000원이었다. 1월의 매출액이 3,200,000원일 때 식재료비의 비율은?

① 60% ② 55%
③ 50% ④ 45%
⑤ 40%

071 채용 기준의 합리적인 설정을 위한 기초자료를 제공하는 것으로 옳은 것은?

① 직무설계 ② 직무분석
③ 직무평가 ④ 인사고과
⑤ 직무조직

072 고객의 급식만족도 향상을 위해 종업원 대상 서비스교육을 하고자 한다. 고객이 식사에 불만을 제기하는 상황에서 종업원의 응대 요령과 표준 대화문을 연습하기 위한 방법은?

① 사례연구   ② 프로그램학습
③ 경영게임   ④ 역할연기법
⑤ 시청각교육법

073 인사고과 시 작업성과가 우수한 조리원을 제대로 확인하지 않고 숙련도가 높다고 평가하였다. 어떤 오류에 해당하는가?

① 현혹 효과 ② 중심화경향
③ 논리오차   ④ 대비오차
⑤ 관대화경향

074 의사소통 유형과 방법의 연결이 옳은 것은?

① 하향식 의사소통 – 제안제도
② 상향식 의사소통 – 설문지
③ 상향식 의사소통 – 정책설명
④ 하향식 의사소통 – 고충처리
⑤ 하향식 의사소통 – 의견함

075 위기상황이나 선택의 여지가 없는 상황에서 효과적인 리더십으로, 신속한 의사결정이 가능한 리더의 유형은?

① 민주적 리더   ② 전제적 리더
③ 온정적 리더   ④ 자유방임적 리더
⑤ 참여적 리더

076 고객에 대한 내·외부 자료를 분석하고 통합하여 고객의 특성에 기초한 서비스 마케팅 활동을 통해 고객과의 장기적인 유대를 강화하는 우호적 관계를 구축하는 마케팅은?

① 텔레마케팅
② 거래마케팅
③ 감성마케팅
④ 관계마케팅
⑤ 바이럴마케팅

077 서비스 품질명세서와 서비스 전달수준의 차이로 서비스 갭이 발생하였다. 이 갭을 줄일 수 있는 방안은?

① 고객과의 지속적인 소통 시도
② 광고나 캠페인 활동 강화
③ 유능한 종업원 확보
④ 서비스 품질목표 재수립
⑤ 상향적 커뮤니케이션 활성화

078 식품으로 인해 생기는 건강장애의 원인물질 중 유기성인 것은?

① 싹튼 감자의 솔라닌
② 채소 재배시 살포된 농약
③ 복어에 함유된 테트로도톡신
④ 저장 중인 쌀의 푸른 곰팡이
⑤ 물소독 과정에서 생성된 THM

079 안전을 위한 시간·온도 관리가 필요한 식품으로 옳은 것은?

① 자르지 않은 토마토
② 개봉한 상업적 멸균 제품
③ 익히지 않은 식물성 식품
④ 수분의 함량이 낮은 단백질 식품
⑤ 껍데기를 온전하게 공랭시킨 삶은 달걀

080 오염지표균에 대한 설명으로 옳은 것은?

① 대장균군은 분리나 동정이 비교적 쉽다.
② 장구균은 건조식품에서의 생존율이 적은 편이다.
③ 대장균군의 검출은 반드시 분변오염과 직결된다.
④ 대장균군은 냉동식품의 오염지표균으로 이용된다.
⑤ 식품매개 병원균과의 관계는 대장균군보다 장구균이 더 크다.

081 소량의 균주로 감염되며, -20℃ 이하의 낮은 온도에서도 장시간 생존하고 구토, 설사 등의 증상을 유발하는 식중독은?

① 사카자키 식중독
② 보툴리누스 식중독
③ 장염비브리오 식중독
④ 노로바이러스 식중독
⑤ 황색 포도상구균 식중독

082 리스테리아 식중독에 대한 설명으로 옳은 것은?

① 그람음성, 무포자 단간균이다.
② 중온균으로 냉장에서는 생육이 불가능하다.
③ 원인균은 식염 10%에서도 생육이 가능하다.
④ 흔히 성인에게도 패혈증이나 뇌수막염을 일으킨다.
⑤ 임산부에게는 자연유산, 사산을 일으키나 치사율은 0.1%로 낮다.

083 장염비브리오 식중독에 대한 설명으로 옳은 것은?

① 잠복기는 평균 12시간이다.
② 겨울철에 발생빈도가 가장 높다.
③ *Vibrio Vulnificus*가 원인균이다.
④ 원인식품은 주로 샐러드, 우유 등 유제품이다.
⑤ 복통, 설사, 패혈증 등이 주증상이며 발열은 거의 없다.

084 원인균은 미호기성의 나선형 간균으로 42℃의 온도에서 활발하게 증식하며 닭 등 가금류의 장내에서 쉽게 증식한다. 잠복기가 2~7일로 긴 것이 특징인 식중독은?

① 살모넬라 식중독
② 캠필로박터 식중독
③ 보툴리누스 식중독
④ 퍼프린젠스균 식중독
⑤ 황색포도상구균 식중독

085 12시경에 점심을 먹은 후 오후 3시경에 오심, 구토 등 식중독 증상이 나타났다면 의심할 수 있는 식중독으로 옳은 것은?

① 살모넬라 식중독
② 보툴리누스 식중독
③ 퍼프린젠스 식중독
④ 장염비브리오 식중독
⑤ 황색포도상구균 식중독

086 다환방향족 탄화수소에 대한 설명으로 옳은 것은?

① 음식물을 통해서만 체내로 유입된다.
② 모리나카 조제분유 사건의 원인물질이다.
③ 유기염소화합물의 폐기처리과정에서 생성된다.
④ 300℃ 이상의 고온에서 유기물을 가열할 때 생성된다.
⑤ 폴리스티렌을 이용하여 전자레인지로 조리할 때 생성된다.

087 설탕보다 약 200배 정도의 단맛을 가지고 있으나 독성이 매우 강해서 원폭당 또는 살인당으로 불리던 물질은?

① 페릴라틴
② 에틸렌 글리콜
③ 사이클라메이트
④ 파라-니트로아닐린
⑤ 파라-니트로-오르쏘-톨루이딘

088 Penicillium속 곰팡이와 관련이 있는 곰팡이독으로 짝지어진 것은?

① 시트리닌, 아플라톡신
② 시트리닌, 오크라톡신
③ 아플라톡신, 오크라톡신
④ 시트레오비리딘, 파툴린
⑤ 시트레오비리딘, 아플라톡신

089 다음 중 감염병과 증상의 연결이 옳은 것은?

① 콜레라: 쌀뜨물 같은 심한 설사, 고열
② 장티푸스: 40℃ 전후의 고열, 장미진
③ 세균성 이질: 두통, 구토, 인후염, 기침
④ 파상열: 임산부의 유산, 고혈, 패혈증
⑤ 성홍열: 황달을 수반하는 웨일스씨병

090 폐흡충의 중간숙주가 바르게 연결된 것은?

① 비틀고동 – 숭어
② 물벼룩 – 게, 가재
③ 다슬기 – 민물갑각류
④ 왜우렁이 – 개구리, 뱀
⑤ 물벼룩 – 가물치, 뱀장어

091 HACCP에서 식품의 위해요소를 예방·제거하거나 허용수준 이하로 감소시켜 당해 식품의 안정성을 확보할 수 있는 중요한 단계 또는 공정은?

① 모니터링 ② 위해요소 분석
③ 한계기준 설정 ④ 개선조치 설정
⑤ 중요관리점 결정

092 다음 빈칸에 들어갈 말로 옳은 것은?

> 「식품위생법」의 정의에서 식품첨가물이란 식품을 제조·가공·조리 또는 보존하는 과정에서 (   ) 등을 목적으로 식품에 사용되는 물질을 말한다.

① 감미, 표백, 보존 또는 산화방지
② 감미, 착색, 보존 또는 산화방지
③ 감미, 착색, 표백 또는 산화방지
④ 감미, 표백, 살균 또는 산화방지
⑤ 감미, 착색, 살균 또는 산화방지

093 식품의약품안전처장으로부터 한시적으로 기준·규격을 인정받을 수 있는 식품으로 옳은 것은?

① 농·축·수산물 등으로부터 합성된 것
② 농·축·수산물 등으로부터 정제한 것
③ 농·축·수산물 등으로부터 분해한 것
④ 농·축·수산물 등으로부터 추출한 것
⑤ 농·축·수산물 등으로부터 산화된 것

094 식품관련 영업자 대상의 식품위생교육의 내용으로 옳지 않은 것은?

① 개인위생 ② 식품위생
③ 식품위생시책 ④ 식품의 품질관리
⑤ 식품위생 검사방법

095 식품의 이물발견 신고를 통보받은 경우 원인조사를 위해 필요한 조치를 취하여야 하는 자는?

① 영업자
② 시·도지사
③ 질병관리청장
④ 시장·군수·구청장
⑤ 식품의약품안전처장

096 집단급식소에 종사하는 영양사와 조리사의 교육주기와 시간으로 옳은 것은?

① 1년마다 5시간
② 1년마다 6시간
③ 2년마다 5시간
④ 2년마다 6시간
⑤ 3년마다 6시간

097 「학교급식법」에서 영양교사의 직무에 해당하지 않는 것은?

① 식재료 선정 및 검수
② 식재료 조달방법 기준 선정
③ 위생, 안전, 작업관리 및 검식
④ 조리실 종사자의 지도 및 감독
⑤ 식생활 지도, 정보제공 및 영양상담

098 국민영양조사와 영양에 관한 지도업무를 행하게 하기 위한 공무원을 두어야 하는 곳은?

① 보건복지부
② 질병관리청
③ 식품의약품안전처
④ 시장, 군수, 구청장
⑤ 특별시, 광역시 및 도

099 「국민영양관리법」에 따라 국가 및 지방자치단체가 지역사회의 영양문제에 연구를 위해 실시하는 조사 내용에 해당하는 것은?

① 식생활 행태조사, 건강상태조사
② 식생활 행태조사, 위생환경조사
③ 식품 및 영양소 섭취조사, 건강상태조사
④ 식품 및 영양소 섭취조사, 위생환경조사
⑤ 식품 및 영양소 섭취조사, 식생활 행태조사

100 「농수산물의 원산지 표시 등에 관한 법률」에서 농수산물이나 그 가공품을 조리하여 판매 제공할 때 원산지를 표시하여야 하는 자로 옳은 것은?

① 단란주점영업, 유흥주점영업
② 단란주점영업, 일반음식점영업
③ 유흥주점영업, 일반음식점영업
④ 일반음식점영업, 위탁급식영업
⑤ 위탁급식영업, 단란주점영업

7회

[1교시]
영양학 및 생화학
영양교육, 식사요법 및 생리학

[2교시]
식품학 및 조리원리
급식, 위생 및 관계법규

올인원 영양사 모의고사 [7회]

제한시간 100분 / 점수 _____ 점

영양학 및 생화학

001 한국인 영양소 섭취기준에서 식이성 만성질환의 위험감소를 위해 제시한 기준치로 옳게 연결된 것은?

① 상한섭취량, 에너지 적정비율
② 상한섭취량, 만성질환위험감소섭취량
③ 평균필요량, 권장섭취량, 충분섭취량
④ 평균필요량, 권장섭취량, 상한섭취량
⑤ 에너지 적정비율, 만성질환위험감소섭취량

002 인슐린의 작용으로 옳은 것은?

① 지방 합성 촉진
② 케톤체 합성 촉진
③ 포도당 합성 촉진
④ 글리코겐 분해 촉진
⑤ 콜레스테롤 합성 억제

003 불용성 식이섬유에 대한 설명으로 옳은 것은?

① 대장 미생물에 의해 발효된다.
② g당 2kcal의 에너지를 생성한다.
③ 채소잎이나 곡류의 겨층에 함유되어 있다.
④ 배변량을 증가시켜 분변시간을 지연시킨다.
⑤ 혈중 콜레스테롤 농도를 낮추어 심혈관계질환을 예방한다.

004 올리고당에 대한 설명으로 옳은 것은?

① DNA와 RNA를 구성한다.
② 체내 주요 에너지원이다.
③ 지방의 불완전 산화를 방지한다.
④ 단백질이 체구성에 사용될 수 있게 돕는다.
⑤ 장내 유해세균의 증식을 억제하여 장내 환경을 청결히 한다.

005 혈중 포도당 농도에 관한 설명으로 옳은 것은?

① 공복시 혈당이 100mg/dℓ 이상이면 당뇨로 진단한다.
② 혈당이 증가하면 에피네프린이 분비되어 혈당을 감소시킨다.
③ 혈당치가 170~180mg/dℓ 이상이면 소변으로 당이 배설된다.
④ 혈당이 감소하면 근육 글리코겐이 분해되어 혈당을 상승시킨다.
⑤ 혈당이 감소하면 부신에서 글루카곤이 분비되어 혈당을 상승시킨다.

006 소장에서 탄수화물 흡수과정에 대한 설명으로 옳은 것은?

① 단당류나 이당류 형태로 흡수된다.
② 포도당은 흡수 시 과당과 경쟁한다.
③ 갈락토오스는 흡수될 때 ATP를 요구한다.
④ 단당류 중 과당의 흡수속도가 가장 빠르다.
⑤ 흡수 후 림프관을 통해 흉관을 거쳐 대정맥으로 합류된다.

007 해당과정에서 비가역적인 반응으로 옳은 것은?

① 포도당 6-인산 → 과당 6-인산
② 포스포엔올피루브산 → 피루브산
③ DHAP → 글리세르알데히드 3-인산
④ 과당 1,6-이인산 → 글리세르알데히드, DHAP
⑤ 글리세린산 1,3-이인산 → 글리세린산 3-인산

008 TCA회로 내 효소 중 리보플라빈을 요구하는 것으로 옳은 것은?

① 숙신산 탈수소효소
② 이소구연산 탈수소효소
③ 시트르산 합성효소
④ 숙신산 합성효소
⑤ 말산 탈수소효소

009 식이로 섭취한 갈락토오스의 대사에 대한 설명으로 옳은 것은?

① 포도당 합성에는 이용되지 않는다.
② DNA와 RNA 합성에 직접 이용된다.
③ 대사과정에서 NADPH를 필요로 한다.
④ 대사물질이 글리코겐 합성에 이용된다.
⑤ 대사될 때 GDP-글루코오스가 필요하다.

010 TCA 회로를 촉진시키는 인자들로 옳은 것은?

① NAD^+, ADP, CoA
② NAD^+, ADP, acetyl CoA
③ NAD^+, ATP, acetyl CoA
④ NADH, ATP, acetyl CoA
⑤ NADH, ATP, succinyl CoA

011 오탄당 인산경로에 대한 설명으로 옳은 것은?

① 미토콘드리아와 세포질에서 일어난다.
② 후반부에서 산화반응을 통해 NADPH가 생성된다.
③ 스테로이드 호르몬을 무독화시키는 물질이 생성된다.
④ 전반부는 가역적 반응이며 지방산 합성에 환원력을 제공한다.
⑤ 글루타티온의 지속적 환원작용이 요구되는 조직에서 왕성하다.

012 포도당 신생합성의 원료로 옳은 것은?

① 리신, 루신
② 리신, 글리세롤
③ 젖산, 글리세롤
④ 리놀레산, 알라닌
⑤ α-리놀렌산, 글리세롤

013 지질의 종류와 체내 기능의 연결이 옳은 것은?

① 중성지방 - 필수지방산 공급
② 콜레스테롤 - 비타민 A 전구체
③ 중성지방 - 세포막의 주요 구성성분
④ 인지질 - 체내의 주요 에너지 저장형태
⑤ 콜레스테롤 - 인슐린, 글루카곤 전구체

014 담즙산의 기능과 구조에 대한 설명으로 옳은 것은?

① 단백질의 흡수를 돕는다.
② 큰 단백질을 잘게 분해한다.
③ 알라닌이나 타우린과 결합한다.
④ 지용성 비타민의 흡수를 돕는다.
⑤ 체내에서 아미노산으로부터 합성된다.

015 과다한 탄수화물 섭취로 체내에 증가하는 지단백질 형태로 옳은 것은?

① IDL   ② LDL
③ HDL   ④ VLDL
⑤ 킬로미크론

016 아이코사노이드에 대한 설명으로 옳은 것은?

① 주요 전구체는 아라키돈산과 DHA이다.
② 루코트리엔은 혈관이완 작용을 한다.
③ 트롬복산은 혈액응고 억제 작용을 한다.
④ 세포막 인지질의 sn-1 지방산으로부터 합성된다.
⑤ 오메가 3-계열에서 생성된 아이코사노이드는 혈관의 이완작용이 강하다.

017 소장에서 흡수되는 지질의 형태로 옳게 짝지어진 것은?

① 디아실글리세롤, 리소인지질
② 콜레스테롤에스터, 리소인지질
③ 모노아실글리세롤, 리소인지질
④ 디아실글리세롤, 콜레스테롤에스터
⑤ 모노아실글리세롤, 콜레스테롤에스터

018 탄소수가 홀수인 지방산의 최종 대사물과 이 물질의 생성을 촉매하는 효소의 보조효소로 옳게 연결된 것은?

① 아세틸 CoA – NADH, TPP
② 아세틸 CoA – NADH, 비오틴
③ 아세틸 CoA – 비오틴, 비타민 B_{12}
④ 숙시닐 CoA – 비오틴, 비타민 B_{12}
⑤ 숙시닐 CoA – NADH, 비타민 B_{12}

019 콜레스테롤 합성에 대한 설명으로 옳은 것은?

① 체내 합성량은 섭취량과 무관하다.
② 체내 합성량보다 섭취량이 더 많다.
③ HMG CoA 환원효소가 속도조절 단계이다.
④ 글루카곤과 갑상선호르몬에 의해 촉진된다.
⑤ 콜레스테롤 1분자 합성에 8분자의 아세틸 CoA가 필요하다.

020 케톤체 생성과정 중 아세토아세트산의 전구체로 옳은 것은?

① 아세톤
② 스쿠알렌
③ HMG CoA
④ 아세토아세틸 CoA
⑤ β-하이드록시부티르산

021 지방산 생합성에 대한 설명으로 옳은 것은?

① 구연산에 의해 촉진된다.
② NAD^+와 FAD가 필요하다.
③ 긴 사슬 아실 CoA에 의해 촉진된다.
④ 팔미트산 합성에 6ATP가 필요하다.
⑤ 지속적으로 아세틸 CoA 형태로 추가되어 탄소수가 2개씩 증가한다.

022 단백질 필요량에 대한 설명으로 옳은 것은?

① 체지방이 많을수록 필요량이 증가한다.
② 질병, 감염병 상태일 때 필요량이 감소한다.
③ 성장기 어린이나 청소년기에 필요량이 감소한다.
④ 탄수화물 공급이 충분할 경우 필요량이 증가한다.
⑤ 생물가가 높은 단백질의 경우 필요량이 감소한다.

023 단백질의 기능으로 옳은 것은?

① 알도스테론의 전구체이다.
② 체내에서 삼투압 유지에 관여한다.
③ 체온조절 및 장기보호 기능을 한다.
④ 에너지 생성과정에서 조효소로 작용한다.
⑤ 에너지원으로 사용 후 남은 포도당의 주요 저장형태이다.

024 근육에서 주로 대사되기 때문에 간질환이 있을 때 섭취하기 적절한 아미노산은?

① 발린　　　　　② 티로신
③ 트립토판　　　④ 메티오닌
⑤ 페닐알라닌

025 단백질에 대한 설명으로 옳은 것은?

① 아미노산은 효율적인 에너지원이다.
② 분자내에 평균 16%의 질소를 함유한다.
③ 단백질을 구성하는 아미노산은 9가지이다.
④ 뇌는 우선적으로 아미노산을 에너지원으로 사용한다.
⑤ 신체에 필요한 모든 아미노산은 음식으로 섭취해야 한다.

026 하루 100g의 단백질을 섭취한 사람의 질소배설량이 소변으로 5g, 대변으로 7g이라면 체내 보유된 질소량은 얼마인가?

① 3g　　　　② 4g
③ 5g　　　　④ 6g
⑤ 7g

027 요소회로에 대해 옳은 것은?

① 6ATP가 소모된다.
② 조절은 카바모일인산 합성단계이다.
③ 요소는 미토콘드리아에서 생성된다.
④ 세포질에서 시트룰린이 미토콘드리아로 이동한다.
⑤ 요소의 질소는 암모니아와 알라닌으로부터 제공된다.

028 근육에서 생성된 암모니아를 간으로 운반하는 아미노산으로 옳은 것은?

① 글루타민, 알라닌
② 글루탐산, 알라닌
③ 글루타민, 글루탐산
④ 알라닌, 아스파르트산
⑤ 글루탐산, 아스파르트산

029 크레아틴 합성에 관여하는 아미노산으로 옳은 것은?

① 글리신, 알라닌, 아르기닌
② 글리신, 아르기닌, 메티오닌
③ 알라닌, 아르기닌, 메티오닌
④ 글루탐산, 글리신, 메티오닌
⑤ 글루탐산, 아르기닌, 메티오닌

030 아미노산과 대사산물 연결이 옳은 것은?

① 티로신 – 히스타민
② 라이신 – 세로토닌
③ 글루탐산 – GABA
④ 트립토판 – 피리독신
⑤ 트립토판 – 에피네프린

031 진핵세포의 전사과정에 대한 설명으로 옳은 것은?

① 세포질에서 일어나는 과정이다.
② 전사 후 5′-캡 구조가 첨가된다.
③ 2가닥의 DNA가 동시에 전사된다.
④ 전사 후 엑손이 제거되고 인트론만 연결된다.
⑤ mRNA의 정보에 따라 단백질이 합성되는 과정이다.

032 단백질 부분인 아포효소(apoenzyme)와 조효소(coenzyme)가 결합하여 효소활성을 지닌 형태로 옳은 것은?

① isoenzyme
② holoenzyme
③ allosteric enzyme
④ homotropic enzyme
⑤ heterotropic enzyme

033 알코올 대사에 대한 설명으로 옳은 것은?

① 알코올의 소화 흡수율은 70%이다.
② 알코올 섭취로 체내 피루브산이 축적된다.
③ 과도한 알코올 섭취로 NADPH가 생성된다.
④ 알코올 섭취시 포도당 신생과정이 저해된다.
⑤ 알코올은 대부분 위에서 흡수된 후 간에서 대사된다.

034 지용성 비타민의 대사과정에 대한 설명으로 옳은 것은?

① 소화흡수 과정에 담즙이 필요하다.
② 소장에서 간으로 운반될 때 VLDL형태로 이동한다.
③ 체내에 거의 저장되지 않으므로 매일 섭취해야 한다.
④ 모든 지용성 비타민은 혈중에 운반단백질이 존재한다.
⑤ 소장에서 모세혈관으로 흡수되어 간문맥으로 운반된다.

035 비타민 D의 기능에 대한 설명으로 옳은 것은?

① 세포의 증식과 분화를 조절한다.
② 신장에서 칼슘의 배설을 촉진한다.
③ 소장에서 칼슘과 인의 흡수를 억제한다.
④ 세포막의 산화를 방해하는 항산화작용을 한다.
⑤ 혈액응고 과정 중 프로트롬빈의 활성에 관여한다.

036 지용성 비타민과 결핍증의 연결이 옳은 것은?

① 비타민 A – 신경장애
② 비타민 A – 골다공증
③ 비타민 D – 안구건조증
④ 비타민 E – 퇴행성 신경증
⑤ 비타민 K – 피부 건조증

037 비타민 B_6의 기능으로 옳은 것은?

① 신경섬유의 수초유지에 기여한다.
② 미엘린과 신경조직에 에너지를 공급한다.
③ 글리코겐 분해과정에서 조효소로 작용한다.
④ 아미노기 전이반응을 통해 필수아미노산을 합성한다.
⑤ 글루타티온을 다시 환원형으로 재생하는데 관여한다.

038 다음 기능을 수행하는 비타민으로 옳은 것은?

- 세포 대사과정에서 생성된 산소 자유기를 제거하는 역할
- 수산화효소를 활성화시켜 콜라겐 합성에 관여
- 트리메틸리신의 수산화반응에 관여하여 카르니틴 합성

① 비타민 A ② 비타민 D
③ 비타민 B_1 ④ 비타민 C
⑤ 판토텐산

039 판토텐산이 관여하는 대사과정으로 옳게 짝지어진 것은?

① 해당과정, TCA회로
② 해당과정, 지방산 β-산화
③ TCA회로, 지방산 β-산화
④ 요소회로, 지방산 β-산화
⑤ 요소회로, TCA회로

040 무기질의 흡수에 대한 설명으로 옳은 것은?

① 식이섬유는 칼슘과 인의 흡수를 촉진시킨다.
② 황은 유기물 상태로 소장벽을 통해 흡수된다.
③ 칼슘은 소장상부에서 수동적 확산으로 흡수된다.
④ 인의 흡수율은 생리적 요구량과 관계없이 일정하다.
⑤ 나트륨은 염소와 함께 흡수될 때 흡수율이 감소한다.

041 칼슘의 기능에 대한 설명으로 옳은 것은?

① 에너지 대사에 관여한다.
② 프로트롬빈이 트롬빈으로 전환될 때 필요하다.
③ 근 소포체의 칼슘이 방출되면 근육이 이완된다.
④ 체내의 산화환원반응에 관여하여 항산화 기능을 한다.
⑤ 신경세포내에 칼슘이 유입되면 신경자극 전달이 억제된다.

042 다음의 기능을 수행하는 무기질은?

수분평형 조절, 신경전달과 근육의 수축 및 이완, 세포 단백질 내에 질소 저장시 필요

① 칼륨 ② 인산
③ 나트륨 ④ 칼슘
⑤ 마그네슘

043 다음 철의 대사에 대한 설명 중 옳은 것은?

① 트랜스페린에 결합하는 철의 형태는 Fe^{2+}이다.
② 소장세포의 세룰로플라스민은 철의 흡수를 조절한다.
③ 위산은 철이 트랜스페린과 결합하는 것을 촉진시킨다.
④ 적혈구 파괴로 빠져나온 철은 대부분 소변으로 배설된다.
⑤ 많은 양의 구리와 아연을 섭취하면 철의 흡수율이 감소한다.

044 아연을 과잉 섭취하여 나타나는 빈혈의 형태로 옳은 것은?

① 악성빈혈
② 용혈성 빈혈
③ 재생불량성 빈혈
④ 거대 적아구성 빈혈
⑤ 소적혈구성 저색소성 빈혈

045 무기질의 결핍증과 급원식품의 연결이 옳은 것은?

① 철: 미각 감퇴, 녹황색 채소
② 아연: 학습능력 저하, 조개류
③ 구리: 치아불소증, 미역 등 해조류
④ 망간: 성장과 생식장애, 견과류 등 식물성 식품
⑤ 요오드: 혈액 내 요산 증가, 우유 및 유제품

046 체내 수분에 대한 설명으로 옳은 것은?

① 성인은 체중의 50%가 수분이다.
② 세포외액보다 세포내액의 양이 더 많다.
③ 체내 수분량의 대부분은 혈액에 존재한다.
④ 세포내액에는 세포간질액과 혈관내 수분이 포함된다.
⑤ 나이가 들수록 체구성 성분 중 수분의 비율이 많아진다.

047 프로게스테론에 대한 설명으로 옳은 것은?

① 난포기에 분비되어 난포 성숙에 관여한다.
② 임신 중 자궁평활근을 이완시켜 임신 유지를 돕는다.
③ 뼈의 칼슘 방출을 저해하여 골다공증을 예방한다.
④ 임신 중 결합조직에 점질다당류의 구성을 변화시켜 수분을 보유한다.
⑤ 나트륨의 재흡수를 촉진하여 체액증가에 기여한다.

048 임신 중 모유 분비가 억제되는 이유는?

① 임신 중 인슐린 저항성으로 프로락틴 작용이 억제되기 때문
② 임신 중에는 유선과 유방이 발달하지 않기 때문
③ 에스트로겐과 프로게스테론이 프로락틴의 작용을 억제하기 때문
④ 임신 중에는 프로락틴이 생성되지 않기 때문
⑤ 임신 중 모체의 영양상태와 심리상태가 위축되기 때문

049 임신부의 생활습관이 태아에 미치는 영향으로 옳은 것은?

① 알코올과 아세트알데히드는 태반을 통과하지 못하므로 태아에게 영향이 없다.
② 담배 연기의 일산화탄소는 혈관을 수축시켜 분만 시 과다출혈 위험이 증가한다.
③ 심한 운동은 기초체온 상승, 혈당 감소 등으로 태아 성장 부진 위험이 증가한다.
④ 임신부에게 1일 카페인 섭취기준량은 600mg 이하이다.
⑤ 카페인은 태아에게 전달되지만 태아는 카페인 분해효소 활성이 모체와 동일하므로 문제되지 않는다.

050 수유부의 대사적 특징에 대한 설명으로 옳은 것은?

① 수유부의 기초대사량은 비수유부보다 높다.
② 비수유부 여성보다 단백질 전환율이 높다.
③ 유선조직의 지방대사는 저하되는 반면, 지방조직에서는 항진된다.
④ 식사를 통해 섭취된 에너지와 영양소는 모체조직의 대사에 우선적으로 사용된다.
⑤ 식사를 통해 섭취된 무기질의 흡수율이 증가된다.

051 영아의 소화, 흡수기능에 대한 설명으로 옳은 것은?
① 타액 리파아제 활성은 성인과 비슷하다.
② 트립신, 키모트립신, 카복시펩티다아제 활성은 성인과 비슷하다.
③ 출생 시 락타아제 활성은 성인보다 높다.
④ 지방은 주로 췌장 리파아제에 의해 소화된다.
⑤ 췌장 아밀라제 활성이 높아 전분 소화가 잘된다.

052 단위 체중 당 영아의 수분필요량이 성인보다 높은 이유로 옳은 것은?
① 신장의 소변 농축 능력이 높기 때문
② 체격에 비해 체표면적이 작기 때문
③ 단백질 분해 산물 배설이 많기 때문
④ 새로운 조직의 합성과 체액 부피 증가 적기 때문
⑤ 피부와 호흡을 통한 손실이 적기 때문

053 이유에 대한 설명으로 옳은 것은?
① 이유 초기에 적당한 식품은 잇몸으로 잘라 먹을 수 있는 형태이다.
② 4~5개월에 달걀노른자, 간 등을 주는 것은 철 공급에 좋다.
③ 이유식은 수유 후 영아의 기분이 좋을 때 제공한다.
④ 이유 초기에 점착성이 있는 형태의 곡류 식품을 주면 충치가 빨리 생길 수 있다.
⑤ 미각 발달을 위해 설탕, 소금 등을 사용하여 다양한 맛을 느끼도록 한다.

054 다음 중 6~9세의 학령기 아동의 성장에 영향을 주는 호르몬으로 옳은 것은?
① 안드로겐   ② 에스트로겐
③ 인슐린   ④ 부갑상선호르몬
⑤ 알도스테론

055 청소년기 신체 발달 및 특징으로 옳은 것은?
① 지방축적량의 증가는 남자가 여자보다 더 지속적으로 일어난다.
② 2차 성징이 나타나는 순서는 정해져 있지 않으며 경우에 따라 순서가 바뀔 수 있다.
③ 빈혈 증세가 없어도 충분히 철을 섭취할 필요가 있다.
④ 일생 중 가장 급속한 신체 성장이 이루어지는 시기이다.
⑤ 성적 성숙과 관련된 기전은 생식기관만이 관여한다.

056 성인기에 대사증후군 발생 위험을 높이는 생리적인 특성은?
① 소화기능 감소   ② 뇌기능 감소
③ 지방량 증가   ④ 심박출량 감소
⑤ 호흡기능 감소

057 성인여성보다 노인여성에서 권장량이 증가하는 영양소는?
① 철   ② 단백질
③ 칼슘   ④ 비타민 C
⑤ 칼륨

058 노인기 소화·흡수기능에 대한 설명으로 옳은 것은?
① 췌액 분비량 저하로 비타민 B_{12} 흡수 감소
② 담즙 분비 저하로 지질 흡수 감소
③ 위액 분비량 저하로 당질 소화 감소
④ 타액 분비량 저하로 지질 소화 감소
⑤ 장액 분비량 저하로 철 흡수 감소

059 노인기 식염의 과잉섭취와 관련한 건강문제는?

① 게실염, 골다공증
② 변비, 위염
③ 위염, 고혈압
④ 고혈압, 골다공증
⑤ 빈혈, 동맥경화증

060 운동에 따른 에너지 공급원으로 옳게 연결된 것은?

① 역도 – 지방산
② 높이뛰기(8초 이내) – 글리코겐
③ 수영(4분 이상) – 아미노산
④ 조깅(30분 이상) – 지방산
⑤ 마라톤(2시간 이상) – 단백질

영양교육, 식사요법 및 생리학

061 영양교육을 실시하려고 할 때 첫 단계에 해야 할 것은?

① 교육의 주제, 내용, 방법에 대해 구체적인 계획을 수립한다.
② 교육 내용과 방법의 타당성을 평가한다.
③ 대상자의 문제를 분석하고 교육요구도를 파악한다.
④ 적절한 홍보로 참여율을 높인다.
⑤ 학습환경을 고려하여 융통성 있게 교육한다.

062 체중조절 대상자에게 식사구성안 사용법, 음주를 스스로 절제하는 법, 간식과 외식 섭취 시 식사요법에 맞게 선택하는 법 등을 교육하였다. 이는 무엇을 목적으로 하는 것인가?

① 행동에 대한 태도 향상
② 자아효능감 증진
③ 주관적 규범 향상
④ 행동의 계기 제공
⑤ 인지된 위험성 증대

063 영양사가 건강신념모델을 이용하여 편식하는 어린이에게 유제품을 섭취하면 좋은 점에 관해 교육하였다. 이때 적용한 구성요소는?

① 인지된 심각성
② 행동의 계기
③ 인지된 민감성
④ 인지된 이익
⑤ 자아효능감

064 프리시드-프로시드(PRECEDE-PROCEED)의 평가단계에 대한 설명으로 옳은 것은?

① 결과평가는 프로그램 진행의 중간목표에 대한 달성 평가이다.
② 과정평가는 행동적, 환경적 요인에 긍정적인 변화를 유도하였는지를 평가한다.
③ 과정평가는 교육적, 생태학적 진단으로 파악된 요인들이 변화하였는지를 평가한다.
④ 효과평가는 행동강화요인에 대한 교육 전후 변화를 평가한다.
⑤ 프리시드는 평가단계로 4단계로 구성되어 있다.

065 지역사회 영양사업에서 영양교육 후에 실시하는 평가는?

① 과정평가   ② 관찰평가
③ 효과평가   ④ 내용평가
⑤ 방법평가

066 지역사회 영양사업으로 우선 선정해야 할 영양문제는?

① 개선 가능성이 작은 영양문제
② 경제적 손실이 큰 영양문제
③ 주민의 관심도가 낮은 영양문제
④ 사회적 이슈가 큰 영양문제
⑤ 희귀한 영양문제

067 매스미디어로 이용될 수 있는 것은?

① 식품모형   ② 인터넷
③ 융판   ④ 인형
⑤ 디오라마

068 영양문제 해결을 위해 참가자 전원이 자유롭게 다양한 의견을 제시하고, 그 가운데에서 좋은 아이디어를 찾아내는 방법은?

① 워크숍   ② 심포지엄
③ 강단식 토의   ④ 두뇌충격법
⑤ 패널 토의

069 영양모니터링 활동 원칙 중 수용자가 이해하기 쉽게 구성, 제작 되었는지를 확인하는 것은?

① 공익성   ② 객관성
③ 시의성   ④ 해설성
⑤ 전문성

070 매체의 역할에 대한 설명으로 옳은 것은?

① 교육내용을 개별화
② 시공간 접근의 어려움
③ 긍정적인 학습태도 형성
④ 교육자 역할의 축소
⑤ 교육대상자의 주의산만

071 영양상담의 실시과정 순서를 바르게 나열한 것은?

① 자료수집 - 친밀관계 형성 - 영양판정 - 목표설정 - 실행 - 평가
② 친밀관계 형성 - 자료수집 - 목표설정 - 영양판정 - 실행 - 평가
③ 자료수집 - 친밀관계 형성 - 실행 - 목표설정 - 영양판정 - 평가
④ 친밀관계 형성 - 자료수집 - 영양판정 - 목표설정 - 실행 - 평가
⑤ 친밀관계 형성 - 자료수집 - 평가 - 영양판정 - 목표설정 - 실행

072 「국민영양관리법」, 「국민건강증진법」, 「영양사에 관한 규칙」 등을 관장하고 있는 행정기관은?

① 노동부
② 교육부
③ 보건복지부
④ 농림축산식품부
⑤ 식품의약품안전처

073 우리나라 영양표시제도에 대한 설명으로 옳은 것은?

① 영양표시제도는 국민건강증진법에 근거하여 시행되었다.
② 영양성분표시를 해야 할 영양소는 열량, 탄수화물, 당질, 단백질, 지방, 포화지방, 콜레스테롤, 트랜스지방, 나트륨 9종류이다.
③ 영양강조표시는 성분강조표시와 비교강조표시가 있다.
④ 영양성분은 1일 영양섭취기준치의 50% 이상 되는 경우만 표시한다.
⑤ 영양성분은 1교환단위에 포함된 함량으로 표시한다.

074 영양사가 '균형식으로 고혈압 예방하기'라는 영양교육을 실시하고자 한다. 교수·학습과정안 도입단계에 해당하는 것은?

① 균형식과 고혈압 관계 설명
② 교육대상자의 식생활 조사
③ 학습목표 제시 및 동기유발
④ 균형식 실천 방법 설명
⑤ 식사구성안을 활용하는 방법 설명

075 영양과 관련된 문제와 그 원인을 파악하기 위해 다양한 정보를 수집하고 이를 기준과 비교, 평가 및 해석하여 영양요구량을 계산하는 과정은?

① 영양진단
② 영양판정
③ 영양검색
④ 초기 영양판정
⑤ 영양중재

076 식품섭취빈도조사법에 대한 설명으로 옳은 것은?

① 대상자가 전날 섭취한 식품의 종류와 양을 기록한다.
② 대상자가 섭취한 식품의 종류와 양을 먹을 때마다 기록한다.
③ 일정기간 동안 섭취한 식품의 섭취횟수를 조사하여 특정 영양소 섭취 경향을 파악한다.
④ 대상자가 섭취한 식품의 종류와 양을 조사자가 저울로 측정해서 기록한다.
⑤ 양적으로 정확한 섭취량을 파악할 수 있다.

077 환자의 면역상태를 알 수 있는 검사 항목은?

① 혈색소
② 총 림프구수
③ 혈청 총콜레스테롤
④ 적혈구용적률
⑤ 크레아티닌 배설량

078 영양판정 방법 중 정량적이고 가장 객관적인 방법은?

① 임상조사
② 개인별 식사조사
③ 신체계측법
④ 생화학적 검사
⑤ 지역사회 영양조사

079 일반우유 1컵을 저지방우유 1컵으로 대체할 경우 추가로 섭취할 수 있는 식품과 양은?

① 죽 140g
② 아몬드 8g
③ 달걀 55g
④ 식용유 10g
⑤ 토마토 350g

080 수술 후 맑은 유동식을 먹고 문제가 없는 환자에게 연식으로 이행하기 전에 제공하는 식단으로 적합한 것은?

① 진밥, 시금치나물
② 미음, 스크램블드에그
③ 크림수프, 채소주스
④ 달걀샌드위치, 오렌지주스
⑤ 바나나, 감자볶음

081 중심정맥영양 사용이 적합한 경우는?

① 암 치료를 위해 화학요법을 받는 환자
② 경련성 변비 환자
③ 유당불내증 환자
④ 수술 전 스트레스가 있는 환자
⑤ 통풍 환자

082 정맥영양액의 성분은?

① 아밀로덱스트린
② 비타민 C
③ 폴리펩티드
④ 식이섬유
⑤ 철

083 위액 분비샘과 분비물질 연결이 옳은 것은?

① 주세포 – 내적인자
② G세포 – 펩시노겐
③ 벽세포 – 히스타민
④ 경세포 – 가스트린
⑤ 벽세포 – 위산

084 음식물을 삼킬 때 연하 통증이 심한 식도염 환자의 식사요법은?

① 저단백, 고지방 식사 제공
② 무자극 연식 제공
③ 수용성식이섬유가 풍부한 채소 제공
④ 저에너지식사 제공
⑤ 식후 충분한 휴식을 위해 바로 눕도록 함

085 다음의 식사요법이 필요한 경우는?

- 단백질은 소화가 어려우므로 적당량 공급하고 빈혈 예방에 좋은 식품을 이용한다.
- 식욕이 저하되어 있으므로 적당한 향신료를 사용하여 조리한다.
- 식전에 연한 커피, 홍차, 주스 등을 허용하여 위벽을 자극한다.
- 소량으로 영양가가 높고 소화가 잘되는 식품을 선택한다.

① 위식도역류
② 위축성 위염
③ 덤핑증후군
④ 과산성위염
⑤ 소화성궤양

086 염증성 장질환 환자의 식사요법으로 옳은 것은?

① 고에너지식, 저단백식, 저지방식
② 무자극성식, 고에너지, 고단백식
③ 저잔사식, 고섬유식, 고지방식
④ 유당, 과당, 당알코올 등으로 에너지 공급
⑤ 증상이 심할 때는 경관영양 실시

087 회장염이 심해서 회장조루술을 실시한 환자에서 보충해야 할 영양소는?

① 비타민 B_6
② 엽산
③ 비타민 B_{12}
④ 티아민
⑤ 리보플라빈

088 간경변증 환자의 식사요법으로 옳은 것은?

① 복수나 부종이 있다면 단백질을 제한한다.
② 식도정맥류가 나타나면 섬유소를 충분히 섭취한다.
③ 지방은 필수지방산을 함유한 식물성 기름으로 충분히 공급한다.
④ 간성혼수가 나타나면 단백질을 제한한다.
⑤ 단백질은 간세포 재생을 위해 일시적으로 제한한다.

089 담낭염 환자의 적절한 식사요법은?

① 급성기에는 단백질 위주로 섭취한다.
② 단순당 섭취를 제한한다.
③ 회복기에는 지방을 충분히 섭취한다.
④ 복통이 심할 때는 금식한다.
⑤ 식욕이 없으므로 자극성 향신료를 사용하여 조리한다.

090 간경변 환자가 식도정맥류 증상이 있을 때, 식사요법은?

① 고단백식
② 저염식
③ 저단백식
④ 저섬유식
⑤ 고열량식

091 췌장염 환자에서 흔히 나타나는 증상은?

① 빈혈
② 변비
③ 고지혈증
④ 지방변
⑤ 비만

092 체중 70kg, 키 160cm 성인 여성의 체질량지수 판정으로 옳은 것은?

① 23.3으로 정상체중
② 29.3으로 비만
③ 21.3으로 저체중
④ 27.3으로 비만
⑤ 25.3으로 비만

093 비만으로 저에너지식을 처방 받아 하루에 500kcal씩 적게 섭취한다면 1개월 후 체지방 몇 kg을 감량할 수 있나?

① 약 10kg
② 약 5kg
③ 약 2kg
④ 약 5.5kg
⑤ 약 3.5kg

094 대사증후군 발생과 관련되는 요인으로 옳은 것은?

① 인슐린 민감성, 운동부족
② 운동부족, 체중 감소
③ 인슐린 저항성, 비만
④ 비만, 글루카곤 분비 증가
⑤ 열량 섭취 부족, 활동 부족

095 당뇨병 환자의 단백질 대사에 대한 설명으로 옳은 것은?

① 요소 합성 감소한다.
② 아미노산의 포도당 신생작용이 감소한다.
③ 근육조직으로 분지아미노산 유입감소로 혈중 농도가 증가한다.
④ 체단백질 합성이 증가한다.
⑤ 비필수 아미노산 합성이 증가한다.

096 당뇨병 환자가 심한 구토와 설사가 나타난 후 식은 땀과 가슴 두근거림, 전신무력과 같은 증상이 나타났다. 올바른 처치는?

① 녹차를 마신다.
② 블랙커피를 마신다.
③ 우유를 마신다.
④ 설탕물을 즉시 섭취한다.
⑤ 생수를 마신다.

097 인슐린 비의존형 당뇨병 환자의 식사요법으로 옳은 것은?

① 비만인 경우 체중조절을 위해 총에너지 섭취를 제한한다.
② 단백질은 신장에 부담을 주지 않도록 제한한다.
③ 합병증이 없는 한 운동은 하지 않는다.
④ 지방은 총열량의 40% 정도를 권장한다.
⑤ 당질 섭취는 1일 300g 이상으로 섭취하여 케톤증을 예방한다.

098 제1형 당뇨병의 주요 원인은?

① 글루카곤 분비 부족
② 인슐린 생성 부족
③ 탄수화물의 과다 섭취
④ 인슐린 저항성 증가
⑤ 비만

099 당뇨병성 케톤증에 대한 설명으로 옳은 것은?

① 지방분해 증가로 케톤체가 증가하여 호흡시 아세톤 냄새가 난다.
② 산성 물질 배설 증가로 체내 혈액이 알칼리화 된다.
③ 발한 및 경련을 동반한 의식장애가 나타난다.
④ 케톤증 발생 시에는 저혈당으로 인해 얼굴이 창백해진다.
⑤ 인슐린의 과잉 사용으로 나타나는 부작용이다.

100 비교적 장기간에 걸친 혈당 수준이 반영되며, 특히 고위험군의 선별검사에 많이 활용되고 공복여부와 상관없이 검사가 가능한 것은?

① 경구당부하 검사 ② 당화혈색소 검사
③ C-펩티드 검사   ④ 공복혈당 검사
⑤ 케톤체 검사

101 산소농도와 이산화탄소 농도가 가장 높은 혈관을 옳게 연결한 것은?

① 대정맥 – 대동맥 ② 폐정맥 – 폐동맥
③ 폐동맥 – 폐정맥 ④ 뇌동맥 – 신동맥
⑤ 대동맥 – 대정맥

102 고혈압 환자의 식단으로 가장 적합한 것은?

① 현미밥, 조개탕, 오이장아찌, 달걀장조림
② 보리밥, 감자국, 갈치조림, 명란젓, 새우튀김
③ 보리밥, 버섯국, 꽁치구이, 해초샐러드
④ 율무밥, 오징어국, 삼겹살구이, 콩나물무침
⑤ 흰쌀밥, 육개장, 깍두기, 마른새우볶음

103 뇌졸중 환자가 들기름을 꾸준히 섭취했을 때 기대되는 효과는?

① 혈압상승
② 콜레스테롤 감소
③ 혈전 생성 감소
④ HDL-콜레스테롤 감소
⑤ LDL-콜레스테롤 증가

104 혈전증을 예방하는 식품으로 적합한 것은?

① 버터 ② 옥수수유
③ 면실유 ④ 들기름
⑤ 버터

105 부종과 호흡곤란이 동반된 울혈성 심부전 환자의 식사요법으로 옳은 것은?

① 단백질 섭취를 제한한다.
② 불포화지방산 섭취를 제한한다.
③ 나트륨 섭취를 제한한다.
④ 이뇨제 사용시 수분 섭취를 제한한다.
⑤ 지방 공급을 증가시킨다.

106 당질 섭취가 많은 사람에서 흔히 나타나는 고지단백혈증의 유형은?

① 제1형(chylomicron 증가)
② 제2형(LDL 증가)
③ 제3형(IDL 증가)
④ 제4형(VLDL 증가)
⑤ 제5형(chylomicron, VLDL 증가)

107 사구체에서 여과된 포도당의 재흡수가 주로 일어나는 곳은?

① 보우만 주머니 ② 집합관
③ 요관 ④ 세뇨관
⑤ 신우

108 만성콩팥병 환자에게 빈혈이 발생하기 쉽다. 콩팥의 어떤 기능이 손상된 것인가?

① 에리트로포이에틴 생성
② 노폐물 배설
③ 혈압조절
④ 비타민 D 활성화
⑤ 산-염기 조절

109 핍뇨가 심하고 요독증이 있는 신장질환자에게 제공할 수 있는 식품은?

① 바나나 ② 사탕
③ 근대 ④ 달걀찜
⑤ 단호박

110 급성 사구체염의 핍뇨기 식사요법으로 옳은 것은?

① 칼륨은 보충한다.
② 단백질은 보충한다.
③ 에너지는 충분히 공급한다.
④ 나트륨은 보충한다.
⑤ 수분은 추가 보충한다.

111 신장 결석의 식사요법으로 옳은 것은?

① 수산결석의 경우 충분한 비타민 C 공급을 위해 보충제를 이용한다.
② 요로결석은 당뇨병성 산독증, 급격한 체중감량, 소모성 질환 등에서 많이 나타난다.
③ 결석환자는 배뇨 시 통증이 나타나므로 수분 섭취를 제한하여 배뇨횟수를 줄인다.
④ 통풍환자는 멸치국물, 고기육수, 내장육 등을 충분히 섭취할 수 있다.
⑤ 시스틴 결석 식사는 함황아미노산을 충분히 공급하고 산성 식사를 병행한다.

112 암 치료의 부작용으로 정상적인 식사가 어려운 환자의 식사요법은?

① 식욕이 없더라도 억지로 먹도록 한다.
② 정규식사를 충실히 하기 위해 간식을 제한한다.
③ 영양밀도가 높은 음식을 섭취한다.
④ 소화를 위해 맑은 유동식을 유지한다.
⑤ 식욕 촉진을 위해 기름진 음식을 섭취한다.

113 암 환자의 영양소 대사 변화로 옳은 것은?

① 단백질 합성과 혈청 알부민 농도 증가
② 지방 분해 감소하고 지방 합성 증가
③ 기초대사량과 에너지 소모량 증가
④ 코리회로(cori-cycle) 감소로 당신생과정 감소
⑤ 지방분해 증가로 혈중 유리지방산 감소

114 식품알레르기의 주된 원인 영양소는?

① 포화지방
② 엽산
③ 철
④ 단백질
⑤ 복합당질

115 화상 시 나타나는 생리적 변화로 옳은 것은?

① 에너지 필요량 감소
② 소변량 증가
③ 기초대사율 감소
④ 체액의 나트륨 손실 증가
⑤ 면역기능 증가

116 폐렴의 식사요법으로 옳은 것은?

① 나트륨 섭취를 제한한다.
② 비타민 A, B_1, C를 충분히 섭취한다.
③ 칼슘 섭취를 제한한다.
④ 수분 섭취를 제한한다.
⑤ 식물성 단백질 위주의 고단백식을 한다.

117 혈장단백질의 설명으로 옳은 것은?

① 혈장에서 글로불린은 삼투압 유지 역할을 한다.
② 피브리노겐은 주로 운반단백질 역할을 한다.
③ 혈장단백질은 혈액의 산염기 평형을 조절한다.
④ γ-글로불린은 호염기구에서 생성된다.
⑤ 알부민은 간에서 합성되는 혈액응고단백질이다.

118 철의 흡수와 이용을 도와 빈혈 예방에 도움을 주는 영양소는?

① 마그네슘
② 구리
③ 아연
④ 요오드
⑤ 칼슘

119 골다공증 치료에 가장 바람직한 식단은?

① 두부 부침, 시금치, 커피
② 잡곡밥, 뱅어포, 오징어 젓갈
③ 계란찜, 치즈, 와인
④ 소고기 구이, 멸치볶음, 저지방 우유
⑤ 돈까스, 김치, 녹차

120 페닐케톤뇨증 질환의 식사요법에서 가장 주의해야 하는 식품은?

① 녹말가루 ② 치즈
③ 복숭아쨈 ④ 대두유
⑤ 팝콘

올인원 영양사 모의고사 [7회]

제한시간 85분 / 점수_____점

식품학 및 조리원리

001 가열 조리 중 데치기의 특징으로 옳은 것은?
① 수분의 잠열을 이용한 조리법이다.
② 효소를 불활성화시켜 식품의 변색을 방지한다.
③ 열전달 매개체로 기름을 사용하는 고온 조리법이다.
④ 조직을 연화시키고, 건조식품의 수분 흡수를 촉진시킨다.
⑤ 식품의 모양이 흐트러지지 않으나 조리 중 조미가 불가능하다.

002 전자레인지에 사용할 수 있는 용기로 옳은 것은?
① 캔
② 법랑냄비
③ 스티로폼
④ 파이렉스
⑤ 스테인리스 스틸

003 등온 흡습 탈습곡선에 대한 설명으로 옳은 것은?
① Ⅰ영역에서는 미생물 성장이 촉진된다.
② Ⅲ영역에서 지방의 산화는 가장 억제된다.
③ Ⅱ영역의 물은 이온결합 형태의 결합수이다.
④ 비효소적 갈변은 Ⅰ영역에서 가장 잘 일어난다.
⑤ 같은 수분활성에서 흡습보다 탈습의 수분함량이 높다.

004 포도당의 유도체 중 6번 탄소가 -COOH인 것은?
① 유황당
② 글루콘산
③ 이노시톨
④ 아미노당
⑤ 글루쿠론산

005 다음 중 당에 대한 설명으로 옳은 것은?
① 전화당은 좌선성이다.
② 전화당은 물엿의 주성분이다.
③ 설탕은 천연당 중에 단맛이 가장 강하다.
④ 설탕은 펠링용액에서 적색침전이 나타난다.
⑤ 갈락토오스와 만노오스는 에피머 관계이다.

006 호화전분에 대한 설명으로 옳은 것은?
① 호화된 전분은 분자량이 감소한다.
② 규칙적인 미셀구조를 형성하게 된다.
③ 콜로이드 상태에서 진용액상태가 된다.
④ 전분의 용해도와 점도가 감소하게 된다.
⑤ 결정 영역이 붕괴되어 복굴절성이 소실된다.

007 다당류의 구성 당으로 옳게 연결된 것은?
① 이눌린 – 포도당
② 펙틴 – 글루쿠론산
③ 셀룰로오스 – 과당
④ 만난 – 갈락토오스
⑤ 키틴 – N-아세틸글루코사민

008 지질에 대한 설명으로 옳은 것은?

① 인지질은 글리세롤 2번 탄소에 인산이 결합한다.
② 스핑고신과 지방산은 에스터결합에 의해 결합된다.
③ 스핑고미엘린의 구조에는 P와 N의 비율이 1 : 2 이다.
④ 세레브로시드는 뇌와 신경조직에 존재하는 인지질이다.
⑤ 왁스는 고급알코올과 고급지방산으로 구성된 복합지질이다.

009 유지의 화학적 측정법에 대한 설명으로 옳은 것은?

① 산가: 버터의 순도 검사법이다.
② 아세틸가: 유리지방산 함량을 측정한다.
③ 커슈너가: 고급지방산의 함량을 알 수 있다.
④ 요오드가: 구성 지방산의 불포화도를 알 수 있다.
⑤ 검화가: 지방의 산패정도를 알기 위해 수산기를 측정한다.

010 유지의 항산화제 기능으로 옳은 것은?

① 과산화물의 생성을 억제한다.
② 유지 산화의 유도기간을 단축한다.
③ 유지와 금속의 반응을 촉진한다.
④ 유지에 결합된 산소를 제거한다.
⑤ 카보닐화합물의 생성을 억제한다.

011 아미노산에 대한 설명으로 옳은 것은?

① 글리신은 광학활성을 갖는다.
② 페닐알라닌, 티로신은 분지아미노산이다.
③ 수산기를 포함하는 필수아미노산은 트레오닌이다.
④ 천연 단백질을 구성하는 아미노산은 α-D-아미노산이다.
⑤ 산성아미노산에는 카르복실기 보다 아미노기가 더 많다.

012 아미노산 검출에 이용되는 시험방법은?

① 뷰렛 반응
② 펠링 반응
③ 요오드 반응
④ 베네딕트 반응
⑤ 닌하이드린 반응

013 단백질의 등전점에서의 변화로 옳은 것은?

① 점도는 최소가 된다.
② 삼투압은 최대가 된다.
③ 흡착성은 최소가 된다.
④ 기포력은 최소가 된다.
⑤ 표면장력은 최대가 된다.

014 소고기를 공기 중에 노출시켜 산소화시키면 생성되는 색소명과 색이 옳게 나열된 것은?

① 미오글로빈, 적자색
② 옥시미오글로빈, 선홍색
③ 메트미오글로빈, 선홍색
④ 메트미오글로빈, 적자색
⑤ 옥시미오글로빈, 적자색

015 다음 식물성 색소에 대한 설명으로 옳은 것은?

① 탄닌은 갈색의 폴리페놀화합물이다.
② 카로티노이드 색소는 열에 매우 불안정하다.
③ 아스타잔틴은 환원되면 아스타신으로 전환된다.
④ 안토잔틴은 알칼리에서 갈색의 칼콘을 생성한다.
⑤ 안토시아닌 색소는 pH에 따라 비가역적으로 색이 변한다.

016 아미노카보닐 반응에 대한 설명으로 옳은 것은?

① pH 3 이하에서는 반응이 촉진된다.
② 오탄당보다 육탄당이 먼저 반응에 참여한다.
③ 반응 속도는 수분함량과 무관하게 일정하다.
④ 반응의 중간단계에서 아마도리 전위가 일어난다.
⑤ 반응이 진행됨에 따라 리덕톤류가 생성되어 환원력이 향상된다.

017 단팥죽에 소금을 넣었을 때 단팥죽의 단맛이 더 강해지는 현상과 같은 현상이 일어나는 경우는?

① 익은 동치미의 짠맛
② 오징어 먹은 직후의 밀감 맛
③ 소량의 설탕을 넣은 커피의 맛
④ 소량의 설탕을 넣은 레몬의 맛
⑤ MSG와 이노신산을 섞었을 때의 맛

018 고사리에 함유된 뉴클레오티드 형태의 감칠맛 성분으로 옳은 것은?

① GMP　② XMP
③ IMP　④ AMP
⑤ UMP

019 세균의 특징으로 옳은 것은?

① 단세포이며 진핵세포 형태이다.
② 편모는 세포벽에 부착되어 있다.
③ 세균의 선모는 운동기관 중 하나이다.
④ 그람양성균은 그람염색법에서 보라색을 나타낸다.
⑤ 세포벽은 셀룰로오스와 헤미셀룰로오스로 되어 있다.

020 단백질 분해효소인 protease와 내열성이 강한 α-amylase를 생성하는 미생물은?

① *Bacillus subtilis*
② *Aspergillus niger*
③ *Aspergillus flavus*
④ *Lactobacillus acidophilus*
⑤ *Pseudomonas fluorescens*

021 적색색소인 monascorubin을 생산하며 중국의 홍주제조에 이용되는 곰팡이는?

① *Aspergillus oryzae*
② *Penicillium citrinum*
③ *Monascus purpureus*
④ *Penicillium chrysogenum*
⑤ *Corynebacterium glutamicum*

022 감자의 조리에 대한 설명으로 옳은 것은?

① 감자는 식은 후에 으깨야 질척하지 않다.
② 메시드 포테이토에는 점질감자가 적절하다.
③ 식용가가 높은 감자는 구이용으로 적절하다.
④ 저온 저장했던 감자로 튀기면 씁쓸한 맛이 난다.
⑤ 감자를 넣고 밥을 지을 때는 물의 양을 늘려야 한다.

023 식빵으로 토스트를 했을 때 전분의 상태로 옳은 것은?

① 단맛이 감소한다.
② 점성이 감소한다.
③ 소화율은 감소한다.
④ 용해도는 감소한다.
⑤ 분자량이 증가한다.

024 이스트 발효빵에서 설탕의 역할로 옳은 것은?

① 팽창제로 직접 작용한다.
② 글루텐의 강도를 높여준다.
③ 반죽에서 단백질 연화작용을 한다.
④ 이스트의 과도한 발효작용을 억제한다.
⑤ 글루텐망을 둘러싸서 서로 붙는 것을 방지한다.

025 설탕의 결정형성과 관련된 요인에 대한 설명으로 옳은 것은?

① 설탕보다 과당이 결정 속도가 빠르다.
② 천천히 저어주면 미세결정이 형성된다.
③ 용액의 농도가 농축될수록 결정 크기가 크다.
④ 꿀, 난백, 버터 등을 첨가하면 큰 결정이 생성된다.
⑤ 농축된 용액을 40℃로 식힌 후 저어주면 미세결정이 생성된다.

026 육류의 사후강직에 대한 설명으로 옳은 것은?

① 사후강직 기간에는 pH가 증가한다.
② 근육이 액토미오신의 수축상태로 유지된다.
③ 유리아미노산이 생성되고 맛성분이 증가한다.
④ 사후강직은 육류의 단백질 함량에 영향을 받는다.
⑤ 사후강직이 진행됨에 따라 육류의 보수성이 증가한다.

027 육류의 조리법으로 옳은 것은?

① 고기를 구울 때에는 약한 불에서 구워야 한다.
② 탕을 끓일 때에는 끓는 물에 고기를 넣어야 한다.
③ 편육을 삶을 때 생강은 단백질이 응고된 후 넣는다.
④ 장조림을 할 때에는 처음부터 간장을 넣고 끓여야 한다.
⑤ 불고기를 만들 때에는 양념에 오래 재워둘수록 고기가 연하다.

028 로스트 비프에서 미디움 단계의 내부온도로 옳은 것은?

① 50℃   ② 60℃
③ 65℃   ④ 71℃
⑤ 77℃

029 젤라틴 겔의 특징으로 옳은 것은?

① 80~100℃에서 융해된다.
② 소금은 겔 형성을 저해한다.
③ 파인애플은 겔 형성을 촉진시킨다.
④ 설탕을 첨가하면 겔강도가 증가한다.
⑤ 우유의 염류는 겔 응고를 촉진시킨다.

030 신선한 어패류에 대한 설명으로 옳은 것은?

① pH가 6.5 정도이다.
② 세균수가 10^6/g 정도이다.
③ 생선 특유의 냄새가 난다.
④ 휘발성 염기질소는 30~40mg%이다.
⑤ 살이 뼈에서 잘 떨어지고 탄력이 있다.

031 난류의 기포성에 대한 설명으로 옳은 것은?

① 설탕은 기포형성을 저해한다.
② 우유를 첨가하면 기포 형성은 촉진된다.
③ 난백의 기포성에는 오브알부민이 기여한다.
④ 커스터드는 달걀의 기포성을 이용한 식품이다.
⑤ 기름은 기포형성을 저해하지만 안정성을 향상시킨다.

032 달걀을 저장하면 나타나는 변화로 옳은 것은?

① 비중이 증가한다.
② 난백계수가 증가한다.
③ 수양난백이 감소한다.
④ 공기집의 크기가 감소한다.
⑤ 난백의 pH가 9.0 이상이 된다.

033 두류 조리에 대한 설명으로 옳은 것은?

① 연수보다 경수를 이용하면 쉽게 연화된다.
② 0.2% 식초를 첨가하면 콩의 흡습성이 증가한다.
③ 콩조림을 만들 때 콩에 물과 간장, 설탕을 처음부터 넣는다.
④ 두부제조시 글루코노델타락톤의 작용은 산에 의한 단백질 응고이다.
⑤ 검정콩의 흑색을 안정화시키려면 조리시 식초를 넣는다.

034 유지의 쇼트닝성이 커지는 경우로 옳은 것은?

① 가소성이 클수록 쇼트닝성이 크다.
② 유화제가 많을수록 쇼트닝성이 크다.
③ 반죽을 많이 할수록 쇼트닝성이 크다.
④ 기름의 온도가 낮을수록 쇼트닝성이 크다.
⑤ 불포화지방산이 적게 함유된 유지가 쇼트닝성이 크다.

035 다음 빈칸에 들어갈 말이 순서대로 나열된 것은?

> 다양한 융점과 퍼짐성이 생기도록 지방산을 서로 교환시키는 반응은 (　　　)(이)라고 하고, 불포화지방산에 수소를 첨가하여 포화지방산으로 전환시키는 반응을 (　　　)(이)라고 한다.

① 경화반응, 비누화반응
② 비누화반응, 경화반응
③ 동유처리, 에스터교환반응
④ 에스터교환반응, 동유처리
⑤ 에스터교환반응, 경화반응

036 우유의 성분에 대한 설명으로 옳은 것은?

① 치즈는 유청단백질의 응고물이다.
② 카세인은 장내 세균의 증식을 조절한다.
③ 우유에는 철과 구리 등의 무기질이 풍부하다.
④ 유당은 독특한 풍미를 부여하며 용해도가 높다.
⑤ 유청단백질은 가열에 의해 응고 침전하여 눌어붙기도 한다.

037 요구르트의 응고물 성분과 응고 원인의 연결이 옳은 것은?

① 카세인 - 산
② 카세인 - 레닌
③ 유청단백질 - 산
④ 유청단백질 - 레닌
⑤ 유청단백질 - 냉장

038 녹색채소를 데쳤을 때 채소의 녹색이 선명해지는 이유로 옳은 것은?

① 유기산이 생성되었기 때문
② 클로로필이 산화되었기 때문
③ 세포간 공기층이 제거되었기 때문
④ 클로로필의 용해도가 지용성이기 때문
⑤ 클로로필라아제에 의해 페오피틴이 생성되었기 때문

039 메톡실기 함량이 적은 펙틴의 겔 형성 방법으로 옳은 것은?

① 소금을 첨가한다.
② Ca^{2+}를 첨가한다.
③ 중조를 첨가한다.
④ 당을 적게 첨가한다.
⑤ 물을 넣어 희석한다.

040 한천 겔에 첨가하면 점성과 탄성이 증가하는 물질로 옳은 것은?

① 우유   ② 기름
③ 달걀   ④ 설탕
⑤ 유기산

급식, 위생 및 관계법규

041 병원급식의 특징으로 옳은 것은?

① 식대보험 급여화로 입원진료비가 많아졌다.
② 환자의 질병에 따라 임상영양사가 식사처방을 하여 식사를 제공한다.
③ 다품종 소량조리로 생산성이 낮다.
④ 자동화 설비를 이용하여 인건비 부담이 비교적 적다.
⑤ 단체급식 시장 중 위탁률이 가장 높다.

042 조리저장식 급식체계에 대한 설명으로 옳은 것은?

① 전통적 급식체계보다 노동생산성이 낮다.
② 피크타임에 인력이 집중되어 인력관리가 어렵다.
③ 음식의 생산과 소비가 시간적으로 분리되어 있다.
④ 전통적 급식체계보다 초기 시설·설비 투자 비용이 적게 든다.
⑤ 동일 지역 내의 급식소에 맛과 질이 통일된 음식을 제공할 수 있다.

043 급식관리자가 수행하는 업무 중 평가 기능에 속하는 것으로 옳은 것은?

① 표준레시피 작성
② 발주량 산출
③ 고객만족도 조사
④ 메뉴 작성
⑤ 작업일정표 작성

044 분권조직에 대한 설명으로 옳은 것은?

① 하층 부문에서 창의성 발휘가 어렵고 상층부의 지배 권한이 크다.
② 명령과 지시가 신속, 정확하고 보고가 빨라 의사결정이 신속하다.
③ 관리계층의 단계가 감소되어 신속한 의사소통이 가능하다.
④ 각 부문의 정책, 계획, 관리가 통일적이다.
⑤ 조직 규모가 커지면 한계에 부딪친다.

045 식품공급업체와 급식소 또는 고객과 급식소 간의 관계를 원활하게 하는 것은 경영자로서 어떤 역할을 수행하는 것인가?

① 문제해결자 ② 연결자
③ 대표자 ④ 정보제공자
⑤ 협상자

046 단체급식에서 음식 생산량을 결정하는 데 고려해야 하는 것은?

① 조리종사원의 수, 1인 분량
② 고객의 기호도, 급식인원 수
③ 조리 시 손실률, 1인 분량
④ 식품 폐기율, 잔반량
⑤ 1식당 원가, 급식인원 수

047 급식소의 상황에 따라 식자재 수급과 가격에 맞게 식단을 계획할 수 있으며, 학교급식에서 많이 사용되는 메뉴는?

① 순환메뉴 ② 고정메뉴
③ 변동메뉴 ④ 알라카르테 메뉴
⑤ 따블도우떼 메뉴

048 식사구성안의 영양목표로 옳은 것은?

① 단백질은 총에너지의 15~30%로 한다.
② 에너지는 성인의 경우 2,500kcal로 한다.
③ 비타민은 100% 평균필요량으로 한다.
④ 식이섬유는 100% 권장섭취량으로 한다.
⑤ 총당류는 총에너지의 10~20%로 한다.

049 식단평가의 가장 중요한 기준이 되는 것은?

① 사용된 식재료의 양
② 식재료의 가격
③ 영양소의 균형
④ 계절식재료의 사용
⑤ 종업원의 능력

050 구매를 위하여 물품 가격, 주문비용, 저장비용, 계절적 요인 등을 조사하였다. 무엇을 결정하기 위함인가?

① 출고 시스템 결정
② 보관 방법 결정
③ 적정 발주량 결정
④ 검수 방법 결정
⑤ 재고조사 방법 결정

051 구매명세서에 대한 설명으로 옳은 것은?

① 급식소에서만 필요한 서식이므로 공급업체에는 보내지 않는다.
② 현실적이어야 하므로 최신 상품명을 기입하는 것이 좋다.
③ 구매부문, 납품부문, 검수부문 3곳에서 사용하는 구매명세서는 동일해야 한다.
④ 품질등급, 발주량, 포장 단위 및 용량, 품종이나 산지들을 기재한다.
⑤ 식품 구매청구서라고도 한다.

052 폐기율이 있는 식재료의 발주량을 산출하는 방법으로 옳은 것은?

① 1인분량×가식부율×예상식수
② 1인분량×출고계수×100×예상식수
③ 1인분량×(100÷가식부율)×예상식수
④ (1인분량÷가식부율)×예상식수
⑤ (1인분량÷폐기율×100)×예상식수

053 식품 검수 시 품질 판단을 위해 가장 많이 이용하는 방법은?

① 생화학적 검사
② 전수검사
③ 미생물학적 검사
④ 관능검사
⑤ 화학적 검사

054 다음 급식소의 밀가루 재고회전율은?

> 6월 1일 밀가루의 재고량이 20개, 6월 30일 재고량은 8개이었다. 6월 한 달간 밀가루는 28개 사용하였다.

① 1회 ② 1.5회
③ 2회 ④ 2.5회
⑤ 3회

055 A급식소의 5월 간장 구입내역이다. 5월 말 재고조사 실시결과 5통이 남았다. 선입선출법과 후입선출법으로 재고자산을 계산했을 때 옳은 것은?

날짜	구입량(통)	단가(원)
5월 01일	10통	20,000
5월 11일	14통	21,000
5월 20일	5통	22,000

① 100,000원 - 110,000원
② 105,000원 - 110,000원
③ 110,000원 - 100,000원
④ 110,000원 - 105,000원
⑤ 100,000원 - 105,000원

056 단체급식소에서 음식의 품질을 통제하는 방법으로 가장 적합한 것은?

① 관능평가는 소비자에게 위임
② 표준 재고액을 설정하여 원가 관리
③ 작업동작 분석을 통한 작업 개선
④ 물품 구매는 시장 상황에 맞게 구매
⑤ 표준 레시피를 개발 및 활용

057 A급식소의 6월 판매식수가 2,000식, 예측식수가 1,800식이다. 지수평활법을 이용하여 7월의 식수를 예측한 것으로 옳은 것은? (지수평활계수 $\alpha=0.2$)

① 1,250명 ② 1,150명
③ 1,840명 ④ 1,270명
⑤ 1,120명

058 작업일정표를 활용한 급식관리의 효과로 옳은 것은?

① 고객과 종업원의 의사소통 용이
② 이윤 증가
③ 고객만족도 상승
④ 신입직원 훈련 용이
⑤ 책임소재의 불분명

059 작업관리에 대한 설명으로 옳은 것은?

① 작업측정은 합리적인 작업방법을 결정하기 위함이다.
② 작업자의 인사고과 방법의 일종으로 작업능력을 알아볼 수 있다.
③ 동작분석은 작업측정 방법의 일종이다.
④ 방법연구는 작업조건 개선, 작업의 표준화에 사용된다.
⑤ 방법연구에 의해 적정인원을 배치하게 된다.

060 노인 요양병원, 호텔의 룸서비스, 비행기 기내식과 같은 시설의 배식방법은?

① 카운터 서비스
② 카페테리아 서비스
③ 트레이 서비스
④ 셀프 서비스
⑤ 드라이브-인 서비스

061 급식관리 업무 중 사전통제 수단은?

① 잔반율 조사　② 식재료 검수
③ 배식 온도 측정　④ 원가분석
⑤ 작업공정표

062 급식생산성 증대 방안으로 옳은 것은?

① 원재료를 구입하여 식재료비 감소
② 방법연구를 통해 작업의 세분화
③ 작업측정을 통해 작업 표준시간 설정
④ 자율배식을 늘려 인건비 절감
⑤ 공정연구를 통해 음식의 맛 표준화

063 조리에 종사할 수 없는 질환은?

① 비활동성 결핵
② 만성소화불량증
③ A형 간염
④ 비전염성 간염
⑤ 후천성면역핍증

064 기름기가 많은 가스레인지나 싱크대의 묵은 기름때를 제거하기에 적합한 세척제는?

① 1종 세척제　② 2종 세척제
③ 3종 세척제　④ 용해성 세척제
⑤ 연마성 세척제

065 자외선 살균등의 특징은?

① 피조물에 조사 후 흔적을 남긴다.
② 같은 균종이라도 조도, 습도, 조사 거리에 따라 효과가 다르다.
③ 모든 균종에 대해 유효하지는 않다.
④ 자외선 등은 항상 켜놓아야 한다.
⑤ 자외선은 공기와 물질을 모두 통과한다.

066 급식소의 하수로 버려지는 기름을 회수하여 하수로 역류하거나 기름이 정화조로 유입되는 것을 방지하기 위하여 주로 외부에 설치하는 트랩은?

① 드럼 트랩 ② 관 트랩
③ 그리스 트랩 ④ P자형 트랩
⑤ U자형 트랩

067 작업구역과 관련 기구의 연결이 옳은 것은?

① 전처리 구역 – 만능조리기
② 주조리 구역 – 브로일러
③ 검수 구역 – 취반기
④ 배식 구역 – 식기세척기
⑤ 전처리 구역 – 스팀솥

068 일정기간 동안 운영 성과를 나타내는 재무제표는?

① 재무상태표 ② 대차대조표
③ 손익계산서 ④ 급식운영일지
⑤ 제조원가명세서

069 급식비가 4,000원인 급식소에서 1일 고정비가 400,000원, 1식당 변동비가 2,000원이라면 손익분기점의 매출량과 매출액은?

① 250식, 1,000,000원
② 200식, 800,000원
③ 300식, 1,200,000원
④ 350식, 1,400,000원
⑤ 150식, 600,000원

070 장표류의 기본 성질과 기능에 대한 연결이 옳은 것은?

① 발주서 – 장부 – 고정성
② 식품수불부 – 전표 – 집합성
③ 구매청구서 – 전표 – 분리성분리성
④ 급식일지 – 장부 – 이동성
⑤ 검식일지 – 장부 – 이동성

071 직무평가의 주된 목적으로 옳은 것은?

① 인력 및 경력계획
② 직원 오리엔테이션
③ 임금관리
④ 모집 및 선발
⑤ 교육 및 훈련

072 대학병원 영양과는 조리조와 배선조를 6개월마다 교체하여 동일작업으로 인해 발생하는 불만을 감소시켰다. 이에 해당하는 직무설계 방법은?

① 직무확대 ② 직무분석
③ 직무순환 ④ 직무충실화
⑤ 직무단순화

073 기본급의 유형 중 직무급에 대한 설명으로 옳은 것은?

① 직무의 상대적 가치와 개인의 능력 및 노력을 모두 고려한다.
② 같은 직무에서는 담당자의 능력 차이가 있더라도 임금은 같다.
③ 조직의 목적 및 방침에 따라 결정한다.
④ 능력요소보다 업적요소를 중시한다.
⑤ 직무의 수행능력에 따라 임금을 결정한다.

074 다음에서 설명하는 동기부여 이론은?

> A 사업장 영양사가 자신의 직무수행 결과에 대한 보상이 B 사업장 영양사에 비해 높다고 인식한 후, 업무를 더 열심히 수행하였다.

① 허츠버그의 이요인이론
② 브룸의 기대이론
③ 아담스의 공정성이론
④ 맥그리거의 XY 이론
⑤ 맥클리랜드의 성취동기 이론

075 조직구성원에게 바람직한 가치관과 자신감을 심어주고, 창의성을 개발하여 스스로 성장하도록 동기부여를 하는 리더는?

① 거래적 리더　② 변혁적 리더
③ 섬기는 리더　④ 민주적 리더
⑤ 전제적 리더

076 기업이 몇 곳의 세분시장을 표적으로 삼고 각 세분시장마다 개별적인 마케팅 활동을 수행하는 마케팅 전략은?

① 집중적 마케팅　② 비차별적 마케팅
③ 차별적 마케팅　④ 대량 마케팅
⑤ 세분화 마케팅

077 다음의 서비스 특성으로 옳은 것은?

> 객관적으로 평가하기 어렵기 때문에 질의 평가와 의사소통 활동이 어렵다. 이런 점을 해결하기 위해 인적 접촉과 이미지를 세심하게 관리해야 한다.

① 무형성　② 소멸성
③ 비일관성　④ 동시성
⑤ 이질성

078 식품으로 인해 생기는 건강 장애 원인 중 내인성인 것은?

① 황변미　② 독버섯
③ 아크릴아미드　④ 트리할로메탄
⑤ 니트로사민

079 식품위생의 오염지표로 이용되는 대장균군의 특징으로 옳은 것은?

① *Enterococcus* 속이 포함된다.
② 건조, 냉동 저항성이 강하다.
③ 분리, 동정이 비교적 어려운 편이다.
④ 그람염색에서 붉은색을 나타낸다.
⑤ 장관내에 상재하는 그람양성의 구균이다.

080 식품의 초기부패 판정의 기준으로 옳은 것은?

① 생균수: 10^5CFU/g 이상
② K값: 40~60%
③ 트리메틸아민: 4~6mg%
④ 휘발성 염기질소: 15~25mg%
⑤ 어육 pH: pH 5.5 전후

081 바실러스 세레우스균에 대한 설명으로 옳은 것은?

① 그람양성균으로 운동성이 없다.
② 소량의 섭취로도 식중독이 유발된다.
③ 구토형은 식품내에서 독소를 생성한다.
④ 포자가 형성되는 과정에서 독소가 생성된다.
⑤ 혐기성균으로 주로 통조림이나 육가공품이 원인식품이다.

082 장관출혈성 대장균에 대한 설명으로 옳은 것은?

① 소가 주요 병원소이다.
② 잠복기는 10~18시간 정도이다.
③ 10^6 이상의 균량이어야 발병한다.
④ 심한 복통과 발열이 주요 증상이다.
⑤ 콜레라와 비슷한 설사증세를 보인다.

083 다음 특징을 나타내는 식중독으로 옳은 것은?

- 원인균은 그람양성, 무아포 단간균이다.
- 원인균은 냉장에서 느린 속도로 생육 가능하다.
- 원인균은 내염성이며 인축공통감염의 특징을 갖는다.

① 여시니아　　② 캠필로박터
③ 리스테리아　④ 보툴리누스
⑤ 퍼프린젠스

084 퍼프린젠스 식중독에 대한 설명으로 옳은 것은?

① 열처리만으로 예방할 수 없다.
② 원인균은 그람양성의 무포자 간균이다.
③ 포자가 발아 증식하면서 독소가 생성된다.
④ 독소는 단순단백질로 위산에 의해 무력화된다.
⑤ 심한 구토와 고열을 주 증상으로 하는 식중독이다.

085 *Clostridium botulinum*이 생성하는 독소에 대한 설명으로 옳은 것은?

① 치사율은 1% 정도로 낮은 편이다.
② 증상을 유발할 때까지의 시간이 매우 짧다.
③ 알칼로이드 성분으로 단백분해효소에 안정하다.
④ 열에 강하여 220℃에서 30분간 가열하여야 파괴된다.
⑤ 초기 소화기 증상을 보이다가 특이적인 신경증상을 유발한다.

086 열가소성 수지를 사용했을 때 위생상 문제가 되는 것으로 옳은 것은?

① 카드뮴　　　② 불소수지
③ 3-MCPD　 ④ 프탈레이트
⑤ 에틸카바메이트

087 식중독의 원인물질과 관련 식품의 연결이 옳은 것은?

① 삭시톡신 - 복어
② 수루가톡신 - 수랑
③ 테트라민 - 전복류
④ 오카다산 - 바지락
⑤ 시구아테라 - 돗돔

088 식물성 자연독 중 청산배당체에 해당되는 것은?

① 듀린　　　② 사포닌
③ 고시폴　　④ 라이코린
⑤ 프타킬로사이드

089 디프테리아에 대한 설명으로 옳은 것은?

① 예방접종의 효과는 낮다.
② 성인이나 노인에서 주로 발생된다.
③ 생우유를 통해 경구감염 되기도 한다.
④ 원인균은 발적독소(Dick 독소)를 생성한다.
⑤ 디프테리아는 설사, 구토, 복통을 주증상으로 한다.

090 기생충과 중간숙주를 연결한 것으로 옳은 것은?

① 유구조충 - 소
② 간흡충 - 개구리, 뱀
③ 요코가와흡충 - 게, 가재
④ 아니사키스 - 붕어, 잉어
⑤ 유극악구충 - 뱀장어, 가물치

091 기존의 위생관리방식과 비교했을 때 HACCP 제도의 특징으로 옳은 것은?

① 제한된 위해요소만 관리할 수 있다.
② 제품 안전관리에 숙련성이 요구된다.
③ 문제 발생 전에 선조치를 원칙으로 한다.
④ 제품 분석에 다소 비용과 시간이 소요된다.
⑤ 현장 관리뿐 아니라 실험실 관리가 요구된다.

092 식품을 제조·가공단계부터 판매까지 각 단계별로 정보를 기록, 관리하여 안정성에 문제가 생길 경우 추적하여 원인을 규명하고 필요한 조치를 할 수 있도록 관리하는 것을 무엇이라고 하는가?

① 리콜제도
② 위해성 평가관리
③ 자가품질검사관리
④ 식품이력추적관리
⑤ 식품안전관리인증기준

093 집단급식소를 설치·운영하는 자가 매년 받아야 하는 식품위생교육시간으로 옳은 것은?

① 3시간
② 4시간
③ 5시간
④ 6시간
⑤ 7시간

094 「식품위생법」의 영양사와 조리사에 대한 설명으로 옳은 것은?

① 집단급식소에 종사할 경우 2년마다 교육을 받아야 한다.
② 교육은 식품의약품안전처장이 지정한 기관에서 실시한다.
③ 1회 급식인원이 100명 미만인 집단급식소에는 영양사를 두지 않아도 된다.
④ 교육을 받아야 하는 영양사가 교육에 참석하기 어려우면 교육을 면제한다.
⑤ 집단급식소에 조리사면허를 갖고 있는 영양사가 고용된 경우에도 따로 조리사를 두어야 한다.

095 집단급식소에서 제공한 식품 등으로 인하여 식중독 환자나 식중독으로 의심되는 증세를 보이는 자를 발견한 집단급식소의 설치·운영자는 누구에게 보고하여야 하는가?

① 보건소장
② 시·도지사
③ 질병관리청장
④ 식품의약품안전처장
⑤ 특별자치시장·시장·군수·구청장

096 선모충증에 걸린 동물의 고기를 판매한 사람에게 해당하는 벌칙은?

① 1천만원 이하의 과태료
② 1년 이하의 징역 또는 1천만원 이하의 벌금
③ 3년 이하의 징역 또는 3천만원 이하의 벌금에 처하거나 병과
④ 5년 이하의 징역 또는 5천만원 이하의 벌금에 처하거나 병과
⑤ 10년 이하의 징역 또는 1억원 이하의 벌금에 처하거나 병과

097 「학교급식법 시행규칙」에서 위생·안전관리기준에 대한 설명으로 옳은 것은?

① 조리작업자의 건강진단 기록은 3년간 보관한다.
② 조리작업자는 1년에 1회 건강진단을 실시해야 한다.
③ 가열조리 식품은 중심부 75℃ 이상에서 1분 이상 가열한다.
④ 식품취급 등 작업은 바닥에서 50cm 이상의 높이에서 실시한다.
⑤ 조리된 식품은 매회 1인분 분량을 냉장실에서 144시간 이상 보관해야 한다.

098 「국민영양관리법」의 영양관리사업 대상에 해당하지 않는 것은?

① 영유아   ② 임산부
③ 청소년   ④ 집단급식소
⑤ 사회복지시설 수용자

099 「국민건강증진법」의 영양조사 내용으로 옳게 짝지어진 것은?

① 건강상태조사, 식생활조사, 위생조사
② 건강상태조사, 위생조사, 감염병조사
③ 건강상태조사, 식생활조사, 감염병조사
④ 건강상태조사, 식품섭취조사, 위생조사
⑤ 건강상태조사, 식품섭취조사, 식생활조사

100 「식품 등의 표시·광고에 관한 법률」의 알레르기 표시 대상식품으로 옳은 것은?

① 우유, 땅콩, 토마토
② 우유, 현미, 토마토
③ 알류(어류), 우유, 대두
④ 알류(어류), 대두, 호두
⑤ 대두, 닭고기, 오리고기

올영7

최종 모의고사 **정답 및 해설**

[1회] 정답 및 해설

1교시

001	002	003	004	005	006	007	008	009	010
④	③	①	④	①	④	⑤	⑤	⑤	③
011	012	013	014	015	016	017	018	019	020
③	④	④	②	②	①	③	④	⑤	③
021	022	023	024	025	026	027	028	029	030
②	⑤	②	③	⑤	③	⑤	②	①	③
031	032	033	034	035	036	037	038	039	040
③	③	①	③	②	②	①	③	⑤	④
041	042	043	044	045	046	047	048	049	050
④	④	②	①	⑤	③	②	④	⑤	①
051	052	053	054	055	056	057	058	059	060
②	③	④	⑤	③	③	⑤	③	④	④
061	062	063	064	065	066	067	068	069	070
③	②	③	①	⑤	③	②	③	③	②
071	072	073	074	075	076	077	078	079	080
④	⑤	①	③	④	③	④	③	③	②
081	082	083	084	085	086	087	088	089	090
①	②	④	⑤	②	④	②	⑤	③	③
091	092	093	094	095	096	097	098	099	100
⑤	①	②	④	①	②	④	④	③	③
101	102	103	104	105	106	107	108	109	110
③	⑤	③	④	⑤	②	④	③	③	④
111	112	113	114	115	116	117	118	119	120
⑤	④	②	②	②	④	①	①	②	③

영양학 및 생화학

001
핵심풀이

① 평균필요량, ② 권장섭취량, ③ 상한섭취량, ⑤ 평균필요량에 대한 설명이다.

002
핵심풀이

혈당은 식이로 섭취한 포도당, 간 글리코겐 분해, 당신생을 통해 유지된다. 금식 후 간에 저장된 글리코겐이 분해되어 혈당유지에 사용되는 것은 금식 후 12시간까지이며, 이후 간에서 포도당 신생과정으로 생성된 포도당이 혈당유지에 기여하게 된다.

003
핵심풀이

인슐린은 간, 근육, 지방조직으로 포도당 유입을 촉진하여 간, 근육에서 글리코겐 합성을 촉진하고, 지방조직에서 지방합성을 촉진하며, 간의 포도당 신생합성을 억제한다.

004
핵심풀이

불용성식이섬유인 셀룰로오스, 헤미셀룰로오스, 리그닌 등은 물에 녹지 않고 물을 보유하며 배변량과 배변속도를 증가시키고 변비와 대장암 예방 효과가 있다.

005
핵심풀이

소장에서 흡수될 때 포도당과 갈락토오스는 능동수송으로, 과당은 촉진확산으로 흡수되며 능동수송에 비해 촉진확산의 속도가 느리므로 과당의 흡수속도는 포도당이나 갈락토오스에 비해 느리다.

006
핵심풀이

① 탄수화물의 에너지 적정비율은 55~65%이다.
② 당류 섭취량은 증가 추세이다.
③ 총당류 섭취량은 총에너지 섭취량의 10~20%이다.
⑤ 케톤증 예방을 위해 최소 1일 50~100g 이상을 섭취해야 한다.

007
핵심풀이

① 요소회로 4ATP 소모
② 해당과정 2ATP소모(4ATP생성)
③ 포도당 신생과정 6ATP소모
④ 지방산 베타산화 활성단계에서 2ATP소모
⑤ 팔미트산 합성과정 7ATP소모

008
핵심풀이

해당과정 중 글리세르알데히드 3-인산이 글리세르알데히드 3-인산 탈수소효소에 의해 글리세린산 1,3-이인산이 될 때 산화반응이 일어나고 NADH가 생성된다.

009
핵심풀이

① 당신생과정은 주로 간에서 일어난다.
② 과당의 대사는 주로 간에서 이루어진다.
③ 글리코겐 분해로 글루코스 1-인산이 생성된다.
④ 오탄당 인산경로는 지방합성이나 세포분열이 왕성한 조직에서 활발하다.
⑤ 갈락토오스 대사를 통해 생성된 UDP-glucose는 글리코겐 합성에 이용될 수 있다.

010
핵심풀이

당신생 과정의 피루브산 카르복실화효소는 고농도의 아세틸 CoA에 의해 촉진되고 프락토스 1,6-이인산분해효소는 ADP에 의해 억제된다.

011
핵심풀이

TCA회로 8단계의 반응 중 4단계의 반응은 산화적 인산화 단계이고, 숙시닐 CoA가 숙신산으로 전환되는 과정이 기질 수준 인산화단계로 GTP가 생성된다.

012
핵심풀이

코리회로는 근육에서 포도당의 혐기적 해당으로 생성된 젖산이 간으로 운반되어, 간에서 포도당으로 전환된 후 다시 포도당이 필요한 조직으로 보내지는 과정이다.

013
핵심풀이

① 고리산소화효소에 의해 프로스타사이클린, 트롬복산, 프로스타글란딘이 생성되고 리폭시게나아제에 의해 류코트리엔이 생성된다.
② 반감기가 짧고 작용부위와 가까운 조직에서 생성된다.
③ 세포막 인지질의 2번 탄소에 위치한 지방산으로부터 합성된다.
⑤ 오메가 3지방산으로부터 합성된 트롬복산은 혈전 형성 작용이 약하다.

014
핵심풀이

① 뇌나 신경조직에서는 에너지원으로 포도당을 사용한다.
③ 에너지를 내는 과정에서 탄수화물보다는 적은 양의 티아민을 필요로 한다.
④ 지방산은 TCA회로를 통해서만 에너지를 생성할 수 있다.
⑤ 단시간 수행되는 격심한 운동에서는 포도당을 에너지원으로 한다.

015
핵심풀이

① 지방의 소화는 구강에서부터 시작된다.
③ 짧은사슬 지방산을 함유한 중성지방은 리파아제로 분해된 후 담즙의 도움없이 흡수된다.
④ 위 리파아제는 짧은사슬이나 중간사슬지방산을 함유한 중성지방을 주로 분해한다.
⑤ 긴사슬지방산을 함유한 중성지방은 주로 모노글리세리드와 지방산으로 분해된다.

016
핵심풀이

② 중성지방함량이 높을수록 밀도는 낮아진다.
③ VLDL은 주로 중성지방을 조직으로 운반한다.
④ 킬로미크론은 소장에서 흡수된 중성지방을 운반한다.
⑤ 모세혈관의 지단백질 분해효소는 apo CⅡ가 활성화시킨다.

017
핵심풀이

혈중 콜레스테롤은 포화지방산이 대사되어 생성된 아세틸 CoA로부터 합성된다.

018
핵심풀이

콜레스테롤에스터는 콜레스테롤과 지방산, 인지질은 리소인지질과 지방산, 중성지방은 모노글리세리드과 지방산으로 분해되어 흡수된다.

019
핵심풀이

TCA회로와 케톤체 합성은 미토콘드리아에서, 요소회로와 포도당신생 과정은 미토콘드리아와 세포질에서, 콜레스테롤합성은 세포질에서 일어난다.

020
핵심풀이

① 환원-탈수-환원을 통해 합성된다.
② 글루카곤과 에피네프린에 의해 억제된다.
④ 지방산합성효소는 주로 팔미트산을 합성한다.
⑤ 불포화지방산 생성은 소포체에서 이루어진다.

021
핵심풀이

콜레스테롤 합성과 케톤체 합성 과정에 공통적으로 HMG CoA가 중간산물이다.

022
핵심풀이
① 단백질은 담즙분비를 촉진한다.
② 가스트린은 펩시노겐과 위산의 분비를 촉진한다.
③ 아미노산은 Na^+-의존성 공동수송체에 의해 흡수된다.
④ 소장에서 흡수된 펩티드는 소장세포에서 아미노산으로 분해된 후 혈액으로 이동한다.

023
핵심풀이
① 단백질은 요소합성에 에너지를 소모하므로 비효율적인 에너지원이다.
③ 콜레스테롤은 세포막의 유동성을 유지시킨다.
④ 콜레스테롤이 스테로이드 호르몬을 합성한다.
⑤ 티로신은 카테콜아민을 합성한다.

024
핵심풀이
단백질 60g 중 질소함유량은 9.6g(60×16÷100)이므로 배설량이 섭취량보다 적은 양의 질소평형 상태이다.

025
핵심풀이
화학가와 아미노산가는 화학적 평가방법이다. 생물가는 체내에 흡수된 질소의 체내 보유 정도를 평가한다. 단백질효율은 체중 증가량을 단백질 섭취량으로 나누어 성장 정도를 평가한다.

026
핵심풀이
글루타민은 조직에서 생성된 암모니아를 간으로 운반하는 역할을 하며 퓨린과 피리미딘 합성에 기여한다. 소장에서 글루타민은 주요 에너지원으로 이용된다.

027
핵심풀이
아미노기 전이반응은 PLP를 조효소로 필요로 하며, 글루탐산 탈수소효소 반응에는 $NAD^+(NADP^+)$가 필요하다. 근육에서 생성된 암모니아는 피루브산과 결합되어 알라닌이 된다.

028
핵심풀이
요소회로의 푸마르산이 구연산회로의 중간대사물이 되며, 시트룰린은 미토콘드리아에서 생성되어 세포질로 운반된다. 요소 1분자 내의 아미노기는 유리암모니아와 아스파르트산에 의해 제공된다.

029
핵심풀이
퓨린 뉴클레오티드 대사과정에서 잔틴(크산틴)이 요산으로 분해된다.

030
핵심풀이
Km은 경쟁적 저해가 있으면 증가하고, 불경쟁적 저해가 있으면 감소한다. Km은 초기반응속도가 최대속도의 1/2일 때의 기질농도이며, Km값이 클수록 기질의 효소에 대한 친화도는 감소한다.

031
핵심풀이
기초대사량은 수면시 10% 감소한다. 기초대사량이 가장 높은 조직은 간이다.

032
핵심풀이
에너지섭취량에서 지방의 적정비율은 15~30%이므로 300~600kcal가 적정 수준이다. 지방 1g은 9kcal를 생성하므로 33~67g이 적정 섭취량이다.

033
핵심풀이
비타민 D는 소장에서 칼슘과 인의 흡수를 촉진하고, 신장에서 칼슘의 재흡수를 촉진하며, 뼈에서 칼슘과 인의 용출을 촉진한다.

034
핵심풀이
1RAE = 1μg 레티놀 = 2μg 베타카로틴(보충제) = 12μg 식품 중 베타카로틴 = 24μg 기타 비타민 A 전구체 카로티노이드이다.

035
핵심풀이
① 비타민 C와 E는 항산화에 관여한다.
③ 장내 박테리아에 의해 합성되어 결핍증이 드물게 나타난다.
④ 대사속도가 빠르고 저장량이 적어 과잉증에 대한 보고가 없다.
⑤ 혈액 내 지단백질에 포함되어 이동한다.

036
핵심풀이
비타민 A와 D는 뼈의 건강유지에 필요하며, 비타민 C는 콜라겐 합성에 관여하므로 공통적으로 뼈와 치아의 정상화에 필요하다.

037
핵심풀이
트립토판으로부터 니아신을 합성하는 과정에서 조효소로 비타민 B_2, 비타민 B_6가 필요하다.

038
핵심풀이
티로신이 도파, 도파민, 노르에피네프린으로 순차적으로 전환되는 과정에서 필요한 영양소는 비타민 C, 비타민 B_6, 철, 구리이다.

039
핵심풀이
① 엽산은 퓨린고리 생합성에 필요하다.
② 비오틴은 포도당 신생합성에 필요하다.
③ 비타민 B_{12}는 엽산의 활성형 유지에 필요하다.
④ 리보플라빈은 글루타티온 환원효소의 조효소이다.

040
핵심풀이
① 50~60%가 골격을 구성한다.
② 칼슘은 피브린 형성에 필수적이다.
③ 인은 산·염기평형 조절 기능을 한다.
④ 마그네슘은 cAMP합성에 필요하다.
⑤ 혈중 농도 정상치는 1.7~2.6mg/dℓ이다.

041
핵심풀이
인은 흡수율이 높기 때문에 흡수에 비타민 D가 반드시 필요한 것은 아니다. 다량의 칼슘섭취는 인의 흡수를 감소시킨다. 피트산은 소화효소에 의해 분해되지 않는다.

042
핵심풀이
셀레늄은 글루타티온 퍼옥시다아제(glutathione peroxidase)의 구성성분이고, 구리와 망간, 아연은 슈퍼옥사이드 디스뮤타아제(superoxide dismutase)의 구성성분으로 항산화기능에 관여한다.

043
핵심풀이
① 아연의 기능
③ 구리는 Fe^{2+}를 Fe^{3+}로 산화시켜 트랜스페린과 결합할 수 있게 한다.
④ 황의 기능
⑤ 셀레늄의 기능

044
핵심풀이
체내 신경전달 및 근육의 수축이완에 관여하는 무기질은 나트륨, 칼륨, 칼슘, 마그네슘이다.

045
핵심풀이
① 아연의 기능
② 철의 흡수율은 10~15%
③ 아연 섭취는 구리 흡수를 방해한다.
④ 아연은 혈중에서 알부민이나 α-2-마크로글로불린과 결합하여 이동한다.

046
핵심풀이
체내 수분의 1/3이 세포외액에 존재한다.

047
핵심풀이
임신기에는 신혈류량과 사구체 여과율이 증가한다. 적혈구 생성량이 증가하지만 혈장량이 더 많이 증가하여 혈액희석으로 임신성빈혈이 나타난다. 프로게스테론 농도 상승으로 위장관의 평활근이 이완되어 소량의 식사로도 포만감을 느끼고 소장에서 음식물의 이동속도가 느려져 영양소 흡수가 지연되며 대장 운동 저하로 수분 재흡수가 증가한다. 또한 임신후기 자궁확대로 트림, 흉식호흡, 빈뇨, 변비 등이 나타난다.

048
핵심풀이
입덧 시에는 소량씩 자주 섭취하며, 공복 시 심해지므로 공복이 되지 않도록 한다. 기름지지 않고 담백한 식사가 도움이 되며 식사 전·후 30분간은 안정하고 소화가 잘되며 영양가가 높은 식사를 한다. 식사 중 수분 섭취는 식사량을 감소시키므로 피하는 것이 좋으며 더운 음식보다는 찬음식이 입덧을 완화시킨다. 조리 시 냄새를 피하고 외식 등의 방법을 이용한다.

049
핵심풀이
수유기에 섭취한 에너지와 영양소는 유선 조직에서 우선 사용된다. 유선 조직의 지방대사는 항진되는 반면 지방조직에서는 저하된다. 또한 유선 조직에서의 단백질대사는 항진되는 반면 골격근에서의 단백질 대사는 저하되므로 수유 여성은 영양 상태가 양호한 경우라도 비수유부보다 단백질 전환율이 낮은 경향을 보인다. 수유부의 기초대사량은 비임신부, 비수유부보다 낮으며 신체활동 제한으로 활동대사량 및 식이성 발열 효과도 감소한다.

050
핵심풀이
모유는 우유보다 유당, 시스틴, 타우린, 필수지방산(특히 리놀레산), 비타민 A, C, E 등의 함량이 높다. 우유는 모유보다 단백질, 무기질(특히 칼슘)의 함량이 높다.

051
핵심풀이
영아의 단위체중당 열량필요량은 성인의 2~3배 많다. 이유는 체격에 비해 체표면적이 넓어서 열손실이 크고, 성장률이 높아 에너지 필요량이 많다. 또한 성인에 비해 활동적이기 때문이다.

052
핵심풀이
영아의 신장은 성인에 비해 크기가 작고, 네프론과 세뇨관도 미성숙하며 사구체 여과율도 낮다. 항이뇨호르몬의 분비량이 적어 요 농축능력이 성인의 50% 수준이다. 우유 및 우유 조제유, 두유 조제유는 신장의 용질부하량이 높아 신장에 부담이 된다. 영아는 약간의 수분 섭취제한, 구토, 설사, 발한 등의 상황에서 탈수로 인한 수분 불균형이 쉽게 발생한다.

053
핵심풀이
성장기에는 단백질의 양 뿐만 아니라 필수아미노산의 필요량이 높아서 양질의 단백질을 필요로 한다.

054
핵심풀이
영아에게 이유식을 제공할 때는 새로운 식품은 하루 한 가지씩, 1티스푼씩 증량하여 제공하며, 공복 시, 기분이 좋을 때 먼저 이유식을 주고 이후 모유나 우유를 제공한다. 4시간 간격 6회를 규칙적으로 제공하고 단순한 조리법으로 준비한다. 향신료와 자극적인 식품은 피하며 꿀은 1년 이후에 공급한다. 영아의 저장철 고갈로 철 보충이 필요하므로 난황과 같은 식품을 제공한다.

055
핵심풀이
학령기(아동기)에 성장에 관여하는 호르몬은 인슐린, 성장호르몬, 갑상선호르몬이다.
청소년기에 성적성숙과 성장에 주로 관여하는 호르몬은 안드로겐, 테스토스테론, 에스트로겐이다.

056
핵심풀이
12~18세 청소년기 남자는 근육량이 급격히 증가하므로 성인 남자보다 철 권장섭취량이 많다.

057
핵심풀이
성인기에는 생리적 변화가 거의 없지만 신체 구성분의 평형상태가 깨지면서 체력과 효율성이 점차 감소한다. 특히 기초대사량이 10~40% 감소하는 것은 대사증후군의 발생 위험을 높이는 원인이 된다.

058
핵심풀이
위축성위염의 경우 위산, 내적인자 등의 분비가 감소한다. 내적인자는 비타민 B_{12}의 흡수에 필요하므로 부족 시 악성빈혈, 거대적아구성 빈혈의 발생위험이 증가하고 위산분비 감소는 철 흡수불량을 초래하여 철결핍성 빈혈의 발생위험도 증가한다.

059
핵심풀이
노인기에는 불포화도가 높은 식물성 기름 및 등푸른 생선을 충분히 섭취하며, 유당불내증이 있는 경우 우유보다는 두유로 섭취하도록 한다. 짠맛에 대한 역치가 증가하므로 간을 약하게 하여 섭취한다. 노인은 인슐린 분비능력 감소로 혈당 조절이 잘 안되므로 지나친 단순 당질 섭취는 제한하는 것이 좋다.

060
핵심풀이
운동 시 즉시 사용되는 에너지는 ATP이고, 근육수축 시 에너지원으로 1분 정도 사용되는 것은 크레아틴포스페이트이다. 글리코겐은 2시간 이내로 지속되는 고강도 운동시 포도당으로 에너지를 공급한다. 지방은 저·중강도의 운동을 점진적으로 지속할 때 주된 에너지원이다.

영양교육, 식사요법 및 생리학

061
핵심풀이
지역사회영양사업의 요구 진단은 지역사회의 건강 및 영양문제를 조사하고 이들 문제에 영향을 주는 요인과 영양위험대상을 선별하여 이들이 지역사회영양사업에 요구하는 바를 총체적으로 파악하는 과정이다.

062
핵심풀이
영양교육의 과정평가는 영양교육이 실행되는 과정에 대한 평가이다. 교육내용, 교육방법 및 교육매체가 대상자의 수준 및 영양교육 목표에 적절한지를 평가한다.

063
핵심풀이
건강신념모델의 구성요소
질병가능성에 대한 인식(인지된 민감성), 질병심각성에 대한 인식(인지된 심각성), 행동변화에 대한 인지된 이익(이익성 인식), 행동변화에 대한 인지된 장애(장애인식), 행동의 계기, 자아효능감, 우유섭취가 건강에 좋은 점은 인지된 이익에 해당된다.

064
핵심풀이
평가도구 조건
- **신뢰도**: 반복적으로 측정하여도 유사한 결과 도출
- **실용도**: 현실적으로 사용 가능
- **객관도**: 측정자의 의견이나 감정이 개입되지 않음
- **타당도**: 측정하고자 하는 내용을 측정함

065
핵심풀이

교육 후 스스로 실천할 수 있는 자신감에 대해 물었으므로 자아효능감에 대한 내용을 평가하고자 하였다.

사회인지론의 구성요소
- **개인의 인지적 요인**: 행동결과에 대한 기대, 가치, 자아효능감
- **행동적 요인**: 행동수행력, 자기통제력
- **환경적 요인**: 환경, 관찰학습, 강화, 촉진
- **상호결정론**: 개인의 인지적 요인, 행동적 요인, 환경적 요인이 상호작용하여 영향을 미침

066
핵심풀이

행동변화단계모델은 개인마다 행동 변화 단계에 차이가 있으므로 그 단계에 따라 행동수정방법이나 전략을 다르게 사용하는 모델로 맞춤식 교육이 가능하다.

행동변화단계모델의 단계
- **고려 전 단계**: 6개월 이내에 행동 변화를 고려하지 않는 단계
- **고려단계**: 6개월 이내 행동 변화의 의지가 있는 단계
- **준비단계**: 1개월 이내에 행동을 바꾸려는 의향이 있거나 일부 행동을 시도해 본 단계
- **행동단계**: 행동변화를 6개월 미만 정도 실시해 본 상태
- **유지단계**: 6개월 이상 변화된 행동을 유지해온 단계

067
핵심풀이

사례연구는 실제로 간식을 마련한 경험을 토대로 장점과 단점을 토론하여 개선점을 찾아낼 수 있어 교육 효과를 높일 수 있다.

068
핵심풀이

6·6식 토의법은 6명이 한조가 되어 1명이 1분씩 6분간 토의하여 종합하는 방식으로 참석자의 수가 너무 많아서 일부의 사람만이 의견을 제시하고 다른 대부분의 사람들이 발언 기회를 얻기 힘들 때 사용할 수 있으며, 소집단 참가자들의 의견을 빠르게 취합하고자 할 때 사용할 수 있다.

069
핵심풀이

모형은 실물을 모방한 입체 매체로 실물의 일부분이나 전체를 실물 그대로의 모양으로 확대 또는 축소하여 만든 것으로 식품모형, 체지방 모형 등이 있으며 식품의 목측량 교육, 체지방 양의 가시적 체험에 효과적이다.

070
핵심풀이

- **반영**: 내담자가 말하는 메시지 중 감정적인 부분을 상담자가 참신한 말로 다시 언급해 주는 것
- **수용**: 내담자에게 주의를 기울이고 있으며 내담자의 말을 받아들이고 있다는 상담자의 태도를 나타내는 것
- **요약**: 내담자가 이야기하는 주제와 감정상태를 파악하고 핵심 아이디어가 무엇인지 요약하는 것
- **명료화**: 내담자가 모호한 말을 했을 때 상담자가 그 안에 담겨있는 의미나 관계를 질문을 통해 명확하게 하는 것
- **해석**: 내담자가 이야기하는 메시지에 근거하여 상담자가 자신의 이해나 새로운 개념을 추론하여 더해 주는 것

071
핵심풀이

영양표시제도
- **의무표시영양성분**: 열량, 탄수화물, 당류, 단백질, 지방, 포화지방, 트랜스지방, 콜레스테롤, 나트륨(9종)
- **영양강조 표시**: 함량강조표시(무, 저, 고 또는 풍부로 표시), 비교강조표시(덜, 더, 강화, 첨가 등으로 표시)
- **영양표시대상 식품**: 식품 표시·광고에 관한 법률에 명시(특수용도식품, 건강기능식품 포함)
- **표시방법**: 1일 영양성분기준(4세 이상 어린이 및 성인의 평균적인 1일 영양소섭취기준량으로 모든 식품에 공통으로 적용 가능한 대푯값)에 대한 비율로 표시

072
핵심풀이

- **식품의약품안전처의 주요 업무**: 식품(농수산물 및 그 가공품, 축산물 및 주류), 건강기능식품, 의약품, 마약류, 화장품, 의약외품, 의료기기 등의 안전에 관한 사무, 안전한 먹을거리 소비문화 확산(불량식품 뿌리 뽑기, 위해식품의 국내유입 차단), 어린이급식관리지원 센터 설립
- **관련 법령**: 식품위생법, 어린이 식생활안전관리 특별법, 건강기능식품에 관한 법률, 식품 등의 표시·광고에 관한 법률

073
핵심풀이

영양교육 교수설계 모형
계획단계 – 진단단계 – 지도단계(도입, 전개, 정리) – 평가단계
- **도입단계**: 동기 유발로 주의력 집중, 학습목표 제시, 선행학습 내용 상기 등
- **전개단계**: 학습자료 제시, 학습활동 내용 안내 및 활동 지도, 연습, 실행
- **정리단계**: 형성평가, 학습내용 요약 및 정리, 차시 예고 등

074
핵심풀이

보건소 영양사 업무
지역주민의 영양지도 및 상담, 영양조사 및 지역주민의 영양평가 실시, 영양교육 자료 개발, 홍보 및 영양교육, 집단급식시설에 대한 현황 파악 및 급식업무 지도 등

075
핵심풀이
24시간 회상법은 조사 전날 하루 동안 섭취한 모든 식품의 종류와 섭취량, 조리방법 등을 회상하여 조사는 방법이다. 기억에 의존하므로 섭취량에 차이가 있을 수 있으며 노인이나 어린이에게는 적용하기에 적합하지 않다. 국민건강영양조사에 활용한다.
① 식품섭취빈도조사 ② 실측법 ⑤ 식사기록법

076
핵심풀이
- **영양진단단계**: 영양중재를 통해 해결할 수 있거나 개선할 수 있는 영양문제를 규명하여 기술하는 단계
① 영양모니터링 및 평가단계
②, ④ 영양중재단계
⑤ 영양판정단계

077
핵심풀이
영양검색 지표는 영양과 관련된 지표들 중 정상보다 높은 입원일수나 합병증을 초래하는 것으로 알려진 지표들을 주로 활용한다.
- **객관적 지표**: 표준체중 백분율, 의도하지 않은 체중 감소율, 알부민, 총 림프구수, 헤모글로빈, 진단명, 섭식형태
- **주관적 지표**: 연하곤란, 저작곤란, 식욕 및 섭취량 감소, 소화기관 증후, 근육 및 체지방 소모, 부종이나 복수

078
핵심풀이
BMI 25kg/m² 이상 비만, 비만도 120% 이상 비만, 여자 허리둘레 85cm 이상 복부비만(남자 90cm 이상), 허리-엉덩이둘레비 0.9 이상 복부비만, 여자 체지방율 33% 이상 비만(남자 25% 이상)

079
핵심풀이
경관급식은 위장관 소화, 흡수 능력은 있으나 구강으로 음식을 섭취할 수 없는 환자 즉, 구강수술, 연하 곤란, 의식 불명, 식도 장애 등과 구강섭취만으로 불충분한 환자에게 적용된다.

080
핵심풀이
현미밥 210g 300kcal, 배추김치 50g 20kcal, 조기구이 50g 50kcal, 우유 200mL 125kcal
총 495kcal

081
핵심풀이
전유동식은 수술 후 회복기 환자, 고형식을 씹고 삼키기 어려운 환자, 맑은 유동식에서 연식으로 이행되는 중간식으로 이용한다. 상온에서 액체 또는 반액체 식품의 미음, 수란, 푸딩, 아이스크림, 채소주스 등을 이용하며 에너지 밀도가 낮으므로 식사 횟수를 늘리고 장기간 공급 시 영양보충식을 이용한다.

082
핵심풀이
위축성 위염은 노인에게서 흔히 나타나며, 위산분비 감소 결과로 살균 작용, 섬유소 연화, 미즙이 형성되지 않아 설사가 유발되며 펩시노겐이 펩신으로 활성화되지 못해 단백질 소화장애가 나타난다. 또한 산화형 철이 환원형 철로 전환되지 못해 빈혈이 발생할 수 있고 내적인자 부족으로 비타민 B_{12}의 흡수저해로 악성빈혈 및 거대적아구성빈혈이 발생할 수 있다. 식사요법은 저섬유소식, 지방 제한, 식욕촉진 음식, 소화가 잘 되는 양질의 단백질 식품을 섭취하고 철을 보충한다.

083
핵심풀이
이완성 변비는 운동부족 등에 의해 장벽의 근육운동이 느려져 대변을 빨리 배설시키지 못하므로 기계적, 화학적 자극이 있는 식품을 준다. 고섬유식을 권장하고 수분을 충분히 공급하며, 타닌 함유식품을 제한한다. 우유의 유당은 유산균에 의해 유산으로 전환되어 연동운동을 촉진한다.

084
핵심풀이
비열대성 스프루는 글루텐 과민성 장질환으로 글루텐 함유식품인 밀, 보리, 귀리 등과 그 함유식품을 제한한다. 햄버거, 돈가스, 만두, 어묵, 전유어, 국수, 만두 등의 음식을 금한다.

085
핵심풀이
저잔사식은 변양을 최소화하는 것을 목적으로 저섬유식과 가스발생 음식 섭취를 제한하는 식사로 섬유소는 수용성 섬유소인 펙틴이 있는 연한 채소나 너무 시지 않은 과일을 섭취하도록 하며 지방은 소화가 잘 되는 유화지방을 섭취한다.

086
핵심풀이
게실염은 저섬유식과 만성 변비, 노화가 원인이며, 급성기에는 금식하고 정맥으로 영양을 공급한다. 맑은 유동식, 저잔사식, 저섬유소식, 저지방식, 단백질을 적당히 공급한다. 게실염이 회복된 후 예방을 위해서는 점차 섬유소와 수분섭취량을 늘린다.

087
핵심풀이
담낭 질환은 저열량, 저지방, 고당질식을 주고 가스 형성식품이나 자극성 식품은 피한다. 단백질은 적당량 공급하고 비타민과 무기질은 충분히 공급한다.

088
핵심풀이
간경변증 환자는
- **간세포 기능 부전**: 저알부민혈증, 복수, 부종(알부민 합성 감소), 황달, 고암모니아혈증
- **문맥압항진**: 측부혈행로, 정맥류, 식도출혈, 비장기능항진, 복수, 단백질 이화작용으로 알부민/글로불린비 감소

089
핵심풀이
혈청 아밀라아제, 혈청 리파아제, 요 아밀라아제는 췌장염 시 증가하며, GOT와 GPT는 간기능 검사지표로 간질환 시 증가한다.

090
핵심풀이
알코올성 간질환 식사요법
이상체중 유지, 금주, 균형식을 제공하며 간조직에 충분한 산소와 영양분이 공급되도록 한다. 간의 상태에 따라 에너지와 단백질, 지방, 나트륨, 수분은 조절하면서 고에너지, 고단백(간성혼수 시 단백질 제한), 지질과 탄수화물은 과잉 섭취하지 않으며 단순당 섭취 제한, 비타민과 무기질 적당량 공급, 간세포에 자극이 되지 않도록 자극적인 향신료는 제한한다.

091
핵심풀이
① 동일 에너지라도 하루에 여러 번 나누어 먹는 것이 체중 감소에 좋다.
② 식사속도가 빠를수록 소화, 흡수속도 느려져 뇌의 섭식중추를 자극, 과식하게 된다.
③ 밤에는 부교감신경의 작용이 활발하여 에너지를 축적하므로 야식은 체중을 증가 시킨다.
④ 식사간격이 길어 하루 식사 횟수가 적어지면 지방 합성효소의 활성이 커져 체지방 합성과 저장이 증가한다.

092
핵심풀이
- 폰더럴 지수: 신장(m)/체중(kg)×10^3
- 상완지방면적: 삼두근 피부두겹두께와 상완둘레로 계산
- 허리-엉덩이 지수: 허리둘레(cm) / 엉덩이둘레(cm)

093
핵심풀이
소아비만은 지방세포 수와 크기가 모두 증가하며 식사치료가 어렵고 고도비만이 되기 쉽다. 따라서 성인비만보다 체중 감량이 어렵고 감량 후 재발 위험이 높다. 성인비만에서 나타나는 건강문제가 소아비만에서도 나타난다.

094
핵심풀이
당뇨병 합병증
고혈당성 혼수, 당뇨병성 산혈증, 저혈당증, 동맥경화증, 망막증, 당뇨병성 신증, 신경장애, 말초혈관 장애(당뇨병성 괴저) 등

095
핵심풀이
케톤체에 의한 산혈증 예방을 위해서는 1일 최소 100g 이상의 당질을 섭취하고 가급적 복합당질로 섭취한다. 지방은 총열량의 20~30% 정도가 좋다. 단백질은 양질의 단백질로 1일 체중 kg당 1~1.5g 공급한다.

096
핵심풀이
당뇨병 환자는 단백질 대사 이상으로 음(-)의 질소평형과 당 신생작용이 나타나며 혈당이 높아지면 삼투압이 높아져 다뇨 증상이 나타난다. 당질대사 이상으로 글리코겐 분해, 젖산 농도가 증가한다. 혈액의 포도당이 170~180mg/dL 이상이면 소변으로 당이 배설된다.

097
핵심풀이
혈당이 상승하면 혈액의 삼투압이 증가하고 세포내액에서 혈액으로 수분이 이동하여 배설된다(다뇨). 포도당은 근위세뇨관에서 대부분 재흡수되지만, 혈당이 170mg/dL(신장의 포도당 역치) 이상이면 재흡수 능력을 초과하여 소변으로 당이 배설된다.

098
핵심풀이
제2형 당뇨병은 인슐린 수용체 수 감소, 친화력 감소로 인슐린 저항성 증가가 원인이다. 인슐린 저항성은 비만(특히 복부비만), 운동부족 등에서 증가한다.

099
핵심풀이
당뇨병 환자의 운동요법은 말초조직의 인슐린 감수성 증가로 포도당 이용 증가, 고지혈증 개선(HDL-콜레스테롤 증가, LDL-콜레스테롤 감소), 표준체중 유지, 스트레스 해소에 도움이 된다. 매일 30~60분씩 일정량의 운동(유산소운동 중심)을 하며 저혈당이 되지 않도록 주의한다. 저혈당 시 단순당 10~15g을 흡수되기 쉬운 형태로 즉시 공급한다. 300mg/dL 이상의 심한 고혈당, 중증의 신장 및 심장 질환자, 만성 합병증이 있는 경우 운동을 금한다.

100
핵심풀이
동방결절은 심장의 박동을 주재하는 곳으로 활동전압 발생빈도가 가장 높은 곳이다. 심방근을 탈분극시켜 심방근 수축을 유도하고 심방근을 통해 활동전압을 방실결절에 전도한다.

101
핵심풀이
무염식은 나트륨 함량이 많은 식품을 피하고 설탕, 식초, 계피 등으로 식욕을 돋우도록 한다.

102
핵심풀이
혈압 상승 요인
심박출량 증가, 혈액 점성 증가, 레닌-안지오텐신-알도스테론 활성화, 카테콜아민류(에피네프린, 노르에피네프린), CO_2 증가(화학수용기 감지), 압력감소 인지(압력수용기 감지)

103
핵심풀이
재분극의 기간이 길어져 세포외액에 칼륨 이온이 많아지면, 심박동속도를 느리게 하고 심장을 팽창시키며 축 늘어지게 한다.

104
핵심풀이
이상지질혈증 유발은 혈중 콜레스테롤 및 중성지방이 증가하기 때문이고, 식이성 요인은 고열량, 고당질식, 지방(포화지방산, 트랜스 지방산, 콜레스테롤), 알코올 섭취와 관련이 있다. 식물성 스테롤, 수용성 식이섬유는 이상지질혈증 개선에 도움이 된다.

105
핵심풀이
죽상동맥경화증 식사요법
에너지는 표준체중 유지 정도로 조절, 탄수화물(총 열량의 60~65%), 양질의 단백질(총 열량의 15~20%), 지방(총 열량의 15~20%), 불포화지방산 : 단일불포화지방산 : 포화지방산 = 1 : 1~1.5 : 1, 나트륨 5g 이하, 수용성 식이섬유, 항산화비타민(비타민 A, C, E, 베타-카로틴) 충분히 섭취, 비타민 B_6, B_{12} 적절히 섭취, 니아신 충분히 섭취(혈청 콜레스테롤 감소 효과)

106
핵심풀이
사구체 여과막을 통과하지 못하는 성분은 혈구(백혈구, 적혈구, 혈소판)와 혈장 단백질(알부민, 피브리노겐, 글로불린 등)이다. 포도당, 전해질, 물, 아미노산은 여과되어 세뇨관 안으로 들어온다.

107
핵심풀이
요독증이 심할 때는 단백질을 완전히 제거한 식품을 제공한다.

108
핵심풀이
신증후군 환자의 식사요법
- 고단백질식: 혈장 알부민 보충, 단위체중당 0.8~1g + 소변으로 배설되는 단백질량
- 고에너지식: 35~50kcal/체중kg
- 저염식: 나트륨 1200~2000mg, 부종 시 무염식
- 중등지방: 가능한 불포화지방산 섭취

109
핵심풀이
신장결석의 식사요법
- 요산결석: 동물성단백질식품을 제한하고 알칼리성 식사
- 시스틴결석: 황함유 아미노산 제한, 알칼리성 식사
- 수산칼슘결석: 수산함량이 높은 식품 – 아스파라거스, 시금치, 초콜릿, 코코아, 무화과 등 제한, 칼슘급원 식품 제한
- 신장결석에 공통적인 식사요법: 충분한 수분(3,000mL 이상/일)을 섭취

110
핵심풀이
신장질환 환자의 부종 원인
- 단백뇨로 저알부민혈증(1g/dL 이하)이 되어 삼투압이 저하되면 모세혈관에서 조직으로 수분이 이동되어 부종이 나타난다.
- 신혈류량의 저하로 레닌-안지오텐신계가 활성화되어 나트륨과 수분 보유로 부종이 나타난다.
- 항이뇨호르몬 분비로 수분이 보유된다.
- 신장의 사구체 장애로 신혈류량과 사구체 여과량이 저하되면 결뇨가 되어 나트륨과 수분이 체내에 보유되어 부종이 나타난다.

111
핵심풀이
암의 식이성요인
위암, 식도암, 구강암(짠음식, 소시지, 베이컨 등 훈연식품의 아질산염), 대장암, 유방암(고지방식, 태운음식에 생긴 벤조피렌), 방광암(가공식품의 식품첨가물, 둘신, 사이클라메이트), 간암(타르색소)

112
핵심풀이
암 환자의 영양소 대사
기초대사율 증가, 에너지 소비량 증가, 해당과정 촉진, 체중감소 촉진, 인슐린 저항성, 당신생 증가, 체조직 합성 감소 및 분해 증가, 체지방량 감소, 비타민 결핍, 수분과 전해질 손실

113
핵심풀이
- 알레르기 식사요법: 알레르기 원인 식품 및 원인식품이 포함되어 있는 식품도 모두 제한
- 조리법: 우유는 따뜻하게, 다른 식품과 섞어서 조리하고, 달걀은 가열 조리하며, 빵은 바싹 구운 토스트로 이용

114
핵심풀이
수술 시 대사 변화
글루카곤, 코티솔, 에피네프린 분비 증가, 기초대사량 증가, 에너지 필요량 증가, 체단백질 분해 증가, 알부민 합성 감소, 혈중 잔여질소 증가, 글리코겐 분해 증가, 당 신생과정 촉진, 혈당 상승, 지방조직 분해 촉진, 체지방량 감소, 수분배설 감소, 나트륨 배설 감소, 칼륨 배설 증가

115
핵심풀이

체온이 상승하면 대사요구가 커지므로 조직의 산소 요구도가 높아진다. 이에 따라 헤모글로빈의 산소해리곡선은 오른쪽으로 이동하여 산소가 쉽게 해리되어 조직에 산소를 공급하게 된다.

116
핵심풀이

비타민 B_{12} 결핍 시 거대적아구성 빈혈 및 악성빈혈에 걸리기 쉽다. 비타민 B_{12}는 주로 동물성 식품에 함유되어 있으므로 채식주의자에서 발생 위험이 크다.

117
핵심풀이

혈액은 세포성분(혈구)과 혈장으로 분리되며, 세포성분에는 적혈구, 백혈구, 혈소판이 포함된다. 혈장의 6~8%는 알부민, 글로불린, 피브리노겐 등의 혈장단백질이다. 헤마토크리트는 혈액 중 적혈구가 차지하는 용적비율이다. 출생 직후에는 간, 비장에서도 조혈작용이 일어나지만 생후 4개월경부터 소실된다.

118
핵심풀이

- **연수**: 호흡중추, 심장중추, 혈관운동중추, 연하중추, 구토중추, 발한중추, 타액 및 위액분비
- **시상하부**: 포만중추, 공복중추, 체온과 삼투압, 혈당조절
- **척수**: 배변, 배뇨

119
핵심풀이

알츠하이머는 뇌 조직에 비정상적인 베타-아밀로이드 축적, 대뇌피질 신경섬유 퇴화, 뉴런 손실 등이 원인이며, 파킨슨은 도파민을 생성하는 세포의 퇴화가 원인으로 알려져 있다.

120
핵심풀이

갈락토세미아는 간에서 갈락토오스가 포도당으로 전환되지 못해서 발생하는 선천성 대사장애질환이다. 식사요법은 우유 및 유제품을 제한하고 칼슘 보충을 위해 두유로 대체한다.

2교시

001	002	003	004	005	006	007	008	009	010
①	②	⑤	③	①	⑤	②	①	④	④
011	012	013	014	015	016	017	018	019	020
②	⑤	④	②	⑤	①	②	④	④	③
021	022	023	024	025	026	027	028	029	030
④	②	②	④	①	③	②	②	②	③
031	032	033	034	035	036	037	038	039	040
⑤	③	⑤	④	④	⑤	①	③	③	⑤
041	042	043	044	045	046	047	048	049	050
④	③	⑤	③	①	④	④	③	③	②
051	052	053	054	055	056	057	058	059	060
④	②	③	④	②	③	④	③	⑤	①
061	062	063	064	065	066	067	068	069	070
②	②	⑤	③	④	③	②	④	②	③
071	072	073	074	075	076	077	078	079	080
②	③	③	③	③	③	④	③	④	②
081	082	083	084	085	086	087	088	089	090
④	②	④	④	⑤	④	②	③	⑤	④
091	092	093	094	095	096	097	098	099	100
②	⑤	④	③	②	②	③	①	⑤	③

식품학 및 조리원리

001
핵심풀이

② 열전도율이 클수록 빨리 데워지고 빨리 식는다.
③ 복사는 열매체 없이 직접적인 열 전달이다.
④ 전자레인지에는 법랑을 사용할 수 없다.
⑤ 전도는 조리기구 바닥이 넓고 편평한 것이 효과적이다.

002
핵심풀이

복합조리법에는 브레이징과 스튜잉이 있으며 브레이징은 큰 덩어리의 재료를 구운 후 소량의 물로 조리한다.

003
핵심풀이

① 등온흡습곡선과 탈습곡선은 일치하지 않는다.
② 미생물 성장은 제Ⅲ영역에서 활발하다.
③ 제Ⅰ영역은 물과 용질이 주로 이온결합을 한다.
④ 건조식품의 안정성은 제Ⅱ영역에서 가장 크다.

004
핵심풀이
① 당알코올
② 아미노당
④ 알데히드기와 C6가 모두 산화
⑤ C6가 산화

005
핵심풀이
설탕은 포도당과 과당이 α-1,2(α,β-1,2)결합으로 연결되어 비환원 당이기 때문에 변선광이 나타나지 않으며, 온도에 따른 감미도의 변화도 없다.

006
핵심풀이
β-아밀라아제는 비환원성 말단에서부터 맥아당 단위로 α-1,4결합을 분해하며, α-1,6결합 부근에서 반응을 멈추기 때문에 고분자의 한계 덱스트린을 생성한다. 당화효소라고 한다.

007
핵심풀이
① 알긴산 – D-마누론산
③ 이눌린 – 과당(프락토푸라노오스)
④ 아밀로펙틴 – 글루코오스
⑤ 키틴 – N-아세틸글루코사민

008
핵심풀이
포화지방산 함량이 높을수록 융점과 점도는 높아지고, 비중과 굴절률, 요오드가는 낮아진다.

009
핵심풀이
① 레시틴은 3번 탄소에서 인산과 에스터 결합을 한다.
② 당지질은 스핑고신, 지방산, 당으로 구성된다.
③ 스핑고미엘린의 스핑고신은 지방산과 아미드 결합을 한다.
⑤ 스핑고신은 자체 질소를 함유하므로 스핑고인지질은 N : P = 2 : 1 이다.

010
핵심풀이
과산화물가를 측정하여 유도기간을 설정한다. 산화가 진행됨에 따라 굴절률이 증가한다. 산화가 진행됨에 따라 과산화물이 분해되어 과산화물은 감소한다.

011
핵심풀이
① 극성용매에 잘 녹는다.
③ 알칼리 용액에서 음이온이 된다.
④ 글리신은 광학이성체가 존재하지 않는다.
⑤ 전기영동에서 등전점이면 이동하지 않는다.

012
핵심풀이
① 황반응은 시스테인, 시스틴 검출
② 뷰렛반응은 단백질 정색반응
③ 사카구치반응은 아르기닌 검출반응
④ 닌하이드린반응은 아미노산, 펩티드, 단백질 확인반응

013
핵심풀이
글리시닌은 글로불린(globulin)에 속하면 물과 알코올에 불용이고 묽은 염류와 산, 알칼리에 용해되며 열에 응고한다.

014
핵심풀이
클로로필리드는 알칼리에서 클로로필의 피톨이 제거된 형태이며 클로로필리드에서 마그네슘이 수소로 치환되면 페오포비드가 생성된다.

015
핵심풀이
① 열에 안정하다.
② 테트라텔펜 구조이다.
③ 산, 알칼리에 안정하다.
④ 잔토필류는 탄소, 수소, 산소로 구성되어 있다.

016
핵심풀이
효소적 갈변을 억제하는 방법은 가열 처리, pH 조절(pH 3이하), 저온저장, 산소의 제거, 효소 및 기질제거, 환원성물질 첨가, 금속이온의 제거, 붕산 및 붕산염, 염화나트륨, 당질 첨가 등이 있다.

017
핵심풀이
① 다시마의 감칠맛 – MGS
③ 메밀의 쓴맛 – 루틴(rutin)
④ 후추의 매운맛 – 차비신(chavicin)
⑤ 커피의 떫은맛 – 클로로겐산(chlorogenic acid),

018
핵심풀이
신맛은 온도의 영향을 받지 않고, 쓴맛과 짠맛은 온도가 증가할수록 역치가 증가하여 온도가 높을수록 약하게 느끼게 된다.

019
핵심풀이
① 조상균류는 격벽이 없다.
② 대부분의 버섯은 담자균류에 속한다.
③ 불완전균류는 격벽이 있고 유성생식이 인정되지 않는다.
⑤ 유성생식을 하는 대부분의 효모는 자낭포자를 생성한다.

020
핵심풀이
통조림의 무가스 산패를 발생시키는 세균에는 *Bacillus coagulans*, *Bacillus stearothermophilus*가 있다

021
핵심풀이
간장에 향미를 부여하는 효모에는 *Zygosaccharomyces rouxii*, *Zygosaccharomyces major*가 있다.

022
핵심풀이
호정화에 의해 전분 분자는 덱스트린이 되어 점성이 약해지고 단맛이 증가한다.

023
핵심풀이
① 0.03%의 소금을 넣으면 밥맛이 좋아진다.
③ 포도당 함량이 높을수록 밥맛이 좋아진다.
④ 밥물의 pH가 7~8일 때 밥맛이 가장 좋다.
⑤ 맛있는 쌀에는 글루탐산, 아스파르트산, 아르기닌의 함량이 높다.

024
핵심풀이
① 빠르게 저을수록 미세한 결정이 생긴다.
② 브리틀은 비결정형 캔디이다.
③ 젓는 온도가 낮을수록 미세한 결정이 생긴다.
⑤ 과당은 설탕보다 과포화도가 높아야 결정이 생긴다.

025
핵심풀이
② 온도가 높을수록 글루텐 생성속도가 빠르다.
③ 밀가루 입자가 작을수록 글루텐 형성이 잘된다.
④ 물을 소량씩 가하면 글루텐 형성이 잘된다.
⑤ 설탕은 탈수작용으로 글루텐 형성을 억제한다.

026
핵심풀이
사후경직 기간에 pH가 감소하고, 액토미오신이 생성되며, ATP분해가 일어나고, 글리코겐의 혐기적 분해가 일어난다.

027
핵심풀이
① 콜라겐이 젤라틴화 된다.
③ 헤마틴이 생성된다.
④ 열변성으로 보수성이 감소한다.
⑤ 50℃ 내외에서 응고하기 시작한다.

028
핵심풀이
설탕의 농도가 증가할수록 겔 강도는 감소한다.

029
핵심풀이
수조육이 쉽게 부패하는 이유는 수분이 많아 세균 발육이 쉽고, 결합조직이 적고 근섬유 길이가 짧아 조직이 연약하여 세균침입이 용이하기 때문이다. 또한 어체에는 세균부착 기회가 많고 내장 채 저장·운반되며 표피의 점액물질이 세균 번식을 촉진하기 때문이다.

030
핵심풀이
① 산은 단백질을 응고시켜 조직을 단단하게 한다.
② 찌개는 흰살 생선이 적합하다.
④ 양념장이 끓은 후에 넣고 조리한다.
⑤ 조개류는 저온에서 조리한다.

031
핵심풀이
① 난백이 알칼리화 된다.
② 기공을 통해 수분과 이산화탄소가 증발한다.
③ 난황의 pH가 6.8까지 상승한다.
④ 유리아미노산 함량이 증가한다.

032
핵심풀이
달걀의 열응고성은 염류를 첨가하거나 등전점일 때 촉진되고 설탕은 단백질을 연화시켜 응고성을 감소시킨다.

033
핵심풀이
① 라이소자임 - 항균성
② 오보뮤신 - 용해도 낮음
③ 카세인 - 레닌에 의해 응고
④ 오보글로불린 - 난백의 거품 형성에 기여

034
핵심풀이
우유의 가열취는 락토글로불린이 변성하여 활성화한 -SH기와 황화수소(H_2S)가 생성되어 익은맛(가열취)을 내는 것이다. 가열시 지방구 응집이 일어난다.

035

핵심풀이

응고제 사용량은 대두의 1~2%가 적당하고 두유 온도가 75℃ 이상일 때 넣는다. 황산칼슘을 넣으면 두부의 표면이 거칠고, 부드럽게 조리하기 위해 두부는 간을 한 다음에 넣어야 한다.

036

핵심풀이

흡유량이 많아지는 경우는 튀기는 식품에 당과 수분함량이 많을 때, 식품 표면적이 클 때, 기름의 온도가 낮고 튀기는 시간이 길 때, 박력분을 사용할 때(글루텐 함량이 적은 밀가루), 유화제가 함유된 식품을 튀길 때이다.

037

핵심풀이

② $β'$형 결정의 유지가 크리밍작용이 크다.
③ 쇼트닝성은 유화제가 많으면 감소한다.
④ 라드는 쇼트닝성은 우수하나 크리밍성 약하다.
⑤ 크리밍 작용은 쇼트닝〉마가린〉버터 순이다.

038

핵심풀이

호염의 염화칼슘 또는 수산화칼슘 등이 펙틴과 불용성염을 형성하여 질감이 단단하게 유지된다.

039

핵심풀이

① 양파 썰 때 철제칼을 사용하면 청록색 또는 흑갈색이 된다.
② 시금치를 데칠 때 뚜껑을 열면 녹색이 유지된다.
④ 우엉을 조릴 때 소량의 중조를 넣으면 누렇게 유지된다.
⑤ 가지로 침채류를 담글 때 철이나 못을 넣으면 안정한 청색이 유지된다.

040

핵심풀이

① 소금 – 겔 강도 증가
② 과즙 – 겔 강도 약화
③ 우유 – 겔 구조 형성 저해
④ 지방 – 겔 구조 형성 저해

급식, 위생 및 관계법규

041

핵심풀이

전통적 급식체계는 식재료 구입 후 조리하여 바로 배식하는 방법으로 생산과 배식이 한 곳에서 연속적으로 이루어지므로 운반비용이 없고 장시간 보관되지 않아 양질의 음식이 제공되며 적온급식에 유리하다. 식재료 가격 변동에 따라 메뉴를 쉽게 변동할 수 있어 식단 탄력성, 융통성이 크다.

042

핵심풀이

카츠는 경영자에게 필요한 기본적인 관리 능력을 기술적 능력, 인력관리 능력, 개념적 능력으로 분류하였다. 전문적이고 실무에 필요한 기술적 능력은 하위 계층의 관리자에게 더 많이 요구되며, 개념적 능력은 상위계층으로 갈수록 더 많이 요구된다. 인력관리 능력은 계층과 관계없이 모든 계층의 관리자에게 중요한 능력이다.

043

핵심풀이

• 최고경영층 – 전략계획, 장기계획 – 전략적 의사결정
• 중간관리층 – 전술계획, 중기계획 – 관리적 의사결정
• 하위관리층 – 운영계획, 단기계획 – 업무적(운영적) 의사결정

044

핵심풀이

명령일원화의 원칙
조직의 각 구성원은 한 사람의 직속 상급자로부터 지시, 명령을 받아야 하며 권한과 책임의 명료화로 부하의 효율적인 통제가 가능하다. 라인조직의 기본 원칙이며 매트릭스 조직은 명령일원화의 원칙에 위배되는 조직유형이다.

045

핵심풀이

식단표는 고객과 급식소 사이에서 이루어지는 최초의 대화로 고객에게 제공하는 음식의 정보이다. 음식명, 원산지, 알레르기 유발식품 등을 기입하여 정보를 제공한다.

046

핵심풀이

순환메뉴(주기메뉴)의 장점은 식단 작성 시 시간의 여유를 가질 수 있고, 조리 과정이 표준화되어 조리 시 계획적이고 능률적인 작업 기회를 부여하며, 작업분담과 설비 이용이 용이하다. 또한 물품의 구매 절차를 단순화시킬 수 있고 재고 통제가 쉽다. 반면 단점은 식단의 주기가 너무 짧을 경우 반복에서 오는 단조로움과 섭취 식품의 종류가 제한된다. 또한 계절식품이 가장 적당한 시기에 식단에 포함되지 않아 식비가 오히려 상승될 수 있으므로 물가 및 시장조사를 잘 해야 하고 경우에 따라 수정이 필요하다.

047
핵심풀이

고객 측면의 메뉴평가 방법에는 음식에 대한 기호도 조사, 고객 만족도 조사, 잔반량 조사 등이 있다. 메뉴엔지니어링은 마케팅적 접근에 의해 고객 측면과 급식 경영 측면을 종합적으로 평가할 수 있는 기법이다.

048
핵심풀이

메뉴개발절차
기존메뉴 평가 → 신메뉴 정보 수집 → 단체급식 적용 타당성 검토 → 선정된 메뉴 실험조리 → 메뉴 품평회 → 표준레시피 작성 → 통합시스템 메뉴공유(메뉴인덱스 등록)

049
핵심풀이

대형 위탁급식회사, 체인점 등은 각 업장에서 필요로 하는 식재료를 본사나 지역별 구매부서에서 구입하는 중앙구매(본사구매, 집중구매) 방법이 비용절감 측면에서 적합하다.

050
핵심풀이

구매시장조사
구매시장의 실태 및 상황에 대한 자료를 수집, 분석 및 검토하여 결과를 구매활동에 적용하는 것으로 경제성의 원칙, 탄력성의 원칙, 정확성의 원칙, 계획성의 원칙, 적시성의 원칙에 입각하여 실시한다.

051
핵심풀이

구매명세서는 구매하고자 하는 물품의 특성 및 품질에 대해 기록한 양식으로 납품된 물품 검수 시 품질 점검의 기본서류가 되며 공급자와 구매자간의 원활한 의사소통 수단이 된다.

052
핵심풀이

경쟁입찰계약은 공평하고 유리한 가격으로 구매가 가능하고 새로운 업자를 발견할 수 있으나 단계가 복잡하므로 긴급 시 조달시기를 놓칠 수 있다.

053
핵심풀이

①, ②, ④, ⑤ 정기발주에 적합한 품목

054
핵심풀이

ABC 관리방식의 A형 품목은 육류, 주류, 생선류와 같은 고가 품목, B형 품목은 유제품, 과일, 채소 등, C형 품목은 설탕, 조미료, 세제 등 대량구매를 통해 구매비용을 절감할 수 있는 품목이다.

055
핵심풀이

최근 3개월간의 식수 평균을 계산한다.
(12,500 + 12,000 + 12,550) ÷ 3 = 12,350

056
핵심풀이

① 조리 후 배식까지 2시간이 초과하지 않도록 한다.
② 조리된 음식은 냉각 시 소분하여 급냉한다.
④ 조리된 음식은 매 끼마다 처리하고 다음 급식 시까지 보관하여 사용하지 않는다.
⑤ 가공식품, 소시지 등은 가열조리한다.

057
핵심풀이

표준레시피는 어느 누가 만들어도 같은 양, 같은 품질의 결과물이 나올 수 있도록 음식 생산 과정과 재료 계량에 대한 공식을 문서화한 것이다.

058
핵심풀이

검식은 배식 전에 1인 상차림을 차려 음식의 맛, 조화, 이물, 이취, 조리상태 등을 확인하는 과정이며, 결과는 검식일지에 기록한다.

059
핵심풀이

트레이 서비스는 음식을 트레이에 차려서 배식원이 각각의 급식대상자에게 운반해 주는 배식방법으로 주로 식당시설 이용이 불가능한 경우에 이용한다.

060
핵심풀이

음식 재료의 종류·양·조리법 등이 표준화되어 있는 표준 레시피로 음식의 품질을 통제한다.

061
핵심풀이

1식당 노동시간
일정기간 동안 총 노동시간(분) / 일정 기간 동안 총 식수
- 일정기간 동안 총 노동시간(분) = (5일 × 1인 × 8시간 × 60분) + (5일 × 2인 × 6시간 × 60분) = 6,000분
- 일정기간 동안 총 식수: 3,000식
- 1식당 노동시간: 6,000분 / 3,000식 = 2분 / 식

062
핵심풀이
작업배치표(작업일정표)는 작업 종사자별로 출퇴근 시간과 근무시간대별 주요 담당업무 내용을 기록한 표로 생산성 지표를 이용하여 필요한 인원을 산정한 후 작업 일정에 따라 담당자의 적정 업무 배분이 계획되어야 한다.

063
핵심풀이
전처리 및 세척에 사용하는 세척수는 반드시 먹는 물을 사용하며 달걀은 전용냉장고 또는 통이나 비닐에 담아 보관한다. 해동방법 중 흐르는 물에 해동 시 21℃ 온도의 물을 유지하며 물이 주변에 튀지 않도록 하고 조리된 음식은 냉장고 상단, 조리 전 식재료는 냉장고 하단에 저장한다.

064
핵심풀이
증기소독이나 자외선 소독은 특별한 장치가 필요하며, 약품소독은 약품에 대한 지식이 필요하다.

065
핵심풀이
물을 끓일 때는 솥의 30~80%만 채우고, 칼은 사용 후 즉시 세척하여 반드시 지정된 장소에 보관하며 비누 거품이 가득한 싱크대에 다른 그릇과 같이 놓지 않는다. 날카로운 칼이 무딘 칼보다 안전하며, 뜨거운 팬을 옮길 때는 마른 행주나 장갑을 사용한다.

066
핵심풀이
조리기기 배치 원칙
작업의 순서에 따라 배치, 동선은 최단 거리로 서로 교차되지 않도록 배치, 작업원의 보행거리나 보행횟수를 절감할 수 있도록 배치, 작업대의 높이는 작업원의 신장, 작업의 종류 고려

067
핵심풀이
배수관에 설치하는 트랩은 곡선형(S트랩, P트랩, U트랩)과 수조형(관트랩, 드럼트랩, 그리스트랩)이 있다. 이중 그리스트랩은 기름기 많은 오수 제거에 효과적이다.

068
핵심풀이
- 직접원가(기초원가) = 직접재료비 + 직접노무비 + 직접경비
- 제조원가(생산원가) = 직접원가 + 제조간접비
- 총원가(판매원가) = 제조원가 + 일반관리비 + 판매경비
- 판매가격 = 판매원가 + 이익

069
핵심풀이
손익계산서는 일정 회계기간 동안의 수익, 비용, 순이익의 관계를 보여주며 수익이 비용보다 클 경우 순이익이 발생하며 비용이 수익보다 클 경우 손실이 발생한다.

070
핵심풀이
- 식재료비 비율 = (식재료비 ÷ 매출액) × 100
- 식재료비 = (월초 재고액 + 당월 구매 식재료비) − 월말 재고액
  = (500,000 + 1,500,000) − 400,000
- (1,600,000 ÷ 3,200,000) × 100 = 50%

071
핵심풀이
직무기술서
특정 직무의 책임과 의무에 관한 조직적이고 사실적인 해설서로 직무명, 직무구분, 직무내용의 세 영역으로 구성된다.

072
핵심풀이
직무설계 원칙
- **직무단순화**: 작업절차를 단순화하여 전문화된 과업에 종업원 배치
- **직무확대**: 수행과업의 수적 증가와 다양성, 책임의 증가로 불만 해소 및 품질 향상
- **직무순환**: 여러 직무를 주기적으로 순환하여 다양한 경험과 기회제공
- **직무특성**: 기술의 다양성, 업무의 정체성, 업무의 중요성, 자율성, 피드백의 특성을 고려하여 조직의 효율성 증진과 종업원의 직무만족 유도

073
핵심풀이
현혹효과는 전반적인 인상이나 어느 특정 고과요소가 논리적인 상관성이 없는 다른 요소에 영향을 주는 경우이다.

074
핵심풀이
과업지향적 리더는 강력한 통제상황이나 매우 약한 통제상황에서 가장 성공적인 반면 관계지향적 리더는 중간정도의 통제상황에서 가장 성공적이다.
①, ⑤는 허쉬와 블랜차드의 상황이론이다.

075
핵심풀이
아담스의 공정성 이론
자신의 업적에 대한 보상이 다른 사람과 동일하다고 인식하면 공정한 대우를 받았다고 인식하며 다른 사람에 비해 적거나 많다면 불공정한 대우를 받는다고 인식하게 된다. 부정적 불공정 인식 시 자신의 노력 수준을 낮추게 되고 불만이 쌓이며 이직 등을 고려한다. 긍정적 불공정 인식 시 더 많은 노력을 해서 공정성을 회복하려고 한다.

076
핵심풀이

확장된 마케팅믹스(7P)
- **제품**: 제품의 생산공정과 검수, 품질, 생산규모, 브랜드, 디자인, 포장
- **가격**: 가격의 책정, 할인정책, 가격조건, 가격변동, 저가전략, 고가전략, 유인가격전략
- **유통**: 프랜차이징전략, 복수점포전략
- **촉진**: 광고, 홍보, 인적판매, 판매촉진활동
- **과정**: 서비스 수행과정, 고객과의 접점관리
- **물리적 증거**: 매장의 분위기, 공간배치, 사인, 패키지, 광고, 팸플릿, 메모지, 티켓, 영수증, 종업원 유니폼 등
- **사람**: 종업원, 소비자, 경영진 등 소비와 관련된 모든 인적요소

077
핵심풀이

서비스의 특성
- **무형성**: 보거나 만질 수 없음
- **비일관성**: 이질성, 품질이 일정하지 않음
- **동시성**: 생산과 소비가 분리되지 않음
- **소멸성**: 저장불능성, 남은 용량의 서비스는 저장되지 않음

078
핵심풀이

① LD_{50}값이 작을수록 독성이 강하다.
② 만성 독성시험으로 최대무작용량을 판정한다.
④ 아급성독성시험으로 만성독성시험의 투여량을 결정한다.
⑤ 사람의 1일 섭취허용량은 동물의 최대무작용량에 1/100과 평균 체중을 곱한 값이다.

079
핵심풀이

대장균군은 그람음성균으로 외계에서의 저항성과 동결에 약하다.

080
핵심풀이

① **역성비누**: 결핵균과 포자 살균력은 낮다.
③ **표백분**: 우물, 풀(수영장) 등의 소독에 사용된다.
④ **에틸알코올**: 균의 포자에 대해서는 효과가 없다.
⑤ **석탄산**: 유기물 공존시에도 살균력이 떨어지지 않는다.

081
핵심풀이

보툴리누스균은 식품에서 독소를 생성한다. 장관출혈성 대장균 식중독은 인체내에서 베로독소를 생성한다.

082
핵심풀이

리스테리아 식중독의 잠복기는 3일~수주일이며, 리스테리아 균은 그람양성, 무아포 단간균, 호기성 또는 통성혐기성균이다.

083
핵심풀이

노로바이러스 식중독은 소량균주(10 virion)로도 감염되며, -20℃ 이하의 낮은 온도에서도 장기간 생존한다.

084
핵심풀이

① 만니톨을 분해한다.
② 발열이 없는 것이 특징이다.
③ 80℃, 10분 열처리 시 사멸한다.
⑤ 발육가능온도인 10~47℃에서 엔테로톡신을 생성할 수 있다.

085
핵심풀이

① 주로 겨울철에 발생한다.
② 건조, 저온, 냉동에 강하다.
③ 2차 감염이 일어난다.
④ 미량의 균으로도 발병한다.

086
핵심풀이

① **카드뮴**: 단백뇨, 골연화증
② **수은**: 중추신경계 마비
③ **비소**: 흑피증, 피부각화
⑤ **납**: 조혈기 장애, 안면창백

087
핵심풀이

아미그달린, 파세오루나틴은 청산배당체, 리신은 단백질이다.

088
핵심풀이

① 신경독 ② 신장독 ③ 발정유인물질 ④ 신경독

089
핵심풀이

- 세균성이질균은 매우 적은 양(10~100개)의 세균으로도 감염될 수 있다.
- 사람만이 병원소이며 실온에 방치하면 현저하게 균수가 감소한다.

090
핵심풀이

① **아니사키스**: 크릴새우(해산갑각류) → 해산어류 → 해산포유류
② **요코가와흡충**: 다슬기 → 잉어, 은어(민물어류) → 사람, 개, 고양이, 돼지
③ **스파르가눔**: 물벼룩 → 개구리, 뱀 및 담수어 → 개, 고양이, 닭
⑤ **유극악구충**: 물벼룩 → 민물어류(가물치, 뱀장어, 미꾸라지) → 개, 고양이

091

핵심풀이

① 검증: 안전관리인증기준(HACCP) 관리계획의 유효성과 실행여부를 정기적으로 평가하는 활동
③ 개선조치: 모니터링 결과 중요관리점의 한계기준을 이탈할 경우에 취하는 일련의 조치
④ 한계기준: 중요관리점에서의 위해요소 관리가 허용 범위 이내로 충분히 이루어지고 있는지 여부를 판단할 수 있는 기준이나 기준치

092

핵심풀이

① 집단급식소는 특정다수인을 대상으로 한다.
② 용기·포장은 식품 또는 식품첨가물을 넣거나 싸는 것으로서 식품 또는 식품첨가물을 주고받을 때 함께 건네는 물품이다.
③ 화학적합성품을 얻는 방법에 분해반응은 제외된다.
④ 식품첨가물은 감미, 착색, 표백, 산화방지를 목적으로 한다.

093

핵심풀이

① 식품의약품안전처장에게 통보한다.
② 식품의약품안전처장은 필요한 조치를 취해야 한다.
③ 식품의약품안전처장에게 보고해야 한다.
⑤ 지체없이 식품의약품안전처장, 시장·군수·구청장, 시·도지사에게 보고한다.

094

핵심풀이

조리사를 두지 않은 집단급식소 운영자는 3년 이하의 징역 또는 3천만원 이하의 벌금에 처하거나 이를 병과한다.

095

핵심풀이

국가 및 지방자치단체는 식품의 나트륨, 당류, 트랜스지방 등 영양성분(건강위해가능영양성분)의 과잉섭취로 인한 국민 보건상 위해를 예방하기 위하여 노력하여야 한다.

096

핵심풀이

① 조리작업자는 6개월에 1회 건강진단을 실시해야 한다.
③ 가열조리 식품은 중심부가 75℃ 이상, 1분 이상 가열되어야 한다.
④ 식품 취급 등의 작업은 바닥으로부터 60cm 이상 높이에서 실시한다.
⑤ 조리한 식품은 온도관리를 하지 않는 경우 2시간 이내에 배식을 마쳐야 한다.

097

핵심풀이

질병관리청장은 보건복지부장관과 협의하여 국민의 건강상태·식품섭취·식생활조사 등 국민의 영양에 관한 조사를 정기적으로 실시한다.

098

핵심풀이

「국민영양관리법」은 국민의 식생활에 대한 과학적인 조사·연구를 바탕으로 체계적인 국가영양정책을 수립·시행함으로써 국민의 영양 및 건강 증진을 도모하고 삶의 질 향상에 이바지하는 것을 목적으로 한다.

099

핵심풀이

식품접객업 중 휴게음식점영업, 일반음식점영업, 위탁급식영업을 하는 영업소는 원산지 표시를 해야 한다. 원산지 표시에 관한 사항은 농수산물품질관리심의회에서 심의한다.

100

핵심풀이

조미식품이 포함되어 있는 면류 중 유탕면, 국수 또는 냉면, 즉석섭취식품 중 햄버거 및 샌드위치가 나트륨 함량비교표시 대상 식품이다.

[2회] 정답 및 해설

1교시

001	002	003	004	005	006	007	008	009	010
④	①	①	⑤	④	②	③	⑤	④	⑤
011	012	013	014	015	016	017	018	019	020
①	④	③	②	①	④	⑤	④	⑤	⑤
021	022	023	024	025	026	027	028	029	030
⑤	③	②	⑤	②	①	③	①	⑤	③
031	032	033	034	035	036	037	038	039	040
②	⑤	①	①	①	②	③	⑤	①	④
041	042	043	044	045	046	047	048	049	050
④	①	①	⑤	④	②	③	②	②	③
051	052	053	054	055	056	057	058	059	060
①	②	①	③	④	⑤	④	④	④	④
061	062	063	064	065	066	067	068	069	070
③	④	⑤	③	②	③	②	③	①	②
071	072	073	074	075	076	077	078	079	080
③	③	③	②	③	⑤	③	②	②	①
081	082	083	084	085	086	087	088	089	090
③	②	③	③	②	④	③	②	③	②
091	092	093	094	095	096	097	098	099	100
④	③	③	④	②	②	⑤	②	④	③
101	102	103	104	105	106	107	108	109	110
④	③	④	②	⑤	②	①	③	③	⑤
111	112	113	114	115	116	117	118	119	120
⑤	④	③	④	③	③	②	④	⑤	②

영양학 및 생화학

001
핵심풀이
촉진확산은 농도가 높은 쪽에서 낮은 쪽으로 영양소가 이동하므로 에너지는 필요로 하지 않으나 운반체가 필요한 흡수기전으로 포화현상이 나타난다. 신사구체막을 통한 물질의 이동은 여과이다.

002
식후 12시간 이후에는 포도당이 주에너지원이고 케톤체도 사용될 수 있으며 금식 16일 이후에는 주로 케톤체가 뇌의 주에너지원이 된다.

003
핵심풀이
② 근육 글리코겐은 혈당으로 제공될 수 없다.
③ 인슐린은 포도당 신생합성을 억제한다.
④ 혈당이 170~180mg/dℓ 이상일 때 소변으로 배설된다.
⑤ 혈당 저하시 간에서 포도당 신생합성이 증가한다.

004
핵심풀이
식이섬유는 대장 통과시간을 단축시킨다. 식이섬유 중 특히 수용성 식이섬유는 콜레스테롤 흡수와 담즙산의 재흡수를 억제하여 혈청콜레스테롤 수준을 감소시키고, 당흡수를 억제한다.

005
핵심풀이
GLUT4는 인슐린 자극에 의해 세포막으로 이동하여 포도당을 유입시키며 주로 골격근, 지방조직, 심근에 존재한다. GLUT2는 간, 신장, 소장 등에 존재하며 포도당 유입과 유출에 관여한다.

006
핵심풀이
포도당은 오탄당인산경로를 통해 리보오스를 생성하고 핵산의 합성에 기여한다.

007
핵심풀이
① 해당과정의 에너지 생성은 기질수준의 인산화에 의한다.
② 글루카곤, 에피네프린에 의해 억제된다.
④ 포스포프락토키나아제의 촉매반응에서는 ATP가 소모된다.
⑤ 초기반응은 ATP 소모단계, 후기반응은 ATP 생성단계이다.

008
핵심풀이
해당과정에서 글리세르알데히드 3-인산이 글리세린산 1,3-이인산으로 전환되는 과정에서 탈수소효소에 의해 NADH가 생성된다.

009
핵심풀이

오탄당 인산경로를 통해 생성된 과량의 리보오스 5-인산은 크실로오스 5-인산과 함께 과당 6-인산, 글리세르알데히드 3-인산으로 전환될 수 있다.

010
핵심풀이

①, ④ 해당과정을 촉매, ②, ③ 당신생과정을 촉매한다.

011
핵심풀이

당신생이 활발한 상태는 기아상태처럼 탄수화물 섭취가 부족하거나 당뇨병인 경우이며 체내 당이용은 감소한다.

012
핵심풀이

글루카곤은 cAMP를 활성화하여 간에서 글리코겐 가인산분해효소의 인산화를 촉진하고 인산화된 글리코겐 가인산분해효소는 활성화되어 글리코겐을 분해한다.

013
핵심풀이

① 콜레스테롤의 기능
② 불포화지방산의 기능
④ 중성지방은 지용성 비타민의 흡수와 운반을 도움
⑤ 인지질의 기능

014
핵심풀이

담즙산은 글리신 또는 타우린과 결합하여 담즙산염의 형태로 운반된다.

015
핵심풀이

HLD은 혈액과 조직의 유리형 콜레스테롤에 지방산을 결합시켜 콜레스테롤 에스터 형태로 전환시켜 HDL 내부에 포함시킨 후 간으로 운반하여 배설시키는 작용을 한다.

016
핵심풀이

총 지질의 에너지 적정비율은 15~30%, 포화지방산은 7% 미만, 트랜스지방산은 1% 미만이다.

017
핵심풀이

트랜스지방산은 이중결합을 포함하고 있으나 포화지방산과 유사한 기능을 수행한다.

018
핵심풀이

영아는 췌장 리파아제의 활성이 낮고 구강 리파아제의 분비량이 많다. 콜레스테롤은 분해 없이 그대로 흡수된다. 가스트린은 위의 리파아제의 분비를 촉진한다. 짧은 사슬지방산은 수용성이므로 대부분 모세혈관으로 들어간다.

019
핵심풀이

리놀렌산이 β-산화과정을 거칠 때 cis형태의 이중결합을 trans로 전환하는 이성화 반응이 일어나고 이중결합 수만큼 $FADH_2$가 적게 생성된다.

020
핵심풀이

콜레스테롤 합성에는 NADPH가 필요하고, 지방산 합성에는 아세틸 CoA, 말로닐 CoA가 필요하다. 간은 케톤체를 에너지원으로 이용하지 못한다.

021
핵심풀이

포스파티딜 이노시톨의 가수분해산물인 이노시톨-1,4,5-삼인산은 2차 전달자로 작용하여 호르몬에 의한 세포내 대사반응 조절을 매개한다. 즉, 세포내부에 갇혀 있는 칼슘이온을 세포질로 유리시켜 칼슘-의존성 효소를 활성화시키는 2차 전달자로 작용한다.

022
핵심풀이

소장에서 아미노산과 디/트리 펩티드가 흡수될 수 있다. 위의 펩시노겐은 N-말단의 일부 아미노산이 위산에 의해 제거되어 활성화된다.

023
핵심풀이

절식 초기에 당신생을 위해 근육 단백질이 분해되고 소변 내 요소 배출은 증가한다. 절식이 장기화되면 체내 단백질의 보존을 위해 단백질 분해 속도가 감소되며, 지방산으로부터 케톤체가 합성되어 에너지원으로 사용된다. 글루카곤, 글루코코르티코이드, 에피네프린은 단백질 분해를 촉진한다.

024
핵심풀이

근육조직이 많으면 합성량 증가로 단백질 필요량은 많아진다. 충분한 에너지 섭취는 단백질이 에너지로 사용되지 않으므로 필요량은 감소한다. 식이섬유 함량이 많은 경우 소화흡수율이 감소하므로 필요량은 증가한다.

025
핵심풀이
단백질 75g에 질소는 평균 16%이므로 섭취한 질소함량은 12g이다. 배설량은 총 7g이므로 보유량은 5g이다.

026
핵심풀이
이소루신과 발린, 루신은 주로 근육 등 간외 조직에서 대사된다.

027
핵심풀이
리신은 케톤 생성 아미노산이다. 신장에서 탈아미노화가 일어나서 소변에 암모니아가 존재한다.
티로신으로부터 노르에피네프린이 합성된다. 호모시스테인은 세린과 축합반응을 통해 시스테인이 된다.

028
핵심풀이
모든 조직에서 암모니아는 글루타민의 형태로, 근육에서는 주로 알라닌 형태로 혈액을 통해 간으로 이동한다.

029
핵심풀이
비경쟁적 저해제는 효소의 활성부위와 다른 부위에 결합하므로 저해제의 결합으로 인해 기질과 효소의 결합이 방해받지 않는다.

030
핵심풀이
① mRNA의 3개 염기그룹을 코돈이라고 한다.
② 아미노산 하나가 연결될 때마다 2 GTP가 사용된다.
④ tRNA의 몇몇 기본 염기구조가 변형된 염기로 나타난다.
⑤ 첫 번째 아미노산의 카르복실기가 두 번째 아미노산의 아미노기와 펩티드 결합을 한다.

031
핵심풀이
호흡계수는 탄수화물이 1.0, 단백질이 0.8, 지방이 0.7이다.

032
핵심풀이
식사성 발열효과는 단백질이 15~30%로 가장 크고, 탄수화물이 10~15%, 지방이 3~4% 정도이다.

033
핵심풀이
비타민 A는 소장에서 킬로미크론에 포함되어 림프관을 통해 혈류에 합류된다. 간에서 혈중으로 방출될 때는 레티놀결합단백질과 결합되어 이동한다.

034
핵심풀이
비타민 D는 혈중 칼슘 농도의 조절과 뼈의 건강유지, 세포분화와 증식 및 성장에 관여한다.

035
핵심풀이
비타민 A의 급원식품은 간, 고구마, 녹황색 채소이고, 비타민 E의 결핍증은 용혈성 빈혈이며, 티아민 결핍증은 각기병이다. 비타민 K는 결핍되면 지혈장애를 일으키고 급원식품은 녹색잎 채소 등이다.

036
핵심풀이
콜라겐 합성 과정에서 리신을 하이드록시리신, 프롤린을 하이드록시프롤린으로 전환시키는 수산화효소는 철을 산화시키고, 산화된 철을 환원시키는데 비타민 C가 필요하다.

037
핵심풀이
② 니아신, 리보플라빈의 기능
④ 리보플라빈의 기능
⑤ 비타민 K의 기능

038
핵심풀이
① 주로 능동 수송으로 흡수된다.
② IF와 결합상태로 회장까지 이동한다.
③ 흡수된 후 트랜스코발라민과 결합하여 혈중으로 이동한다.
④ 식품 중에 주로 단백질과 결합된 형태로 존재한다.

039
핵심풀이
② 리보플라빈
③ 티아민
④ 엽산은 호모시스테인을 메티오닌으로 전환
⑤ 비오틴

040
핵심풀이
혈중 칼슘 농도의 정상치는 9~11mg/dℓ이므로 저칼슘혈증이다. 부갑상선호르몬과 비타민 D가 활성화되어 신장에서 칼슘의 재흡수와 뼈에서 칼슘의 용출이 일어나고 소장에서 칼슘의 재흡수가 촉진된다.

041
핵심풀이
① 마그네슘
② 나트륨, 칼륨, 칼슘, 마그네슘
③ 마그네슘
⑤ 인

042
핵심풀이
철의 흡수 증진 인자로는 헴철, 저장철량 저하, 신체요구량 증가, 단백질, 비타민 C, 시트르산, 젖산, 위산 등이 있다.

043
핵심풀이
아연의 흡수율은 10~30%이며 혈중에서 주로 알부민이나 $\alpha 2$-마크로글로불린과 결합하여 이동한다.

044
핵심풀이
나트륨의 혈중 농도가 저하되면 신장에서 레닌이 분비되고, 레닌이 안지오텐신을 활성화시키고, 안지오텐신은 부신피질의 알도스테론 분비를 자극시켜 혈관을 수축시키고, 나트륨의 재흡수를 증가시킨다.

045
핵심풀이
철은 주로 소장상부(십이지장, 공장)에서 흡수된다. 칼슘은 주로 능동수송으로 흡수된다. 식사 내 칼슘 함량이 높으면 흡수율이 감소한다.

046
핵심풀이
대사성 알칼리증은 구토로 위산이 손실되거나 중조 섭취가 원인이며 보상기전으로 호흡률이 감소되며(느리고 얕은 호흡), 신장에서 산을 적게 배출하고 중탄산염이온의 재흡수 감소가 일어난다.

047
핵심풀이
① 에스트로겐
② 프로게스테론
④ 임신기 프로게스테론은 나트륨 배설을 증가시킨다.
⑤ 융모성선자극호르몬

048
핵심풀이
모체의 혈중 중성지방 농도, 혈장과 세포외액량, 모체의 순환혈액량, 알부민 합성, 적혈구 합성은 증가한다. 적혈구 양은 임신 초기부터 꾸준히 증가하나 적혈구 증가율이 혈장 증가율에 미치지 못해 혈액 희석현상이 나타나며 이로 인해 철 결핍성 빈혈이 나타날 수 있다. 따라서 모체의 혈중 헤모글로빈 농도, 헤마토크리트치, 트랜스페린포화도는 감소한다.

049
핵심풀이
엽산은 태반형성을 위한 세포증식, 적혈구 생성, 태아성장 등에 필수적인 영양소이며, 부족시 모체는 거대적아구성 빈혈, 태아는 신경관결손의 발생 위험이 있다.
엽산이 풍부한 식품은 시금치, 근대, 상추, 브로콜리, 오렌지주스, 소간 등이다.

050
핵심풀이
수유부의 에너지 및 영양소 섭취량이 달라도 모유 분비량은 일반적으로 일정하게 유지되지만 식품섭취 제한이나 영양불량이 심한 경우 모유 분비량은 감소한다.
수유부의 에너지, 단백질, 콜레스테롤, 엽산, 수분, 무기질은 모체의 식사에 영향을 받지 않고 모유에 일정한 농도를 유지하지만 지방, 지방산, 요오드, 셀레늄, 불소(약간 영향), 지용성비타민, 수용성비타민은 모체의 식사섭취에 현저한 영향을 받아 모유 농도에 차이를 보인다. 소모성 질환으로 영양불량이 심한 경우 인공수유를 한다. 당뇨병인 수유부는 혈중 포도당이 유포에서 적극적으로 이용되므로 혈당조절에 도움이 된다.

051
핵심풀이
- 임신부가 수유부보다 추가 섭취량이 많은 영양소: 철, 마그네슘, 엽산, 니아신
- 수유부가 임신부보다 추가 섭취량이 많은 영양소: 비타민 A・E・B_2・B_{12}・C, 비오틴, 판토텐산, 아연, 구리, 칼륨, 셀레늄
- 임신부, 수유부 모두 추가 섭취량이 없는 영양소: 비타민 D・K, 칼슘, 인, 불소, 망간

052
핵심풀이
영아기 단위체중당 수분필요량은 성인의 3~4배 정도 높으며, (+)의 평형상태를 유지한다. 구토나 설사로 탈수가 나타나면 세포외액의 수분이 감소한다.
출생 시 체중의 74% 수분양은 생후 1년 후 약 60%로 감소하고 주로 세포외액이 감소한다.

053
핵심풀이
②, ③, ④, ⑤는 이유가 너무 빠를 때 나타나는 문제점이다.

054
핵심풀이
모유의 항감염성 인자
- **면역항체**: sIgA, IgG, IgM, IgE 등, 세균의 장점막 침입과 소화관내 증식 방지
- **항포도상구균성 인자**: 포도상구균 감염 저해
- **락토페린**: 세균증식에 필요한 철과 결합하여 세균성장 억제, 포도상구균, 대장균 생장 억제
- **라이소자임**: 병원성 미생물의 세포벽 분해효소
- **비피더스 인자**: 비피더스균의 성장 촉진, 병균의 방어기능
- **락토퍼록시다아제**: 연쇄상구균, 장내세균 방어
- **대식세포**: 식균작용, 락토페린, 라이소자임 등 생성

055
핵심풀이

헤모글로빈 농도가 10g/dl로(빈혈 진단기준 11.5g/dl 이하) 철을 보충할 수 있는 식품을 제공한다. 철은 헴철 형태가 흡수율이 좋으며 주로 동물성 식품에 함유되어 있다. 비타민 C는 철 흡수율을 증가시키므로 함께 섭취하는 것이 좋다.

056
핵심풀이

① 출생 후 제1급성장기는 영아기이다.
② 사춘기에 여성은 체지방 비율이 남성은 체단백 비율이 증가한다.
③ 두뇌세포의 증가는 태아시기에 거의 직선적인 성장을 보이고 출생 후 증가량이 둔화된다. 출생 후 8~12개월 사이에 성인 수준에 도달한다.
④ 사춘기 시작은 여성이 남성에 비해 빠르며 성장의 지속기간은 남성이 더 길다.

057
핵심풀이

① **고혈압**: 표준체중 유지, 나트륨·포화지방산·콜레스테롤 섭취 감소, 식이섬유소·칼슘·마그네슘 충분히 섭취
② **대사증후군**: 표준체중 유지, 열량섭취 감소(인슐린 요구량을 감소시킴), 섬유소 충분히 섭취, 싱겁게 먹기
③ **대장암**: 포화지방산 섭취 감소, 식이섬유소 충분히 섭취
④ **골다공증**: 나트륨 섭취 감소, 식이섬유소 적정량 섭취, 칼슘·단백질 충분히 섭취
⑤ **과체중**: 열량섭취 감소, 당질·지방 섭취 감소

058
핵심풀이

- 노인기에는 피부에서 비타민 D 전구체 합성율이 저하되고 신장에서 활성형 비타민 D로 전환율이 감소하므로 65세 이상 노인은 성인보다 필요량이 증가한다.
- 1일 성인기 충분섭취량 10ug, 노인기 15ug

059
핵심풀이

체내 수분 비율은 감소한다. 특히 세포 내액의 감소가 현저하다. 수축기 혈압 상승, 적혈구 생성양 감소, 타액, 위액 등 소화액 분비 감소, 항이뇨호르몬 분비 감소 등이 나타난다.

060
핵심풀이

운동 시 즉시 사용되는 에너지는 ATP이고, 근육수축 시 에너지원으로 1분 정도 사용되는 것은 크레아틴인산이다. 글리코겐은 2시간 이내로 지속되는 운동에 에너지원이다. 지방은 저·중강도의 운동을 점진적으로 지속할 때 주된 에너지원이다.

영양교육, 식사요법 및 생리학

061
핵심풀이

영양문제 선정의 우선순위 기준
영양문제의 크기, 심각성, 긴급성, 필요성, 발생빈도, 교육효과 및 효율성, 관련기관의 정책적 지원, 대상자들의 교육 요구정도

062
핵심풀이

영양교육 실시과정의 첫 단계는 대상자 진단과정이며 대상자의 실태 파악, 영양문제 발견, 영양문제의 원인과 관련한 요인 분석, 대상집단이 요구하는 영양서비스의 파악, 기존 영양서비스에 대한 검토 등이 포함된다.

063
핵심풀이

영양교육 효과평가의 시기와 내용
- **교육시작 전**: 대상자의 영양문제 원인과 관련된 요인의 출발점 상태로 대상자의 영양지식, 식태도, 식행동 등에 대한 사전 검사 실시
- **교육 후**: 영양문제 관련 지식, 식태도 수준을 재검사하여 사전검사와 비교하여 효과 평가
- **교육 후 일정기간 경과 후**: 대상자의 식행동과 건강상태 조사

064
핵심풀이

계획적 행동이론은 건강행동에 대한 의향(의지)이 있어도 방해요인이 있으면 행동으로 옮기기 어렵다고 보고, 모유수유의 방해요인을 극복하는 방법을 교육함으로써 인지된 행동통제력을 증대시켜 모유수유를 실천할 수 있게 한다.

065
핵심풀이

행동변화단계 모델의 변화과정 전략
- **자신방면**: 할 수 있다는 자신감으로 행동변화를 결심, 약속함(의사결정, 계약서 작성 등 이용)
- **대체조절**: 바람직하지 못한 행동을 건전한 행동으로 대체함(휴식, 거절, 유혹 대처법 등 활용)
- **보상관리**: 건강행동에 대한 보상을 늘리고 바람직하지 못한 행동에 대한 보상을 줄임
- **사회적 방면**: 건강행동을 지지하는 방향으로 사회적 규범이 달라지고 기회, 대안 증가(급식메뉴 변화, 금연구역 설정 등 사회적 분위기 조성)
- **환경 재평가**: 행동변화 시 주변인, 환경에 미치는 영향을 인지적, 감정적 측면에서 평가함(역할모델, 가족중재 이용)

066

핵심풀이

프리시드-프로시드(PRECEDE-PROCEED) 모델의 2단계 역학적 진단은 행동 및 환경적 요인의 진단으로 교육집단의 보건상태나 질병 발생 양상에 대한 분석, 이를 통해 건강문제의 우선순위를 정하고 프로그램의 목적과 목표를 결정한다. 건강과 질병 문제를 유발하는 행동 및 환경요인을 파악하고 영양중재활동을 통한 변화 가능성을 모색하는 단계이다.

067

핵심풀이

데일의 경험원추이론에서는 행동적 경험, 시청각적 경험, 추상적 경험으로 나누어 11단계의 경험을 제시하고 구체적 경험을 제공하는 매체(많이 활용)와 추상적 경험(적게 활용)을 제공하는 매체를 적절히 통합하여 경험의 일반화를 유도하도록 하고 있다.
- **행동적 경험**: 직접적 목적적 경험 – 고안된 경험 – 극화된 경험
- **시청각적 경험**: 시연(시범) – 견학 – 전시 – TV – 영화 – 녹음, 라디오, 청사진
- **추상적 경험**: 시각기호 – 언어기호

068

핵심풀이

시뮬레이션은 실제 상황 중 가장 기본적이고 중요한 부분만을 선택하여 설정한 교육상황(모의상황) 속에서 이루어지는 교육이다.

069

핵심풀이

라디오 방송은 문맹자나 교육수준이 낮은 사람에게도 효과적이므로 보다 많은 수용자를 겨냥할 수 있으며, 대중매체이므로 일반적인 내용을 전달해야 한다. 반면 청취자 자세는 수동적이며 주의집중에는 효과적이지 않다.

070

핵심풀이

자아효능감은 개인의 특정 행동 수행 시 장애가 되는 요인을 극복하게 하여 자신감을 갖도록 한다. 이는 직접 경험하게 하거나 다른 사람의 경험을 듣거나 관찰하는 간접경험을 통해 긍정적인 강화를 제공한다.

071

핵심풀이

국민건강영양조사는 영양조사(식생활조사, 식품안정성조사, 식품섭취조사), 검진조사, 건강설문조사로 구성되며 이중 검진조사의 신체계측 항목은 신장, 체중, 허리둘레이다.

072

핵심풀이

보건복지부
국민영양사업 기획 및 총괄, 영양행정의 중앙기관으로 「국민영양관리법」, 「국민건강증진법」, 「지역보건법」, 「영유아보육법」을 관장하고 있다.

073

핵심풀이

학습목표진술은 영양교육 대상자에게 예상되는 구체적인 변화에 대한 명시적인 행위동사를 활용하여 진술한다. 한 가지 목표에 한 가지 성과를 진술한다. 교사의 행동이 아닌 학생의 행동으로 진술한다.

074

핵심풀이

영양플러스 사업은 2009년부터 전국 모든 보건소에 시행하고 있으며 의사와 연계한 국가영양지원제도이다.
- **시행근거법**: 국민영양관리법
- **대상**: 저소득층의 임신부, 출산부, 수유부, 6세 미만 영유아 중 영양 고위험군
- **내용**: 식품 패키지 공급, 영양교육(개인상담, 집단교육 병행), 정기적인 영양평가

075

핵심풀이

영양중재단계
개인에게 적합한 영양처방을 계획하고 시행하여 환자의 영양문제를 해결하거나 개선하는 과정이다.

076

핵심풀이

임상증상 조사 특징
주관적이고, 표준화가 어려우며 계량화 되어 있지 않다. 여러 가지 원인이 복합적으로 연관되어 징후가 출현한다. 머리카락, 피부, 얼굴, 눈, 입술, 혀, 치아, 잇몸, 손톱 등의 신체부위를 관찰하여 평가, 진단한다.

077

핵심풀이

임상영양사를 포함한 보건의료인 누구라도 시행할 수 있으며 입원한 모든 환자를 대상으로 입원 후 24시간 이내에 실시하는 것이 가장 바람직하다. 측정이 간단하고 비용이 적게 들며 일반적인 적용이 가능한 지표를 이용하여 실시한다. 영양검색 후 문제가 있다고 판단되면 더 심화되고 포괄적인 영양판정을 진행한다.

078

핵심풀이

면역기능
총 림프구수, 지연형 피부과민반응
① 혈청 페리틴: 철 결핍
③ 프로트롬빈 시간: 간기능
④ 72시간 분변검사: 지방변
⑤ 경구당부하검사: 당뇨병

079
핵심풀이

티라민은 단백질 식품 중 오래 저장하거나 발효시킨 경우에 많이 생성된다. 따라서 티라민 제거식에서는 멸치, 젓갈, 발효치즈, 요구르트 등을 제한한다.

080
핵심풀이

수술 후 처음 식사를 하는 경우 맑은 유동식 → 일반유동식 → 연식 → 일반식으로 이행한다. 편도선이나 아데노이드 절제를 한 환자의 경우 식단구성은 일반유동식과 같으나 수술부위의 출혈 예방을 위해 차갑거나 미지근한 온도의 냉유동식을 제공하고 신 과일주스는 제한하며 빨대 사용은 금한다. 급성 감염환자는 소화기능이 저하되어 있으므로 연식을 제공한다.

081
핵심풀이

- **경관영양 대상**: 위장관의 소화, 흡수 능력은 있으나 경구로 충분한 영양을 공급할 수 없는 경우(화상, 외상, 패혈증, 스트레스 등), 구강 내 수술, 위장관 일부 수술, 연하곤란, 식욕부진, 의식불명 등
- **경관영양 경로**
  - 사용예정 기간이 4주 이내, 흡인 위험 없는 경우 → 비위관, 흡인 위험 있는 경우 → 비십이지장관, 비공장관
  - 사용예정 기간 4주 이상, 흡인 위험 없는 경우 → 위조루술, 흡인 위험 있는 경우 → 십이지장조루술, 공장조루술

082
핵심풀이

위 배출은 위 안에 있는 음식의 유동성이 클수록, 음식물의 크기가 작을수록, 탄수화물이 단백질이나 지방보다 위의 체류시간이 짧고 부교감신경의 자극에 의해 위 운동이 촉진된다.

083
핵심풀이

소장(십이지장)에서 분비되는 소화관련 호르몬
- **엔테로가스트론**: 단백질, 지질에 의해 분비 자극, 위배출(위운동) 억제
- **세크레틴**: 단백질, 산에 의해 분비 자극, 중탄산염 함량이 많은 알칼리성 췌액 분비 촉진
- **콜레시스토키닌**: 단백질 소화산물, 지질에 의해 분비 자극, 담낭수축으로 담즙 분비 촉진, 소화효소가 많은 췌액분비 촉진

가스트린은 위의 유문부 G-세포에서 분비되고 위액분비, 위운동 촉진 등의 기능을 한다.

084
핵심풀이

연하곤란식은 걸쭉한 형태의 농후유동식(퓨레식)으로 제공하며 맑은 액상음식, 건조하거나 딱딱한 음식, 끈적끈적 점착성이 있는 음식, 가루음식, 타액분비를 촉진하는 신 음식, 바삭한 음식은 제한한다.

085
핵심풀이

소화성궤양

점막에 손상을 주거나 위산분비, 위운동 촉진 음식은 피한다.
기름기 적은 흰 살 생선을 주로 찜이나 죽으로 조리하여 제공하고 고섬유 채소, 향이 강한 채소, 유기산이나 산미가 강한 과일류는 제한한다.

086
핵심풀이

만성 장염 식사요법은 저섬유, 저잔사식으로 제공하며 생채소, 생과일 식품은 피한다. 튀김, 볶음 등의 조리법보다는 찜이나 조림 조리법을 적용한다. 지방은 유화된 형태로 사용한다.

087
핵심풀이

- 간경변증 환자는 간기능 저하로 콜레스테롤 합성이 저하되어 담즙 생성이 감소하므로 지방소화 및 흡수불량이 나타난다.
- 인슐린 저항성 증가로 혈당 조절이상이 나타난다.
- 간문맥압이 증가하여 황달, 식도정맥류, 문맥성 고혈압 등이 나타난다.
- 요소합성이 감소하여 고암모니아혈증으로 간성혼수가 나타난다.
- 출혈경향, 복수, 부종, 지방변 등이 나타난다.

088
핵심풀이

항지방간성 인자

콜린, 메티오닌, 레시틴, 셀레늄, 비타민 E

089
핵심풀이

간질환 시
- 혈중 ALT(GPT), AST(GOT) 농도, 빌리루빈, 암모니아 농도 증가
- 요중 빌리루빈, 우로빌리노겐 상승, 알부민/글로불린 비(A/G) 감소, 프로트롬빈 시간(PT) 지연

090
핵심풀이

췌장염의 통증이 가라앉은 후 식사요법은 당질 함량이 많은 유동식, 연식, 일반식으로 이행하며, 초기에는 단백질을 제한하지만 회복기에는 서서히 증량하여 공급한다. 지질은 제한하여 저지방식과 중쇄지방산, 유화지방의 형태로 공급한다. 회복기에도 소량 공급한다.

091
핵심풀이

체중조절 행동수정요법
- **자기관찰**: 식사일기 쓰기, 비만 식습관과 식행동 평가, 체중 변화 기록
- **자기조절**: 과식을 가져오는 환경 조절
- **보상**: 바람직한 행동에 대한 보상
- **대체조절**: 바람직하지 못한 행동을 건전한 행동으로 대체함

092
핵심풀이

비만 원인
유전, 기초대사 저하, 열발생 저하(교감신경 둔화, 갈색지방세포 기능 저하), 내분비 대사장애(쿠싱증후군, 에스트로겐 감소, 갑상샘 기능 저하, 시상하부 손상), 식사행동(불규칙한 식사, 과식, 육식, 빠른 식사속도), 환경요인과 생활습관(활동량 감소, 수면부족), 정신적, 심리적 요인

093
핵심풀이

비만 식사요법
- 섭취열량 제한: 1일 500kcal 정도 감량, 저열량식도 균형식으로 제공
- 당질은 총 에너지의 50~60%, 1일 최소 100g 이상 섭취
- 지질 총 에너지의 15~25%, 단백질 총 에너지의 20~25% 섭취
- 비타민과 무기질 충분히, 수분 1일 2L 이상, 식이섬유 20~25g 충분히 섭취

094
핵심풀이

제1형 당뇨병은 내인성 인슐린 양이 부족하여 발생하고 30세 이전의 젊은 층에서 많이 발생하며 인슐린 주사가 반드시 필요하다. 제2형 당뇨병은 40대 이후에 서서히 발병하며 상체비만자에서 많이 발생하고 경구혈당강하제로 혈당조절을 한다. 임신성 당뇨병은 임신후기 인슐린 저항성이 증가되어 발생하며 임신기에 처음 진단된다.

095
핵심풀이

당뇨병의 단백질 대사
근육단백질 이화 증가로 고혈당 초래, 분지아미노산(발린, 루신, 이소루신)의 혈중 농도 상승, 요소합성 촉진, 요 중 질소배설량 증가, 신체쇠약, 성장저하, 병에 대한 저항력 감소

096
핵심풀이

제1형 당뇨병의 고혈당으로 인한 당뇨병성 혼수는 인슐린 부족이 심해지면 나타나는 현상이다. 인슐린을 투여하고 전해질과 수분 공급을 한다.

097
핵심풀이

당뇨병의 식사요법
당질은 총 에너지의 50~60% 수준, 복합당질식품 권장, 케톤증 예방을 위해 1일 최소 100g 이상 섭취, 단백질은 총 에너지의 15~20%, 당뇨병성 신증의 경우 열량의 10% 이내로 제한, 지질은 총 에너지의 20~25% 이내, 섬유소는 혈당과 혈중 지질 조절에 도움이 되므로 충분히 섭취(1일 20~25g)

098
핵심풀이

인슐린 주사를 맞고 있는 당뇨환자의 식사요법은 비만 시 열량 제한, 단순당 제한, 식사시간 규칙적으로, 1일 당질량을 균등하게 배분, 인슐린 작용시간과 지속성에 따라 식사량 및 당질량을 배분한다.

099
핵심풀이

- 치즈 1장, 오렌지주스 1/2잔: 당질 12g
- 잔치국수 180g: 당질 46g
- 당근주스 1잔: 당질 3g
- 고구마 70g, 우유 1잔: 당질 33g
- 식빵 2장, 우유 1잔: 당질 56g

100
핵심풀이

- 혈압 증가 요인: 레닌-안지오텐신 시스템 활성화, 교감신경 활성화(에피네프린, 노르에피네프린), 화학수용기의 CO_2 증가, 압력수용기의 압력 감소 인지, 혈액 점성 증가, 심박출량 증가
- 혈압 감소 요인: 히스타민, 브래드키닌은 혈관을 이완시켜 혈압 감소 초래, 압력수용기의 압력 증가 인지

101
핵심풀이

심장은 골격근과 내장근의 특징을 모두 가지고 있다. 구조는 횡문근, 기능성은 불수의근으로 자율신경계의 지배를 받는다. 심장의 심근세포는 활동전위를 자발적으로 생성할 수 있으므로 외부에서 신호가 없어도 수축할 수 있다. 심장에 영양을 공급하는 혈관은 관상동맥이다.

102
핵심풀이

고혈압 환자는 전곡류, 생선, 껍질을 제거한 가금류, 견과류는 적당량 섭취하며 적색 육류, 고지방 식품, 단순당은 적게 섭취한다. 나트륨은 혈압 상승, 칼륨, 칼슘, 마그네슘은 혈압 강하 효과가 있다.

103
핵심풀이

제4형 이상지질혈증은 이상지질혈증 중 가장 흔히 나타나고 당뇨병, 동맥경화와 관련이 있으며 고당질식, 비만, 당뇨병, 알코올의 과잉섭취가 원인이다. 열량, 당질, 알코올 섭취를 제한한다.

104
핵심풀이

울혈성 심부전 식사요법
저열량식(소량씩 자주), 양질의 단백질 충분히, 콜레스테롤, 포화지방산 제한(불포화지방산, 식물성 기름, 등 푸른 생선), 나트륨과 수분 제한, 알코올 제한, 식이섬유 제한, 탄산음료와 카페인 음료 제한

105
핵심풀이

항응고제(와파린)를 복용하는 환자는 출혈을 일으킬 수 있으므로 상처가 생기지 않도록 주의가 필요하며 와파린 치료 중에는 비타민 K 섭취량을 제한하고 일정 수준으로 유지해야 한다.

106
핵심풀이

혈장 삼투압은 항상성을 유지하고 있는데(300Osm/L), 삼투압이 낮아지면, 부신피질에서 알도스테론을 분비하여 원위세뇨관에서 Na^+의 재흡수를 촉진한다.

107
핵심풀이

② 비타민 D 활성화 감소로 골절 발생
③ 단백뇨로 교질삼투압 감소하여 부종 발생
④ 적혈구, 헤모글로빈 감소(에리트로포이에틴 분비 장애)로 빈혈 발생
⑤ 질소성분 배설 능력 저하로 혈중 질소화합물 증가

108
핵심풀이

사구체 여과율 감소로 혈중 인, 칼륨, 크레아티닌, 요소 농도 증가, 칼슘 농도 감소

109
핵심풀이

투석하지 않는 만성신부전 식사요법
단백질 섭취 감소, 인 섭취 감소, 나트륨 및 수분 섭취 감소, 칼륨 섭취 감소(핍뇨 시), 칼슘 섭취 증가, 에너지 섭취 증가

110
핵심풀이

- 저칼슘식과 인 섭취를 제한하며 충분한 수분 섭취를 한다.
- 인 함량이 많은 식품: 우유, 유제품, 현미, 잡곡, 오트밀, 난황, 간, 말린 과일, 초콜릿, 견과류 제한

111
핵심풀이

섬유소는 보수성을 가지고 있으므로 발암물질이 희석되고, 대변량이 증가하여 배변의 횟수를 늘리며 발암물질이 장을 빨리 통과할 수 있도록 한다. 과잉의 섬유소 섭취는 무기질의 흡수를 저하시킨다.

112
핵심풀이

- **식욕부진**: 소량씩 자주 섭취, 고열량, 고단백 식품, 경구보충용 식품, 간식 제공
- **삼킴장애**: 액체는 농후제 사용, 농후유동식, 부스러지는 식품 제한
- **입맛변화**: 신 음식 제공, 입안을 자주 헹굼, 환자의 기호도 존중
- **메스꺼움, 구토**: 시원한 음식, 배고프기 전에 식사, 심한 경우 금식, 기름진 음식이나 단 음식, 향이 강한 음식 제한

113
핵심풀이

혈중 pH가 저하되면 깊고 빠른 호흡을 하여 호흡수가 증가한다. 혈액의 pH가 상승하면(알칼리화) 호흡이 느려져 혈액 내 이산화탄소를 축적하여 혈중 pH를 정상 수준으로 회복시킨다.

114
핵심풀이

폐결핵 식사요법
고에너지식, 고단백식, 칼슘(병소의 석회화), 구리, 철, 비타민 A, D, C 보충, 수분 공급(가래배출 도움)

115
핵심풀이

회복기는 동화작용이 우세하고 정상상태로 회복되는 단계이다. 고에너지식, 고단백식, 당질과 지질 보통량 섭취, 수분과 전해질 보충, 비타민과 무기질 보충

116
핵심풀이

헤마토크리트
- 전체 혈액의 부피에서 적혈구가 차지하는 비율(용적), 철이 결핍되어 혈색소생성이 저하된 후, 감소한다.
- 정상 40~54%(남자), 37~47%(여자)

117
핵심풀이

α, β, γ-글로불린이 있으며, γ-글로불린은 면역글로불린으로 면역 기능에 관여한다.

118
핵심풀이

골다공증 식사요법
고칼슘식, 비타민 D 보충(칼슘 흡수 장애시), 단백질과 인 적정량, 식이섬유, 지방, 나트륨 제한, 카페인과 알코올, 흡연 제한

119
핵심풀이

① 부신피질 저하증 - 과잉증
② 뇌하수체 전엽 저하증 - 과잉증
③ 뇌하수체 후엽 저하증 - 과잉증
④ 뇌하수체 전엽(어린이) 저하증 - 과잉증

120
핵심풀이

단풍당밀뇨증은 측쇄아미노산(발린, 이소루신, 루신)의 탈탄산효소 결핍으로 아미노기가 떨어진 케토산의 탈탄산 반응이 일어나지 못해서 나타난다. 측쇄아미노산과 α-케토산이 혈액에 축적되며 소변에서 맥아당 단내(단풍시럽 냄새), 저혈당, 케톤성 산독증, 신경정신 발달 장애, 혼수, 사망 증상이 나타난다.

2교시

001	002	003	004	005	006	007	008	009	010
④	⑤	③	④	④	⑤	①	⑤	③	④
011	012	013	014	015	016	017	018	019	020
⑤	①	⑤	②	④	③	②	⑤	④	⑤
021	022	023	024	025	026	027	028	029	030
⑤	①	①	②	③	③	⑤	①	②	④
031	032	033	034	035	036	037	038	039	040
①	②	③	③	⑤	③	①	④	⑤	④
041	042	043	044	045	046	047	048	049	050
③	③	②	③	③	④	③	③	③	②
051	052	053	054	055	056	057	058	059	060
④	③	②	③	⑤	④	③	④	④	①
061	062	063	064	065	066	067	068	069	070
④	②	③	④	①	①	⑤	③	④	②
071	072	073	074	075	076	077	078	079	080
③	②	②	②	④	③	②	⑤	②	⑤
081	082	083	084	085	086	087	088	089	090
⑤	④	③	②	②	⑤	③	①	④	①
091	092	093	094	095	096	097	098	099	100
②	①	④	④	③	⑤	④	③	⑤	①

식품학 및 조리원리

001
핵심풀이
빵이나 떡의 부피 측정에는 종자치환법이 이용되며 냉장고에서 꺼낸 버터는 실온에서 약간 부드럽게 한 후 컵에 담아 계량한다. 흑설탕은 컵에 눌러 담아 계량한다.

002
핵심풀이
전기는 무해하고 자동조절이 가능하다. 가스만큼 최고 도달온도가 높지 않고 온도 상승이 느리고 완만하며 에너지 단가가 비싼 편이다.

003
핵심풀이
① 효소활성은 수분활성도가 높을수록 증가한다.
② 가수분해반응은 수분활성도와 비례한다.
④ 대부분의 곰팡이는 Aw 0.80 이하에서 생육할 수 없다.
⑤ 유지의 산화반응은 단분자층의 수분함량 이하에서 촉진된다.

004
핵심풀이
① 물에 잘 녹으나 에테르에는 녹지 않는다.
② 동물 세포의 연료로 쓰인다.
④ 이당류 중 sucrose는 변선광의 성질을 띠지 않는다.
⑤ 일반적으로 자신은 산화되고 다른 화합물은 환원시키는 환원성을 갖는다.

005
핵심풀이
① sorbitol은 비타민C의 합성원료로 사용된다.
② 단당류에서 −OH의 산소가 제거된 것이 deoxy alcohol이다.
③ Thiosugar는 carbonyl기의 −OH기가 −SH기로 치환된 것이다.
⑤ 단당류의 말단에 있는 $-CH_2OH$기가 산화되어 −COOH기로 변한 것이 uronic acid이다.

006
핵심풀이
①과 ②는 프로토펙틴(protopectin), ③과 ④는 펙트산(pectic acid)에 대한 설명이다. 펙틴산은 메틸에스터화된 카르복실기가 존재한다.

007
핵심풀이
리비톨은 리보플라빈의 성분, 솔비톨은 비타민 C의 합성원료, 이노시톨은 근육당이다.

008
핵심풀이
① 요오드가는 산패된 유지일수록 감소한다.
② 라이헤르트-마이슬가는 수용성 휘발산 함량의 측정법이다.
③ 검화가는 저급지방산이 많이 함유된 유지일수록 커진다.
④ 아세틸가는 유지 중 함유된 −OH기의 양을 측정하는데 이용된다.

009
핵심풀이
① 단순지질 − wax
② 유도지질 − sterol
④ 유도지질 − squalene
⑤ 단순지질 − triglyceride

010
핵심풀이
탄소수가 많아질수록 비중은 낮아진다. 저급지방산이 많을수록 융점은 낮아진다. 유지의 결정형 중 융점은 β형이 가장 높다.

011
핵심풀이

시스틴과 티로신은 물에 잘 녹지 않는다. α-아미노산은 아질산을 가하면 질소가스가 발생된다. 아미노산의 카르복실기는 알코올과 반응하여 에스터를 이룬다. 산성용액에서 아미노산 분자는 전기영동장치의 음극으로 이동한다.

012
핵심풀이

글루탐산과 같은 산성아미노산의 등전점은 $pK_1 = 2.19$, $pK_r = 4.25$의 중간지점으로 $(2.19 + 4.25)/2$이다.

013
핵심풀이

3차 구조는 아미노산의 R-기가 관여하는 수소결합, 이온결합, 이황화결합, 소수성 결합 등으로 안정화되어 있다.

014
핵심풀이

① 안토시아닌
③ 카로티노이드
④ 카로틴
⑤ 클로로필

015
핵심풀이

새우나 게의 색소는 아스타잔틴으로 단백질과 결합한 형태로 청록색 또는 흑갈색을 띠게 되지만 가열에 의해 단백질이 변성되어 아스타잔틴이 유리되고 산화되어 적색을 띠게 된다.

016
핵심풀이

환원당 중 5탄당 > 6탄당 > 이당류의 순으로 반응이 잘 일어난다. 온도의 영향을 받으며 아황산염은 반응을 방해한다. pH가 6 이상일 때 반응이 활발해 진다.

017
핵심풀이

① 트립토판으로부터 인돌, 스카톨이 생성된다.
② 해수어의 TMAO가 TMA로 산화되어 비린내 성분이 된다.
③ 김을 구울 때 발생하는 냄새성분은 dimethyl sulfide이다.
⑤ 상어나 홍어의 냄새성분은 요소로부터 생성된 암모니아이다.

018
핵심풀이

맛의 대비는 서로 다른 맛 성분을 혼합하였을 경우 주된 맛 성분의 맛을 더 강하게 느끼는 현상이다.

019
핵심풀이

페니실린은 세포벽의 펩티도글리칸의 합성을 저해하여 세포벽 합성을 억제함으로써 미생물을 사멸시킨다.

020
핵심풀이

*Pseudomonas fluorescens*는 고미유, *Pseudomonas aeruginosa*는 우유의 청변을 유발한다.

021
핵심풀이

백국균에는 *Aspergillus shirousami*와 *Aspergillus kawachii*가 있다.

022
핵심풀이

고농도의 설탕은 탈수작용으로 호화를 저해한다. 근경류 전분의 호화온도가 곡류전분보다 낮다. 알칼리성에서는 전분의 팽윤과 호화가 촉진된다.

023
핵심풀이

② 탄수화물은 75%가 전분이다.
③ 겨층의 무기질은 피트산으로 인해 잘 흡수되지 못한다.
④ 식물성 식품에는 콜레스테롤이 함유되어 있지 않다.
⑤ 쌀의 생물가가 밀가루의 생물가보다 높은 편이다.

024
핵심풀이

과포화도가 높을수록, 산을 첨가했을 때, 결정형성 방해물질이 있을 때, 40도로 냉각시킨 후 저으면 작은 결정이 형성된다.

025
핵심풀이

효모는 기질로 포도당, 자당, 과당, 맥아당을 선호한다. 수증기는 공기보다 효과적인 팽창제이다. 효모의 적정 발효온도는 27~38℃이다.

026
핵심풀이

육류를 간장에 오래 재워두면 삼투압에 의해 질겨진다. 스튜를 할 때 토마토 주스를 넣으면 연해진다.

027
핵심풀이

콜라겐은 트립토판이 부족한 불완전단백질이다. 콜라겐은 물과 함께 가열하면 젤라틴이 된다.

028
핵심풀이
사후경직시에 ATP 생성 저하, 글리코겐의 젖산 생성, ATP분해로 인산이 생성되어 pH가 감소한다.
ATP가 결핍된 상태이므로 미오신과 액틴 사이의 분리가 일어나지 못한다.

029
핵심풀이
조개류의 감칠맛에는 유기산 중 숙신산(호박산)과 젖산이 있다.

030
핵심풀이
염용성 단백질인 미오신과 액틴을 3% 소금용액으로 용출시키면 액토미오신이 형성된 후 굳어져 겔을 형성하는데, 이를 이용하여 어묵을 제조한다.

031
핵심풀이
설탕은 응고성을 감소시킨다. 우유의 염은 달걀 응고물을 단단하게 한다. 달걀을 희석하면 응고성이 감소하여 응고온도는 높아진다.

032
핵심풀이
엔젤케이크나 머랭, 마시멜로는 달걀의 기포성을 이용한 음식의 예이다.

033
핵심풀이
우유에는 철과 구리 함유량이 낮다. 카세인의 외부에는 κ-카세인이 위치해 있으며 우유 단백질의 약 80%를 차지한다.

034
핵심풀이
우유의 유백색은 칼슘 포스포카제이네이트의 교질용액과 지방구가 빛에 반사되어 생성된 것이며 그 밖에 카로티노이드에 의해 황색을 띤다. 또 리보플라빈에 의해 담황색의 색깔을 나타낸다.

035
핵심풀이
콩나물에 있는 리폭시게나아제가 불포화지방산의 산화에 관여하여 비린내 성분을 형성한다.

036
핵심풀이
바삭한 튀김을 만들기 위해서는 박력분을 이용하고 가볍게 저어주며, 달걀단백질을 이용하고 설탕, 식소다를 이용한다. 물은 15℃ 정도가 적당하다.

037
핵심풀이
유지의 연화작용은 쇼트닝성이라고 하고 쇼트닝성은 지방의 가소성과 관계가 있어서 가소성이 클수록 쇼트닝성이 크다.

038
핵심풀이
알칼리에서 채소의 헤미셀룰로오스와 펙틴이 분해되어 질감이 물러진다.

039
핵심풀이
① 송이버섯의 향 – 마츠타케올, 계피산 메틸
② 표고버섯의 향 – 렌티오닌
③ 버섯 함유 비타민 – 비타민 D
④ 양송이버섯의 갈변 – 티로시나아제에 의한 갈변

040
핵심풀이
설탕은 60~65%가 적당하다. 저메톡실기 펙틴은 2가 양이온에 의해 gel화 될 수 있다.

급식, 위생 및 관계법규

041
핵심풀이
개방시스템의 특징
상호의존성, 역동적 안정성, 합목적성(이인동과성), 경계의 유연성(경계의 침투성), 시스템 간 공유영역, 시스템의 계층구조(위계질서)

042
핵심풀이
① 조리 후 냉장 또는 냉동 저장과정을 거치므로 품질 안전을 위한 엄격한 관리 필요
② 편의식 급식체계의 장점
④ 전통적 급식체계의 장점
⑤ 조리저장식 급식체계의 단점

043
핵심풀이
스왓분석은 조직의 내부환경 분석을 통해 조직의 강점과 약점을 도출하고 외부환경 분석을 통해 환경의 기회와 위협요인을 파악함으로써 보다 유리한 전략계획을 수립하기 위한 기법이다.

044
핵심풀이
네트워크 조직
외부 환경변화에 적응할 수 있는 개방시스템의 성격이 강하며 시너지 효과를 위한 수평적 개념의 조직이라는 장점이 있는 반면 외부기업에 대한 통제력이 약하고 종업원의 충성심이 약화된다는 단점이 있다.

045
핵심풀이
① 식사구성안에 제시된 식품의 중량은 가식부 양이다.
② 콩나물의 1인 1회 중량 70g
④ 생활습관에 따른 변화 가능
⑤ 특정 질환의 예방이나 치료를 위한 것이어서는 안 된다.

046
핵심풀이
메뉴표(식단표, 차림표)는 급식업무의 계획표, 작업지시서, 실시보고서로서 역할을 하며 가장 강력한 내부통제 수단이다.

047
핵심풀이
메뉴평가 방법
기호도 조사, 고객만족도 조사, 잔반량 조사(개별잔반 계측, 집합선택 계측)

048
핵심풀이
수익은 높지만 인기가 낮은 메뉴의 경우 메뉴표에서 눈에 잘 띄도록 위치를 변경하거나 가격을 약간 낮추어 고객 수요를 늘리거나 메뉴의 이름을 친숙한 이름이나 문구로 변경한다.

049
핵심풀이
공동구매는 운영주체가 다른 급식소들이 함께 대량구매하여 원가절감 효과를 기대할 수 있다.

050
핵심풀이
구매청구서(구매요구서)는 생산부서에서 구매부서로 필요한 물품과 수량을 기재하여 청구하는 장표이며 구매부서에서는 거래처를 선정한 후 최적업체가 결정되면 발주서를 이용하여 물품을 발주하고 거래처에서는 물품과 함께 납품전표를 가져와야 한다.

051
핵심풀이
발주량 = 급식인원 × 1인 분량 × 출고계수(100 / 가식부율) − 재고량
= (500 × 70g × 1.25) − 3kg = 40,750g

052
핵심풀이
①, ②, ④, ⑤ 전수검사

053
핵심풀이
- **농산물이력추적관리**: 농산물의 생산, 유통, 판매까지 각 단계별로 정보를 관리하여 농산물의 안전성 등에 문제가 발생하는 경우 해당 농산물의 이력을 추적하여 원인규명 및 필요한 조치를 취하기 위한 제도
- **우수농산물관리제도**: 농산물의 안전성을 확보하고 농업환경을 보전하기 위하여 농산물의 생산, 수확 후 관리 및 유통 등 각 단계에서 재배포장 및 농업용수의 농업환경과 농산물에 잔류 할 수 있는 농약, 중금속, 잔류성 유기오염물질, 유해생물 등의 위해요소를 관리하는 제도

054
핵심풀이
①, ②, ④, ⑤ 영구재고조사

055
핵심풀이
- **객관적 예측법**: 시계열 분석법(이동평균법, 지수평활법), 인과형예측법(선형회귀분석, 다중회귀분석)
- **주관적 예측법**: 시장조사법, 델파이법, 최고경영자기법, 외부의견조사법 등

056
핵심풀이
카운터 서비스는 종업원이 주문부터 상차림 업무까지 모두 맡기 때문에 적은 인력으로도 서비스가 가능하다.

057
핵심풀이
표준레시피 구성요소
음식명, 식재료명과 재료량, 조리법, 총 생산량과 1인 분량, 배식방법, 1인 분량의 영양가와 원가 등

058
핵심풀이
분산조리는 총 생산량을 일시에 조리하지 않고 배식시간에 맞추어 일정량씩 나누어 조리하는 방식으로 채소와 같이 한꺼번에 조리 시 품질이 저하되는 음식에 적용한다.

059
핵심풀이
통제의 유형
- **사전통제**: 투입단계 통제, 문제예측과 예방, 직무능력 검사, 식수예측, 영양기준량, 식재료 검수, 예산

- **동시통제**: 변환단계 통제, 진행 중인 활동 조정, 작업공정표, HACCP 점검표, 배식온도 측정, 식사오류 확인
- **사후통제**: 산출단계 통제, 과거 실수로부터 학습, 고객만족도, 1인당 매출액, 원가분석, 잔반율, 기호도, 결산

060

> 핵심풀이

- **시간연구법**: 스톱워치 등을 이용하여 작업에 소요되는 정미시간을 측정
- **표준자료법**: 과거의 자료를 분석하여 작업동작에 영향을 미치는 요인과 작업시간 사이의 함수식을 도출하여 표준시간을 구하는 방법

061

> 핵심풀이

급식생산성 증대방안
- 교육훈련실시(조리종사자의 정기적인 교육, 훈련)
- 작업의 단순화(작업방법 개선, 방법연구)
- 작업표준 시간 설정(작업측정)
- 자동화기계 이용(대량조리에 적합한 기기 활용)
- 가공식품이나 전처리 식품의 이용(인력 대체)
- 동기부여(능력에 따른 인센티브 제도)

062

> 핵심풀이

작업관리방법을 작업, 운반, 저장, 정체, 검사의 분석단위로 분류하여 기존 생산과정의 문제점을 파악하고 개선하는 과정을 공정분석이라 한다.

063

> 핵심풀이

검수시 식품별 온도 측정
- **조개류**: 온도계 탐침을 포장 한가운데 설치 후 측정
- **육류, 가금류, 생선류**: 제품의 가장 두꺼운 부분에 온도계 탐침을 찔러서 측정
- **액체 또는 개별 포장제품**: 포장을 열어 온도계 탐침을 잠기게 설치 후 측정
- **진공포장 제품**: 포장 사이에 온도계를 설치하고 15초 이상 기다린 후 온도 기록
- **대용량 액체제품(소스, 수프 등)**: 온도계 탐침이 제품에 의해 감싸지도록 설치 후 측정

064

> 핵심풀이

- **「식품위생법」상 조리에 종사할 수 없는 경우**: 결핵(비전염성인 경우 제외), 콜레라, 장티푸스, 파라티푸스, 세균성이질, 장출혈성대장균 감염증, A형 간염
- 피부병, 기타 화농성 질환에 걸린 자

065

> 핵심풀이

- **1종세척제**: 채소용, 과일용
- **2종 세척제**: 식기류용
- **3종 세척제**: 식품의 가공기구용, 조리기구용
- **용해성 세제(솔벤트)**: 기름기가 많은 가스레인지나 싱크대의 묵은 기름 제거
- **산성세제**: 식기세척기 세제 찌꺼기 제거
- **연마성세제**: 조리장 바닥, 천장 청소

066

> 핵심풀이

- **일반작업구역**: 검수, 전처리, 식재료 저장, 세정
- **청결작업구역**: 조리, 정량, 배선, 식기보관

067

> 핵심풀이

후드의 크기는 열 발생기구보다 15cm 이상 넓은 것이 좋으며 4방 개방형이 효율적이다. 경사각은 35~45°가 효율적이며, 열 발생 기구의 위에 설치하는 것이 좋다.

068

> 핵심풀이

① 정규직원 급여는 고정비이며 파트타임 직원 급여는 변동비로 인건비는 반변동비이다.
② 인건비 비율은 매출액에서 인건비가 차지하는 비율이다.
③ 판매가격은 총 원가와 이익의 합계이다.
④ 정액법에 의해 계상되는 감가상각비는 매년 동일하며 정률법에 의한 감가상각비는 매년 감소한다.

069

> 핵심풀이

- **손익분기점 판매량**:
  고정비 ÷ 단위당고정비(1식당 판매가격 – 1식당 변동비)
  100,000 ÷ 800 = 125식
- **손익분기점 매출액**: 125식 × 4,000원 = 500,000원

070

> 핵심풀이

재무상태표(대차대조표)는 자산, 부채, 자본으로 구성되며 자금의 조달형태를 나타내는 대변(부채와 자본)과 자금의 운용을 나타내는 차변(자산)의 합은 항상 같아야 한다. 자산항목은 유동성이 큰 순으로 기입하고 부채는 상환기간이 짧은 순으로 기입한다.

071

> 핵심풀이

직무명세서는 직무를 수행하는 데 필요한 능력, 기술, 교육여건, 경험 및 숙련요건 등 직무에 요구되는 인적요건을 중심으로 기술한다.

072
핵심풀이
직무설계는 개개인이 수행해야 할 과업과 책임의 범위를 정하는 과정으로 직무 성과와 직무만족도를 동시에 높이는 것이 중요하다.

073
핵심풀이
직무분석은 채용, 배치전환을 위한 자료를 제공한다.

074
핵심풀이
직무평가
직무가 차지하는 상대적 가치를 결정하는 것으로 기술, 노력, 책임, 작업조건을 평가요소로 하며 합리적인 임금설정 수립의 기본이 된다. 직무평가 방법은 점수법, 서열법, 분류법, 요소비교법이 있다.

075
핵심풀이
강제할당법
정규분포나 상중하의 분포에 따라 강제로 인원을 할당하여 평가하는 방법으로 고과자의 엄격함이나 관대화 경향을 예방한다.

076
핵심풀이
서비스 품질명세서와 서비스 전달수준의 차이는 실제 서비스의 전달수준이 설정된 품질 표준에 미달될 때, 종업원과 고객 간의 접점에서 주로 발생한다. 이를 해결하기 위해서는 유능한 종업원 확보, 교육, 훈련, 모니터링, 작업조건 개선, 보상체계 등 내부 마케팅 프로그램을 시행한다.

077
핵심풀이
촉진 활동
광고, 홍보, 인적판매, 판매 촉진활동

078
핵심풀이
①, ④ 외인성
②, ③ 내인성

079
핵심풀이
① 생균수가 $10^7 \sim 10^8$이면 초기부패이다.
③ 탄수화물 함유식품은 초기부패시 pH가 저하된다.
④ 트리메틸아민은 부패 초기 어패류에서 4~6mg%이다.
⑤ 단백질 함유식품은 부패 시작 직후 pH가 저하되다가 상승한다.

080
핵심풀이
역성비누는 포자나 결핵균에 효과적이지 않으며, 양이온이 비누의 주체이다. 살균기작은 세포막 손상과 단백질 변성이다.

081
핵심풀이
독소형 식중독에는 황색 포도상구균 식중독과 보툴리누스 식중독이 있다.

082
핵심풀이
장염비브리오식중독은 2~4% 식염농도에서 잘 증식하며 급성위장염 증상을 보인다.

083
핵심풀이
캠필로박터 식중독은 신경계 증상인 길랑바레증후군을 나타내기도 한다.

084
핵심풀이
보툴리누스 식중독은 잠복기가 8~36시간이며, 신경마비독소를 생성한다. 독소는 80℃ 20분, 100℃ 1~2분 처리로 불활성 된다. A형이 가장 치명적이다.

085
핵심풀이
사카자키 식중독은 조제분유 제조 시 오염되어 영유아에게 장염, 패혈증, 뇌수막염 등을 유발한다.

086
핵심풀이
유기인제 농약에 의한 중독은 신경증상을 보이며 말라티온, 파라티온 등이 있다.

087
핵심풀이
카드뮴의 대표적인 중독사건은 이타이이타이(itai itai)병으로 강상류에서 배출된 폐수에 카드뮴이 함유되어 있어 하류지역의 토양과 물을 오염시켰고, 이를 벼 재배 시 관개용수로 사용하여 중독이 발생하였다.

088
핵심풀이
② 파툴린 – *P. patulum* – 신경독
③ 루브라톡신 – *P. rubrum* – 간장독
④ 아일란디톡신 – *P. islandicum* – 간장독
⑤ 시트레오비리딘 – *P. citreoviride* – 신경독

089
핵심풀이
장티푸스의 잠복기는 1~3주 정도이다.

090
핵심풀이
② 다슬기 - 민물갑각류: 폐흡충
③ 다슬기 - 잉어, 은어: 요코가와흡충
④ 물벼룩 - 연어, 농어: 광절열두조충
⑤ 물벼룩 - 개구리, 뱀, 담수어: 스파르가눔

091
핵심풀이
HACCP의 선행요건프로그램으로 위생적인 환경을 위한 시설, 장비, 개인위생 및 공정관리의 기준을 설정한 것이 GMP(good manufacturing practice)이다.

092
핵심풀이
조리사의 직무는 식단에 따른 조리업무, 구매식품의 검수지원, 급식 설비 및 기구의 위생·안전 실무, 그밖에 조리 실무에 관한 사항이다.

093
핵심풀이
특별자치시장, 시장·군수·구청장은 식중독 관련보고를 받은 때에는 지체 없이 그 사실을 식품의약품안전처장 및 시·도지사에게 보고하고, 원인을 조사하여 그 결과를 보고하여야 한다.

094
핵심풀이
조리사나 영양사를 두지 않은 집단급식소 운영자는 3년 이하의 징역 또는 3천만 원 이하의 벌금에 처하거나 병과한다.

095
핵심풀이
① 조리 제공한 식품의 매회 1인분량을 144시간 이상 보관한다.
② 동물의 내장을 조리한 경우 사용한 기구는 철저히 세척, 소독한다.
④ 지하수 등을 사용할 경우 일부항목 검사를 1년마다 실시하여야 한다.
⑤ 지하수를 식수로 사용할 경우 마시기 적합 여부를 검사로 인정받아야 한다.

096
핵심풀이
① 검수구역의 조명은 540 룩스 이상이어야 한다.
② 휴게실은 외부로부터 조리실을 통하지 않고 출입할 수 있어야 한다.
③ 냉장고 온도는 5℃ 이하, 냉동고 온도는 -18℃ 이하이어야 한다.
④ 휴게실은 조리종사자 수에 따라 옷장과 샤워시설을 갖추어야 한다.

097
핵심풀이
영양지도원은 영양지도의 기획·분석 및 평가, 지역주민에 대한 영양상담, 영양교육 및 영양평가, 지역주민의 건강상태 및 식생활 개선을 위한 세부 방안 마련, 집단급식시설에 대한 현황파악 및 급식 업무지도, 영양교육자료의 개발·보급 및 홍보의 업무를 한다.

098
핵심풀이
영양사는 정신질환자, B형간염을 제외한 감염병환자, 마약·대마 또는 향정신성 의약품 중독자 중 어느 하나에 해당되거나 면허 정지처분 기간 중에 영양사의 업무를 하거나 3회이상 면허정지처분을 받은 경우 그 면허가 취소될 수 있다.

099
핵심풀이
수입 후 국내에서 6개월 이상 사육한 소는 '국산' 또는 '국내산'으로 표시하되, 괄호 안에 식육의 종류 및 출생 국가명을 함께 표시한다.

100
핵심풀이
가축이 먹은 사료나 물에 첨가한 성분의 효능·효과 또는 식품 등을 가공할 때 사용한 원재료나 성분의 효능·효과를 해당 식품 등의 효능·효과로 오인 또는 혼동하게 될 우려가 있는 표시·광고는 소비자를 기만하는 표시·광고에 해당한다.

[3회] 정답 및 해설

1교시

001	002	003	004	005	006	007	008	009	010
①	⑤	④	①	④	⑤	②	③	④	③
011	012	013	014	015	016	017	018	019	020
①	⑤	②	④	②	①	②	④	⑤	①
021	022	023	024	025	026	027	028	029	030
②	①	③	③	②	①	⑤	③	④	⑤
031	032	033	034	035	036	037	038	039	040
②	⑤	③	①	④	④	④	③	②	③
041	042	043	044	045	046	047	048	049	050
②	⑤	④	②	⑤	①	③	③	②	⑤
051	052	053	054	055	056	057	058	059	060
③	②	②	③	④	②	④	③	③	③
061	062	063	064	065	066	067	068	069	070
③	③	③	④	③	②	①	③	③	④
071	072	073	074	075	076	077	078	079	080
②	③	③	④	④	①	③	③	③	⑤
081	082	083	084	085	086	087	088	089	090
④	⑤	③	④	③	③	②	③	②	③
091	092	093	094	095	096	097	098	099	100
③	③	③	③	③	③	③	②	⑤	②
101	102	103	104	105	106	107	108	109	110
③	②	④	③	③	④	②	③	③	③
111	112	113	114	115	116	117	118	119	120
③	③	④	②	②	③	②	②	④	②

영양학 및 생화학

001
핵심풀이

권장섭취량은 평균필요량에 표준편차 또는 변이계수의 2배를 더하여 정한 값으로 인구집단의 97~98%에 해당하는 사람들의 영양소 필요량을 충족시키는 양이다.

002
핵심풀이

24시간 금식 후에는 포도당 신생과정을 통해 혈당이 유지되며 포도당 신생의 재료에는 리신과 루신을 제외한 아미노산과 글리세롤 등이 있다.

003
핵심풀이

글루카곤은 혈당 저하 시에 분비되어 간 글리코겐을 분해하고, 당 신생을 증가시킨다.

004
핵심풀이

수용성 식이섬유는 대장 내 박테리아에 의해 분해되고 분해물 중 저급지방산은 에너지원으로 사용된다. 수용성 식이섬유에는 펙틴, 검, 알긴산, 한천 등이 있다.

005
핵심풀이

포도당은 융모의 모세혈관으로 흡수된다. 육탄당의 흡수속도가 오탄당보다 빠르다. 단당류의 형태로만 흡수된다. 포도당 흡수는 주로 능동수송으로 이루어진다.

006
핵심풀이

1세 이후 탄수화물의 평균필요량은 100g이고, 권장섭취량은 130g이다. 식이섬유는 섭취에너지 1000kcal당 12g을 권장한다. 영아전기에는 모유내 유당함량을 근거로 충분섭취량을 설정한다.

007
핵심풀이

시트르산 회로는 에너지를 생성하는 주요 대사경로이다.

008
핵심풀이

해당 과정 중 기질수준의 인산화가 일어나는 반응은 글리세린산 인산 키나아제와 피루브산 키나아제가 촉매하는 반응이다.

009
핵심풀이
당신생과정은 간, 신장 등에서 일어나며 오탄당인산경로는 세포질에서 일어난다. 근육의 아미노산 분해물인 암모니아는 알라닌 회로를 통해 간으로 이동된다.

010
핵심풀이
숙신산 탈수소효소는 FAD, 글리세르알데히드 3-인산탈수소효소와 이소구연산 탈수소효소는 NAD, 피루브산 카르복실화효소는 비오틴을 조효소로 요구한다.

011
핵심풀이
TCA 회로는 에너지가 필요할 때 활성화되고 에너지가 풍족할 때 활성이 억제된다. 구연산 생성효소는 ADP에 의해 활성화되고, NADH, 숙시닐 CoA, 구연산, ATP에 의해 불활성화된다. 이소구연산 탈수소효소는 ADP와 Ca^{2+}에 의해 활성화되고, ATP에 의해 불활성화된다. α-케토글루타르산 탈수소효소는 Ca^{2+}에 의해 활성화되고 숙시닐 CoA, NADH에 의해 불활성화된다.

012
핵심풀이
과당은 주로 간에서 대사되며 프락토키나아제에 의해 프락토오스 1-인산이 되어 반응이 시작된다. 인슐린을 필요로 하지 않으며 중성지방 합성에 보다 직접적으로 이용된다.

013
핵심풀이
지방이 함유된 식품은 지용성 비타민의 급원이 되며, 지질은 지용성 비타민의 흡수를 촉진시킨다.

014
핵심풀이
호르몬 민감성 리파아제는 공복시 글루카곤에 의해 인산화되어 활성형으로 전환된 후 지방조직의 지방을 분해함으로써 에너지원으로 사용될 수 있게 한다.

015
핵심풀이
인지질은 유화작용을 하며 세포막의 구성성분이며, 세포막은 인지질의 이중층으로 구성되어 있다.

016
핵심풀이
오메가-3 지방산에는 α-리놀렌산, DHA, EPA가 있으며 혈소판 응집감소, 혈관확장 및 혈압강하, 염증반응 억제 효과가 있다. 주요 급원식품에는 들기름과 어유가 해당된다.

017
핵심풀이
LDL은 조직으로 콜레스테롤을 운반하는 역할을 하며 지단백질 중 콜레스테롤 에스테르가 가장 많다. HDL 수치가 높을수록 심혈관계 질환 예방효과가 있다.

018
핵심풀이
지방산의 β-산화는 미토콘드리아에서 일어나며 세포질의 아실기는 아실-카르니틴 형태로 미토콘드리아 내막을 통과한다.

019
핵심풀이
팔미트산은 7회의 β-산화를 거치고, β-산화과정은 미토콘드리아에서 일어난다. 아실 CoA 탈수소효소는 FAD를 조효소로 필요로 한다.

020
핵심풀이
아세틸 CoA 카르복실화효소는 구연산에 의해 활성이 증가하고, 긴 사슬 아실 CoA에 의해 활성이 억제되며 글루카곤과 에피네프린은 인산화를 통해 활성을 억제시킨다.

021
핵심풀이
케톤체 합성 과정은 아세틸 CoA 축합 → HMG CoA → 아세토아세트산 → 아세톤 혹은 β-하이드록시부티르산이다.

022
핵심풀이
FAO 표준값에 비해 밀에 가장 적은 비율로 들어 있는 아미노산은 리신이며 아미노산가는 $(25 \div 45) \times 100$이다.

023
핵심풀이
쌀의 제 1제한 아미노산인 리신은 콩에 많이 함유되어 있고 콩에 부족한 황함유아미노산은 쌀에 함유되어 있어 아미노산의 조성이 서로 보완될 수 있다.

024
핵심풀이
콰시오카 증상에는 부종과 피부염이 포함된다. 평균필요량은 질소균형 실험결과에 단백질 소화율 90%를 보정하여 산정한다.

025
핵심풀이
펩신은 위에서 분비되며 위산에 의해 활성화된다. 키모트립신은 췌장에서 분비되며 트립신에 의해 활성화된다. 카르복시펩티다아제는 췌장에서 분비되며 트립신에 의해 활성화된다.

026
핵심풀이
포르피린은 글리신과 숙시닐 CoA로부터, 크레아틴은 글리신, 아르기닌, 메티오닌으로부터, γ-아미노부티르산은 글루탐산으로부터, 에피네프린은 티로신으로부터 합성된다.

027
핵심풀이
요소회로는 4분자의 ATP를 소모한다. 유리아미노기는 글루탐산이나 글루타민에서 유리된다. 요소는 세포질에서 생성되고 오르니틴은 세포질에서 미토콘드리아로 이동한다.

028
핵심풀이
케톤 생성 아미노산에는 루신과 리신, 케톤 생성 및 포도당 생성 아미노산에는 이소루신, 페닐알라닌, 티로신, 트립토판, 트레오닌이 있다.

029
핵심풀이
mRNA는 DNA 내의 유전정보를 핵에서부터 세포질의 리보솜에 전달하여 유전정보에 따라 단백질을 합성할 수 있도록 하는 역할을 한다.

030
핵심풀이
경쟁적 저해제는 효소의 활성부위에 결합하며 경쟁적 저해제가 존재할 경우 라인위버-버크식의 기울기는 증가한다.

031
핵심풀이
기온이 낮거나, 발열시, 스트레스 상태, 근육 강화 운동을 할 경우 기초대사량은 증가한다.

032
핵심풀이
알코올 섭취로 생성된 다량의 acetyl CoA는 중성지방이나 케톤체 합성에 이용된다. 알코올 섭취로 비타민 A의 대사가 증가되어 저장량이 감소한다. 요산의 배설이 억제되어 통풍이 유발되며, NADH를 소모하여 NAD^+를 생성하는 반응들이 촉진된다.

033
핵심풀이
비타민 D는 림프관을 통해 흡수되며 킬로미크론 형태로 간으로 이동하여 간에서 비타민 D결합단백질과 결합된 형태로 표적조직으로 이동한다. 비타민 D의 영양상태는 혈중 $25-(OH)-D_3$가 이용된다.

034
핵심풀이
비타민 D는 피부에서 콜레스테롤을 이용하여 합성, 비타민 K는 장내 미생물에 의해서 합성, 니아신은 트립토판에 의해서 합성된다.

035
핵심풀이
비타민 E의 결핍증에는 용혈성 빈혈, 퇴행성 신경증이 있고 급원식품으로는 식용유, 견과류, 곡류의 배아 등이 있다.

036
핵심풀이
혈중 호모시스테인을 메티오닌으로 전환할 때 5-methyl THF, 메틸코발라민이 필요하고, 시스테인으로 전환할 때 PLP가 필요하다.

037
핵심풀이
리보플라빈은 FMN과 FAD의 형태로 지방산 산화, TCA회로, 전자전달계 등 여러 산화 환원반응의 조효소로 작용한다.

038
핵심풀이
판토텐산은 CoA와 ACP의 구성성분으로 에너지 대사와 지방산, 콜레스테롤, 스테로이드 호르몬 합성과정, 아세틸 콜린 합성과정에 관여한다.

039
핵심풀이
티아민은 TPP형태로 피루브산, α-케토글루타르산의 산화적 탈탄산 반응에 관여하고 아세틸콜린 합성, 미엘린 합성에 필요하다.

040
핵심풀이
칼슘의 흡수를 증진시키는 인자에는 소장 상부의 산성환경, 정상적인 소화관 운동 및 활성, 비슷한 비율의 식이 칼슘과 인, 비타민 D, 아동기와 임신기에 증가된 칼슘 요구량, 낮은 칼슘섭취, 부갑상선 호르몬, 유당, 포도당, 비타민 C, 에스트로겐 등이 있다.

041
핵심풀이
칼슘은 골격의 구성, 혈액응고, 신경전달, 근육 수축 및 이완, 세포대사 조절 등의 기능을 한다.

042
핵심풀이
칼륨의 체내 함량은 나트륨의 2배에 해당하며 세포외액의 Na : K = 28 : 10이다. 근육단백질이나 세포단백질 내 질소저장에 필요하다. 알도스테론은 신장에서 칼륨의 배설을 촉진시킨다.

043
핵심풀이
비타민 C는 비헴철의 흡수율을 높이므로 비헴철과 함께 섭취하는 것이 바람직하다. 현미의 식이섬유와 피틴산, 커피의 폴리페놀, 우유의 인과 칼슘, 시금치의 수산은 철의 흡수를 방해한다.

044
핵심풀이
구리는 Fe^{2+}를 Fe^{3+}로 산화시켜 철의 체내 이용을 촉진시킨다. 아연은 인슐린과 복합체를 형성한다. 망간은 글루타민 합성효소를 구성한다.

045
핵심풀이
불소는 어류나 불소첨가 식수를 통해 섭취하며, 구리 결핍증에는 소적혈구성 빈혈, 백혈구 감소증 등이 있다. 셀레늄 결핍증은 케산병이 있고 망간은 주로 식물성식품에 함유되어 있다.

046
핵심풀이
세포외액의 1/4이 혈관 내 수분이다. 체내 수분의 2/3가 세포내액이다. 체내 수분함량은 나이가 들수록 감소한다. 근육의 비율이 높을수록 체내 수분 비율은 증가한다.

047
핵심풀이
임신후기 모체는 이화적 대사에 따라 식후 흡수된 포도당, 지방산, 아미노산은 우선적으로 태아에게 이동되며 모체는 저장 지방을 주에너지원으로 이용한다. 이에 따라 혈중 콜레스테롤, 유리지방산, 중성지방, 케톤체(지방의 불완전연소로) 농도가 증가하고 단백질, 글리코겐 합성은 감소하고 분해는 증가한다.

048
핵심풀이
임신 중에는 난소와 태반으로부터 에스트로겐과 프로게스테론이 다량 분비되어 프로락틴의 활성을 억제하므로 유즙 생성이 억제된다.

049
핵심풀이
① 옥시토신은 유포 주위에 있는 근육을 수축시켜 모유를 뿜어낸다.
③ 뇌하수체 전엽에서 분비되는 프로락틴은 모유 생성을 촉진시킨다.
④ 영아의 흡유력이 클수록 모유 분비량이 많다.
⑤ 유두를 빨면 그 자극이 수유부의 뇌하수체 후엽에 전달되어 옥시토신 분비가 촉진된다.

050
핵심풀이
자간증은 임신 후반기(20주 이후)에 주로 진단되며 부종, 고혈압(140/90mmHg 이상), 단백뇨 및 경련 또는 발작 증상을 동반한다.

051
핵심풀이
① 타액 리파아제 활성은 성인보다 높다.
② 트립신의 활성은 성인과 비슷하나 키모트립신과 카복시펩티다아제의 농도는 성인의 10~60% 수준이다.
④ 지방은 췌장 리파아제 활성이 약하고 담즙 분비량도 성인의 50% 수준이므로 주로 위 내에 존재하는 리파아제와 구강 리파아제에 의해 소화된다.
⑤ 췌장 아밀라아제의 활성은 생후 4~6개월경에 분비를 시작하여 2세 경에 완성된다.

052
핵심풀이
① 우유의 유지방 일부를 식물성유로 치환하여 불포화지방산(리놀레산)을 첨가한다.
③ 우유에 유당을 첨가한다.
④ 대두를 이용한 조제유는 트립신 저해제를 불활성화 시키고 당질, 무기질, 비타민, 메티오닌을 강화한다.
⑤ 갈락토오스혈증 영아용 조제유는 유당을 식물성 당분으로 대체하여 조제한다.

053
핵심풀이
- 초유 > 성숙유: 단백질(3배), 콜레스테롤, 칼륨, 무기질, β-카로틴, 각종 면역물질, 불포화지방산
- 초유 < 성숙유: 에너지, 유당, 지방

054
핵심풀이
건강한 신생아는 상당량의 철을 간에 보유하고 태어나지만 생후 5~6개월이 되면 저장량이 다 소모되므로 이유식을 통해 철을 보충해준다.

055
핵심풀이
유아기는 영아기에 비해 성장속도가 둔화되므로 영양적 요구량이 감소하고 이에 따라 식욕이 감소한다. 어느 정도의 식욕변화는 정상적인 상태라고 볼 수 있다.

056
핵심풀이
- **신경성 식욕부진증(거식증)**: 극도로 음식섭취를 제한하며 자신이 비정상적임을 부정한다. 체중감소, 무월경, 골다공증, 빈혈, 추위를 잘 탐, 저혈압, 변비, 피로 등의 증상이 나타난다. 사춘기 소녀에서 많이 나타난다.
- **신경성 탐식증(폭식증)**: 폭식과 장비우기를 교대로 반복하며, 자신의 행동이 비정상적임을 인정한다. 정상 또는 과체중, 식도와 위의 파열, 입, 식도, 후두점막 부식, 치아 부식, 전해질 불균형 등의 증상이 나타난다.
- **마구먹기 장애**: 문제가 발생할 때마다 폭식으로 해결, 인위적인 장비우기를 하지 않는다.

057
핵심풀이
①, ③, ④, ⑤는 심혈관계 질환의 발생 위험을 낮추는 요인이다. 혈청 HDL-콜레스테롤은 남자의 경우 40mg/dl 미만, 여자의 경우 50mg/dl 미만인 경우 대사증후군 및 심혈관계 질환의 발생 위험이 높아진다.

058
핵심풀이
노인은 위장관 운동능 감소, 미각의 역치 증가, 위액 및 타액 분비 감소 등의 이유로 식욕이 저하되어 식사섭취량이 감소한다.

059
핵심풀이
① 말초조직의 인슐린 민감성은 감소한다.(인슐린 저항성은 증가)
② 골수에서의 조혈작용이 감소하여 빈혈을 초래하기 쉽다.
④ 단백질 이용율이 감소한다.
⑤ 혈중 총콜레스테롤은 증가하지만 HDL-콜레스테롤 농도는 감소한다.

060
핵심풀이
① 근육 내 젖산 농도 증가
② 호흡계수 감소
④ 혈중 유리지방산 농도 증가
⑤ 티아민 요구량 증가
이외에도 소변 중 티아민, 칼륨, 인의 배설 증가, 적혈구 수 감소, 헤모글로빈 농도 감소, 혈액 비중 감소, 혈중 에피네프린, 노르에피네프린 증가 등이 나타난다.

영양교육, 식사요법 및 생리학

061
핵심풀이
①, ②, ④, ⑤는 영양교육 계획 단계에서 수행

062
핵심풀이
고려단계는 구체적인 계획을 세우도록 촉진하고 동기부여 중재활동을 한다. 비만이 건강에 미치는 위험요소를 교육함으로써 행동변화에 대한 동기부여를 높일 수 있다.
①, ②, ④, ⑤는 행동단계 및 유지단계에서 활용할 수 있다.

063
핵심풀이
사회인지론은 개인적 요인, 행동적 요인, 환경적 요인이 서로 상호작용을 하면서 결정되는 상호결정론에 기반을 하고 있으며 이 중 행동적 요인은 행동수행력(특정행동을 실천하는 데 필요한 지식과 기술), 자기조절(스스로 행동변화를 유지, 관리하는 능력)이다.

064
핵심풀이
건강신념모델은 질병이나 건강문제와 비교적 직접적으로 연결된 식행동을 다루는 교육이나 상담에서 유용하게 적용된다.

065
핵심풀이
- **과정평가의 평가항목**: 교육내용, 교육방법, 참여도, 관찰평가, 홍보의 적절성, 진행팀의 수행능력 및 의견, 교육장소, 시설과 설비, 물리적 여건 등
- **효과평가의 평가항목**: 영양지식(교육내용, 영양지식 등), 식행동(식품군별 섭취실태, 건강관련 식행동 등), 식태도(영양과 관련된 인식, 태도, 가치관 등), 건강상태(신체계측치의 변화, 생화학적 수치 변화, 건강상태 변화)

066
핵심풀이
목표는 목적을 성취하기 위한 구체적이고 세부적인 단기계획으로 결과목표, 중간목표, 과정목표로 구분한다.

067
핵심풀이
좌담회는 참가자 모두 발언 기회를 얻으므로 민주적인 토의 방식이며, 청중과 토의 과정은 없다.

068
핵심풀이
두뇌충격법은 아이디어의 질보다는 양에 중점을 두며, 발표한 아이디어를 비판하거나 평가하는 것을 삼가하고 제시된 의견에 대해 토의 후 가장 좋은 아이디어를 선택한다.

069
핵심풀이
영양교육 매체의 개발 및 활용 절차 모형(ASSURE)
교육대상자의 특성 분석 – 교육목표 설정 – 매체 선정 및 제작 – 매체 활용 – 대상자의 반응확인 – 평가

070
핵심풀이
상담결과에 영향을 주는 요인
- **내담자 요인**: 상담에 대한 기대, 영양문제의 심각성, 영양 상담에 대한 동기, 내담자의 지능, 정서 상태, 방어적 태도, 과거의 상담경험, 자발적 참여도 등
- **상담자 요인**: 상담자의 경험과 숙련성, 성격, 지적 능력, 내담자에 대한 호감도
- 내담자와 상담자 간의 성격적 측면의 상호유연성, 공동협력성, 의사소통 양식 등

071
핵심풀이
국민건강영양조사는 보건복지부가 총괄하고 있으며, 영양조사를 비롯하여 검진조사, 건강설문조사를 매년 연중지속조사로 실시하고 있다.

072
핵심풀이
- **보건복지부**: 국민영양관리법, 국민건강증진법, 지역보건법, 영유아보육법
- **식품의약품안전처**: 식품위생법, 어린이 식생활안전관리 특별법, 건강기능식품에 관한 법률
- **교육부**: 학교급식법, 초·중등교육법, 유아교육법
- **농림축산식품부**: 식생활교육지원법, 식품산업진흥법

073
핵심풀이
- **영양교육 교수단계**: 계획단계 - 진단단계 - 지도단계(도입 - 전개 - 정리) - 평가단계
- **지도단계**: 도입(동기유발로 주의력 집중, 학습목표 제시), 전개(학습자료 제시, 학습활동), 정리(형성평가, 학습내용 요약 및 정리 등)

074
핵심풀이
보건소 영양사 업무
지역보건소에서 지역주민 대상으로 영양교육과 모니터링을 실시하고 영양사업을 전개한다.

075
핵심풀이
영양관리과정 단계는 영양판정 → 영양진단 → 영양중재 → 영양모니터링 및 평가이다.

076
핵심풀이
신체계측조사는 과거의 장기간에 걸친 영양상태나 한 세대에 걸친 영양상태를 반영하는 신뢰성 있는 정보를 제공한다.

077
핵심풀이
생화학적 검사는 현재 영양결핍상태를 나타내며 신체계측과 임상조사는 과거 장기간의 섭취상태 및 영양 결핍상태를 나타낸다. 식이섭취조사는 예방적 관점에서 미래의 결핍을 예측하게 해준다. 식사력 조사는 식이섭취조사 방법에 속한다.

078
핵심풀이
①, ⑤ 간 기능
② 철 결핍 초기단계 판정 지표
④ 지질 영양상태 평가

079
핵심풀이
① 도토리묵 - 곡류군 - 200g, 100kcal
② 굴 - 저지방어육류군 - 70g, 50kcal
④ 두부 - 중지방어육류군 - 80g, 75kcal
⑤ 들기름 - 지방군 - 5g, 45kcal

080
핵심풀이
편도선 절제 후 제공하는 냉유동식은 인후에 화학적, 물리적 자극을 주지 않고 수술 부위의 출혈을 막기 위해 제공하는 식사로 허용식품은 일반 유동식과 동일하나 차거나 미지근한 음식으로 제공, 신 과일 주스, 빨대 사용은 금한다.

081
핵심풀이
경관급식 사용 예정 기간이 4주 이상일 때는 수술로 관을 삽입하는 조루술을 하며 흡인의 위험이 있는 경우 십이지장이나 공장으로 관을 삽입한다.

082
핵심풀이
- 지방 유화 - 담즙, 당질 소화 - 타액, 트립시노겐 활성화 - 엔테로키나아제
- 위산 - 산화형 철을 환원형 철로 전환, 위 내의 적정 산도 유지, 프로렌닌을 렌닌(응유효소)으로 활성화, 펩시노겐을 펩신으로 활성화

083
핵심풀이
위 절제 후 나타나는 덤핑증후군으로 단순당이나 농축당은 제한하고 복합당질형태로 제공한다. 1회 섭취량을 줄여 소량씩 자주 섭취한다. 식사 중에 물이나 국을 가능하면 적게 섭취한다. 지방은 중정도로 단백질은 충분히 공급하며 섬유소 섭취를 늘려 급속한 혈당상승을 예방한다.

084
핵심풀이
궤양성 대장염의 식사요법
고에너지, 고단백, 지방 제한, 저잔사식, 무자극성식

085
핵심풀이
비타민 B_{12}는 위에서 분비되는 내적인자와 결합하여 이동한 후 회장에서 흡수, 회장절제 시 결핍 위험이 높다.

086
핵심풀이
- **고식이섬유 식사가 필요한 질환**: 이완성 변비, 고혈압, 당뇨병, 이상지질혈증 등
- **저식이섬유 식사가 필요한 질환**: 무산성위염, 소화성궤양, 장염, 경련성 변비

087
핵심풀이
담낭염 식사요법
급성기에는 금식, 수분과 전해질은 정맥영양공급, 저열량식, 저지방식, 고당질식, 알코올 및 카페인, 탄산음료, 자극성 식품, 가스형성 식품은 금한다.

088
핵심풀이
① 방향족 아미노산 섭취 감소, 측쇄아미노산 섭취 증가
② 황달기에는 저지방식
④ 부종과 복수시 저염식
⑤ 강한 향신료 사용 제한

089
핵심풀이
통증이 심한 급성췌장염 식사요법은 2~3일 금식, 당질 함량이 많은 식품으로 맑은 유동식 → 연식 → 일반식 이행. 단백질은 초기에는 제한하지만 이후 소화가 잘 되는 식품으로 공급. 지방은 중쇄지방산(MCT)으로 공급, 비타민 A, C, K, B_{12} 공급한다.

090
핵심풀이
- **담즙의 역할**: 지방유화, 지용성비타민 흡수 촉진, 소장의 세균번식 억제, 소장운동 촉진, 담즙 색소나 노폐물, 기타 생체 이물질 등의 배설, 콜레스테롤 용해작용
- **담낭의 역할**: 담즙의 수분을 90% 이상 제거하여 담즙을 농축하여 저장

091
핵심풀이
①, ④ 소아비만은 지방세포 수와 크기가 모두 증가하므로 식사요법으로 체중 감량이 어렵다.
② 부신피질호르몬 과잉 분비(쿠싱증후군), 갑상선호르몬 분비 저하(기초대사율 감소), 에스트로겐 감소 등으로 피하지방 합성이 촉진된다.
⑤ 성장호르몬 분비 감소는 비만과 관련이 있다.

092
핵심풀이
대사증후군의 원인은 인슐린 저항성이며, 인슐린 저항성이 나타나는 주요 원인은 비만과 운동부족이다.

093
핵심풀이
체지방 1kg은 7,000kcal에 해당된다. 500kcal×30일 = 15,000kcal, 15,000kcal ÷ 7,000kcal = 2.14kg

094
핵심풀이
① 인슐린 결핍으로 지방 합성 감소, 지방 분해 증가
② 혈액은 케톤체에 의해 산성화
③ 당뇨병은 유전과 관련성 높음(특히 제2형당뇨병)
⑤ 인슐린 저항성이 증가하면 당뇨병 발생

095
핵심풀이
공복 시 인슐린 주사를 맞았거나 설사, 구토로 인해 저혈당증에 빠지게 되면 즉시 흡수되기 쉬운 당질 음료를 섭취한다.
당질 15~30g에 해당하는 사탕 3개, 설탕, 꿀 1큰술

096
핵심풀이
소아 당뇨병은 인슐린 투여가 필수적이며 인슐린의 종류에 따라 식사량, 식사 시간, 운동 등을 조절한다. 운동 중 또는 운동 후 저혈당에 대비하여 정기적인 식사와 간식으로 혈당을 조절한다. 가벼운 운동 전에는 10~15g, 격심한 운동 전에는 20~30g의 당질을 섭취한다.

097
핵심풀이
① 지방 산화 촉진으로 혈중 중성지방 증가
② 체지방 분해 증가로 체중 감소
④ 입김에서 아세톤(케톤체) 냄새
⑤ 지방 분해로 다량 생산된 아세틸 CoA로부터 케톤체 생성

098
핵심풀이
일반 우유 1교환단위를 저지방 우유로 대체했을 때, 지방군 1교환단위를 더 섭취할 수 있다.

099
핵심풀이
- 고 당지수 식품: 70 이상, 포도당, 꿀, 떡, 백미, 콘플레이크, 호박, 수박, 옥수수, 흰식빵, 크로와상 등
- 저 당지수 식품: 55 이하, 전곡빵, 고구마, 오렌지주스, 사과, 우유, 채소, 등

당지수는 당질구조, 섬유소 함량, 가공과정, 성숙정도, 저장, 조리방법 등에 따라 영향을 받는다.

100
핵심풀이
- 심장박동수 증가: 동맥혈압 감소, 정맥환류 증가, 흡식, 분노, 흥분, 심한 통각, 교감신경자극, 카테콜아민, 티록신, 체온상승
- 심장박동수 감소: 동맥혈압 증가, 호식, 슬픔, 공포, 미주신경 자극, 뇌압상승, 아세틸콜린

101
핵심풀이
폐동맥은 폐로 가는 혈관으로 이산화탄소 농도가 가장 높고, 폐정맥은 폐에서 가스교환 후 나오는 혈액으로 산소 농도가 가장 높다.

102
핵심풀이
고중성지방혈증은 당질, 농축당, 단순당, 지방(특히 포화지방산)섭취가 과다할 때 나타날 수 있으므로 과다한 섭취를 제한한다.

103
핵심풀이
오메가-3지방산(특히, EPA), 식물성유 중 들기름은 혈전 생성을 억제한다.

104
핵심풀이
고혈압 식단(DASH 식단)
- 전곡류, 생선, 껍질 제거한 가금류, 견과류는 적당량 섭취
- 적색육류, 고지방 식품, 단순당 적게 섭취

105
핵심풀이
울혈성 심부전 식사요법
저열량, 양질의 단백질 충분히, 콜레스테롤과 포화지방산 제한(불포화지방산, 식물성기름, 등푸른 생선 섭취), 나트륨과 수분 제한, 알코올 제한, 식이섬유 제한, 무자극성식(탄산음료, 카페인 음료 제한)

106
핵심풀이
① 수질의 삼투압은 혈장 삼투압보다 높다(1,200mOsm/L)
② 단백질, 혈구세포는 사구체 여과막을 통과하지 못한다.
④ 신장의 혈압조절에 관여하는 호르몬은 알도스테론이다.
⑤ 요소는 간에서 합성된다.

107
핵심풀이
수분의 재흡수는 항이뇨호르몬에 의해 원위세뇨관과 집합관에서 체내 수분 필요량에 따라 재흡수된다.

108
핵심풀이
급성 사구체신염 핍뇨기는 칼륨 제한, 수분은 전날 뇨량에 500mL 추가 공급, 단백질 제한, 나트륨 제한, 에너지는 충분히 공급하여 체단백의 분해를 막아야 한다.

109
핵심풀이
고칼륨혈증은 심장 근육을 이완시켜 심장마비 등을 초래할 수 있다.
고칼륨 식품
바나나, 참외, 시금치, 아욱, 근대, 미나리, 물미역, 부추 등

110
핵심풀이
투석 하지 않는 신부전환자
고칼륨혈증, 고인산혈증, 고요산혈증, 저칼슘혈증, 산혈증

111
핵심풀이
① 식후 20~30분은 비스듬히 앉는다.
② 소화되기 쉬운 음식으로 고단백식 섭취
④ 저당질 식사(단순당, 농축당 제한)
⑤ 급속한 혈당 상승을 막기 위해 섬유소 섭취

112
핵심풀이
① 단백질 합성 및 혈청 알부민 농도 감소
②, ⑤ 지방 분해 증가로 혈중 유리지방산 증가, 지방 합성 감소
④ 코리회로에 의한 당신생 증가

113
핵심풀이
화상 환자의 식사요법
- 수분과 전해질 보충: 일반 화상 1일에 7~10L
- 고열량식: 50~90kcal/kg
- 고당질: 주에너지원

- **고비타민식**: 비타민 C 콜라겐 합성
- **아연보충**: 상처회복

114
핵심풀이

수술 후 회복기에 들어서면
질소 보유, 체중 증가, 칼륨 보유 및 장 기능 정상화, 스트레스 호르몬 분비 감소, 나트륨 및 수분 배설 증가

115
핵심풀이

① 영양소 흡수력 감소
③ 체온 1℃ 증가 시 기초대사량 13% 상승
④ 수분 손실 증가
⑤ 체지방 분해 증가, 합성 감소

116
핵심풀이

평균적혈구용적(MCV)는 평균적혈구의 크기로 헤마토크리트치를 적혈구수로 나눈값이다.

117
핵심풀이

① 철 보충제는 오렌지 주스(비타민 C)와 함께 섭취시 흡수율을 높일 수 있다.
②, ⑤ 철은 헴철이 비헴철보다 흡수율이 높다. 헴철은 난황(비헴철)을 제외하고 동물성 식품에 다량 함유되어 있고 흡수율도 높다.
④ 식후 타닌이 풍부한 식품 섭취는 철 흡수율을 감소시킨다.

118
핵심풀이

케톤식은 발작을 보이는 간질환자에게 공급되는 식사로 항경련성 효과가 커서 발작 조절에 도움이 되며 고지방, 저당질로 구성된 식사이다.

119
핵심풀이

- **칼슘 흡수 도움 요인**: 비타민 D, 유당, 단백질(권장량 수준)
- **칼슘 흡수 방해 요인**: 섬유소(과잉), 수산, 피틴산, 나트륨, 인, 지방, 카페인, 흡연, 음주

120
핵심풀이

페닐알라닌 함량이 많은 식품
모든 빵류, 모든 치즈류, 달걀, 말린 채소 등

2교시

001	002	003	004	005	006	007	008	009	010
①	②	⑤	⑤	④	①	④	③	⑤	⑤
011	012	013	014	015	016	017	018	019	020
①	②	①	④	④	③	②	②	④	①
021	022	023	024	025	026	027	028	029	030
②	①	②	④	①	⑤	①	④	④	①
031	032	033	034	035	036	037	038	039	040
④	②	④	①	⑤	⑤	③	②	②	④
041	042	043	044	045	046	047	048	049	050
②	④	④	⑤	④	①	③	④	③	④
051	052	053	054	055	056	057	058	059	060
②	①	③	②	③	②	④	①	②	③
061	062	063	064	065	066	067	068	069	070
③	④	③	②	⑤	②	③	②	③	④
071	072	073	074	075	076	077	078	079	080
②	②	④	③	②	④	③	④	③	②
081	082	083	084	085	086	087	088	089	090
⑤	②	③	③	⑤	②	④	③	⑤	④
091	092	093	094	095	096	097	098	099	100
①	②	②	④	①	④	③	③	①	④

식품학 및 조리원리

001
핵심풀이

경수에는 칼슘과 마그네슘 이온 등 염이 포함되어 있어 콩을 조리할 때 사용하면 칼슘(마그네슘)펙테이트가 형성되어 단단해지고, 차를 끓일 때 사용하면 탄닌과 작용하여 차를 혼탁하게 만든다.

002
핵심풀이

데치기는 식품을 끓는 물에 순간적으로 익히는 방법으로, 갈변을 일으키는 효소를 불활성화하여 변색을 방지하기 위한 조리법이다.

003
핵심풀이

등온흡습곡선 I 영역의 수분은 식품 성분 중 아미노기나 카르복실기와 같은 이온기와 이온결합된 형태의 결합수이다.

004
핵심풀이
과당은 유리상태와 결합상태로 존재하며 용해도가 높아서 결정화가 잘 되지 않는다.

005
핵심풀이
펙틴은 세포벽의 결착물질이며 복합다당류이다. 약산성에서 분해되지 않으며 과일이 익어갈수록 펙트산 형태가 된다.

006
핵심풀이
포도당과 만노오스, 포도당과 갈락토오스가 에피머 관계이다.

007
핵심풀이
이눌린은 과당 중합체이다. 셀룰로오스는 포도당이 β-1,4 결합을 하고 있다. 글리코겐은 아밀로펙틴보다 가지가 많고 사슬이 짧다.

008
핵심풀이
검화되는 지질은 알칼리에 의해 가수분해되는 지질로 중성지질, 왁스류, 인지질, 콜레스테롤에스터 등이 포함된다.

009
핵심풀이
산화중합유는 비중이 높다. 고급지방산일수록 점도와 굴절률은 높아진다. 불포화지방산이 증가할수록 융점은 낮아진다.

010
핵심풀이
발연점은 유지의 표면에 엷은 푸른 연기가 발생하는 온도이다. 유지가 분해되어 지방산은 알데히드 등의 휘발성물질로, 글리세롤은 아크롤레인을 생성하여 자극적인 냄새를 발생한다.

011
핵심풀이
방향족아미노산에는 페닐알라닌, 티로신, 트립토판, 함황아미노산에는 메티오닌, 시스테인, 시스틴, 수산기를 함유하고 있는 아미노산에는 세린, 트레오닌, 티로신, 분지상 아미노산에는 루신, 이소루신, 발린이 있다.

012
핵심풀이
히스티딘은 화학적 또는 생물학적으로 카르복실기가 제거되어 히스타민이 된다.

013
핵심풀이
단백질의 2차 구조는 펩티드 결합을 이루는 카보닐기와 이미노기 사이의 수소결합으로 안정화되며 α-나선구조와 β-병풍구조가 있다. 3차 구조는 수소결합, 소수성결합, 이온결합, 이황화결합에 의해 안정화된다.

014
핵심풀이
양배추의 안토잔틴 색소가 알칼리에 의해 고리구조가 개열되어 칼콘이 생성되어 황색을 나타낸다.

015
핵심풀이
지용성 색소에는 클로로필과 카로티노이드 색소가 있다.

016
핵심풀이
아미노-카보닐 반응 중간단계에서 osone 생성, 5-HMF 형성, 리덕톤 생성, 산화된 당류의 분해가 일어나고, 최종단계에서 알돌축합반응, 스트레커 분해반응, 멜라노이딘 색소의 생성이 일어난다.

017
핵심풀이
신선육은 아세트알데히드, 버터는 디아세틸이나 아세토인, 민물어는 피페리딘, 채소류는 휘발성황화합물 등이 주요 냄새성분이다.

018
핵심풀이
커피에 설탕을 넣으면 쓴맛이 약해지는 맛의 억제효과가 나타나고, 단팥죽에 소금을 넣은 경우 단맛이 강해져 맛의 상승효과가 나타나고, 김치의 짠맛은 신맛에 의해 상쇄된다. 오징어를 먹은 후 밀감을 먹으면 쓰게 느껴지는 맛의 변조현상이 나타난다.

019
핵심풀이
바이러스는 DNA나 RNA 둘 중의 하나만을 갖는다. 세균은 분열법으로 증식한다. 효모는 진핵세포이며 단세포 미생물이다. 곰팡이는 다른 미생물에 비해 건조한 조건에서 생육할 수 있다.

020
핵심풀이
김치 발효에 관여하는 미생물은 발효 초기에 *Leuconostoc mesenteroides*, 발효 중기에 *Pediococcus cerevisiae*, 발효 후기에 *Lactobacillus plantarum*, *Lactobacillus brevis* 이다.

021
핵심풀이
- *Aspergillus oryzae*: 메주, 청주, 장류 발효
- *Penicillium expansum*: 사과나 배의 연부병.
- *Penicillim chrysogenum*: 페니실린 생산균주
- *Aspergillus niger*: 아밀라아제, 펙틴가수분해효소, 나린지나아제 생성

022
핵심풀이
노화를 억제하는 방법에는 수분함량은 15%이하로 낮추거나 냉동보관을 한다. 설탕이나 유화제 첨가도 노화를 억제한다.

023
핵심풀이
쌀 – 오리제닌, 고구마 – 이포메인, 감자 – 투베린, 옥수수 – 제인

024
핵심풀이
고구마의 β-아밀라아제는 50~70℃에서 작용하므로 서서히 온도를 높이면 활발히 작용하여 맥아당을 생성하여 단맛이 증가한다.

025
핵심풀이
죽은 곡류 부피의 5~6배의 물을 넣는다. 감자튀김에 사용하는 감자의 당함량이 높을 경우 색이 지나치게 진해지고 씁쓸한 맛이 난다. 밥을 지을 때 쌀의 양이 많아지면 물의 비율은 감소한다. 메시드포테이토는 감자가 뜨거울 때 으깨야 한다.

026
핵심풀이
메트미오글로빈은 Fe^{3+}을 포함한다. 가열로 변성된 글로빈과 Fe^{3+}을 함유한 형태는 메트미오크로모겐(metmyochromogen)이며, 변성된 글로빈이 분리되면 헤마틴이 된다. 가열시 소금이 존재할 경우 염소이온이 결합된 헤민이 된다.

027
핵심풀이
탕에는 양지나 사태가 적절하고, 구이에는 등심이나 안심이 적절하다. 앞다리는 습열조리에 적당하며 육포는 우둔을 사용하는 것이 좋다.

028
핵심풀이
육류를 연화시키기 위해서는 고기의 반대방향으로 자른다. 소금을 1.2~1.5% 첨가하면 보수력이 증가하지만 지나치면 탈수로 질겨진다.

029
핵심풀이
우유나 된장, 간장의 단백질은 콜로이드 성분으로 여러 가지 물질을 흡착할 수 있다.

030
핵심풀이
조개류는 80~85℃에서 서서히 익혀야 질기지 않다. 생선튀김은 180℃에서 1분간 조리한다. 오징어는 안쪽에 칼집을 넣어 모양을 낸다. 붉은살 생선은 양념이 깊게 밸수 있게 오래 조린다.

031
핵심풀이
신선한 난류는 난각이 두껍고 광택이 없는 것이 신선하다. 난황계수는 0.36~0.44 정도가 신선하다.

032
핵심풀이
아비딘은 비오틴과 결합하여 비오틴을 불활성화시킨다.

033
핵심풀이
글리시닌은 글로불린에 속하고, 메티오닌 등 함황아미노산 함량이 낮은 편이다. 날콩에 함유된 단백질 소화작용 방해 물질은 트립신저해제이다.

034
핵심풀이
쇼트닝성은 불포화지방이 많을 때, 기름의 양이 많을 때, 가소성이 클 때, 기름의 온도가 높을 때 증가한다.

035
핵심풀이
들기름에는 리놀렌산이 다량 함유되어 있다. 참기름의 천연 항산화제는 세사몰이다. 발연점의 푸른연기는 글리세롤이 분해되어 생성된 아크롤레인이다. 라드는 쇼트닝성은 높으나 크리밍성이 약하다.

036
핵심풀이
리보플라빈은 자외선에 의해 쉽게 분해되어 산성 또는 중성조건에서 루미크롬을, 알칼리조건에서는 루미플라빈을 생성한다.

037
핵심풀이
우유의 균질처리는 큰 지방구를 1㎛ 정도로 미세하게 만드는 과정으로 지방층 분리가 억제되고 맛이나 질감이 향상되나 표면적이 넓어져 산패가 잘 일어난다.

038

핵심풀이

준인과류에는 감귤류와 감이 있다. 아보카도는 지방의 함량이 높은 과일이다. 과일은 칼륨이 풍부한 알칼리 식품이다. 과일은 익어감에 따라 전분의 함량이 감소된다.

039

핵심풀이

겨자를 마쇄하면 시니그린이 미로시나아제에 의해 알릴 이소티오시아네이트가 되어 강한 매운 향이 난다.

040

핵심풀이

다시마의 감칠맛은 MSG이며 다시마와 미역 등 갈조류에 알긴산이 많이 함유되어 있다. 톳에는 칼슘, 철, 아연이 풍부하다. 마른 다시마 표면의 흰 분말은 만니톨이다.

급식, 위생 및 관계법규

041

핵심풀이

산업체급식
1회 상시 100인 이상 급식시 영양사를 의무고용한다. 시장 규모가 가장 크고 위탁률이 높다.
③, ④ 병원급식 ⑤ 사회복지시설 급식

042

핵심풀이

편이식 급식체계(조합식 급식체계)
저장, 조합, 가열, 배식의 최소한의 조리과정만 필요한 급식체계이다.

043

핵심풀이

계층 범위에 따른 의사결정
상위경영층(전략적 의사결정), 중간관리층(관리적 의사결정), 하급관리층(업무적 의사결정)

044

핵심풀이

권한위임의 원칙
관리자의 부담 경감, 신속한 의사결정 가능, 조직구성원의 동기부여 효과, 조직원들의 태도 및 도덕성 향상, 조직구성원의 교육과 개발에 기여

045

핵심풀이

- 2,100kcal에 대한 탄수화물 : 단백질 : 지방의 에너지양
  = 1,260kcal : 420kcal : 420kcal
- 각 열량에 해당하는 탄수화물 : 단백질 : 지방의 양은
  = 315g(1,260÷4) : 105g(420÷4) : 46g(420÷9)이다.

046

핵심풀이

변동메뉴
메뉴에 대한 단조로움을 줄일 수 있고 식자재 수급상황에 대처가 용이하나 식자재 재고관리나 작업통제에 어려움이 있다.

047

핵심풀이

메뉴 평가 기준
음식의 영양적 가치, 사용된 식재료의 품질(등급), 맛, 외양, 식재료 및 조리 방법의 다양성, 사전 원가계산, 안전성

048

핵심풀이

식사구성안 영양목표
- 섭취 허용: 에너지(100% 에너지 필요추정량), 단백질(총 에너지의 7~20%), 비타민, 무기질(100% 권장섭취량 또는 충분섭취량, 상한섭취량 미만), 식이섬유소(100% 충분섭취량)
- 섭취 주의: 지방(3세 이상 총 에너지의 15~30%), 당류(총 에너지 섭취량의 10~20%)

049

핵심풀이

무재고 구매
급식 생산에 필요한 물품을 재고로 보유하지 않고 필요할 때 즉시 구입하여 사용하는 방법으로 채소, 과일, 고기, 생선류 등 신선식품 구매에 많이 이용하며 재고량 최소화로 저장공간의 효율적인 사용과 구매비용 절감 효과가 있다.

050

핵심풀이

수의계약은 소규모 급식시설에 적합한 구매 계약 방법이며 채소, 생선, 육류 등 비저장 품목을 수시로 구매할 때 주로 사용한다.

051

핵심풀이

검수 절차
납품물품과 주문한 내용, 납품서의 대조 및 품질, 수량 검사 → 물품의 인수 또는 반품 → 인수한 물품 입고 → 검수에 관한 기록 및 문서정리

052
핵심풀이

영구재고조사
- 입·출고되는 물품의 수량을 계속적으로 기록, 적정 재고량을 유지하는 방법
- 적정 재고량 유지에 필요한 정보를 지속적으로 제공
- 특정시점에서의 재고수준과 재고자산 파악 가능
- 재고관리의 통제 용이
- 경비가 많이 들고 수작업으로 할 경우 오차가 생길 우려가 큼(전산화 필요)

053
핵심풀이

재고량이 많으면 재고회전율은 감소하고, 재고량이 적으면 재고회전율은 증가하므로 재고량과 재고회전율은 반비례 관계이다. 수요량이 적으면 재고회전율은 감소하고 수요량이 많으면 재고회전율은 증가하므로 수요량과 재고회전율은 비례관계이다.

054
핵심풀이

재고자산 평가방법.
- **총 평균법**: 특정기간 동안 물품의 평균단가를 구해 이것으로 재고량의 가치를 구하는 방법
- **최종구매가법**: 급식소에서 가장 널리 사용되며 가장 최근 구매단가를 반영하여 계산하는 방법
- **후입선출법**: 나중에 구입한 물건을 먼저 사용한 것으로 간주하고 계산하는 방법. 물가상승 시 소득세를 줄여 재무제표상의 이익을 최소화 하여 세금혜택을 보기 위한 방법
- **실제구매가법**: 소규모업체에서 사용하며 실제로 물품을 구입했던 단가로 계산하는 방법

055
핵심풀이

지수평활법은 가장 최근의 기록에 비중을 더 주어 식수를 예측하며, 단기적인 수요 예측에 많이 사용한다.

056
핵심풀이

표준 레시피를 사용하게 되면, 생산될 음식의 일정한 품질과 양을 유지하여 음식의 품질을 표준화할 수 있다. 1인 배식량의 정량 제공으로 일관성 있는 배식이 가능하며, 음식 생산 시간의 통제를 통해 생산성 증가와 조리원 훈련 등의 장점이 있다. 각 급식소의 특성 및 상황에 맞는 표준 레시피가 개발되어야 하고 기호도가 높고, 가장 자주 이용되는 음식부터 표준화하는 것이 좋다. 표준 레시피는 필요에 따라 수정 및 보완이 되어야 한다.

057
핵심풀이

보존식은 식중독 발생 시 그 원인을 규명하기 위해 실시하는 것으로 1인분량(또는 150g 이상)을 살균 처리된 보존식 용기에 담아 냉동고(-18℃ 이하)에서 144시간 이상(6일간)을 보관하도록 되어 있다. 보존식 기록지에 날짜, 식단명, 채취시간, 채취자 이름, 폐기일자, 보존식 투입 시 냉동고 온도 등을 기록하여 보관한다. 폐기하는 요일이 휴일인 경우 다음날 폐기하도록 한다.

058
핵심풀이

중앙배선은 주 조리장에서 환자 개인별 상차림을 수행하므로 인력관리가 효율적이고, 1인 분량의 정량 공급이 쉬워 식품비 절약 효과가 있으나, 적온급식이 어렵고, 주 조리장의 면적이 넓어야 하고, 식사 오진 시 교정에 시간이 걸린다.

059
핵심풀이

생산성 지표의 변동요인
제공하는 메뉴의 형태나 메뉴의 가짓수, 배식의 유형, 전처리한 식재료 구매 정도, 주방의 설비 및 기기, 종업원들의 기술과 숙련 수준, 1일 배식 횟수와 배식 시간의 길이, 급식 규모나 유형

060
핵심풀이

(4,200만원 + 1,950만원 + 690만원) ÷ 18,000식 = 3,800원/식

061
핵심풀이

작업공정표
메뉴별로 식재료의 전처리, 주조리, 상차림까지 작업에 대한 요점과 순서, 조리 장소, 주요 조리기기 및 시간 배분을 제시한 서식이다.

062
핵심풀이

표준시간 설정 목적
생산 계획을 위한 기초자료, 필요한 시설 및 설비 산정 기준, 작업자의 생산량 예측, 작업의 낭비시간 발견, 작업에 필요한 표준인원 결정, 작업자의 직무 평가 및 성과 측정

063
핵심풀이

단체급식에서 채소 및 과일을 세척, 소독해야 하는 경우는 익히지 않고 생것으로 제공되는 경우이다.

064
핵심풀이

100ppm = (락스 mL ÷ 3L) × 유효염소농도
0.0001 = (x ÷ 3,000) × 0.04
x = 7.5mL

065
핵심풀이

① 물을 끓일 때는 넘치지 않도록 솥의 30~80%만 채운다.
② 무딘칼 사용시 안전사고 발생 위험이 높다.
③ 뜨거운 팬을 옮길 때는 젖은 행주나 앞치마를 사용하지 않고 방열장갑을 이용한다.
④ 무거운 물건을 들어 옮길 때는 물건에 가까이 선 후 무릎을 구부려 물건을 잡은 뒤 다리힘을 이용하여 들어올린다.

066
핵심풀이

조리실의 창문은 바닥면적의 20~30% 정도가 되어야 하며 저장공간은 검수구역과 조리구역 사이에 배치하는 것이 좋다. 조리실 콘센트는 바닥에서 1m 이상 지점에 설치하며 조리실 바닥의 경사(구배)는 1/100~1/200이 적당하다.

067
핵심풀이

① **슬라이서**: 육류를 일정한 두께로 저미는 기구
③ **블랜더**: 액체를 잘 혼합하여 균일하게 만드는 기구
④ **필러**: 채소나 과일의 껍질을 벗기는 기구
⑤ **스쿠퍼**: 아이스크림이나 으깬 감자를 같은 분량만큼 나누는 데 쓰는 기구

068
핵심풀이

감가상각비는 정액법과 정률법으로 계산한다.
- **정액법**: 고정자산의 감가총액을 내용연수로 균등하게 할당한다.
- **정률법**: 구입가격에서 감가상각비 누계를 차감한 금액에 매년 일정한 비율을 곱하여 산출. 내용연수가 경과함에 따라 감가상각비가 감소하게 된다.

069
핵심풀이

1식당 원가 = (식재료비 + 인건비 + 경비) ÷ 판매식수
(2,000만원 + 800만원 + 200만원) ÷ 6,000식 = 5,000원

070
핵심풀이

손익분기점은 매출액과 총 비용이 일치하는 지점으로 비용으로는 고정비용과 변동비용을 동시에 고려하여야 한다. 매출액이 총 비용을 상회할 때 이익이 발생하고 총 비용이 매출액을 상회할 때 손실이 발생한다.

071
핵심풀이

중심화 오류는 평가척도법의 인사고과 방법에서 가장 많이 나타날 수 있는 오류이며 대부분의 대상자들을 중 또는 보통으로 평가하여 분포가 중심에 집중하는 현상이다. 확실한 기준이 없을 때, 평가방법을 잘 모를 때, 평가대상자를 잘 알지 못할 때 발생한다.

072
핵심풀이

직장 내 훈련은 현장 훈련이라고도 하며 현장에 배치되어 감독자나 지도자로부터 직접 지도받는 훈련 방법이다. 비숙련, 반숙련 기능공의 훈련에 적합하다.

073
핵심풀이

현장감독자는 현장과 종업원 관리 상황에 맞게 다양한 리더십 유형을 취하는 것이 바람직하다.

074
핵심풀이

①, ⑤ 알더퍼의 ERG 이론
② 허츠버그의 이요인이론
④ 아담스의 공정성이론

075
핵심풀이

업무보고, 회계보고, 제안제도, 고충처리는 상향식 의사소통에 속한다.

076
핵심풀이

서비스의 특성
무형성, 비분리성(동시성), 소멸성(저장불능성), 이질성

077
핵심풀이

가격은 제품의 교환가치로 고객들이 제품을 구매함으로써 얻는 효용가치를 말한다. 가격의 책정, 할인 정책, 가격조건, 가격변동, 저가전략, 고가전략, 유인 가격전략 활동 등이 포함된다.

078
핵심풀이

외인성 위해요소는 식품의 생육, 생산, 제조 및 유통과정 중에 외부로부터 혼입되거나 이행된 것이다.

079
핵심풀이

대장균군보다 장구균의 분리·동정이 어렵다. 대장균군은 동결에 대한 저항성과 외계에서의 저항성이 약하다.

080
핵심풀이
석탄산은 유기물이 존재하더라도 살균력이 저하되지 않는다. 포름알데히드는 단백질의 응고변성을 통해 살균력을 갖는다. 석탄산계수가 높을수록 살균력이 강한 소독제이다.

081
핵심풀이
감염 독소형 식중독에는 퍼프린젠스 식중독과 바실러스 세레우스(설사형) 식중독이 포함된다.

082
핵심풀이
살모넬라균은 그람음성, 무포자, 간균이며 10℃ 이하에서 생육하지 못한다. 살모넬라 식중독의 원인식품에는 육류, 달걀, 우유 등이 해당된다.

083
핵심풀이
*Yersinia enterocolitica*는 돼지장염균으로 돼지고기나 우유 등을 통해 감염되며 급성위장염, 패혈증, 여시니아증을 유발하고 연령이 낮을수록 감수성이 높다.

084
핵심풀이
황색포도상구균 식중독의 잠복기는 평균 3시간으로 매우 짧으므로 원인 식품을 먹고 단시간에 증상이 유발될 수 있다.

085
핵심풀이
*Clostridium botulinum*은 내열성 포자를 형성하며 주모성 편모를 갖고 있어 활발한 운동성이 있다. 생성하는 신경독소는 이열성이다. 식중독 증상으로는 발열이 나타나지 않는다.

086
핵심풀이
산분해 간장 제조시, 모리나카 조제 분유 제조시에 사용된 식품첨가물에 비소가 혼입되어 중독을 일으킨 바가 있고 비소농약을 밀가루로 오인하여 섭취하여 중독을 일으킨 사례가 있다.

087
핵심풀이
수돗물의 유기물과 소독을 위해 첨가한 염소가 반응하여 유해물질인 트리할로메탄이 생성된다.

088
핵심풀이
도자기와 법랑에서는 납, 카드뮴, 안티몬 등의 중금속, 테플론에서는 헥사플루오로에탄, PVC에서는 프탈레이트(가소제)나 VCM(vinyl chloride monomer)이 용출될수 있다.

089
핵심풀이
탄저병은 인축공통감염병으로 피부상처나 경구, 포자흡입으로 감염된다.

090
핵심풀이
십이지장충은 구충이라고도 하며 경구 및 경피감염되며, 채독증의 원인이다.

091
핵심풀이
검증이란 식품안전관리인증기준 관리계획의 적절성과 실행 여부를 정기적으로 평가하는 일련의 활동(적용방법과 절차, 확인 및 기타 평가 등을 수행하는 행위를 포함한다)을 말한다.

092
핵심풀이
기구는 식품 또는 식품첨가물에 직접 닿는 기계·기구나 그 밖의 물건을 말한다. 단, 농업과 수산업에서 식품을 채취하는 데 쓰는 기계·기구나 그 밖의 물건 및 위생용품은 제외한다.

093
핵심풀이
식품의약품안전처장은 식품 또는 식품첨가물에 관한 제조·가공·사용·조리·보존 방법에 관한 기준, 성분에 관한 규격을 고시한다.

094
핵심풀이
질병에 걸렸을 염려가 있는 동물은 고기, 뼈, 장기, 혈액 모두 판매할 수 없다. 유독 유해물질이 포함되어도 식품의약품안전처장이 건강을 해칠 우려가 없다고 인정한 경우는 판매금지 대상이 아니다.

095
핵심풀이
식품 또는 식품첨가물(화학적 합성품 또는 기구 등의 살균 소독제는 제외한다)을 채취·제조·가공·조리·저장·운반 또는 판매하는데 직접 종사하는 사람은 건강진단을 받아야 한다. 다만 영업자 또는 종업원 중 완전포장된 식품 또는 식품첨가물을 운반하거나 판매하는 데 종사하는 사람은 제외된다.

096
핵심풀이
「학교급식법」에서 가열조리식품의 중심부는 75℃, 1분 이상 가열되고 있는지 온도계로 확인하고, 그 온도를 기록 유지하여야 하며, 패류의 경우 85℃, 1분 이상 가열하여야 한다.

097
핵심풀이
식품섭취조사 사항의 세부내용에는 식품의 섭취횟수 및 섭취량에 관한 사항, 식품의 재료에 관한 사항, 기타 질병관리청장이 정하여 고시하는 사항이 있다.

098
핵심풀이
영양사 면허증 또는 임상영양사 자격증을 빌려주거나 빌린 자, 빌려주거나 빌리는 것을 알선한 자는 1년 이하의 징역 또는 1천만원 이하의 벌금에 처한다.

099
원산표시를 해야하는 영업에는 식품접객업 중 휴게음식점영업, 일반음식점영업, 위탁급식영업이 있고, 집단급식소 설치운영자가 해당된다.

100
핵심풀이
「식품 등의 표시 · 광고에 관한 법률」에서 표시대상 영양성분에는 열량, 나트륨, 탄수화물, 당류, 지방, 트랜스지방, 포화지방, 콜레스테롤, 단백질이 해당된다.

[4회] 정답 및 해설

1교시

001	002	003	004	005	006	007	008	009	010
⑤	②	⑤	⑤	④	①	④	③	⑤	①
011	012	013	014	015	016	017	018	019	020
②	③	③	①	①	①	④	⑤	①	⑤
021	022	023	024	025	026	027	028	029	030
④	④	③	②	②	⑤	⑤	①	②	④
031	032	033	034	035	036	037	038	039	040
④	③	①	③	③	①	②	③	②	②
041	042	043	044	045	046	047	048	049	050
⑤	①	①	⑤	③	①	③	②	③	④
051	052	053	054	055	056	057	058	059	060
③	①	③	④	③	④	③	③	③	④
061	062	063	064	065	066	067	068	069	070
③	④	③	④	④	④	①	③	②	③
071	072	073	074	075	076	077	078	079	080
②	②	③	②	③	②	③	④	②	③
081	082	083	084	085	086	087	088	089	090
⑤	④	②	②	④	③	④	③	④	②
091	092	093	094	095	096	097	098	099	100
③	③	④	③	③	④	③	③	②	④
101	102	103	104	105	106	107	108	109	110
③	②	④	②	④	②	④	④	④	⑤
111	112	113	114	115	116	117	118	119	120
③	④	③	③	③	③	②	③	①	④

영양학 및 생화학

001

핵심풀이

에너지 필요추정량은 평균필요량에 해당한다. 1~2세에서 지질의 에너지 적정비율은 20~35%이다. 지용성 비타민 중 비타민 K는 상한섭취량이 설정되어 있지 않다.

002

핵심풀이

포도당의 소장세포내로의 흡수는 Na^+-K^+ 펌프가 관여하는 2차 능동수송이다.

003

핵심풀이

찹쌀이 멥쌀보다 혈당지수가 높다. 지방이 많이 함유된 식품은 소화속도가 늦기 때문에 혈당지수가 낮다.

004

핵심풀이

탄수화물이 부족하면 옥살로아세트산이 부족해져서 아세틸 CoA가 축적되고 케톤체가 생성되어 혈액이 산성화된다.

005

핵심풀이

올리고당은 장내 유익균의 영양원으로 유해균의 증식을 억제하고 식이섬유와 유사한 기능을 한다.

006

핵심풀이

유당불내증은 유당 분해효소의 부족이나 활성저하로 유당이 분해되지 못하고 장내 미생물에 의해 발효되어 산과 가스가 생성되는 현상이다.

007

핵심풀이

간에서 포도당은 혐기적 조건에서 해당과정을 통해 2ATP를 생성하고 호기적 조건에서는 해당과정과 TCA회로, 전자전달계를 거쳐 32ATP를 생성한다.

008

핵심풀이

α-케토글루타르산 탈수소효소는 α-케토글루타르산을 숙시닐 CoA로 전환하는 효소로 TPP, 리포산, FAD, NAD, CoA와 Mg^{2+}를 필요로 한다.

009

핵심풀이

PFK-1의 활성물질은 프락토오스 2,6-이인산과 AMP, 피루브산 키나아제의 활성물질은 프락토오스 1,6-이인산과 AMP이다.

010
핵심풀이

숙시닐 CoA가 숙신산이 되는 반응에서 기질수준의 인산화가 일어난다. TCA의 속도조절 단계는 시트르산 생성효소, 이소구연산 탈수소효소, α-케토글루타르산 탈수소효소이다. 1분자의 아세틸 CoA는 10ATP를 생성한다.

011
핵심풀이

오탄당 인산경로는 해당과정 중간산물과 연관된다. 전반부는 산화적 단계로 NADPH를 생성한다. 오탄당인산 경로는 NADPH를 생성하여 지방합성과정에 이용될 수 있게 한다.

012
핵심풀이

글루카곤에 의해 세포내 아데닐산 고리화효소가 활성화되면 cAMP가 생성된다. cAMP는 인산화효소를 활성화시켜 세포내 글리코겐가인산분해효소를 활성화시킨다.

013
핵심풀이

콜레스테롤은 세포막의 유연성 조절에 기여하고 담즙산, 비타민 D_3, 스테로이드 호르몬의 전구체이다.

014
핵심풀이

포화지방산의 에너지 적정비율은 3~18세까지 8% 미만, 19세 이후 7% 미만이다. 오메가-3 지방산 섭취 증가를 위해 등푸른 생선을 주2회 정도 섭취하고 들기름을 많이 이용하도록 한다.

015
핵심풀이

아이코사노이드는 탄소 20개인 불포화지방산으로부터 합성되어 체내에서 혈소판 응집, 혈관의 수축 혹은 확장, 염증, 알레르기, 면역반응, 평활근 수축 등의 기능을 수행한다.

016
핵심풀이

HDL은 여분의 콜레스테롤을 조직으로부터 간으로 운반하여 담즙형태로 배설시킨다.

017
핵심풀이

필수지방산은 신체의 성장과 유지, 피부병 예방, 면역 및 생식기능 유지, 세포막의 구조적 완전성 유지, 두뇌발달과 시각기능 유지, 아이코사노이드 합성의 전구체, 혈청콜레스테롤 저하기능이 있다.

018
핵심풀이

올레산은 탄소수가 18이고 이중결합이 1개이므로 β-산화를 거쳐 9개의 acetyl CoA를 생성하고, 같은 탄소수의 포화지방산보다 $FADH_2$가 1분자 적게 생성된다.

019
핵심풀이

아세틸 CoA 카르복실화효소는 구연산에 의해 활성화되고 긴 사슬 아실 CoA에 의해 활성이 억제된다. 에피네프린과 글루카곤에 의해 인산화되면 불활성화 된다.

020
핵심풀이

콜레스테롤 합성과정에 ATP와 NADPH가 필요하다. 콜레스테롤 합성양의 50%가 간에서 합성된다. 1분자의 콜레스테롤 합성에는 18분자의 acetyl CoA가 필요하다.

021
핵심풀이

케톤체 분해 과정 중 아세토아세트산을 아세토아세틸 CoA로 전환시켜 주는 β-케토아실 CoA 전이효소가 간에는 없기 때문에 아세틸 CoA를 생성할 수 없다.

022
핵심풀이

단위체중당 단백질 필요량은 남녀가 동일하며 상한섭취량은 설정되어 있지 않다. 영아의 경우 충분섭취량이 설정되어 있다.

023
핵심풀이

아미노산 풀의 아미노산 유입이 증가하면 여분의 아미노산은 에너지 생성, 포도당, 지방 생성에 이용된다. 아미노산 풀 내의 아미노산은 섭취한 단백질과 체단백질 분해, 합성된 아미노산으로부터 얻어진다.

024
핵심풀이

단백질은 비효율적인 에너지원이다. 아미노기를 제거한 탄소골격이 에너지 생성에 이용된다. 알도스테론은 콜레스테롤로부터 합성된다.

025
핵심풀이

요소회로의 첫 번째 과정인 카바모일인산 생성단계, 두 번째 과정인 시트룰린 합성단계는 미토콘드리아에서 진행된다.

026
핵심풀이

아미노기 전이반응은 불필수아미노산을 합성하는 과정이며 아미노기의 주요 수용체는 α-케토글루타르산이다. 아미노기전이효소는 조효소로 PLP를 요구한다. 피루브산은 아미노기 전이반응을 통해 알라닌을 생성한다.

027
핵심풀이

열량 섭취에 비해 단백질이 부족하면 혈청 알부민 감소로 삼투압이 저하되어 조직 간질액이 증가하고 부종이 발생한다.

028
핵심풀이

체내에서 크레아틴 생합성에 글리신, 아르기닌, 메티오닌이 관여한다.

029
핵심풀이

효소는 촉매반응으로 소모되지 않는다. 효소는 화학반응의 활성화에너지를 감소시킨다. 아포효소와 조효소의 결합형태를 완전효소(holoenzyme)라고 한다.

030
핵심풀이

전사과정에서 DNA 염기서열과 상보적인 염기들이 배열되어 mRNA가 합성되며 이 때 T 대신 U가 포함된다.

031
핵심풀이

갈색지방세포는 혈관분포가 많고, 작은 지방구가 산재되어 있으며, 미토콘드리아가 많고 ATP 합성효소의 활성이 낮다. 짝풀림 단백질이 있어 산화적 인산화를 통해 열이 발생된다.

032
핵심풀이

알코올 섭취는 지방 및 케톤체 합성을 증가시킨다. 위산 분비가 촉진되고, 옥살로아세트산으로부터 말산이 생성된다. 임산부의 알코올 섭취는 태아알코올증후군을 유발한다.

033
핵심풀이

비타민 E는 항산화 기능을 하여 세포막의 다가 불포화지방산을 산화적 손상으로부터 보호한다.

034
핵심풀이

비타민 A의 결핍증은 야맹증, 안구건조증, 건조한 피부, 성장부진, 감염 등이 있으며 급원식품에는 간, 생선간유, 달걀, 전지우유, 당근, 시금치 등의 녹황색 채소, 김 등의 해조류가 포함되어 있다.

035
핵심풀이

오스테오칼신의 카르복실화를 일으키는 γ-glutamyl carboxylase의 조효소는 비타민 K이다.

036
핵심풀이

니아신은 어육류, 버섯, 우유, 난류에 함유, 엽산은 콩류, 엽채류, 해조류, 과일류, 내장육에 함유, 비타민 B_{12}는 동물성 식품, 해조류, 발효식품에 함유, 비타민 C는 채소와 과일에 함유되어 있다.

037
핵심풀이

비오틴은 피루브산 카르복실화효소, 아세틸 CoA 카르복실화효소, 프로피오닐 CoA 카르복실화효소의 조효소이다.

038
핵심풀이

니아신 결핍은 펠라그라를 초래한다. 티아민 결핍 시 말초신경염이 나타난다. 비타민 B_{12}의 부족은 엽산의 결핍을 초래한다. 비타민 B_1이 부족하면 베르니케 증후군이 나타난다.

039
핵심풀이

비타민 B_2는 에너지 대사, 비타민 B_6의 활성화, 엽산과 B_{12}의 대사, 글루타티온 환원효소의 조효소, 트립토판을 니아신으로 합성하는 과정에 관여한다.

040
핵심풀이

황은 체조직 및 생체내 주요 물질의 구성성분이며 산화 및 환원 반응, 산염기 평형에 관여한다. 주로 유기물 형태로 흡수되며 배설 시 황산 음이온 형태로 칼슘의 배설을 촉진한다.

041
핵심풀이

마그네슘은 칼슘채널을 억제하여 신경자극의 전달과 근육의 수축 및 이완에 관여한다.

042
핵심풀이

칼륨의 과잉섭취는 근육약화, 심장기능 마비를 일으키고 나트륨의 과잉섭취는 고혈압, 위암, 골다공증을 유발한다. 칼슘의 과잉섭취는 고칼슘혈증, 연조직의 칼슘 침착, 다른 미량무기질의 흡수 저해 등을 유발하고, 마그네슘 과잉섭취는 설사, 신경장애, 신장기능장애를 일으킨다.

043
핵심풀이

철은 헤모글로빈과 미오글로빈의 구성성분이며 ATP 합성 및 에너지 대사, 신경전달물질 합성, 콜라겐 합성, 카르니틴 합성, 항산화작용 등을 한다.

044
핵심풀이

카탈라아제는 철, 티로시나아제는 구리, 아르기나아제는 망간, 피루브산 카르복실화효소는 망간을 구성성분으로 한다.

045
핵심풀이

셀레늄은 글루타티온 과산화효소의 구성성분으로 비타민 E와 상호작용을 하며 자유라디칼에 의한 세포 손상을 억제하는 기능을 한다.

046
핵심풀이

호흡성 산증은 만성폐질환이나 신경계 장애로 인해 호흡이 부진하여 폐를 통한 이산화탄소 방출 장애가 있을 때 발생하며 신장에서 중탄산염의 재흡수 증가와 수소이온 배출을 통해 조절된다.

047
핵심풀이

임신기에는 프로게스테론 농도가 증가하면서 위장관의 평활근 이완, 하부식도괄약근 이완 등으로 위배출 속도 지연, 소화기능 저하, 조기 팽만감, 가슴쓰림 등의 증상이 나타나며, 소장과 대장의 운동도 저하되므로 영양소 흡수 지연, 변비 등이 초래된다.

048
핵심풀이

임신 전기 모체는 동화적 대사가 우세하여 식후 탄수화물, 지방은 글리코겐이나 중성지방으로 합성되어 모체조직에 저장되며, 단백질은 단백질 합성, 새로운 모체조직(태반, 적혈구) 형성 등에 이용된다.

049
핵심풀이

임신성 빈혈은 철 결핍이 가장 흔하고 엽산결핍에 의한 거대구성 빈혈도 나타난다. 식사요법은 고철식, 고단백식, 비타민 B_6, 비타민 C, 엽산을 충분히 섭취한다. 철의 좋은 급원식품은 간, 육류, 달걀, 도정하지 않은 곡류, 엽채류, 건과류 등이다.

050
핵심풀이

뇌하수체 전엽에서 분비되는 프로락틴은 유즙합성, 뇌하수체 후엽에서 분비되는 옥시토신은 유즙분비(유즙사출)에 관여한다.

051
핵심풀이

모유분비량에 영향을 주는 요인

출산횟수(경산부에서 분비량이 많음), 수유부 연령(연령 증가에 따라 분비량 감소), 수유시간(이른 아침에 분비량이 가장 많고 저녁으로 갈수록 감소), 수유간격(간격이 짧을수록 분비량 감소), 수유기간(영아 흡유량이 증가함에 따라 증가하다가 최고 유량 도달 후 점차 감소), 수유부의 신체 및 정신적 상황(스트레스, 불안, 피로, 음주, 흡연 시 감소)

052
핵심풀이

스캐몬의 성장곡선 중 일반형(S자형)

체중, 신장 등 신체성장, 호흡기계, 순환기계, 신장, 근육, 골격 등의 성장으로 영아기(제1급성장기)와 청소년기(제2급성장기)에 급성장을 보이며 꾸준히 성장하여 성인기에 일정하게 유지된다.

053
핵심풀이

영아는 단위체중당 1.95g의 단백질을 소화할 수 있고, 4개월에는 3.75g의 소화가 가능하다. 트립신 함량은 성인과 동일하며 키모트립신과 카복시펩티다아제는 성인의 10~60% 수준이다. 영아의 위에는 렌닌(응유효소)이 있어 파라카세인을 카세인으로 전환 덩어리(응유)를 형성하여 소화에 도움을 준다.

054
핵심풀이

신생아는 출생 시 체중의 74% 비율인 체수분이 1년 후에 60% 정도로 감소한다. 이는 주로 세포외액 감소(42% → 32%)에 따른 것이다.

055
핵심풀이

① 몸통에 비해 머리가 크고 피부는 얇고 붉은 기가 강하다.
② 체수분(특히 세포외액) 비율이 크며, 신생아의 생리적 체중감소량도 많다.
④ 면역기능이 정상아보다 불완전하다.
⑤ 섭식기능, 소화, 흡수, 체온조절 기능 등이 미숙하다.

056
핵심풀이

소화기관과 면역체계가 미숙하여 식품알레르기가 나타날 수 있다. 이 경우 식품 제거요법을 실시한다. 의심나는 식품들의 공급을 중단하고, 증상이 없어지면, 의심나는 식품들을 한 가지씩 2~3주간 주고 문제가 없다면 다시 2~3일 공급하면서 점차 음식양을 늘려나간다.

057
핵심풀이

① 근육량은 남자의 경우 성인이 될 때까지 꾸준히 증가하지만, 여자의 경우 16세 이후 일정해 진다.

② 에스트로겐은 여성의 생식기 발육, 유방, 체형 등 2차 성징 발현에 관여하며 뼈의 골아세포 증가 및 골반 크기 성장에 관여한다. 그러나 분비량이 점차 증가하면(초경 이후) 장골간과 골단을 통합하여 골격 성장을 중지시킨다.
④ 부신피질에서 분비되는 안드로겐은 남성에서 분비량이 많으며 동화작용을 촉진시켜 단백질 합성과 근육량 증가에 기여한다.
⑤ 남자의 체지방량 변화에 대한 설명이며 여자는 청소년기에 16%까지 꾸준히 증가하여 17세경에 28%로 현저히 증가한다.

058
핵심풀이
① 칼슘섭취량은 남자의 경우 노인(700mg)이 성인(800mg)보다 적으며, 여자는 노인(800mg)이 성인(700mg)보다 많다.
② 비타민 D섭취량은 노인(15ug)이 성인(10ug)보다 많다.
④ 노인의 단위체중당 단백질 필요량은 성인과 동일하게 적용하지만, 체중을 감안한 1일 권장섭취량은 남성의 경우 노인(60g)이 성인(65g)보다 적으며 여성은 19~29세 55g, 30~74세 50g이다.

059
핵심풀이
노인은 갈증을 쉽게 느끼지 못하기 때문에 필요한 수분을 충분히 마시지 못하며 항이뇨호르몬의 감소로 수분 손실이 증가하여 탈수의 위험이 있다.

060
핵심풀이
운동 중 생리적 변화
혈중 젖산 농도 증가, 혈당 감소, 인슐린 분비 감소, 근육 혈류량 증가, 호흡계수 감소, 혈중 유리지방산 농도 증가 등

영양교육, 식사요법 및 생리학

061
핵심풀이
①, ②, ④, ⑤ 직접 판정 방법

062
핵심풀이
A는 행동변화단계 중 고려단계에 해당하며 이 단계에서는 행동변화와 관련한 장애인식을 크게 느끼므로 장애인식이 무엇인지 알아보고 이에 대한 해결책을 제안하여 장애인식을 낮춰주는 것이 필요하다.

063
핵심풀이
교육 및 생태학적 진단은 변화과정을 시작하고 지속하기 위해 반드시 있어야 할 요인을 파악하는 단계, 이 요인은 행동변화 가능성과 환경변화 가능성에 광범위한 영향을 미친다.
- **동기부여 요인**: 개인의 지식, 태도, 신념, 선호, 기존의 기술, 자기효능감 등
- **행동강화 요인**: 사회적지지, 동료의 영향, 대리강화 등 자신에게 중요한 사람 등
- **행동가능성 요인**: 프로그램, 서비스, 자원, 건강행동 변화에 필요한 새로운 기술 등

064
핵심풀이
자아효능감은 스스로 장애를 극복할 수 있다는 자신감으로 이를 길러주기 위해서는 장애 극복에 필요한 지식과 기술 등을 알려주고 쉬운 목표부터 달성할 수 있도록 한다.

065
핵심풀이
- **영양교육 실시 과정**: 대상의 진단 - 계획 - 실행 - 평가
- **계획과정**: 영양문제 선정 - 영양교육의 목적 및 목표설정 - 영양중재 방법 선택 - 영양교육의 활동과정 설계 - 홍보전략 개발 - 평가계획

066
핵심풀이
영양교육 평가
투입자원평가(투입된 인적, 물적자원이 계획과 일치하는지 여부, 효율성 평가), 과정평가(교육내용, 교육방법, 참여도, 관찰평가, 교육매체, 홍보적절성 등), 효과평가(영양지식, 식태도, 식행동, 건강상태)

067
핵심풀이
식품모형은 입체매체로서 실물 그대로의 모양, 확대 또는 축소하여 만든 것으로 휴대가 편리하고 식품의 목측량, 식단구성 등의 교육에 효과적인 교육매체이다.

068
핵심풀이
시범교수법
방법, 실물, 경험담을 사용하여 직접 보여주면서 교육하는 방법으로 방법 시범교수법과 결과 시범교수법이 있다.

069
핵심풀이
영양교육 매체의 기준
효율성, 적절성(적합성), 기술적인 질, 조직과 균형(구성과 균형), 가격(경제성), 신뢰성(신빙성), 흥미

070
핵심풀이

식사구성안은 우리나라 국민들이 자주 섭취하는 다빈도 식품을 바탕으로 각 식품군의 대표 식품을 선정하여 1인 분량 및 섭취 횟수를 제시한 것으로 영양교육 도구로 활용한다.

071
핵심풀이

식품영양표시는 식품의 영양에 대한 적절한 정보를 소비자에게 제공하여 합리적인 식품선택을 돕는다.

072
핵심풀이

농림축산식품부는 농산, 축산, 식량, 농지, 수리, 식품산업 진흥, 농촌개발 및 농산물 유통, 식생활교육지원 등의 업무를 관장한다.

073
핵심풀이

교수·학습과정안의 학습목표를 진술하면 ①, ⑤ 학습자 자신이 자기 수업계획을 세우게 되어 학습효과를 높이게 된다. ② 교사는 무엇을 가르쳐야 하는지 명확해진다. ④ 어떤 교육매체를 선정해야 하는지 명확해진다.

074
핵심풀이

병원이나 학교의 경우 환자와 학생의 기호를 무시할 수는 없으나 병원은 치료가 학교는 학생들의 성장이 우선시 되어야 한다. 보건소는 지역사회의 영양적으로 취약한 주민을 대상으로 영양지도를 우선 적용한다.

075
핵심풀이

①, ⑤ 영양중재단계
② 영양판정단계
④ 영양모니터링 및 평가단계
③ 영양진단단계, PES진단문으로 영양문제 기술

076
핵심풀이

② 체질량지수는 비만, 허리둘레와 허리-엉덩이둘레비는 복부비만을 판정하는데 이용한다.

077
핵심풀이

① 24시간 회상법, 양적평가방법
② 식사기록법, 양적평가방법
④ 실측법, 양적평가방법
⑤ 양적으로 정확한 섭취량은 파악할 수 없으며, 반정량섭취빈도조사법을 활용할 경우 대강의 양은 산출할 수 있다.
③ 식품섭취빈도조사법, 질적평가방법(식사력조사 포함)

078
핵심풀이

철 결핍 단계
- 1단계: 저장량 감소로 혈청 페리틴 감소(초기 결핍판정에 이용)
- 2단계: 트랜스페린 포화도 감소, 적혈구프로토포피린 증가
- 3단계: 헤모글로빈 농도, 헤마토크리트치 감소

079
핵심풀이

- 옥수수 반 개(70g) 1교환단위: 열량 100cal, 단백질 2g
- 일반 우유 1컵(200ml): 1교환단위 125kcal, 6g
- 귤 중간크기 1개 1교환단위: 50kcal, -
- 총에너지 275kcal, 단백질 8g

080
핵심풀이

경관영양을 제한해야 하는 경우
장폐색, 염증성 장질환, 심한 설사, 위장관 출혈, 고유출성 장누공 등 장기능이 비정상적인 경우

081
핵심풀이

- **맑은 유동식**: 상온에서 액상, 끓여서 식힌 물, 보리차, 녹차, 맑은 과일주스 등
- **저퓨린식**: 고기국물, 멸치, 육류의 내장육, 등푸른 생선, 조개류 제한, 우유와 달걀 및 그 제품 권장
- **저잔사식**: 변의 용량을 최소화한 식사로 저섬유식과 가스생성 음식 제한
- **연하곤란식**: 액상음식, 가루음식, 점착성음식, 딱딱하거나 거친 음식 제한, 퓨레식 제공
- **기계적 연식(저작보조식)**: 씹는 데 어려움이 있는 환자에게 씹지 않고도 삼킬 수 있도록 다져서 촉촉하고 부드러운 형태로 구성된 식사, 딸기는 생 것 그대로 제공 가능

082
핵심풀이

위산은 펩시노겐을 펩신으로 활성화 시키고 세균의 살균 및 번식방지 작용이 있으며 십이지장을 약산성으로 유지시킨다.

083
핵심풀이

위축성 위염은 저산성 위염으로 소화능력과 식욕이 감소되므로 위산 분비를 촉진하기 위해 고기수프, 과일, 과즙, 향신료 및 소량의 알코올을 사용할 수 있으며 식전에 연한 홍차, 커피, 주스 등의 섭취가 허용된다.

084
핵심풀이

이완성 변비
고섬유식, 고지방식, 고수분식, 약간의 자극성식(식초가 들어간 조미료, 향신료, 설탕, 시럽, 꿀 등), 저탄닌식

085
핵심풀이

만성 장염의 식사요법
저섬유소식, 저잔사식, 생채소, 생과일 식품은 피하고 튀김, 볶음 등의 조리법은 피한다. 지방은 유화지방을 이용한다.

086
핵심풀이

지방변은 지방의 흡수 불량으로 인한 지방성 설사로 지방이외에도 단백질, 탄수화물, 칼슘, 철, 마그네슘, 아연, 지용성 비타민 등의 흡수불량이 나타나므로 열량, 단백질, 지용성 비타민, 무기질, 수용성 비타민 등을 충분히 공급하며 지방은 중쇄지방산(MCT)을 이용한다.

087
핵심풀이

① 복수나 부종이 있을 경우 나트륨과 수분 제한
② 식도정맥류의 경우 저섬유, 저자극식으로 생과일, 생채소 섭취 제한
③ 지방은 필수지방산 결핍을 방지할 정도로 소량공급하며 소화가 잘 되는 중쇄지방산을 이용
⑤ 단백질은 간세포 재생을 위해 충분히 공급하나 간성혼수, 간성뇌증이 있는 경우 저단백식, 무단백식으로 공급

088
핵심풀이

① 담즙에 대한 설명
② 췌장액 중탄산이온을 다량 함유, pH 8~8.5의 약알칼리성
④ 세크레틴은 췌장액 분비를 촉진
⑤ 췌장액의 단백질 소화효소는 전구체 형태로 분비

089
핵심풀이

담석증 식사요법
급성기에는 1~2일간 금식, 수분과 영양보충은 정맥주사 이용, 무자극성식, 가스 발생식품 제한, 저에너지식(주로 당질로 공급), 저지방식, 적정량의 단백질, 비타민, 무기질 보충, 수용성 식이섬유소는 부드러운 과일이나 채소형태로 공급(통증 시 제한)

090
핵심풀이

췌장염 식사는 당질위주로 공급하며 소량의 우유, 지방 함량이 적은 어육류, 두부, 간, 쇠고기, 닭고기, 달걀 등을 기름을 사용하지 않고 조리한다.

091
핵심풀이

근육량(제지방량)이 동일한 경우 비만자의 지방량은 정상인보다 증가, 체중에 대한 수분 비율은 감소한다.

092
핵심풀이

체중 부족은 정상체중보다 10~15% 적은 상태로 체중 증가를 위해
① 하루 500kcal를 추가 섭취
② 당질의 과다 섭취는 혈당을 빠르게 상승시켜 식욕 억제
④ 적당한 운동으로 근육량 증가
⑤ 음식의 양을 늘리기 보다는 에너지 밀도가 높은 식품 이용

093
핵심풀이

체질량지수
체중(kg)/키(m^2), 27.3이므로 비만에 속함

094
핵심풀이

- 혈당 상승, 혈액 삼투압 증가로 세포내액에서 혈액으로 수분이동 → 탈수, 다뇨, 다갈
- 체단백 분해로 세포 내 칼륨배설 증가 등으로 전해질 대사 불균형 초래

095
핵심풀이

당뇨병성 혼수는 고혈당으로 인한 급성 합병증으로 제1형 당뇨병 환자에서는 혈중 케톤체의 증가, 제2형 환자에서는 고삼투압으로 심한 탈수가 혼수의 원인이 되며, 저혈당에 의해서도 혼수가 나타난다.

096
핵심풀이

① 저에너지식은 인슐린 필요량을 감소시키므로 표준체중을 기준으로 에너지량 산출
② 당질은 총에너지에 60%로 배분
③ 단백질은 총에너지의 20%로 배분하며, 단백질 섭취량의 1/3은 동물성 식품으로 공급
⑤ 다가불포화지방산 섭취는 총에너지의 지방 섭취 비율 20% 내에서 적정하게 섭취하고 특히 비만인 경우 과다한 열량 섭취가 되지 않도록 주의한다.

097
핵심풀이
인슐린 주사를 맞는 경우
비만 시 열량 제한, 단순당질 제한, 식사시간 규칙적으로, 1일 당질량을 균일하게 배분, 인슐린의 작용시간과 지속성에 따라 식사량 및 당질량 배분

098
핵심풀이
당뇨병 환자는 당질 함량이 많지 않은 식품, 지방(특히 포화지방산) 함량이 많지 않은 식품, 섬유소가 풍부한 식품은 자유롭게 섭취할 수 있다.
⑤ 달걀의 난황은 콜레스테롤 함량이 많으므로 적정량 섭취하며, 연근은 당질 함량이 많은 채소로 섭취에 주의가 필요하다.

099
핵심풀이
대사증후군으로 볼 수 있으며 저열량식, 단순당 섭취 제한, 섬유소가 많은 채소·과일·해조류 섭취 증가, 불포화지방산 섭취, 포화지방산 섭취 제한, 싱겁게 먹기 등이 식사요법에 해당한다.

100
핵심풀이
푸아지유의 법칙 = 단위시간 당 흐르는 혈류량(F)은 혈관의 압력차(P)와 혈관 반지름(r)의 4승에 비례하고 혈액의 점성(η)과 혈관의 길이(l)에 반비례 한다. 따라서 혈관의 내경이 1/2 감소하면 혈액량은 1/16로 감소한다.

101
핵심풀이
재분극 지속시간이 길어지면 세포외액에 과도한 칼륨 이온 유출로 심박동 속도가 느려지고 심장을 팽창시켜 심장마비의 위험성이 높아진다.

102
핵심풀이
① 심박수는 체온, 신경, 호르몬, 화학물질에 영향을 받는다.
② 이산화탄소 농도가 가장 높은 혈관은 폐동맥, 산소농도가 가장 높은 혈관은 폐정맥이다.
④ 혈중 이산화탄소가 증가하면 심박동수는 증가한다.
⑤ 혈관의 반지름이 감소하면 혈류량이 감소하고 혈압은 증가한다.

103
핵심풀이
동맥경화증 식사요법
에너지 섭취제한(표준체중 유지 수준), 포화지방, 콜레스테롤(200mg/일 이하) 섭취 제한(난황, 동물의 내장육, 버터, 어란, 오징어, 성게, 새우, 뱀장어 제한), 불포화지방산 섭취(n-3, 들기름, 등푸른 생선 등)양질의 단백질 섭취, 복합당질 섭취, 수용성식이섬유소 섭취(1일 20g 수준), 나트륨 제한(1일 3g 이하)

104
핵심풀이
엄격한 나트륨 제한식은 1일 400mg 정도(소금 1g)의 나트륨 섭취를 허용한다.
① 쌀에는 100g 당 1mg 나트륨으로 함량이 적다.
③, ④ 우유, 달걀, 치즈, 당근, 근대, 시금치, 고기, 생선 등 동물성 단백질 식품 및 일부 채소는 비교적 나트륨 함량이 높다.
⑤ 조리과정이나 식탁에서 소금은 사용할 수 없다.

105
핵심풀이
심근경색 식사요법
저열량, 저지방, 저염식, 고단백식, 소량씩 자주 공급, 포화지방산과 콜레스테롤 섭취 제한, 식이섬유소와 불포화지방산, 양질의 단백질 공급

106
핵심풀이
① 수분은 대부분 근위세뇨관에서 재흡수된다.
②, ③ 단백질, 혈구 등 분자량이 큰 성분(알부민, 글로불린, 피브리노겐, 백혈구, 적혈구, 혈소판)은 사구체 여과막을 통과할 수 없고, 포도당, 아미노산 등은 통과할 수 있다.
⑤ 나트륨의 재흡수를 촉진하는 호르몬은 부신피질에서 분비되는 알도스테론이다.

107
핵심풀이
핍뇨가 심한 경우 신장의 칼륨제거율이 손상되어 고칼륨혈증이 나타나므로 칼륨 섭취를 제한하고 요독증은 혈중 요소, 인산의 농도가 상승된 상태이므로 단백질 섭취를 제한한다.
①, ③, ⑤ 고칼륨 식품

108
핵심풀이
복막투석 환자는 포도당 주입에 따른 체중 증가, 혈중 콜레스테롤, 중성지방 증가로 고지혈증을 예방한다.
① 에너지는 제한(주입한 포도당 투석액을 통한 열량을 제외하고 제공)
② 칼륨과 수분은 제한 완화, 나트륨은 제한
③ 인은 혈중 농도에 따라 제한, 칼슘 보충
⑤ 단순당, 알코올 제한하여 고지혈증 예방

109
핵심풀이
④ 급성 사구체신염은 사구체 염증으로 단백뇨, 혈뇨, 핍뇨, 부종, 혈중 질소잔여물 증가 등의 증상이 나타나므로 단백질, 나트륨, 수분, 칼륨(핍뇨 시) 등을 제한한다.

110
핵심풀이
- **시스틴결석**: 함황아미노산의 섭취 제한, 충분한 수분 섭취, 알칼리성 식사
- **요산결석**: 저퓨린식, 알칼리성 식사
- 수산함량이 높은 식품 제한, 비타민 C 보충 제한
- 신장결석의 공통적인 식사요법으로 충분한 수분섭취 권장

111
핵심풀이
① **연하곤란**: 액체는 농후제 사용, 묽은 음료나 부스러지기 쉬운 식품 제한
② **이미각증**: 차거나 상온상태로 음식 제공, 식전 입안 헹구기
④ **식욕부진**: 소량씩 자주 공급
⑤ **구강건조**: 촉촉하고 부드러운 음식, 상온상태로 제공, 잦은 수분 공급

112
핵심풀이
① 인슐린 민감성 감소로 조직의 포도당 이용률 감소
② 암세포의 포도당 이용률 증가로 체단백 손실
③ 기초대사량 증가로 에너지 필요량 증가
⑤ 영양소 흡수불량으로 체조직 분해 증가

113
핵심풀이
① 체단백질 합성이 감소하여 감염에 민감해진다.
② 글루카곤, 코티솔, 에피네프린, 노르에피네프린과 같은 호르몬 분비가 증가하여 이화작용이 촉진된다.
④ 체온, 호흡수, 맥박수가 증가한다.
⑤ 위장으로 유입되는 혈류량이 감소하고 위장기능도 감소한다.

114
핵심풀이
- **선천성면역**: 보체계, 백혈구(호중구, 호산구, 호염기구, 림프구, 단핵구), 침, 콧물 등
- **후천성면역**: 림프구(B-림프구, T-림프구)

115
핵심풀이
① 열량은 적정량 섭취
②, ④ 부종 시 염분과 수분섭취 제한, 식사 중 수분섭취는 제한
③, ⑤ 당질 섭취는 줄이고 지방과 단백질 섭취는 늘린다.

116
핵심풀이
헤모글로빈의 산소해리가 증가하는 경우(산소해리곡선이 우측으로 이동): 온도(체온)가 높을수록, pH가 낮을수록, P_{CO_2} 또는 CO_2 분압이 높을수록, 혈중 2,3-DPG 농도가 높을수록

117
핵심풀이
거대적아구성빈혈은 엽산과 비타민 B_{12}가 풍부한 식품을 섭취하며 조혈에 영향을 주는 단백질, 철, 비타민 C 섭취가 충분히 되도록 한다. 또한 영양소 이용율 및 흡수를 저해하는 타닌이 함유된 차, 과다한 식이섬유소 섭취, 과다한 무기질 보충제 섭취, 알코올 등을 제한하도록 한다.
- **철이 풍부한 식품**: 간, 소고기, 내장육, 난황, 말린 과일(살구, 복숭아, 자두, 건포도 등), 완두콩, 강낭콩, 녹색채소류
- **엽산이 풍부한 식품**: 딸기, 시금치, 간, 난황, 상추, 양배추, 호두, 땅콩 등
- **비타민 B_{12}가 풍부한 식품**: 간, 굴, 난황, 소고기, 대구, 우유, 돼지고기 등 동물성식품

118
핵심풀이
케톤체를 생성할 수 있는 저당질, 고지방 식사 및 산 형성 식사를 섭취한다.

119
핵심풀이
치즈, 채소, 우유, 달걀은 저퓨린 식품으로 자유롭게 섭취할 수 있으며, 고기국물, 고등어, 멸치, 어란, 내장육 등은 퓨린 함량이 높은 식품이며, 알코올은 요산배출을 방해하므로 섭취하지 않는다.

120
핵심풀이
뇌하수체 후엽-요붕증(결핍증), 부갑상선-골다공증(과잉증), 뇌하수체 전엽-시몬즈병(결핍증), 갑상선-바세도우병(과잉증)

2교시

001	002	003	004	005	006	007	008	009	010
③	①	⑤	③	②	③	⑤	①	②	⑤
011	012	013	014	015	016	017	018	019	020
④	④	②	⑤	③	①	④	②	③	①
021	022	023	024	025	026	027	028	029	030
③	②	①	⑤	②	⑤	④	③	③	⑤
031	032	033	034	035	036	037	038	039	040
④	⑤	②	⑤	①	②	②	③	③	②
041	042	043	044	045	046	047	048	049	050
③	①	②	④	④	①	②	③	③	③
051	052	053	054	055	056	057	058	059	060
⑤	⑤	③	②	②	④	③	④	④	②
061	062	063	064	065	066	067	068	069	070
③	③	②	③	④	③	③	④	③	①
071	072	073	074	075	076	077	078	079	080
③	④	⑤	②	③	③	③	②	⑤	④
081	082	083	084	085	086	087	088	089	090
①	⑤	②	③	⑤	②	③	③	②	④
091	092	093	094	095	096	097	098	099	100
④	③	⑤	①	④	④	②	④	③	②

식품학 및 조리원리

001
핵심풀이
복사는 중간매체 없이 열원으로부터 열이 물체로 직접 전달되는 방법이며 조리용기의 표면이 검고 거친 것이 희고 반들반들한 것보다 복사열을 잘 흡수한다.

002
핵심풀이
건조 대구나 청어에는 유리지방산으로 인한 떫은맛이 존재하므로 콜로이드입자가 존재하는 쌀뜨물을 이용하여 흡착한다.

003
핵심풀이
결합수는 보통의 물보다 밀도가 크고 용매로 작용하지 못한다.

004
핵심풀이
설탕은 포도당과 과당의 α-1,2결합, 맥아당은 포도당과 포도당의 α-1,4결합, 트레할로오스는 포도당과 포도당의 α-1,1결합, 셀로비오스는 포도당과 포도당의 β-1,4결합이다.

005
핵심풀이
한천과 카라기난은 홍조류의 구성성분이다.

006
핵심풀이
호화전분은 결정성이 소실되어 방향부동성과 복굴절성이 없어지고 전분 분자의 분해는 일어나지 않는 물리적 상태변화에 해당한다. 콜로이드용액을 생성한다.

007
핵심풀이
포도당은 부제탄소(비대칭탄소)수가 4이므로 입체이성질체 수는 2^4인 16이다.

008
핵심풀이
저급지방산은 버터에 많이 함유되어 있고 EPA와 DHA는 어유에 많이 함유되어 있다.

009
핵심풀이
지방의 상호 아실기교환을 통해 물리적 성질을 개선하는 공정은 에스터교환반응이다. 경화과정에서 시스형 불포화지방산 일부가 트랜스형으로 전환된다.

010
핵심풀이
가열에 의해 과산화물가, 비중, 산가, 굴절률은 증가하고 요오드가는 감소한다.
과산화물가는 증가하나 가열시간이 길어지면 분해하여 감소한다. 가열에 의해 중합체가 형성되면 점도 증가, 흑색, 향이 나빠지고 소화율이 저하된다.

011
핵심풀이
알코올에 용해되는 단백질은 프롤라민이다.

012
핵심풀이
단백질의 등전점에서 수화, 팽윤, 삼투압, 용해도, 점도, 표면장력은 최소이고, 침전, 탁도, 흡착력, 기포력은 최대이다.

013
핵심풀이
변성단백질은 생물학적 특성이 상실되고 소화가 촉진되지만 지나친 가열은 소화를 저해할 수 있다. 전해질은 단백질의 열변성을 촉진하지만 설탕은 단백질의 응고를 저해한다.

014
핵심풀이
안토시아닌 색소는 화청소로 옥소늄이온을 포함하여 열에 매우 불안정하다. 유리상태나 배당체로 존재하며 pH에 따른 색의 변화는 가역적이다.

015
핵심풀이
옥시미오글로빈은 Fe^{2+}를 포함하며 미오글로빈이 산소화되어 생성된다. 메트미오글로빈은 Fe^{3+}를 포함하며 미오글로빈을 가열하면 변성된 글로빈을 포함하는 메트미오크로모겐이 되며 갈색을 띤다.

016
핵심풀이
홍차의 갈변과 사과의 갈변은 폴리페놀 산화효소에 의한 갈변, 감자의 갈변은 티로시나제에 의한 갈변, 오렌지 분말의 갈변은 아스코르브산 산화에 의한 갈변이다.

017
핵심풀이
우유의 가열취는 단백질 열변성으로 활성화된 SH기에서 유리된 황화수소와 SH화합물, 스트렉커분해로 생성된 카보닐화합물, 지방 가수분해로 생성된 케톤과 락톤류의 혼합물이다.

018
핵심풀이
고추 - 캡사이신, 울금 - 커큐민, 겨자유 - 시니그린, 계피 - 시남알데히드이다.

019
핵심풀이
D값은 주어진 온도에서 미생물 또는 포자를 1/10로 감소시키는 데 걸리는 시간이므로 55℃에서 1,000CFU가 100CFU로 1/10감소하는 데 2분이 소요되어 D55℃는 2분이다.

020
핵심풀이
*Bacillus subtilis*는 건초나 토양에 많이 존재하는 미생물로 재래식 된장, 청국장 제조에 이용된다. α-amylase 및 protease를 분비하며 밥이나 빵에서 점질물을 생성한다.

021
핵심풀이
- *Leuconostoc mesenteroides* : 김치 숙성초기, 청주 발효, 덱스트란 생성
- *Lactobacillus homohiochii* : 청주 백탁을 일으키는 화락균
- *Hansenula anomala* : 청주의 향 부여
- *Pichia membranaefaciens* : 김치 표면의 하얀 피막 형성

022
핵심풀이
도정도는 현미에서 겨층을 벗긴 정도이며 도정률은 현미무게에 대한 도정된 쌀의 무게 비율이므로 백미가 도정도는 높고 도정률은 낮다.

023
핵심풀이
찹쌀은 유백색이고 멥쌀이 찹쌀보다 길다. 호화온도는 찹쌀이 더 높고 단백질 함량은 찹쌀이 많다. 멥쌀의 아밀로오스 함량은 20~25%이다.

024
핵심풀이
분질감자는 비중이 높고 전분입자가 크며 전분함량이 높고 과육이 백색이다. 식용가가 낮을수록 분질감자에 해당한다.

025
핵심풀이
지방은 연화작용을 하며 소금은 글루텐의 강도를 증진시키고 맛을 향상시킨다. 설탕은 캐러멜로 향취와 갈색을 부여한다.

026
핵심풀이
편육은 끓는 물에 고기를 넣고, 직화구이는 처음에 고온으로 구워야 표면이 응고되어 내부의 육추출물이 용출되지 않는다. 장조림은 고기를 익힌 후 간장과 설탕을 넣어야 단단하지 않다. 브레이징은 덩어리 큰 고기를 구운 후 소량의 물을 넣어 익힌다.

027
핵심풀이
육류의 글리코겐은 사후강직 과정에서 중요한 역할을 하며 숙성기간에도 영향을 미친다.

028
핵심풀이
젤라틴은 단백질로 장에서 소화된다. 응고온도는 3~15℃이므로 주로 냉장온도에서 응고시킨다. 설탕은 단백질의 응고를 저해한다. 파인애플의 브로멜린은 단백질을 분해하여 응고를 방해한다.

029
핵심풀이

pH 6.2~6.5, 세균수가 10^5~10^6/g, 트리메틸아민 4~6mg%이면 초기부패이다. 신선한 어류는 살이 뼈에서 잘 떨어지지 않는다.

030
핵심풀이

혈합육은 근섬유가 가늘고 짧으며 붉은살 생선에 많다. 주로 껍질쪽에 많이 분포하며 가열시 갈변 혹은 흑변한다.

031
핵심풀이

녹변현상은 난백의 황화수소가 난황의 철과 결합하여 생성된 황화제1철이다. 가열온도가 높을수록, 가열시간이 길수록, 오래된 달걀일수록 잘 일어난다.

032
핵심풀이

농후난백보다 수양난백이 거품내기 좋으나 안정성은 낮다. 소금과 기름은 기포 형성을 저해한다.

033
핵심풀이

녹두는 청포묵, 빈대떡, 떡소, 숙주나물의 원료이다.

034
핵심풀이

유화액은 분산매와 분산상의 비중이 비슷할수록, 분산상의 입자가 작을수록, 분산상 표면에 전하를 띠면 안정하게 유지된다.

035
핵심풀이

기름의 양이 많아서 기름의 쇼트닝 작용이 지나치면 튀길 때 풀어진다.

036
핵심풀이

열에 의해 응고되는 단백질은 유청단백질이다. 레닌에 의한 단백질 응고에는 칼슘이 관여한다. 카세인은 등전점인 pH4.6 부근에서 가장 잘 응고된다. 응고물 생성 시 온도가 높을수록 단단한 응고물이 생성된다.

037
핵심풀이

우유의 저온살균은 63~65℃, 30분, 고온순간살균은 72~75℃, 15~16초, 초고온순간살균은 130~150℃, 0.5~2초 실시한다.

038
핵심풀이

냉동 전에 채소를 데치면 효소의 불활성화로 갈변이 억제되어 녹색이 유지된다.

039
핵심풀이

당근에는 비타민 C 산화효소(ascorbinase)가 함유되어 있어 무와 함께 조리하면 무의 비타민 C가 파괴될 수 있다.

040
핵심풀이

한천겔의 이액현상을 감소시키려면 한천 농도증가, 설탕 농도증가, 방치 시간 단축, 소금을 3~5% 정도를 사용한다.

급식, 위생 및 관계법규

041
핵심풀이

급식시스템모형 중 투입요소는 시스템의 목적을 달성하기 위하여 필요한 모든 인적, 물적, 시설 및 운영자원을 말한다.

042
핵심풀이

계획수립 기법
- 스왓분석: 조직이 처해있는 내부환경 분석을 통해 강점과 약점을 도출하고 외부환경 분석을 통해 환경의 기회와 위협요인을 파악하여 보다 유리한 전략 계획 수립 기법
- 목표관리법: 상부와 하부 간에 공동목표를 수립하고 목표달성을 위해 공동으로 노력하고 평가하는 방법
- 벤치마킹: 경쟁우위에 있는 타기업의 경영활동을 분석·비교하여 더 나은 계획을 수립하는 방법

043
핵심풀이

사후통제의 종류에는 고객만족도 조사, 기호도 조사, 1인당 매출액 계산, 원가계산 및 분석, 잔반율 조사, 결산 등이 있다.

044
핵심풀이

위원회조직은 부문 상호간의 의사소통과 의견의 불일치를 극복하기 위한 형태로 경영참여 의식을 높여 경영 전반에 대한 이해를 높일 수 있게 하지만 집행기관으로서는 적합하지 않다.

045
핵심풀이
식단작성 시 고려사항(급식관리 측면)
피급식자의 영양요구량, 피급식자의 식습관, 기호, 식재료의 배합, 조리법, 영양적·경제적·시간적 고려, 지역적인 부분 배려

046
핵심풀이
식단 작성 시 대상자의 급여영양량을 가장 먼저 결정한다. 다음으로 급식 횟수와 영양량을 배분하고 이들 영양량을 충족시키기 위해 식품 종류와 제공량을 기초로 식품 구성을 한다. 이때 주식의 종류와 양을 먼저 결정하고 부식을 결정한다.

047
핵심풀이
식사구성안은 일반 건강인을 대상으로 전반적인 건강을 증진시키기 위한 것이고 식사구성안을 이용하여 식단을 작성하면 균형식단을 실천할 수 있다.

048
핵심풀이
카페테리아 방식은 자신의 기호를 고려하여 음식을 자유롭게 선택하므로 기호, 양, 경제상태에 맞춰 선택할 수 있는 반면 관리 측면에서는 조리에 필요한 시간과 노력 증가, 인기 있는 메뉴의 조기 품절 및 비인기 메뉴 잔반 증가, 영양편중과 식비 증가 부담 등이 초래될 수 있다.

049
핵심풀이
독립구매(분산구매, 현장구매)는 구매절차가 간단하여 능률적이며 자주적 구매가 가능하다. 긴급하게 구매가 필요할 경우 유리하며 거래업자가 근거리에 있는 경우 운임 등 기타 경비가 절감된다.

050
핵심풀이
거래명세서
납품서 또는 송장이라고도 하며 납품업자가 물품을 공급할 때 함께 가지고 오는 서식, 대금청구의 근거서류가 된다.

051
핵심풀이
적정 발주량을 결정하기 위해서는 가격 변동 요인, 수량 확인, 재료의 저장 특성, 계절적 요인을 고려하여 저장 비용과 주문 비용을 파악한 후 시행한다.

052
핵심풀이
구매 발주량
(인원 수 × 1인 분량 × 출고계수) − 재고량, 출고계수 = 100 / (100 − 폐기율)
(100명 × 50g × 1.1) − 500g = 5,000g = 5kg

053
핵심풀이
최소−최대 재고관리방식은 실제로 급식소에서 많이 사용하는 재고관리방법이다.

054
핵심풀이
최종구매가법
최종 매입원가법은 간단하고 신속하게 계산할 수 있기 때문에 급식소에서 널리 사용하는 재고자산 평가방법이다.

055
핵심풀이
이동 평균법은 최근 일정기간 동안의 기록을 평균하여 수요를 예측하는 방법이다. 새로운 기록이 발생할 때마다 가장 오래된 기록을 제외시키고 가장 최근 기록들만으로 평균을 산출한다.

056
핵심풀이
변환계수는 500(급식인원) / 100(표준 레시피상 인원) = 5, 표준 레시피의 식재료량에 변화계수를 곱하면 50kg, 측정하기 편리한 단위로 식재료 단위를 변경한다.

057
핵심풀이
① 번철: 구이, 전, 부침류
② 브로일러: 생선이나 육류를 굽는 기기
③ 블랜더: 수분을 공급하면서 가는 기기
④ 스팀솥: 증기를 이용하여 국, 수프, 죽, 조림, 볶음
⑤ 오븐: 구이, 찜, 재가열 등

058
핵심풀이
셀프 서비스는 카페테리아 서비스와 셀프 서비스가 있으며 인건비를 절감하고 단시간에 많은 사람들에게 식사제공이 가능하며 기호를 존중하여 강제성이 완화된다는 장점이 있다. 반면 품목별 수요예측이 정확하지 못하면 배식량의 과부족이 발생할 수 있으며 배식시간이 지연될 수 있고 잔반량이 증가할 수 있다.

059
핵심풀이
노동시간당 식수
학교급식(공동조리장방식) > 학교급식(단독조리방식) > 산업체급식(단일메뉴) > 병원급식(환자식+직원식) > 병원급식(환자식만 운영)

060
핵심풀이
① 양팔의 동작은 대칭적으로 동시에 행한다.
③ 방향 전환을 할 때는 연속적이고 서서히 한다.
④ 작업은 가능한 한 용이하고 율동적으로 배열한다.
⑤ 양손은 동시에 동작을 시작하고 완료시킨다.

061
핵심풀이
①, ②, ④, ⑤ 메뉴품질의 질적평가 지표이다.

062
핵심풀이
제거, 결합, 재배치, 단순화(ECRS)는 작업개선의 기본 절차이다.

063
핵심풀이
교차오염은 오염된 식재료, 기구, 종사자와의 접촉으로 오염되지 않은 식재료나 음식에 미생물이 혼입되는 것으로 식재료별 별도의 싱크대에서 세척하는 것이 바람직하나 그렇지 못한 경우, 채소류 → 육류 → 어류 → 가금류 순으로 사용한다.

064
핵심풀이
급식소 종사원의 의무 건강진단 횟수는 연 1회, 학교급식 종사원의 경우 6개월에 1회이다.

065
핵심풀이
① 생선회나 날 음식은 제공하지 않는다.
② 포장두부를 차게 배식할 때는 포장된 채로 가열, 살균한 후 차게 하여 제공한다.
③, ⑤ 조리된 음식은 배식 전까지 온장고, 냉장고에서 보관하며 적정 온도에서 보관되지 않은 경우, 2시간 이내에 배식하도록 한다.

066
핵심풀이
주조리장에서 조리기기 등의 작업공간 배치 시 고려해야 할 기본원칙 중 가장 중요한 것은 동선이 반복되거나 교차되는 것을 최소화하는 것이다.

067
핵심풀이
급식시설 바닥의 마감재 선택 시 고려할 사항
습기에 강할 것, 유지비가 저렴할 것, 기름, 음식의 오물이 스며들지 않을 것, 미끄럽지 않고 산, 염기, 유기 용액에 강할 것, 내구성, 탄력성이 있을 것, 영구적으로 색상을 유지할 수 있을 것

068
핵심풀이
• **직접비**: 특정 제품 제조에 직접적으로 쓰인 비용
직접재료비(주재료비), 직접인건비(임금), 직접경비(외주가공비 등)
• **간접비**: 여러 제품에 공통으로 사용되어 비용 추적이 가능하지 않은 비용
간접재료비(보조재료비), 간접인건비(급료, 수당), 간접경비(감가상각비, 보험료, 수선비, 전력비, 가스비, 수도광열비 등)

069
핵심풀이
① **식품수불부**: 식품의 수입, 불출, 잔고를 기록하는 장부로 적정재고량 유지에 활용
② **식단표**: 급식업무에 가장 중심적인 기능을 담당하는 장표로 급식업무 계획표와 보고서의 역할을 수행하며, 장부와 전표의 기능을 모두 가지고 있음
④ **식품사용일계표**: 그 날의 식재료비를 계산하여 기록하는 장표로 전표와 장부의 기능을 함께 가지고 있으며 급식의 원가관리에 유용하게 사용함
⑤ **검식일지**: 배식 전 1인분량을 상차림하여 종합적으로 평가하여 기록하는 장부

070
핵심풀이
평균 객단가 = 총매출액 ÷ 총 이용고객 수, 1,500만원 ÷ 1,500명
= 10,000원

071
핵심풀이
직무순환은 여러 직무를 주기적으로 순환하여 다양한 기회와 경험을 제공함으로써 종업원의 불만을 줄일 수 있다.

072
핵심풀이
논리적 오류는 고과 요소끼리 서로 논리적인 상관성이 있는 경우에 한 가지 요소에 대한 평가 결과가 다른 요소의 평가에 영향을 미치는 오류이다.

073
핵심풀이
경영자 대상 교육으로 경영게임(회사의 재정, 사업계획, 의사결정에 대한 컴퓨터 시뮬레이션 교육), 서류함기법이 있다.

074
핵심풀이
허쉬와 블랜차드의 상황이론
리더는 종업원의 성숙수준에 따라 리더십 행동을 다르게 해야 한다고 하고 종업원의 성숙수준이 낮은 경우 과업행동은 높게 하며 관계성 행동에 따라 낮은 경우 지시적 리더, 높은 경우 지원적 리더가 효과적이

다. 종업원의 성숙수준이 높은 경우 과업행동은 낮게 하며 관계성 행동에 따라 낮은 경우 위양적 리더, 높은 경우 참가적 리더가 효과적이다.

075
핵심풀이

①, ④ 위생 요인: 임금, 동료, 감독자, 고용 안정성, 작업조건, 회사정책 등
②, ③, ⑤ 동기부여 요인: 직무에 대한 성취감, 인정, 승진, 직무자체, 성장가능성, 책임감 등

076
핵심풀이

시장세분화는 전체 시장을 욕구가 유사한 소비자 집단별로 나누는 과정이며, 마케팅 믹스에 대한 반응이 집단 간 차이가 있어야 한다. 기준은 지리적, 인구통계적, 사회심리적, 고객의 구매행동적 특성 등에 따른다.
① 표적시장 선정 ② 위치선정(포지셔닝)

077
핵심풀이

서비스에 대한 고객기대와 경영자의 인식에 차이(갭1)
- 발생원인: 고객의 기대를 모를 때, 마케팅 조사가 효과적으로 이루어지지 못할 때, 관리계층이 복잡하여 상층으로 의견전달이 어려울 때, 고객과 접촉하는 종업원의 의견을 잘 받아들이지 못할 때
- 해결방안: 시장조사와 고객과의 지속적인 의사소통 실시, 관리계층 축소로 상향적 의사소통 활성화

078
핵심풀이

자외선 조사는 잔류효과가 낮으며 유기물이 공존하면 살균효과가 떨어진다. 피조사물의 변화가 거의 없다. 침투력이 없어서 표면살균만 가능하다.

079
핵심풀이

소금농도는 10% 이상에서 균증식 억제효과가 있다. 당장법은 당의 분자량이 작을수록 세균증식 억제효과가 크다. 같은 pH에서 유기산이 무기산보다 살균효과가 더 크다.

080
핵심풀이

식품에서 세균수의 안전한계는 10^5 CFU/g(mℓ), 초기부패는 $10^7 \sim 10^8$ CFU/g(mℓ)이다.

081
핵심풀이

Vibrio vulnificus 는 비브리오 패혈증의 원인균으로 경구감염과 창상감염이 있다.

082
핵심풀이

장관출혈성 대장균 식중독은 발열이 없으며 혈변, 용혈성 요독증, 신부전증을 일으키며 미량으로도 발병가능하며, 사람 간 전파가 가능하다.

083
핵심풀이

Yersinia enterocolitica, *Listeria monocytogenes* 는 저온에서도 생육이 가능하여 오염된 냉장식품을 통하여 식중독을 유발시킨다.

084
핵심풀이

캠필로박터 식중독, 리스테리아 식중독, 장관출혈성 대장균 식중독은 공통적으로 소량의 균으로도 발병하는 식중독이다.

085
핵심풀이

설사형 독소는 고분자 단백질이다. 구토형 독소는 열이나 효소에 강하다. 구토형은 식품내에서 독소를 생성하며 잠복기가 설사형보다 짧다.

086
핵심풀이

미나마타병은 수은중독증이며 증상에는 중추신경계 마비증상, 팔다리 마비, 보행장애, 언어장애, 난청 등이 있다.

087
핵심풀이

마비성 패독인 삭시톡신은 검은조개, 섭조개, 진주담치, 홍합의 중장선에 함유되어 있으며 열에 강하고 치사율은 15% 정도이다.

088
핵심풀이

청매에는 아미그달린, 수수에는 듀린, 카사바에는 파세오루나틴, 고사리에는 프타킬로사이드라는 유독물질이 함유되어 있다.

089
핵심풀이

요충이 집단 감염 가능성이 높다. 무구조충은 주로 쇠고기를 통해 감염된다. 톡소플라스마의 종숙주는 고양이과 동물이다.

090
핵심풀이

우유를 통해 감염되는 감염병에는 결핵, 파상열, Q열, 리스테리아증이 있다.

091
핵심풀이
HACCP 의무 적용식품 중 절임류 또는 조림류의 김치류 중에는 배추김치만 해당된다.

092
핵심풀이
「식품위생법」에서 판매가 금지되는 동물의 질병에는 「축산물 위생관리법 시행규칙」에 따라 도축이 금지되는 가축전염병, 리스테리아병, 살모넬라병, 파스튜렐라병 및 선모충증이 있다.

093
핵심풀이
위탁급식영업은 특별자치시장·특별자치도지사 또는 시장·군수·구청장에게 신고하여야 한다.

094
핵심풀이
집단급식소를 설치·운영하려는 자가 받아야 하는 교육시간은 6시간, 영업 시작 후 매년 받아야하는 교육시간은 3시간이다.

095
핵심풀이
식품의약품안전처장은 식품 또는 식품첨가물과 기구 및 용기·포장의 기준과 규격 등을 실은 식품 등의 공전을 작성 보급하여야 한다.

096
핵심풀이
「학교급식법」에서 학교급식 운영평가를 효율적으로 실시하기 위해 교육부장관 또는 교육감은 평가위원회를 구성하여 운영할 수 있다. 운영평가기준은 급식예산의 편성 및 운용, 학생 식생활지도 및 영양상담, 학교급식에 대한 수요자의 만족도, 학교급식 위생·영양·경영 등 급식운영관리 등이 해당된다.

097
핵심풀이
건강상태와 식품섭취에 관한 조사는 영양조사원의 직무이다.

098
핵심풀이
영양 및 식생활조사는 질병관리청장이 매년 실시한다. 영양성분실태조사는 가공식품과 식품접객업소·집단급식소 등에서 조리·판매·제공하는 식품 등에 대하여 실시한다.

099
핵심풀이
집단급식소 설치·운영자는 쇠고기, 돼지고기, 닭고기, 오리고기, 양고기, 염소, 쌀, 배추김치, 콩, 넙치, 조피볼락, 참돔, 미꾸라지, 뱀장어, 낙지, 명태, 고등어, 갈치, 오징어, 꽃게 및 참조기, 다랑어, 아귀 및 주꾸미에 대해 원산지 표시를 하여야 한다.

100
핵심풀이
영양표시 대상식품에서 장류 중 한식메주, 한식된장, 청국장 및 한식메주를 이용한 한식간장은 제외된다. 음료류 중 다류와 커피 중 볶은 커피 및 인스턴트 커피는 제외된다. 식용유지류 중 동물성 유지류, 식용유지가공품 중 모조치즈, 식물성 크림, 기타식용유지가공품은 제외된다.

[5회] 정답 및 해설

1교시

001	002	003	004	005	006	007	008	009	010
④	③	①	⑤	①	②	⑤	②	④	①
011	012	013	014	015	016	017	018	019	020
①	③	②	①	⑤	④	④	③	④	⑤
021	022	023	024	025	026	027	028	029	030
⑤	②	②	①	⑤	⑤	⑤	④	②	①
031	032	033	034	035	036	037	038	039	040
①	⑤	③	④	④	②	①	④	⑤	②
041	042	043	044	045	046	047	048	049	050
⑤	①	⑤	②	⑤	①	②	③	④	③
051	052	053	054	055	056	057	058	059	060
③	④	②	⑤	③	④	③	③	②	④
061	062	063	064	065	066	067	068	069	070
③	④	③	③	④	③	④	③	①	④
071	072	073	074	075	076	077	078	079	080
④	③	④	③	①	⑤	④	③	④	⑤
081	082	083	084	085	086	087	088	089	090
③	④	③	②	④	③	③	④	③	⑤
091	092	093	094	095	096	097	098	099	100
③	②	①	④	③	⑤	②	②	⑤	③
101	102	103	104	105	106	107	108	109	110
①	④	③	①	②	⑤	③	⑤	②	④
111	112	113	114	115	116	117	118	119	120
②	③	②	②	④	④	②	④	②	④

영양학 및 생화학

001
핵심풀이
미토콘드리아에는 전자전달계와 TCA회로 관련 효소들이 포함되어 있어 주요 에너지 생성 장소가 된다.

002
핵심풀이
19~29세 여자의 에너지 필요추정량은 2,000kcal로, 이중 탄수화물의 에너지 적정섭취비율은 55~65%이므로 2,000Kcal의 55~65%인 1,100~1,300Kcal를 탄수화물로 섭취해야 한다. 탄수화물은 1g당 4Kcal이므로 이는 275~325g에 해당한다.

003
핵심풀이
체내 탄수화물 부족 시에 지방이 불완전 연소되어 축적된 아세틸 CoA로 케톤체가 합성된다.

004
핵심풀이
갈락토오스 1-인산은 갈락토오스 1-인산 우리딜 전이효소에 의해 포도당 1-인산과 UDP-글루코오스로 전환되므로 이 효소의 결함으로 갈락토오스가 축적되어 갈락토오스혈증이 유발된다.

005
핵심풀이
식이섬유는 음식물의 위배출을 지연시키고 당질의 소화 흡수를 지연시키기 때문에 혈당 상승 속도를 낮춘다.

006
핵심풀이
해당과정에는 NAD가 필요하므로 조효소로 니아신이 요구된다.

007
핵심풀이
근육에는 포도당 6-인산 가수분해효소가 없기 때문에 포도당 6-인산이 포도당으로 전환될 수 없다.

008
핵심풀이
옥살로아세트산으로부터 아스파르트산, α-케토글루타르산으로부터 글루탐산, 구연산으로부터 acetyl CoA를 합성할 수 있다.

009
핵심풀이
피루브산 탈수소효소는 ADP, CoA, NAD^+, Ca^{2+}에 의해 활성이 촉진되고, ATP, 아세틸 CoA, NADH, 지방산에 의해 활성이 억제된다.

010
핵심풀이
격렬한 근육 운동 시 코리회로를 통해 젖산이, 알라닌 회로를 통해 알라닌이 근육에서 간으로 운반되어 포도당 신생에 이용된다.

011
핵심풀이
탄수화물이 부족한 경우 케톤체가 생성되어 식욕부진, 메스꺼움, 탈수, 혼수 등의 증상이 나타날 수 있고 이를 예방하기 위해서는 탄수화물을 1일 50~100g 이상 섭취해야 한다.

012
핵심풀이
transketolase는 TPP, 아세틸 CoA 카르복실화 효소는 비오틴, 글리세르알데히드 3-인산 탈수소효소는 NAD^+이다.

013
핵심풀이
위의 유미즙 중 긴사슬지방이 십이지장에 도달하면 콜레시스토키닌의 분비가 촉진되며, 콜레시스토키닌은 담즙 분비를 촉진하고, 췌장 소화 효소의 분비를 촉진한다.

014
핵심풀이
아이코사노이드는 탄소 20개인 불포화지방산으로부터 합성된 물질로서 작용 부위와 가까운 부위에서 생성되어 짧은 기간 동안 작용하고 분해된다.

015
핵심풀이
다가불포화지방산은 산소와 반응하여 쉽게 산화되어 과산화물을 형성하므로 다가불포화지방산의 과산화를 막기 위해 항산화제인 비타민 E가 필요하다.

016
핵심풀이
지단백질 리파아제는 조직의 모세혈관이나 내피세포에 있으며, 킬로미크론이나 VLDL로부터 중성지방을 분해하여 조직으로 이동시키는 작용을 한다.

017
핵심풀이
짧은사슬 지방산으로 구성된 지방의 소화에는 담즙이 필요하지 않으므로 담즙 생성이 어려운 간질환 환자에게 적합하다.

018
핵심풀이
홀수지방산의 β-산화 결과 프로피오닐 CoA가 생성되고, 프로피오닐 CoA를 숙시닐 CoA로 전환시키는 과정에서 비오틴과 비타민 B_{12}가 필요하다.

019
핵심풀이
오탄당인산경로 전반부의 산화적 반응에서 NADPH가 생성되고 NADPH는 지방산 합성 과정에서 수소를 제공하는 역할을 한다.

020
핵심풀이
지방산의 탄소수가 2개 증가하는 과정에서 ATP 1분자가 소모되고, 2번의 환원과정에서 NADPH가 각각 사용된다.

021
핵심풀이
케톤체는 포도당이 부족하여 옥살로아세트산이 공급되지 못하면 생성되고 간의 미토콘드리아에서 생성된다. 합성과정에는 NADH가 필요하다.

022
핵심풀이
단백질은 체조직의 성장과 유지, 효소와 호르몬 및 항체 형성, 혈장단백질 합성, 삼투압 조절, 산-염기평형 조절, 면역반응 등의 기능을 한다.

023
핵심풀이
생물가는 흡수된 질소의 체내 보유 정도, 즉 체조직 단백질로 얼마나 전환되었는가를 나타내는 것으로서, 체내 보유 질소량을 흡수된 질소량으로 나눈 값의 백분율이다.

024
핵심풀이
양의 질소평형 상태는 성장, 임신, 질병의 회복기, 운동훈련시, 성장호르몬, 인슐린, 남성호르몬의 분비 증가 시에 나타난다.

025
핵심풀이
글루탐산의 아미노기는 글루탐산탈수소효소에 의해 유리암모니아로 제거되며 이 과정은 NAD^+를 필요로 하는 산화적 탈아미노 반응이다.

026
핵심풀이

아미노기는 간에서 요소의 형태로 전환되어 신장으로 배설된다. 뇌 등의 조직에서 암모니아는 글루탐산과 결합되어 글루타민 형태로 간으로 이동 후 대사된다. 그 밖에 불필수 아미노산 합성, 크레아틴, 핵산 등 질소화합물 합성에 이용된다.
신장에서는 암모니아 상태로 유리되어 산·염기 평형에 기여한다.

027
핵심풀이

요소회로에서 요소는 미토콘드리아에서 유리암모니아, 세포질에서 아스파르트산을 통해 각각 아미노기를 제공받는다.

028
핵심풀이

알비니즘은 티로신 대사 결함, 호모시스틴뇨증은 메티오닌 대사 결함, 페닐케톤뇨증은 페닐알라닌 대사 결함으로 인한 선천성 대사장애이다.

029
핵심풀이

DNA 정보가 mRNA로 전사된 후 가공과정 중 인트론은 제거되고, 엑손만 연결된다.

030
핵심풀이

Km값이 작을수록 효소에 대한 기질의 친화도는 크고 Vmax값이 클수록 반응이 잘 일어난다.

031
핵심풀이

식품이용을 위한 에너지 소모량은 균형된 식사를 섭취할 경우 총 에너지 소비량의 약 10%에 해당한다.

032
핵심풀이

기초대사량은 식품 섭취 12~14시간 경과 후 완전 휴식 상태의 표준화된 온도조건(18~20℃)하에서 측정한다.

033
핵심풀이

비타민 A의 과잉증은 사산, 기형, 출산아의 영구적 학습장애가 있고 비타민 K는 독성이 거의 나타나지 않는다. 니아신의 과잉증은 드물게 혈관확장, 홍조현상, 간손상 등이 나타나고 비타민 D의 과잉증은 고칼슘혈증, 연조직에 칼슘 축적, 신장결석 등이 있다.

034
핵심풀이

노인기에는 야외활동이 적고 비타민 D의 합성능력 및 활성화 능력이 저하되므로 65세 이후에는 충분섭취량이 15μg으로 증가된다.

035
핵심풀이

비타민 A와 비타민 D는 공통적으로 세포의 분화와 관련된 기능을 수행한다.

036
핵심풀이

엽산은 단일탄소기와 결합하여 이를 전달하는 조효소 역할을 한다.

037
핵심풀이

비타민 C는 항산화기능, 콜라겐 합성, 철과 칼슘의 흡수 촉진, 카르니틴 합성, 신경전달물질 합성, 헤모글로빈 합성, 페닐알라닌으로부터 티로신 합성 등에 관여한다.

038
핵심풀이

아미노기 전이효소 등 아미노산 대사에 관여하는 효소는 PLP를 조효소로 요구한다.

039
핵심풀이

콜린은 메틸기 공여체로 작용하며 아세틸콜린의 전구체이고 레시틴의 구성성분이며 항지방간 인자에 해당한다.

040
핵심풀이

비타민 K에 의해 프로트롬빈이 정상적으로 형성되고 트롬보플라스틴과 Ca^{2+}에 의해 트롬빈으로 전환되면서 혈액응고 과정이 정상적으로 진행된다.

041
핵심풀이

마그네슘은 골격과 치아의 구성, 여러 효소의 보조인자나 활성제, ATP의 구조적 안정 유지 및 에너지 대사, 신호전달체계 활성화, 신경자극의 전달과 근육의 수축과 이완에 작용한다.

042
핵심풀이

혈중 나트륨의 농도가 낮아지면 신장에서 레닌이 분비되어 안지오텐시노겐을 안지오텐신Ⅰ으로 전환시키고, 폐의 안지오텐신 전환효소에 의해 안지오텐신Ⅰ은 안지오텐신Ⅱ가 된다.
안지오텐신Ⅱ는 세동맥 수축과 부신피질의 알도스테론 분비를 자극하여 동맥압을 높이는 작용을 수행하고 알도스테론은 나트륨과 수분의 재흡수를 촉진한다.

043
핵심풀이

임신기에는 철의 흡수율이 증가한다. 트립토판으로부터 세로토닌 합성에 관여한다. 체내 철저장량이 많을수록 흡수가 감소한다.

044
핵심풀이

구리는 철 흡수 및 이용을 돕는 작용을 하고 결합조직의 건강에 관여하는 기능을 하며 여러 효소의 작용에 필요하다. 그 밖에도 면역체계의 일부로 작용하고 콜레스테롤 대사에 관여한다.

045
핵심풀이

상한섭취량이 설정되어 있지 않은 무기질에는 나트륨, 칼륨, 염소, 크롬이 있다. 충분섭취량이 설정되어 있는 무기질에는 나트륨, 칼륨, 염소, 불소, 망간, 크롬이 있다. 19~29세 성인 남자의 칼슘 권장섭취량은 800mg, 인 권장섭취량은 700mg이다.

046
핵심풀이

수분평형의 조절기전은 뇌하수체 후엽의 항이뇨호르몬, 부신피질의 알도스테론, 시상하부의 갈증중추에서 담당한다.

047
핵심풀이

임신 전 BMI가 18.5~25 미만인 경우 적정체중 증가량은 11.4~15.9kg이다. 임신 초기 체중 증가(1~2kg)와 중기 체중증가(5kg)는 대부분 모체조직 증가, 임신 말기 체중증가(5kg)는 대부분 태아조직의 증가 때문이다. 체중증가 성분은 수분 62%, 지방 30%, 단백질 8%이며 단백질의 2/3는 태아와 태반, 지방의 90%는 모체조직에 축적된다.

048
핵심풀이

① 칼슘은 임신 3/3분기에 태아의 골격과 치아형성, 모체의 기관증식, 수유에 대비한 모체 칼슘 보유 등으로 요구량이 증가하지만 임신 중 에스트로겐과 혈중 비타민 D 농도 증가로 식품의 칼슘흡수율이 증가하는 생리적인 적응반응에 따라 추가량이 없다.
② 임신 중 생리적인 철 흡수율 증가, 월경 중지 등으로 철 손실을 방지하지만 모체와 태아혈액, 조직의 헤모글로빈과 미오글로빈 합성, 태아 간에 축적 등으로 필요량이 증가하므로 임신 중·후기에 10mg을 추가권장섭취량으로 설정하였다.
④ 요오드는 임신 후기 기초대사량 항진에 따라 필요량이 증가하므로 90ug을 추가 권장량으로 설정하였다.
⑤ 요오드 결핍 시 모체는 갑상선종, 영아는 크레틴병의 결핍증이 나타난다.

049
핵심풀이

임신부의 에너지 추가량은 임신 1/3, 2/3, 3/3분기 각각 +0kcal, +340kcal, +450kcal이며, 단백질 추가권장량은 +0g, +15g, +30g이다

050
핵심풀이

수유부의 유선조직에서 프로락틴은 지단백분해효소의 활성을 증가시키고 인슐린 민감성을 상승시켜 혈액으로부터 유포로 지방산 유입을 유도하여 유포에서 중성지방 합성을 항진시킨다.
반면, 수유부의 지방조직에서는 지단백분해효소 활성이 감소하고 인슐린 민감성이 감소하여 지방분해 속도가 증가한다. 이는 지방조직이 유선조직으로 지방산을 공급하는 것을 의미한다.

051
핵심풀이

영아는 췌장리파아제 함량과 담즙산이 적어 지방 분해능력은 약하지만 구강과 위의 리파아제와 모유에 있는 담즙산염 자극 리파아제가 지방소화를 도와준다. 모유는 우유보다 불포화지방산 함량이 많아 소화, 흡수가 용이하며 신생아는 모유지질의 85~95%를 흡수하고 우유 지질은 70% 이하를 흡수한다.

052
핵심풀이

출생 시 여분의 적혈구가 파괴되면서 생성된 빌리루빈이 간 기능 미숙으로 간에서 대사되지 못하고 혈액으로 유입되면서 신생아의 생리적 황달이 나타난다. 이외에도 해독작용이 불완전하며 중독증상이 발생할 수 있다.

053
핵심풀이

모유의 당질은 유당, 포도당, 갈락토오스, 올리고당, 아미노당이며, 주된 당질은 유당이다. 모유(7g/100mL)에 함유된 유당이 우유(4.8g/100mL)보다 많다. 유당은 감미와 용해도가 낮아 소장에서 서서히 흡수되며 인슐린 요구량이 낮고 삼투압을 낮게 유지한다. 칼슘, 인, 마그네슘 흡수를 촉진하고 갈락토오스는 뇌 조직 구성 성분이 된다.
올리고당은 소장에 병원균이 침투하지 못하도록 하여 질병으로부터 영아를 보호한다.

054
핵심풀이

설사가 심하면 탈수를 예방하기 위해 수유를 중단하고 엷은 포도당액, 보리차, 끓인 물을 계속해서 조금씩 공급한다. 주스와 젖산음료(유산균음료)는 장내 발효를 일으켜 설사를 악화시킬 수 있다. 설사가 멎은 후 다시 유즙을 줄 때는 조제유의 경우 농도를 희석하여 먹이고 경과를 보면서 본래 농도로 점차 늘리며 모유의 경우 젖 먹는 분량을 줄이기 위해 수유 전 물을 조금 먹이고 젖을 물린다.

055
핵심풀이
유아는 씹기 싫어하는 습관을 갖지 않도록 하며, 설탕과 지방 함량이 높거나 염분과 당류가 많이 첨가된 간식은 피한다. 간식은 하루 에너지 필요량의 10~15% 정도로 배분하며 다음 식사까지 2시간 간격을 두어 정규식사에 영향이 없도록 한다. 간식의 내용은 에너지, 단백질, 칼슘, 비타민 C, 수분 등이 충족되도록 한다.

056
핵심풀이
흉선, 편도선, 림프절 등 면역관련 조직은 사춘기 직전(12세 경)에 현저히 발육하여 성인의 2배에 이르는 최대 크기가 되고 이후 점차 감소하여 성인수준을 유지한다.

057
핵심풀이
심뇌혈관계 질병 예방을 위해 적정(표준)체중을 유지하도록 섭취열량을 제한하며, 복합당질, 불포화지방산, 양질의 단백질, 식이섬유소는 충분히 섭취하고, 포화지방산, 콜레스테롤, 단순당, 염분 섭취는 제한하는 것이 바람직하다.

058
핵심풀이
노인기에는 위에서 위산, 내적인자 감소로 비타민 B_{12}, 철 흡수가 감소한다. 췌장의 리파아제와 담즙 분비 감소로 지질 소화와 흡수가 저하되며, 미뢰수 감소, 미뢰 위축으로 짠맛, 단맛의 감각이 둔화되어 역치가 상승된다. 위액의 산도 저하, 트립신, 펩신 감소로 단백질 소화율은 감소하나 단백질 흡수율과 대사산물의 처리 기능은 변화가 없다.

059
핵심풀이
칼슘의 권장섭취량: 19~49세 여성 700mg, 50세 이상 800mg

060
핵심풀이
① 근육의 글리코겐 저장 능력 증가
② 혈중 LDL-콜레스테롤 농도 감소
③ 최대 산소소비량 증가
⑤ 인슐린 민감성 상승으로 혈당 개선

영양교육, 식사요법 및 생리학

061
핵심풀이
영양교육의 어려운 점
대상자의 구성과 식습관이 다양하고 개인의 경제와 식생활이 직결되어 있으며 식생활에 대한 생각이 보수적이고 교육의 효과가 장기적이며 완속적, 비가시적, 복합적이다.

062
핵심풀이
건강신념모델은 질병에 대한 위험과 심각성을 인지시키고 요구되는 행동이 주는 이득이 장애를 초과할 때 행동변화가 가능하다고 보는 이론이다. 식행동이 질병이나 건강문제와 직접적으로 연관되어 있는 경우의 교육이나 상담에 유용하다.

063
핵심풀이
- **사회적 방면**: 건강행동을 지지하는 방향으로 사회적 규범 변화, 기회, 대안 증가(급식메뉴 변화, 금연구역 설정 등)
- **대체조절**: 바람직하지 못한 행동을 건전한 행동으로 대체(휴식, 거절, 유혹 대처, self-talk)
- **조력관계**: 건강행동을 위한 사회적지지 유도(동호회, 인터넷 모임, 전화상담)
- **자신방면**: 할 수 있다는 자신감으로 행동변화를 결심, 약속함(계약서 작성, 의사결정)
- **환경재평가**: 행동변화 시 주변인, 환경에 미치는 영향을 인지적, 감정적 측면에서 평가(역할모델, 가족중재 등)

064
핵심풀이
사회인지론은 개인의 인지적 요인, 행동적 요인, 환경적 요인이 상호작용하는 상호결정론에 기반을 두고 있다. ①, ②, ④, ⑤는 개인의 인지적 요인을 활용한 예이다

065
핵심풀이
영양교육의 목표
- **지식의 이해**: 바람직한 식생활을 실천하기 위해 필요한 지식과 기술에 대한 이해
- **태도의 변용**: 현재의 식생활 개선에 대한 흥미유발과 개선하고 실천하려는 태도의 변용(마음가짐을 가짐, 생각을 바꿈)
- **식행동 변화**: 실천을 통해 식생활을 적절하게 변화시키고 지속시켜 습관화하는 것

066
핵심풀이
영양교육 과정 중 계획단계에서는 영양문제 선정(가장 우선순위가 높은 것 선정), 목적 및 목표 설정, 영양중재방법 선택, 영양교육 활동과정 설계, 영양교육 홍보전략 개발, 평가 계획이 포함된다.

067
핵심풀이
건강정보 소통 절차: 마 → 라 → 가 → 나 → 다

068
핵심풀이
매스미디어를 통한 정보는 일반화, 대중화되고 개별화, 구체적이지 않기 때문에 개인의 식행동 변화를 목표로 하기에는 어려움이 있다.

069
핵심풀이
- **교육자 중심 학습방법**: 강의, 시범, 모델링 등
- **교육대상자 중심 학습방법**: 컴퓨터 보조학습, 교재이용 등

070
핵심풀이
명료화
내담자가 모호한 말을 했을 때 상담자가 그 안에 담겨있는 의미나 관계를 질문을 통해서 명확하게 해주는 과정. 명확하게 해주는 과정은 내담자가 방금 한 말에만 근거를 두고 있어야 하며 상담자가 어떤 가정을 한다거나 확인되지 않은 사항에 대해 추론하는 것은 좋지 않다.

071
핵심풀이
연구집회는 특정주제에 대해 전문가 연사의 강연을 들은 후 참가자들이 연구 토의하여 문제를 해결해 나가는 방법을 찾는 과정으로 일반 대중보다는 비교적 수준이 높은 특정 직종에 있는 지도자들 교육에 적합하다.

072
핵심풀이
2020 한국인 영양소 섭취기준(국민영양관리법 근거, 보건복지부 주관)
- **목적**: 건강증진 및 만성질환 예방을 위한 적정 섭취기준 제시
- **새롭게 추가된 사항**
  - 탄수화물(영아에서 충분섭취량 → 전 연령 평균필요량, 권장섭취량 설정)
  - 리놀레산, α-리놀렌산(영아에서 충분섭취량 → 전 연령 충분섭취량 설정)
  - EPA+DHA(영아에서 충분섭취량 → 유아를 제외한 전 연령에서 충분섭취량 설정)
  - 만성질환위험섭취 감소량(건강한 인구집단에서 만성질환의 위험을 감소시킬 수 있는 최소섭취수준, 기준치보다 높게 섭취할 경우 전반적인 섭취량을 낮추면 만성질환에 따른 위험율을 감소시킬 수 있다. 근거중심으로 도출, 나트륨에 대해 영아를 제외한 전 연령에서 설정)

073
핵심풀이
보건복지부는 제5차 국민건강증진종합계획(Health Plan '21~'30)을 수립하여 2030년까지 건강수명을 연장(70.4세 → 73.3세)하고 소득 및 지역 간 건강형평성을 제고할 수 있는 건강증진정책을 강화하였다.

074
핵심풀이
응용영양사업은 1967년부터 국제아동기금, 세계식량농업기구, 세계보건기구가 공동으로 사업추진에 대한 협약을 맺고 1968년 농촌진흥청에서 농촌의 식생활 개선업무에 착수하였다.
쌀 중심 식생활 형태의 개선, 대두·가금류 등 영양식품의 생산증가, 국민의 체위 향상, 식량자급 모색 등의 사업으로 이루어져 있으며 1986년에 성공적으로 종료되었다.

075
핵심풀이
② 단백질 섭취가 부족하면 합성양이 감소한다.
③ 사구체에서 여과되지 않는다.
④ 혈장단백질 중 가장 많은 양을 차지한다.
⑤ 혈중 농도가 감소하면 부종이 나타난다.

076
핵심풀이
에너지 필요량 산출 시 연령, 활동량, 비만도, 외상 여부 및 정도, 체중, 키 등을 고려한다. 수술이나 화상 등의 외상이 심하면 단백 조직의 손실을 보상하기 위하여 에너지 공급량을 증가시켜야 한다.

077
핵심풀이
임상조사는 영양판정 방법 중 가장 민감성이 낮은 방법으로 장기간의 영양불량을 반영하는 신체징후를 판정한다.

078
핵심풀이
생화학적 조사방법은 혈액, 소변, 머리카락 등의 시료에서 영양소 함량을 측정하는 것으로 가장 객관적이고 정량적인 방법이다.

079
핵심풀이
중심정맥영양은 말초정맥영양(PPN)으로 영양이 불충분한 경우, 심한 영양불량, 심한 외상과 화상, 신경성식욕부진증의 경우 적용한다. 위장기능이 원활한 경우, 정맥영양기간이 5일 이내, 본 수술에 방해가 되는 경우는 적용하지 않는다.

080
핵심풀이
수술 후 장내 가스와 가래가 나오면 맑은 유동식을 공급한다. 주로 수분 공급을 목적으로 끓여 식힌 물, 보리차, 맑은 사과주스, 연한 홍차, 맑은 육즙 등을 제공한다.

081
핵심풀이
만성 신부전 환자는 칼륨 제한, 부종이 있는 경우 나트륨 제한, 화상 환자는 고단백, 수분제한이 필요한 경우 농축 고에너지 영양액을 사용한다.

082
핵심풀이
① 소장의 소화효소는 세포막에 붙어 기질이 흡수될 때 작용하여 기질을 분해시킨다.
②, ③ 식도와 위의 경계는 분문, 위와 소장의 경계는 유문이라고 한다.
⑤ 식도에서 항문에 이르는 위장관 벽은 4개의 근육층으로 구성되어 있다.

083
핵심풀이
위액분비 증가로 위점막이 자극되어 통증이 발생하는 과산성 위염으로 청년, 장년층에서 주로 나타난다. 당질위주의 충분한 에너지를 공급하며, 적당량의 유화지방, 적절한 단백질 섭취, 저섬유식을 제공한다. 자극에 예민하므로 진한 육즙, 자극성 강한 향신료, 커피, 술, 탄산음료, 신 음식은 제한한다.

084
핵심풀이
덤핑증후군이 있는 위절제 환자는 고단백식, 중정도 지방(주로 유화지방 형태), 저당질식, 빈혈 발생 시 고철식을 공급하여 영양관리를 한다. 단순당보다는 복합당질이 고혈당을 예방하며 섬유소는 혈당 상승을 억제하므로 식품을 통해 공급하며 일시적인 유당불내증이 나타나므로 우유 섭취를 제한한다. 철은 주로 음식으로 공급하는 것이 바람직하다.

085
핵심풀이
역류성 식도염은 하부식도괄약근의 압력 감소로 위 내용물이 역류되어 생긴 식도점막의 염증성 질환으로 일부 호르몬(가스트린, 에스트로겐, 프로게스테론 등), 탈식도증, 흡연, 알코올, 과식, 고지방음식, 초콜릿, 가스발생 식품(마늘, 양파, 박하, 계피 등), 과다한 위산 분비, 약물, 노화, 임신, 비만, 몸에 꽉 끼는 옷, 복수, 과식, 식후 눕기 등이 압력을 저하시키는 요인이 된다.

086
핵심풀이
염증성 장질환 식사요법
증상이 심할 때는 2~3일 금식하고 이후 유동식, 연식, 상식으로 이행한다. 무자극성식, 저잔사식, 저섬유소식, 지방 제한(유화지방이나 중쇄지방 이용), 고에너지, 고단백식을 공급한다. 과다한 지방섭취는 지방변을 일으킬 수 있으므로 제한한다. 유당, 과당, 당알코올은 제한한다.

087
핵심풀이
간의 대사
아미기 전이반응을 통해 비필수 아미노산 합성, 암모니아에서 요소합성(요소회로), 지단백질 합성, 프로트롬빈 합성

088
핵심풀이
간질환은 공통적으로 저섬유식, 고당질식, 고단백식(간성혼수 시 저단백, 무단백), 중등지방, 저염식(복수, 부종 시), 비타민, 무기질 충분히 공급한다. 곁가지아미노산 / 방향족 아미노산 비가 높은 식품(대두, 된장, 완두, 밤, 연근, 수수, 율무, 옥수수, 우유, 발효유, 굴, 연어, 붕어 등)을 이용한다.

089
핵심풀이
간경변증 환자는 간세포가 파괴되어 간 내의 혈액 흐름이 나빠지면 문맥압이 상승하여 간으로 혈액 유입이 되지 못하고 위나 식도의 혈관이 무리하게 확장되어 정맥류가 발생한다. 이로 인해 혈관이 쉽게 파열되고 토혈, 혈변이 나타난다. 이 경우 식사는 연식과 저섬유, 무자극식을 제공한다.

090
핵심풀이
당뇨병 합병증이 있는 췌장염 환자의 경우 당뇨병 식사요법을 실시한다.

091
핵심풀이
상체비만, 복부비만, 남성비만, 사과형 비만, 소아 비만(지방세포 증식형)이 만성질환 발생 위험이 높다.

092
핵심풀이
체중 증가를 위해서는 열량이 높은 음식을 제공한다. 지방을 첨가하거나 자체 열량이 높은 식품 등을 이용한다.

093
핵심풀이
케톤체 생성 식사로 체중이 빨리 빠지며, 주로 많은 부분이 체단백, 체수분 감소에 기인한다. 지방 분해로 케톤체 생성이 많으며 이로 인해 소변으로 칼슘 배설이 증가한다. 혈중 요산 증가로 통풍의 위험이 있고 식사가 단조로워 오래 지속하기 어렵다. 채소, 과일, 전곡류 섭취 감소로 비타민, 무기질, 식이섬유 결핍위험이 있고 기초대사량 감소 폭이 크다.

094
핵심풀이
공복혈당은 보통 8시간 공복 후 혈당을 측정하여 70~100mg/dL 미만이면 정상, 126mg/dL이상이면 당뇨로 진단한다. 100~125mg/dL 이면 공복혈당장애로 진단한다.

095
핵심풀이
당뇨병의 당질대사
간으로부터 포도당 방출 증가, 말초조직으로 포도당 이동 감소, 포도당 이용 저하로 해당계, TCA 회로 효소활성 저하, 혈중 피루브산 및 젖산 농도 증가, 혈당 170mg/dL 이상이면 소변으로 일부 포도당 배설, 소변 중 나트륨, 수분 배설량 증가(다뇨), 다갈

096
핵심풀이
당과 함께 다량의 수분이 배설되면(다뇨) 체내 수분부족으로 갈증을 느껴 다량의 물을 섭취하게 된다. 지방의 불완전 연소로 케톤체가 과잉 생성되고 산성 물질인 케톤체가 배설되면서 체내 알칼리성 물질이 함께 배설되어 산혈증이 나타난다. 체단백질 분해 결과 체중감소, 면역력 저하 등의 신체쇠약이 나타난다. 신장의 포도당 역치 170~180mg/dL 이상이 되면 모든 당이 재흡수 되지 못하고 소변으로 배설된다(당뇨).

097
핵심풀이
당뇨병의 원인
- 유전(제1형, 제2형 모두 해당, 제2형이 유전적 요인이 많음)
- 연령(제1형 유년기, 제2형 성인기)
- 비만(제2형, 인슐린저항성)
- 내인성 인슐린 분비량 부족(제1형)

098
핵심풀이
나트륨은 고혈압의 유무와 관계없이 1일 6g 이하로 제한(고혈압, 당뇨병성 신증 시 1일 5g이하 제한)하고 단순당은 총 열량의 5% 이내로 하고 인공감미료 사용이 가능하다. 알코올은 케톤체 합성 증가, 저혈당증, 혈중 중성지방 상승 등을 초래하므로 제한한다. 당뇨병성 신증의 경우 단백질, 나트륨 섭취를 제한한다.

099
핵심풀이
탈수 예방을 위해 환자가 의식이 있는 경우 보리차, 염분이 있는 맑은 국물 등을 공급한다.

100
핵심풀이
계피는 자극이 약해 심부전 환자에게 줄 수 있으며 고추와 겨자 등은 자극성이 강하므로 제한한다. 맛소금과 MSG는 나트륨이 들어 있어 금한다.

101
핵심풀이
혈청 콜레스테롤은 오메가-6 필수지방산에 의해 저하될 수 있다. 옥수수기름, 대두유 등 필수지방산이 풍부해 불포화도가 높은 유지류가 포함되며 팜유, 코코넛유, 마가린, 라드, 버터는 포화지방산이 많다.

102
핵심풀이
고혈압 위험인자
유전, 노화, 비만, 스트레스, 호르몬(알도스테론, 에피네프린), 과식, 육식, 지방음식, 짜게 먹는 습관, 운동과 활동량 감소

103
핵심풀이
제2b형 이상지질혈증은 콜레스테롤과 중성지방이 모두 높은 경우로 비만, 동맥경화증, 고요소산혈증이 함께 나타나기도 하고 허혈성 심장질환이 발생하기 쉽다. 열량(비만인 경우), 단순당, 포화지방, 콜레스테롤, 알코올 섭취를 제한한다.

104
핵심풀이
② 동맥경화증 환자는 식이섬유가 많은 덜 도정된 곡류, 두류, 해조류 등을 통해 식이섬유를 충분히 공급한다.
③ 울혈성 심부전 환자는 장내 가스 형성으로 심장에 부담을 주므로 식이섬유를 제한한다.
④ 협심증 환자에게는 식이섬유를 충분히 공급한다.
⑤ 뇌졸중 환자는 변비예방을 위해 1일 30g 이상의 식이섬유를 공급한다.

105
핵심풀이
동맥경화증 발생 촉진인자
고지혈증, 고혈압, 흡연, 식이성 인자(동물성 지방, 총 지방, 콜레스테롤 과잉 섭취), 비만, 연령, 성별(폐경 후 여성의 발생률이 남성보다 높음)

106
핵심풀이
물에 장시간 담그거나 물속에서 조리하면 칼륨의 용출이 가능하다. 저칼륨식사를 제공받는 환자의 경우 단백질, 인 등의 섭취도 제한될 수 있으므로 이에 대한 주의가 필요하다.

칼륨 함량 많은 식품
시금치, 근대, 쑥갓, 쑥, 아욱, 미나리, 물미역, 부추, 양송이, 고춧잎, 취, 단호박, 늙은 호박 / 바나나, 토마토, 참외, 멜론, 키위, 곶감 / 잡곡, 콩, 감자, 고구마, 토란, 밤, 초콜릿 등

107
핵심풀이
세뇨관 분비
수분, 칼륨, 마그네슘, H^+ 요산, 요소, 노폐물, 크레아티닌 등

108
핵심풀이
신증후군은 사구체, 세뇨관, 보우만주머니의 퇴행성 변화로 단백뇨, 저단백혈증, 저알부민혈증, 심한부종, 고지혈증, 고콜레스테롤혈증, 기초대사율 저하 등이 나타나는 질환이다. 식사요법은 단백질은 제한하지 않고 보통 또는 충분히 공급하며, 에너지 역시 단위체중당 35kcal로 충분히 공급한다. 만약 비만이 있다면 혈중 지질을 낮추기 위해 에너지 섭취를 감소시킨다. 그러나 나트륨과 지방, 콜레스테롤은 제한한다.

109
핵심풀이
혈액투석 식사요법
- 에너지 충분히(30~35kcal/kg, 당질과 지질로 공급)
- 단백질 충분히(1.2~1.4g/kg)
- 나트륨, 칼륨, 인, 수분 제한

110
핵심풀이
요산결석에는 저퓨린식, 알칼리성 식사를 제공한다.
- **주의식품**: 진한 육즙, 육류의 내장, 멸치, 정어리, 청어, 고등어, 가리비, 버섯류(양송이 제외), 시금치, 컬리플라워, 아스파라거스, 알코올류, 이스트 등
- **권장식품**: 곡류, 달걀, 치즈, 살코기(닭고기, 소고기, 돼지고기), 콩류, 생선류(흰살생선), 과일, 과일 주스, 우유 및 유제품류, 아이스크림, 케이크(체중조절 시 제한) 등

111
핵심풀이
열량제한은 종양 발현 억제와 DNA 회복 능력을 상승시킨다. 고지방식은 유방암, 대장암, 직장암, 전립선암, 담낭암의 발생위험을 높인다. 아연의 다량섭취는 유방암, 위암의 발생 위험을 높인다. 과량의 알코올 섭취는 구강암, 후두암, 식도암 발생위험을 높이고, 고섬유식은 결장암, 직장암을 예방한다.

112
핵심풀이
암 환자의 에너지 공급은 질병의 중증도를 고려하여 결정하며 비타민과 무기질도 영양소섭취기준에 맞게 제공한다. 수분이 부족되지 않도록 공급하며 기름진 음식은 식사섭취 불량을 더 악화시킬 수 있다.

113
핵심풀이
만성폐쇄성폐질환 환자는 폐근력 강화를 위해 충분한 영양공급이 필요하다.
- 농축 에너지 식품, 부드러운 형태의 음식으로 소량씩 자주 공급
- 탄수화물 식품 제한(RQ = 1.0)
- 지방 식품을 주 에너지원으로 제공(RQ = 0.7)
- 고단백식, 가스발생 음식 제한
- 탈수예방을 위해 수분 섭취(식간에 섭취)

114
핵심풀이
달걀 및 달걀이 포함된 식품 섭취 제한

115
핵심풀이
① 에너지 필요량 증가
② 소변량 감소
③ 기초대사율 증가
⑤ 면역기능 감소

116
핵심풀이
비타민 D 활성화는 간과 신장, 해독작용 및 단백질 합성은 간, 혈압조절 작용은 심장과 신장에서 수행한다.

117
핵심풀이
철 결핍 초기단계는 혈청 페리틴의 감소가 가장 현저히 나타나므로 철분 결핍 초기단계에 민감한 지표이며 철 결핍성 빈혈 단계에서는 총철결합능 증가, 적혈구 프로토포르피린 증가, 트랜스페인 포화도 감소, 혈색소 감소, 적혈구지수 감소, 헤마토크리트 감소가 나타난다.

118
핵심풀이
골관절염의 식사요법
균형식, 항염증식사, 비타민과 무기질 충분히 공급, 오메가-3 지방산 충분히 공급, 적정체중유지(비만시 저열량식)

119

핵심풀이

호모시스틴뇨증은 시스타치오닌 합성효소 결핍으로 혈액과 소변에 메티오닌, 호모시스틴 농도가 증가한다. 메티오닌과 단백질 제한, 시스테인 보충, 비타민 B_6 및 엽산 보충

120

핵심풀이

- 코티솔은 부신피질에서 분비되는 호르몬으로 혈당 상승을 통해 혈당을 유지한다.
- 결핍 시 에디슨병, 저혈당, 저혈압, 과잉 시 쿠싱증후군이 나타난다.

2교시

001	002	003	004	005	006	007	008	009	010
③	③	④	②	①	③	①	⑤	①	③
011	012	013	014	015	016	017	018	019	020
⑤	④	③	③	②	④	⑤	①	⑤	①
021	022	023	024	025	026	027	028	029	030
③	⑤	⑤	⑤	①	③	⑤	②	④	①
031	032	033	034	035	036	037	038	039	040
②	②	①	①	③	⑤	④	①	④	②
041	042	043	044	045	046	047	048	049	050
③	③	③	②	④	③	③	②	③	⑤
051	052	053	054	055	056	057	058	059	060
①	②	③	③	③	③	③	④	③	①
061	062	063	064	065	066	067	068	069	070
②	③	②	③	②	③	④	①	②	③
071	072	073	074	075	076	077	078	079	080
⑤	③	②	④	②	④	⑤	①	②	①
081	082	083	084	085	086	087	088	089	090
③	④	④	①	②	①	②	①	③	②
091	092	093	094	095	096	097	098	099	100
②	④	⑤	④	⑤	③	①	④	⑤	④

식품학 및 조리원리

001

핵심풀이

금속제 용기인 법랑은 전자레인지에 사용할 수 없다.

002

핵심풀이

한천을 불리면 20배 용적이 증대된다. 채소는 씻은 후에 잘라야 수용성 영양소 손실을 줄일 수 있다. 분쇄나 마쇄 조작으로 식품의 표면적이 넓어지고 산화효소가 활성화되어 갈변이 촉진된다. 육류는 급속냉동, 완만해동이 이상적이다.

003

핵심풀이

수분활성도는 물의 몰수÷(물의 몰수+용질의 몰수)로 계산된다.

004
핵심풀이
서당이 전화당으로 전환될 때 선광도가 우선성에서 좌선성으로 변화된다.

005
핵심풀이
솔비톨은 비타민 C의 원료로 사용되며 이노시톨은 근육당이라고 한다.

006
핵심풀이
황산염은 노화를 촉진한다. 아밀로오스 함량이 많을수록 노화가 잘 일어나며 곡류전분이 서류전분보다 노화가 잘 일어난다. 유화제는 아밀로오스와 결합하여 노화를 억제한다.

007
핵심풀이
α-아밀라아제는 전분의 α-1,4결합을 무작위로 분해하고 α-1,6결합 부근은 건너뛰고 지속적으로 분해를 이어가기 때문에 저분자의 한계 덱스트린을 생성하는 액화효소이다.

008
핵심풀이
지방산의 융점은 탄소수가 적을수록 불포화도가 높을수록 낮아진다.

009
핵심풀이
자동산화 과정에서 자유라디칼 생성은 초기단계에 일어난다. 자동산화가 일어난 유지는 산화중합물 생성으로 점도가 증가한다. 자외선, 고온, 금속, 지방산, 소금, 방사선 등에 의해 자동산화는 촉진된다.

010
핵심풀이
폴렌스케가(Polenske value)는 비수용성 휘발성 산을 중화하는 데 필요한 0.1N KOH의 ㎖로 중급지방산을 측정하는 화학가이다. 중급지방산은 야자유에 많이 함유되어 있다.

011
핵심풀이
시토크롬과 로돕신은 복합단백질 중 색소단백질, 프로테오스와 펩톤, 펩티드는 2차 유도단백질, 리포비텔린과 리포비텔리닌은 복합단백질 중 지단백질, 알부미노이드와 글루텔린, 히스톤은 단순단백질이다.

012
핵심풀이
닌하이드린 반응은 α-아미노기가 있을 때 반응하고 뷰렛반응은 펩티드 결합이 있을 때 반응이 일어난다. 황반응은 시스테인과 시스틴 검출에 이용된다. 잔토프로테인 반응은 방향족 아미노산 검출에 이용된다.

013
핵심풀이
나린지나아제는 감귤류의 고미성분 제거, 인버타아제는 설탕을 포도당과 과당으로 분해, 헤스페리디나아제는 밀감통조림의 백탁방지, 폴리페놀 산화효소는 식품의 갈색화 효소이다.

014
핵심풀이
테트라피롤 유도체에 속하는 색소는 클로로필, 헤모글로빈, 미오글로빈이며 이소프렌 유도체에 속하는 색소는 카로티노이드이다. 벤조피란 유도체에 속하는 색소는 안토시안, 플라보노이드이다.

015
핵심풀이
양파 - 퀘르세틴, 검은콩 - 크리산테민, 감귤류 - 헤스페리딘, 나린진, 가지 - 나수닌이다

016
핵심풀이
경수에 함유되어 있는 칼슘, 마그네슘 이온이 탄닌과 복합체를 형성하여 갈색 침전이 생긴다.

017
핵심풀이
설탕은 포도당과 과당의 아노머성 -OH간의 결합으로 형성되어 α-, β-이성체가 존재하지 않아 온도 변화에 관계없이 항상 일정한 단맛이 유지되기 때문에 감미도의 표준물질로 이용된다.

018
핵심풀이
가열한 배추의 불쾌취는 황화수소, 겨자의 매운맛은 알릴이소티오시아네이트, 가열한 양파의 단맛은 프로필메르캅탄, 다진 마늘의 매운향은 다이알릴다이설파이드나 다이알릴트리설파이드이다.

019
핵심풀이
그람양성균은 더 많은 펩티도글리칸을 갖고, 테이코산을 포함한다. 세포벽의 조성에 따라 염색성이 달라지고 이를 기본으로 그람양성균과 그람음성균으로 구분한다.

020
핵심풀이
외부 자극에 가장 예민한 시기는 대수기이다. 포자 형성균들이 포자를 형성하기 시작하는 시기는 정지기이다. RNA 함량이 증가하고 단백질이 합성되는 시기는 유도기이다. 최대 세포수에 도달되는 시기는 정지기이다.

021
핵심풀이
*Propionibaterium freudenreichii*는 비타민 B_{12} 생성균, *Penicillium roqueforti*는 로퀴포르치즈 숙성균이다.

022
핵심풀이
감자가 고구마보다 수분함량이 많아 열량이 낮다. 글로불린의 일종인 이포메인이 주단백질이며 폴리페놀화합물에 의해 생성된 멜라닌이 갈변의 원인이 된다. 절단면의 점성물질인 얄라핀이 공기에 의해 산화되면 검게 변한다.

023
핵심풀이
당화는 전분이 산이나 효소 또는 효소를 가지고 있는 엿기름에 의해 가수분해되어 단맛이 증가하는 현상으로 식혜, 조청, 콘시럽, 엿 등이 해당된다.

024
핵심풀이
카사바 겉껍질 독성 - 리나마린, 돼지감자의 주성분 - 이눌린, 마의 점질성분 - 뮤신, 토란의 점성물질 - 갈락탄이다.

025
핵심풀이
결정형 캔디는 고농도의 설탕용액을 냉각시켜 과포화 상태에서 저어 미세한 설탕 결정이 생성된 상태로 폰단트, 퍼지, 디비니티가 있다.

026
핵심풀이
숙성된 육류는 유리아미노산 증가, IMP 생성으로 감칠맛 증가, 콜라겐의 팽윤, 옥시미오글로빈 생성으로 선홍색, 보수성 증가 등이 특징이다.

027
핵심풀이
소금에 의해 염용성 단백질인 액틴과 미오신이 용출되어 액토미오신 형태가 되면서 고기풀이 형성된다.

028
핵심풀이
쇠고기에 비해 돼지고기는 불포화지방산 함량이 높아 융점이 낮고 결합조직과 미오글로빈 함량이 낮다.

029
핵심풀이
어류는 열에 의해 근육단백질이 응고, 수축하여 살이 단단해지고, 결합조직이 가용화되어 쉽게 풀어진다. 껍질이 수축됨에 따라 진피층 밑의 지방이 용해된다.

030
핵심풀이
담수어의 비린내 성분은 피페리딘이다. 홍어의 냄새성분은 요소로부터 생성된 암모니아이다.
붉은살 생선에 히스티딘 함량이 높다.

031
핵심풀이
머랭은 기포성, 달걀찜은 열응고성으로 농후제, 커스터드는 열응고성으로 농후제, 맑은 육수는 열응고성으로 청정제에 해당한다.

032
핵심풀이
라이소자임은 항균성을 지닌 난백 단백질이다. 오보글로불린은 난백의 거품 형성에 기여하는 단백질이다. 리포비텔린은 난황에 함유된 인단백질이다. 오보뮤코이드가 트립신 저해작용을 한다.

033
핵심풀이
간장의 색은 아미노카보닐 반응에 의한 멜라노이딘이다. 글로코노델타락톤은 산에 의한 단백질 응고작용을 이용한다. 청국장의 점질물질은 폴리펩타이드와 프럭탄의 혼합물이다.

034
핵심풀이
분리된 마요네즈를 재생하려면 신선한 노른자를 넣어주거나 이미 형성된 마요네즈를 분리된 마요네즈에 조금씩 넣어준다.

035
핵심풀이
마요네즈와 아이스크림, 생크림은 유화성을 이용한 식품이며, 파운드 케이크는 크리밍성을 이용한 식품이다.

036
핵심풀이
유지방 0.5% 이하는 탈지분유이다. 무당연유는 60%의 수분을 증발시킨 것이다. 산이나 레닌을 가하여 카세인을 응고시키고 유청을 제거시킨 응고물이 치즈이다.

037
핵심풀이
지방의 크림은 지방 입자가 클수록, 지방이 많을수록, 냉장온도 일 때 잘 형성되며 설탕은 조금씩 넣으면서 저어야 한다.

038
핵심풀이
오이피클 제조 시 첨가된 산에 의해 오이의 클로로필이 페오피틴이 되어 갈색으로 변화된다.

039

핵심풀이

포도즙을 냉장고에 보관했다가 사용해야 더 단맛이 난다. 젤리는 펙틴산이 망상구조를 형성한 것이다. 금속캔에 보관하면 금속과 안토시아닌이 복합체를 형성하여 변색한다.

040

핵심풀이

김에는 홍색의 피코에리트린이 풍부하며 열에 의해 피코시아닌이 생성되어 청록색으로 변화된다.

급식, 위생 및 관계법규

041

핵심풀이

① 조리저장식 급식체계 장점
②, ⑤ 전통적 급식체계 장점
④ 중앙공급식 급식체계 단점

042

핵심풀이

지휘는 조직의 목표를 달성하기 위해 요구되는 업무를 잘 수행하도록 조직원을 이끌어가는 활동으로 리더십, 동기부여를 통해 자발적인 업무수행 의욕을 자극하며 의사소통과 정보교환을 자유롭게 할 수 있는 환경을 조성해야 한다.

043

핵심풀이

감독범위가 너무 커지면 의사소통과 감독이 곤란해져 조직의 능률이 떨어지며 감독범위가 너무 좁아지면 지나친 간섭으로 하위자가 창의성과 자주성을 발휘하는 데 방해가 된다.

044

핵심풀이

사업부제 조직은 분권관리방식으로 시장의 요구에 빠르게 대처할 수 있고 사업의 성패에 대한 책임소재도 분명하므로 대기업에서 보편적으로 택하고 있다.

045

핵심풀이

• 주기식단 장점: 시간절약, 식자재의 효율적 관리, 조리과정의 능률화, 작업분담의 고른 분배, 이용 가능한 설비들을 잘 이용, 필요한 물품구입 절차 간소화 및 경제적 구입 가능, 재고관리 용이

• 주기식단 단점: 식단주기가 너무 짧으면 고객 불만 증가, 식단변화가 한정되어 섭취 식품 종류 제한, 계절식품이 식단에 포함되지 않으면 식비 상승 우려

046

핵심풀이

식단계획 시 고려사항
• 고객측면: 영양요구량, 식습관 및 기호도, 음식의 관능적 특성
• 급식관리 측면: 조직의 목적과 목표, 예산, 시장조건, 시설·설비 및 기기, 조리원의 숙련도, 위험 식재료, 급식체계

047

핵심풀이

쌀밥 210g, 애호박 70g, 닭고기 60g, 사과 100g

048

핵심풀이

Plowhorse 메뉴
인기는 있으나 수익이 낮은 메뉴. 가격을 인상하거나 저렴한 식재료로 변경 또는 배식량을 약간 줄이는 방안 모색

049

핵심풀이

중앙구매(집중구매, 본사구매)
구매부서의 구매담당에 의해 각 급식소에서 필요한 물품을 집중하여 구매하는 유형

050

핵심풀이

구매시장조사의 목적은 합리적인 구매계획 수립, 구매시기 및 구매 예정가격 결정, 구매비용 절감, 공급업체와 계약 체결 시 견적가가 적합한지를 파악하기 위하여 실시한다.
• 구매시장조사 원칙: 경제성, 계획성, 적시성, 탄력성, 정확성

051

핵심풀이

물품구매명세서 = 구매명세서 = 물품명세서 = 시방서 = 물품사양서

052

핵심풀이

정기발주는 정기적으로 일정한 발주시기에 부정량(최대재고량 - 현재고량 + 조달기간동안 사용량)을 발주하는 유형으로 조달기간이 오래 걸리고 고가의 품목에 적합한 발주방식이다.

053

핵심풀이

②, ④ 재고회전율이 표준치보다 낮을 때 나타나는 현상

054
핵심풀이
- 선입선출법 = (31,000 × 5) + (30,500 × 5) = 310,000원
- 후입선출법 = (30,000 × 10) = 300,000원

055
핵심풀이
Ft(예측식수)
= α × (가장 최근 제공 식수) + (1 − α) × Ft−1(가장 최근 예측식수)
따라서, (0.4 × 1,200) + (0.6 × 1,150) = 1,170명

056
핵심풀이
①, ②, ④, ⑤ 병동배선(분산배선)의 설명

057
핵심풀이
- **사전통제**: 식수 수요예측, 식재료 검수, 영양기준량, 직무능력 검사, 예산
- **동시통제**: 배식온도 측정, 배식오류 확인, 작업공정표, HACCP 점검표
- **사후통제**: 고객만족도, 1인당 매출액, 원가분석, 잔반율, 기호도, 결산

058
핵심풀이
- **투입**: 인력, 기술, 비용, 자본, 식재료, 기기, 설비
- **산출**: 음식, 고객만족, 종업원의 직무만족, 재정적인 수익

059
핵심풀이
③은 작업공정표에 대한 설명이다.

060
핵심풀이
- **단순화 원칙**: 유사한 작업을 통합하여 형식이나 일에 대한 작업면에서 가외 노동을 축소
- **기계화 원칙**: 작업능률을 올릴 수 있는 기계나 도구 사용
- **표준화 원칙**: 작업처리 기준을 만들어 처리결과를 일정하게 함
- **자동화 원칙**: 인원, 재료, 시간, 경비를 절감하기 위함

061
핵심풀이
기기는 다목적용 기기를 선택하고 배치, 조리대는 왼쪽에서 오른쪽으로 배치, 조리대의 길이는 85~90cm, 너비는 55cm가 적당, 기기는 작업동선에 맞게 배치

062
핵심풀이
방법연구는 작업조건의 개선, 표준화, 표준시간의 설정에 이용된다.

063
핵심풀이
냉장고에 보관 시 뚜껑을 덮어 보관하고 유통기한이 짧은 것은 앞쪽에 진열하여 선입선출 관리를 한다. 냉장고에는 전체 용량의 70% 이하로 보관하고 선반은 바닥과 벽으로부터 15cm 간격을 유지하여 설치한다.

064
핵심풀이
① 본인 및 가족 중 법정 감염병 보균자가 있을 경우 완쾌될 때까지 조리작업에서 제외한다.
② 손, 얼굴에 화농성 종기가 있는 경우 조리작업에 참여하지 않는다.
④ 발열, 설사, 복통, 구토 시 조리에 참여시키지 않고 의사의 진단을 받는다.
⑤ 별도의 손세정대에서 손씻기와 소독을 실시한다.

065
핵심풀이
- **열탕소독, 증기소독**: 식기, 조리기구, 행주
- **건열소독**: 식기, 조리기구
- **자외선 소독**: 식기, 조리기구
- **염소소독**: 생채소, 과일, 발판, 식품접촉면
- **요오드용액**: 식기, 조리기구
- **70% 에탄올 소독**: 손, 작업대 표면

066
핵심풀이
- 식당면적 = 급식 1인 필요면적 × 총 급식자수(총 고객수 ÷ 좌석회전율)
- 좌석회전율 = 총급식자수 ÷ 좌석수, 1.5 × 300 = 450m^2

067
핵심풀이
조리기기 선정 시 가장 우선하는 고려사항은 조리방법이다. 이외에 조리기구의 처리능력, 내구성, 유지관리 용이성 등을 고려한다.

068
핵심풀이
원가계산의 목적은 가격 결정, 예산편성, 원가관리, 재무제표 작성 등에 있다.

069
핵심풀이
손익분기 분석의 활용
비용에 근거한 마케팅 의사 결정에 도움, 급식 운영목표 수립에 이용, 메뉴의 객단가 책정, 현실성 있는 판매량 설정에 관한 정보 제공

070
핵심풀이
① 급여영양기준량 산출표 ② 검수일지 ④ 식수표 ⑤ 발주전표

071
핵심풀이
인사고과는 공정한 인사관리, 임금관리의 기초자료, 인사이동 자료, 종업원 간의 능력 비교 등에 사용한다.

072
핵심풀이
강제할당법은 고과자의 관대함이나 엄격함을 방지하기 위하여 이용한다. 고과자가 미리 정해 놓은 비율에 맞추어 피고과자들의 실적을 강제로 할당하므로 오류를 피할 수 있다.

073
핵심풀이
인사고과 절차
인사고과 설계 → 성과자료 수집 → 성과평가 → 고과면담 → 최종 평가

074
핵심풀이
역할연기는 직접 문제상황에서 역할을 해보게 하는 방법으로 조직 내 대인 관계기술의 증진, 판매 기술 향상, 리더십 기술 향상 등 여러 가지 목적으로 활용된다.

075
핵심풀이
권위형(과업지향형)리더는 직무 수행력과 일의 기술적 특성에 관심을 가지고 과업 완수가 목표인 리더로 강압적, 보상적, 합법적 권력을 사용한다.

076
핵심풀이
- 차별적 마케팅: 다수의 세분시장으로 나누고 다양한 시장별 마케팅 활동 수행
- 비차별적 마케팅: 가장 많은 고객이 원하고 판단되는 제품과 서비스 개발

077
핵심풀이
종합적 품질경영
고객중심, 공정개선, 전사적 참여의 원칙을 가지고 모든 영역에서 지속적인 개선을 추구하는 종합적인 경영철학

078
핵심풀이
포자형성균을 사멸시킬 수 있는 살균법에는 건열살균법, 간헐살균법, 화염멸균법, 고압증기멸균법이 있다.

079
핵심풀이
방사선조사는 잔류효과가 낮으며 침투력이 크다. 온도상승이 3℃에 불과하여 성분 변화가 거의 일어나지 않는다.

080
핵심풀이
대장균은 그람음성, 무포자, 간균으로 통성혐기성균이며 유당을 분해하여 산과 가스를 생성하고 황금빛 녹색의 금속성 광택의 집락을 만드는 특징이 있다.

081
핵심풀이
장염비브리오 균은 호염성균으로 담수로 세척하면 사멸하고, 냉장온도에서도 서서히 사멸한다.

082
핵심풀이
*Clostridium perfringens*는 편성혐기성 균으로 혐기적 조건에서 잘 증식하므로 주로 집단급식소나 카페테리아 등 대규모 음식을 조리 후 장시간 방치했을 때 발생한다.

083
핵심풀이
노로바이러스는 85℃, 1분 이상 열처리하거나 염소농도 200ppm에서 소독하여야 예방할 수 있다. 잠복기는 24~48시간이다.

084
핵심풀이
리스테리아 식중독은 인축공통감염병이며 임산부에는 사산, 유산, 조산을 일으키고 신생아나 노인에게는 패혈증, 뇌수막염을 일으킨다.

085
핵심풀이
*Morganella morganii*는 histidine decarboxylase를 생성하여 히스티딘으로부터 히스타민을 합성함으로써 알레르기를 유발하는 식중독 원인균이다.

086
핵심풀이
감자의 고온조리에서는 아크릴아미드, 수돗물 소독과정에서는 THM, 발효식품에서는 에틸카바메이트, 산분해간장에서는 3-MCPD가 생성된다.

087
핵심풀이
검은조개, 가리비, 백합에는 오카다산, 디노피시스톡신이 함유, 수랑에는 네오수루가톡신, 프로수루가톡신이 함유, 모시조개나 바지락, 굴에는 베네루핀이 함유, 검은조개나 섭조개, 홍합에는 삭시톡신이 함유되어 있다.

088
핵심풀이
로다민 B는 토마토케첩이나 과자 등에 사용되었던 유해 착색료, 아우라민은 단무지나 카레의 착색에 사용되었던 유해 착색료이다. 살인당, 원폭당이라고 불리는 것은 니트로톨루이딘이며 위액에 의해 분해되어 발암물질 생성하는 유해 감미료는 둘신이 해당된다.

089
핵심풀이
경구감염병에서 식품은 주로 운반매체 역할을 하며 미량의 균으로도 감염이 가능하다.

090
핵심풀이
콜레라 원인균은 *Vibrio cholera* 이다. 증상으로 발열이 없는 것이 특징이다.

091
핵심풀이
저수조는 반기별 1회 이상 청소와 소독을 실시한다. 지하수 사용 시 먹는물 수질기준에서 미생물학적 검사를 월 1회 이상 실시하여야 한다. 조리한 식품은 소독된 보존식 전용용기나 멸균 비닐 봉지에 1인분량을 -18℃ 이하에서 144시간 이상 보관하여야 한다.

092
핵심풀이
집단급식소에 근무하는 영양사의 직무에는 집단급식소에서의 식단작성, 검식 및 배식관리, 구매식품의 검수 및 관리, 급식시설의 위생적 관리, 집단급식소의 운영일지 작성, 종업원에 대한 영양지도 및 식품위생교육 등이다.

093
핵심풀이
「식품위생법」에서 영업에 종사하지 못하는 질병의 종류에는 콜레라, 장티푸스, 파라티푸스, 세균성이질, 장출혈성대장균감염증, A형 간염, 결핵(비감염성인 경우 제외), 피부병 또는 그 밖의 화농성질환자 등이다.

094
핵심풀이
조리사 면허를 받을 수 없는 사람은 정신질환자, 감염병환자(B형간염환자 제외), 마약이나 약물중독자, 조리사 면허의 취소처분을 받고 그 취소된 날부터 1년이 지나지 아니한 자이다.

095
핵심풀이
「식품위생법」제4조 위해식품 등의 판매 등 금지, 제5조 병든 동물고기 등의 판매 등 금지, 제6조 기준·규격이 고시되지 아니한 화학적 합성품 등 금지, 제8조 유독기구 등의 판매·사용 금지를 위반한 경우 10년 이하의 징역 또는 1억원 이하의 벌금에 처하거나 병과에 처해진다.

096
핵심풀이
학교급식에 대한 식재료 품질관리기준과 영양관리기준의 준수사항 이행여부의 확인·지도는 연 1회 이상 실시하고, 위생·안전관리기준 이행 여부의 확인·지도는 연 2회 이상 실시한다.

097
핵심풀이
영양조사원은 질병관리청장 또는 시·도지사가 임명 또는 위촉하고 영양지도원은 특별자치시장·특별자치도지사·시장·군수·구청장이 둘 수 있다.

098
핵심풀이
국가나 지방자치단체는 영양취약계층, 사회복지시설 등 시설 및 단체에 대한 영양관리사업을 실시할 수 있다.

099
핵심풀이
원산지 표시를 거짓으로 하거나 이를 혼동하게 할 우려가 있는 표시를 한 행위, 원산지 표시를 혼동하게 할 목적으로 그 표시를 손상·변경하는 행위를 한 자는 7년 이하의 징역 또는 1억원 이하의 벌금에 처하거나 이를 병과할 수 있다.

100
핵심풀이
집단급식소에서 배추김치의 경우 사용한 배추와 고춧가루에 대한 원산지 표시를 하여야 한다.

[6회] 정답 및 해설

1교시

001	002	003	004	005	006	007	008	009	010
①	④	③	①	③	①	③	④	③	③
011	012	013	014	015	016	017	018	019	020
⑤	⑤	⑤	③	②	①	⑤	④	⑤	②
021	022	023	024	025	026	027	028	029	030
②	④	③	④	②	①	①	②	⑤	⑤
031	032	033	034	035	036	037	038	039	040
⑤	⑤	④	④	④	④	④	①	③	③
041	042	043	044	045	046	047	048	049	050
④	③	①	①	④	③	③	③	②	④
051	052	053	054	055	056	057	058	059	060
③	②	③	④	①	③	③	③	③	③
061	062	063	064	065	066	067	068	069	070
③	③	④	③	③	⑤	③	④	③	④
071	072	073	074	075	076	077	078	079	080
④	③	②	③	③	⑤	③	⑤	①	①
081	082	083	084	085	086	087	088	089	090
②	③	③	③	④	②	③	③	③	④
091	092	093	094	095	096	097	098	099	100
②	①	④	②	③	③	④	③	④	②
101	102	103	104	105	106	107	108	109	110
⑤	②	②	④	③	②	③	②	③	③
111	112	113	114	115	116	117	118	119	120
④	③	④	②	②	③	①	②	③	①

영양학 및 생화학

001
핵심풀이

비타민 A와 C는 평균필요량·권장섭취량·상한섭취량, 비타민 K와 비오틴은 충분섭취량이 설정되어 있다.

002
핵심풀이

식후 혈중 포도당 농도가 증가하면 인슐린이 분비되고 간에서 글리코겐 합성이 증가한다.

003
핵심풀이

점액에 함유된 뮤신은 일종의 당단백질로 탄수화물이 포함되어 있다. 혈액의 포도당 농도는 0.1%이다.

004
핵심풀이

수용성 식이섬유는 담즙산의 재흡수와 콜레스테롤, 지방의 흡수를 억제하여 혈중 콜레스테롤 농도를 낮춘다.

005
핵심풀이

현미를 구성하는 전분은 포도당 중합체, 우유의 유당은 포도당과 갈락토오스로 구성된 이당류이다. 돼지감자의 이눌린은 체내에서 분해되지 못한다.

006
핵심풀이

두류, 전곡빵, 우유는 혈당지수가 낮은 식품이다. 식이섬유소 함량이 높으면 혈당지수가 낮아진다. 지방을 이용하면 혈당지수를 낮출 수 있다. 아밀로오스 함량이 높은 멥쌀이 찹쌀보다 혈당지수가 낮다.

007
핵심풀이

포도당 해당과정은 세포질에서 일어나는 혐기적 대사과정이며 산소가 부족하면 젖산을 생성한다. 3군데의 비가역적인 속도조절단계를 포함한다.

008
핵심풀이

포도당의 오탄당 인산경로에서 글루코오스 6-인산이 글루콘산 6-인산, 글루콘산 6-인산이 리불로오스 5-인산으로 전환될 때 NADPH가 생성된다.

009
핵심풀이
과당은 주로 간에서 대사되며 지방산과 글리세롤 합성을 통해 직접적으로 중성지방 합성에 이용될 수 있다.

010
핵심풀이
피루브산이 아세틸 CoA으로 전환될 때 NADH 1분자, 아세틸 CoA가 TCA회로를 통해 NADH 3분자, FADH$_2$ 1분자, GTP 1분자를 생성하면서 완전 연소된다.

011
핵심풀이
TCA회로의 α-케토글루타르산으로 글루탐산, 옥살로아세트산으로 아스파르트산을 생성할 수 있다.

012
핵심풀이
피루브산은 미토콘드리아 내에서 피루브산 카르복실라아제에 의해 옥살로아세트산으로 전환된 후 옥살로아세트산은 말산 형태로 세포질로 나와 다시 옥살로아세트산으로 전환된다.

013
핵심풀이
트립신은 췌장, 아밀라아제는 췌장, 펩신은 위, 디펩티다아제는 소장에서 분비된다.

014
핵심풀이
중성지방은 위장관 통과시간이 길다. 중성지방은 신체 장기를 충격으로부터 보호한다. 저장된 중성지방은 저강도나 중강도 운동 시 주 에너지원으로 사용된다.

015
핵심풀이
올레산은 올리브유, 리놀레산은 대두유 등 식물성기름, 부티르산은 버터에 함유되어 있다.

016
핵심풀이
포화지방산의 19세 이상 적정 섭취비율은 총에너지의 7% 미만이다. 올레산은 체내에서 합성된다. 오메가-3 계열은 혈관을 이완시키고 혈소판 응집억제 효과가 있다.

017
핵심풀이
HDL을 구성하는 인지질 2번 탄소에 존재하는 불포화지방산은 레시틴 콜레스테롤 아실 전이효소에 의해 콜레스테롤에 전달되어 콜레스테롤 에스터가 된 후 HDL 내부에 포함된다.

018
핵심풀이
세포질의 아실 CoA의 아실기는 카르니틴과 복합체 형태로 미토콘드리아로 이동된다.

019
핵심풀이
지방산 β-산화는 산화-수화-산화-분해 과정을 통해 아세틸 CoA를 지속적으로 생성한다.

020
핵심풀이
탄소 20개 지방산으로부터 고리산소화효소를 통해 프로스타사이클린과 트롬복산이 합성되고, 리폭시게나아제를 통해 루코트리엔이 합성된다.

021
핵심풀이
인슐린은 콜레스테롤 합성과 지방산의 합성을 촉진한다. 호르몬 민감성 리파아제는 글루카곤이나 에피네프린에 의해 활성화된다.

022
핵심풀이
단백질은 아미노산이나 디펩티드, 트리펩티드 형태로 흡수되고 D형보다 L형이 빠르게 흡수된다. 흡수에 담즙이 요구되지 않으며 모세혈관으로 이동한다.

023
핵심풀이
섭취한 단백질이 60g이므로 섭취된 질소는 9.6g(60×0.16)이고 배설량이 10g이므로 음의 질소균형 상태이다.

024
핵심풀이
단백질 실이용률은 섭취한 질소가 체내에 보유된 질소의 비율을 나타낸 생물학적 평가방법이다.

025
핵심풀이
단백질 부족시 혈중 알부민 농도가 감소하여 부종이 나타나고 티아민 부족시 나타나는 습성각기는 부종을 특징으로 한다.

026
핵심풀이
아미노산 풀이 증가하면 아미노산으로 체지방을 합성하거나 포도당을 합성하고, 에너지원으로 사용한다.

027
핵심풀이
세포질에서 요소회로의 아르기닌이 가수분해되어 오르니틴과 요소를 생성한다.

028
핵심풀이
근육에서 해당과정을 통해 생성된 피루브산은 아미노기 전이반응을 통해 알라닌으로 전환된다. 알라닌은 간으로 가서 아미노기 전이반응을 거쳐 다시 피루브산이 되고, 이때 생성된 글루탐산이 탈아미노반응을 거쳐 암모니아를 요소회로에 합류시킨다.

029
핵심풀이
아미노기는 요소형태로 배설되거나 불필수아미노산 합성에 이용된다. 공복시 탄소골격은 당신생이나 케톤체 합성에 이용된다.

030
핵심풀이
호모시스틴뇨증은 시스타티오닌 합성효소의 결함이다. 방향족 아미노산 중 페닐알라닌 대사 결함은 페닐케톤뇨증을 유발한다.

031
핵심풀이
tRNA가 아미노산을 운반한다. mRNA가 주형 역할을 한다. 단백질 합성의 개시코돈은 AUG이다.

032
핵심풀이
비경쟁적 저해제 존재시 Km은 변함없고, Vmax는 감소한다. 비경쟁적 저해제는 활성부위와 다른 부위에 결합한다.

033
핵심풀이
나이가 어릴수록, 임신부일 때 기초대사율은 높아지고, 수유부의 기초대사율은 낮다. 동일 체중일 때 키가 크고 마른사람이 키가 작고 뚱뚱한 사람보다 기초대사량이 높다.

034
핵심풀이
나이가 들면서 충분섭취량은 증가한다. 부갑상선 호르몬에 의해 신장에서 활성화가 촉진된다. 흡수 후 림프관으로 이동한다. 피부에서의 합성량은 자외선 조사 시 증가하지만 일정 수준 이상이 되면 더 이상 증가하지 않는다.

035
핵심풀이
비타민 K는 카르복실화 반응을 통해 프로트롬빈을 활성화시켜 혈액응고 과정에 관여한다.

036
핵심풀이
비타민 K는 장내 미생물에 의해 합성되어 흡수, 이용되는 비타민으로 신생아나 지방의 소화흡수에 장애가 있을 경우 결핍될 수 있다.

037
핵심풀이
트립토판 60mg이 니아신 1mg으로 합성될 때 비타민 B_2, 비타민 B_6가 필요하다.

038
핵심풀이
지방산 베타산화과정에는 니아신과 리보플라빈이 필요하다. 지방산 합성과정에는 NADPH(니아신)가 조효소로 작용한다. 아미노기 전이반응에는 조효소로 피리독신이 필요하다.

039
핵심풀이
니아신 결핍 시 펠라그라가 나타나며 그 증상에는 피부염, 설사, 정신장애, 사망이 있다.

040
핵심풀이
인의 체내 흡수율은 50~70% 정도이며 주로 소변으로 배설되어 항상성이 조절된다. 인산과 수산은 칼슘 흡수를 저해한다.

041
핵심풀이
마그네슘은 cAMP 생성에 관여하며 신경의 흥분을 억제하고 근육의 이완에 관여한다.

042
핵심풀이
황은 섭취기준이 설정되어 있지 않고 유기물 상태로 흡수된다.

043
핵심풀이
글루타티온은 황, 시토크롬은 철, 헤페스틴은 구리, 세룰로플라스민은 구리가 구성성분이다.

044
핵심풀이
구리와 아연, 망간은 SOD의 구성성분, 셀레늄은 글루타티온 과산화효소의 구성성분으로 항산화 작용을 한다.

045
핵심풀이
요오드는 갑상선 호르몬의 구성성분으로 체내 대사과정을 촉진한다. 알코올탈수소효소의 구성성분은 아연이고, 시토크롬 산화효소의 구성성분은 철이다.

046
핵심풀이
뇌하수체 후엽의 항이뇨호르몬은 수분의 배설을 억제한다. 신장에서 분비된 레닌은 안지오텐시노겐을 안지오텐신으로 전환시킨다.

047
핵심풀이
임신으로 혈장량은 45% 증가하는 반면 적혈량은 20% 정도 증가하여 혈장 증가량에 미치지 못하기 때문에 혈액희석현상이 초래된다. 이로 인해 임신부의 혈중 총 단백질, 알부민, 알부민/글로불린 비율, 철, 페리틴, 엽산, 비타민 B_{12} 농도는 감소한다. 임신부의 혈중 중성지방, 콜레스테롤, 유리지방산 농도는 증가한다. 임신부의 혈중 무기질 농도는 거의 변화가 없다. 임신 중 레닌과 알도스테론은 활성이 증가하여 혈액량 증가에 기여한다.

048
핵심풀이
① 에스트로겐은 자궁 평활근 발육 촉진
② 프로게스테론은 수정란의 착상을 돕고 자궁근육을 이완시켜 임신 유지에 기여
④ 황체를 자극하여 초기임신 유지, 자궁내막 성장 자극
⑤ 갑상선호르몬은 임신 중 분비량이 증가하며, 기초대사율과 산소 소비량 증가에 기여

049
핵심풀이
①, ⑤ 영아의 흡유자극(젖을 빠는 자극)은 뇌하수체 후엽에 전달되어 옥시토신이 생성, 분비되며 옥시토신은 유포와 유관 주위에 있는 근육을 수축시켜 모유가 유두로 뿜어져 나오도록(사출)한다.
③, ④ 임신 중 분비되는 에스트로겐과 프로게스테론은 유관이나 유포 등 유선조직의 발달에는 관여하지만 모유 분비는 억제한다.

050
핵심풀이
①, ③, ⑤ 모유의 에너지, 탄수화물, 단백질, 무기질, 엽산, 콜레스테롤 함량은 수유부의 식사섭취량에 영향을 받지 않고 일정한 농도를 유지한다. 반면 모유의 지방, 지방산, 일부 비타민(A, D, C), 일부 무기질(요오드, 셀레늄, 망간 등)은 수유부의 영양상태나 식사섭취량에 영향을 받는다.
② 수유부가 고단백식, 고비타민식을 하면 유즙량이 많아진다.

051
핵심풀이
① 콜레스테롤 - 호르몬 합성, 중추신경계 발달
② 유당 - 장내 비피더스균 성장 촉진, 유해균 증식 억제
④ 리놀레산 - 영아성장과 두뇌발달
⑤ 불포화지방산 - 지방 흡수율 높음

052
핵심풀이
건강한 신생아는 상당량의 철을 간에 보유하고 태어나지만 생후 5~6개월이 되면 저장량이 다 소모되므로 이유식을 통해 철을 보충해준다.

053
핵심풀이
① 신장의 소변 농축 능력이 낮다.
② 체격에 비해 체표면적이 크다.
④ 새로운 조직합성과 체액 부피 증가로 요구량이 증가한다.
⑤ 피부와 호흡을 통한 불감성 수분 손실량이 많다.

054
핵심풀이
초유에서 성숙유로 이행되면서 에너지, 당질(유당), 지질 함량은 증가하며, 단백질은 초유가 약 3배 더 많다. 무기질은 성숙유로 갈수록 점차 감소하고 수용성 비타민은 함량이 증가한다. 모유의 지방함량, 지방산 조성은 수유부 식사에 영향을 받기 때문에 ω-3 지방산 섭취가 많은 경우 모유에 그 함량이 증가한다.

055
핵심풀이
① 학령기에 대한 설명이다.
② 유아기에 성장은 지속되나 영아기에 비해 성장속도는 감소한다.
③ 두뇌는 유아기에 급격히 성장하여 2세경에 성인의 50%, 4세경에 성인의 90% 수준으로 발달 한다.
⑤ 신체의 수분비율과 지방비율은 감소하고 근육량은 증가한다.

056
핵심풀이
②~⑤ 신경성 탐식증(폭식증)에 대한 설명이다.

057
핵심풀이
① 트랜스지방은 총 열량의 1% 미만 섭취를 권장한다.
② 염도는 0.6% 정도로 싱겁게 섭취한다.
④ 총에너지의 지질 섭취 비율 내에서 포화지방보다는 불포화지방 섭취를 늘린다.
⑤ 탄수화물, 단백질, 지질의 에너지 섭취 비율은 각각 55~65%, 7~20%, 15~30%로 하여 균형식을 계획한다.

058
핵심풀이
① 말초조직의 인슐린 민감성은 감소하고 인슐린 저항성은 증가한다.
② 골수에서의 조혈작용이 감소하여 빈혈이 초래되기 쉽다.
④ 단백질 이용률이 감소한다.
⑤ 혈중 총콜레스테롤은 증가하지만 HDL-콜레스테롤 농도는 감소한다.

059
핵심풀이
① 위액의 내인성인자 감소로 비타민 B_{12} 흡수가 저하된다.
② 체지방량 증가, 제지방량 감소로 기초대사량이 감소한다.
④ 타액 분비 감소로 당질소화가 저하된다.
⑤ 미뢰수 감소로 짠맛, 단맛에 대한 역치가 증가한다.

060
핵심풀이
① 최대 산소소비량이 증가한다.
② 인슐린 저항성이 개선되어 혈당 조절에 도움이 된다.
④ 혈중 LDL-콜레스테롤 농도는 감소하고 HDL-콜레스테롤 농도는 증가한다.
⑤ 근육 글리코겐 저장 능력이 증가한다.

영양교육, 식사요법 및 생리학

061
핵심풀이
①, ②, ④, ⑤는 영양교육 계획 단계에서 수행

062
핵심풀이
통제적 신념을 수정하기 위해서는 올바른 식행동의 방해요인을 극복하는 방법을 제시하고 구체적으로 식행동 변화를 유도할 수 있는 기술을 습득하도록 하며 바람직한 식행동을 실천하는 기회를 제공한다.

063
핵심풀이
- **고려 전 단계**: 문제점 정보 제공, 건강행동에 따른 장점 정보 제공
- **고려단계**: 구체적인 계획을 세우도록 촉진, 동기 부여
- **준비단계**: 건강행동을 하겠다는 전략 사용, 구체적인 목표 설정을 도움
- **행동단계**: 실제로 행동 변화를 실천하고 있으며 건강행동을 유발하는 자극을 늘리고 건강행동이 보다 잘 일어나게 주위 환경을 바꾸거나 주변인의 도움을 구하는 방법, 보상 등을 활용한다.
- **유지단계**: 추후관리 제공, 유혹조절

064
핵심풀이
개혁확산모델은 지역사회 수준에서의 건강행동 변화를 설명하는 이론으로 지역사회 내 건강행동의 실천을 확대시키기 위해 선구자적인 구성원의 효과를 나머지 구성원이 확인하고 동참하도록 유도하는 모델이다.

065
핵심풀이
지역사회영양사업 진행 절차
요구도 진단 - 계획 - 실행 - 평가 순으로 진행한다.

066
핵심풀이
영양교육과 사업의 평가도구
타당도, 신뢰도, 객관도, 실용도

067
핵심풀이
모형을 이용한 영양교육은 대상자가 습득할 때까지 직접 반복하여 교육하므로 효과적이고 직접적이고 행동적인 매체활용은 교육효과를 높인다.

068
핵심풀이
현실적으로 일어날 수 있는 상황을 연출하고 극화하여 연극을 해봄으로써 간접경험을 하게 하는 학습 방법으로 역할극, 모의실험극, 인형극, 가면극, 뮤지컬, 그림극 등이 있다.

069
핵심풀이
ASSURE 모형에 따른 매체 활용 절차
교육대상자의 특성 분석 - 교육목표의 설정 - 매체선정 및 제작 - 매체의 활용 - 대상자의 반응확인 - 평가

070
핵심풀이
캠페인은 영양이나 교육에 관련된 어떤 목적을 가지고 단기간에 내용을 집중적으로 반복 강조하여 다수에게 알리고 실천하게 하는 것이다.

071
핵심풀이
영양상담의 결과에 영향을 미치는 요인
- **내담자요인**: 상담에 대한 기대, 문제의 심각성, 상담 동기, 지능, 자발적인 참여도, 방어적 태도, 자아강도
- **상담자요인**: 경험과 숙련성, 성격, 지적능력, 내담자에 대한 호감도
- **내담자와 상담자 간의 상호작용**: 상담자와 내담자 간의 성격측면의 상호유연성, 공동협력성, 의사소통 양식 등

072
핵심풀이
식품의약품안전처에서는 영양사가 없는 어린이집, 지역아동센터 등에 위생관리, 영양관리를 위해 어린이급식관리지원센터를 설립하고 지원하고 있다.

073
핵심풀이
보건소에서 영양교육은 대상자에 대한 진단, 영양교육 계획, 영양교육 실행, 교육 효과 평가 등으로 지역주민의 영양개선을 도모한다. 영양플러스사업은 영양교육 계획, 개인 및 집단 영양교육 등 영양교육 실행, 교육 효과평가 등의 활동을 수행한다.

074
핵심풀이
①, ⑤ 학습자 자신이 자기 수업계획을 세우게 되어 학습효과를 높이게 됨
② 교사는 무엇을 가르쳐야 하는지 명확해짐
④ 어떤 교육매체를 선정해야 하는지 명확해짐

075
핵심풀이
①, ⑤ 영양중재단계
② 영양판정단계
④ 영양모니터링 및 평가단계
③ 영양진단단계, PES진단문으로 영양문제 기술

076
핵심풀이
영양검색은 영양결핍이나 영양상 위험이 있는 사람을 신속하게 알아내기 위하여 실시하며 입원한 모든 환자를 대상으로 입원 후 24시간 이내에 실시하는 것이 바람직하다. 영양사 이외의 의료인(간호사, 임상병리사 등)도 영양검색을 할 수 있다.

077
핵심풀이
①, ⑤ 간기능 검사항목
② 철 결핍 초기단계 판정 지표
④ 지질 영양상태 평가 항목

078
핵심풀이
체내 철 감소의 초기 단계(1단계)에서는 혈청 페리틴의 농도가 급격히 감소하며 철 감소 2단계에는 트랜스페린 포화도 감소, 적혈구 프로토포르피린 증가, 철 결핍성 빈혈단계(3단계)에서는 헤모글로빈, 헤마토크리트 감소가 나타난다.

079
핵심풀이
- 삶은 달걀 1개(55g)는 중지방 1교환단위: 열량 75cal, 단백질 8g
- 두유 1컵(200mL)은 우유군 1교환단위: 열량 125kcal, 단백질 6g
- 바나나 반 개는 과일군 1교환단위: 열량 50kcal, -
총에너지 250kcal, 단백질 14g

080
핵심풀이
수술 직후 가스가 배출되고 처음으로 공급하는 음식은 맑은 유동식으로 맑은 액체 음료, 끓여서 식힌 물, 보리차, 녹차, 맑은 과일주스 등을 공급할 수 있으며 주로 당질과 물로 구성이 되어있고 수분 공급이 주목적이다.

081
핵심풀이
경관영양 기간이 4~6주 이상으로 관조루술을 하는 것이 적합하며 흡인의 위험이 있으므로 위보다 하부 소장인 공장으로 삽입한다.

082
핵심풀이
① 수분제한 환자에게는 농축영양액을 제공한다.
② 호흡기질환자는 지방에너지 비율이 높은 영양액을 제공한다.
④ 소화, 흡수력이 저하된 환자는 가수분해(부분가수분해)영양액을 제공한다.
⑤ 중쇄지방산은 특유의 맛과 냄새 때문에 수응도가 낮은 편이다.
③ 대사성 스트레스가 심한 환자는 고단백 영양액을 사용한다.

083
핵심풀이
위액성분
염산(위산), 내적인자, 펩신(펩시노겐에서 위산에 의해 펩신으로 활성화), 뮤신, 렌닌, 가스트린, 리파아제(분비는 되지만 작용은 못함)

084
핵심풀이
(역류성)식도염 식사요법은 고지방 음식, 자극성 음식, 산도가 높은 음식을 제한하며, 과식, 식후 바로 눕는 행동을 삼간다. 천천히 식사하며 정상체중을 유지하도록 한다.

085
핵심풀이
위 절제수술 후 덤핑증후군을 예방하기 위해 삼투압을 높일 수 있는 단순당이나 농축당은 피하고 저당질식사를 하며, 식후 20~30분 정도는 비스듬히 누워있는 것이 좋다. 물이나 액체는 식간에 섭취하며 고단백, 중정도지방, 저당질식으로 식단을 구성하며 섬유소는 고혈당을 예방하므로 충분히 섭취하도록 한다.

086
핵심풀이
지방은 위의 소화운동을 억제하여 위에 머무는 시간을 연장한다.

087
핵심풀이
①, ②, ④, ⑤는 이완성 변비의 영양관리이다.

088
핵심풀이
간문맥의 압력이 증가하여 간으로의 혈액 유입이 감소하고 요소회로를 통한 암모니아 처리가 감소하여 혈중 암모니아 농도가 증가한다.

089
핵심풀이
담낭질환 식사요법은 저에너지, 고당질, 적당량의 단백질(지방 적은 식품위주), 저지방, 저자극성(무자극성)식, 가스 발생식품 제한

090
핵심풀이
지방간의 식사요법
저에너지식(비만시), 고에너지, 고단백식(영양불량시), 당질, 단순당 제한(당질 과잉 섭취시), 지질섭취 제한(지질 과잉 섭취시), 항지방간인자 섭취, 간기능 개선을 위해 양질의 단백질 섭취

091
핵심풀이
췌장염은 비교적 소화가 잘되는 당질 위주의 음식을 이용하고 지방은 췌액 분비를 촉진하여 췌장에 자극을 주므로 제한하며, 중쇄지방산을 이용한다. 단백질은 급성췌장염 초기에는 제한하며 회복 후 소화가 잘되는 음식으로 공급한다. 만성췌장염의 경우 단백질은 결체조직과 지방이 적은 부위를 선택하여 충분히 공급한다.

092
핵심풀이
소아비만은 지방세포의 수와 크기가 모두 증가하며, 성인비만에 비해 체중 감량이 어렵고 감량 후 재발의 가능성이 높으며 건강 장애도 크게 발생한다. 성인비만은 주로 지방세포의 크기가 증가하며 에너지 섭취량이 소비량보다 증가하고 기초대사량 감소가 주요 원인이다.

093
핵심풀이
① 1일 100g 이상의 당질을 섭취하여 케톤증을 예방한다.
② 식사 속도가 빠를수록 소화, 흡수 속도가 느려 뇌의 포만중추가 자극되지 않으므로 식사섭취량이 많아진다. 많이 씹을 수 있는(섬유소 함량이 많은) 식품을 이용하여 천천히 식사한다.
③ 동일한 열량이라도 여러 번 나누어 먹는 것이 체중 감소에 좋다.
④ 엄격한 당질 제한식은 케톤증을 유발하기 쉽고 수분 제한은 탈수를 초래할 수 있다.

094
핵심풀이
기아나 단식요법으로 비만 치료 시 통풍성 관절염, 빈혈, 혈압 강하 등의 합병증이 유발될 수 있다.

095
핵심풀이
① 지방 산화가 촉진되어 혈중 중성지방 증가
② 체지방 분해 증가로 체중 감소
④ 입김에서 케톤체(아세톤) 냄새
⑤ 지방 분해로 다량 생산된 아세틸 CoA로부터 케톤체 생성

096
핵심풀이
공복 시 인슐린 주사를 맞았거나 설사, 구토로 인해 저혈당증에 빠지게 되면 즉시 흡수되기 쉬운 당질 음료를 섭취한다. 당질 15~30g에 해당하는 사탕 3개, 설탕, 꿀 1큰술

097
핵심풀이
① 혈당지수가 높은 식품은 빠르게 혈당을 상승시키므로 섭취량 조절이 필요하다.
② 식이섬유는 혈당을 서서히 상승시키므로 충분히 섭취한다.
③ 인슐린 처방 환자는 규칙적인 식사와 1일 당질섭취량이 중요하다.
⑤ 지방의 총섭취량뿐만 아니라 섭취하는 지방산의 종류도 고려하여야 한다. 섭취 총량 내에서 불포화지방산 섭취를 늘린다.

098
핵심풀이
제2형 당뇨병은 인슐린에 대한 감수성 저하와 인슐린 저항성 증가로 발생 되고 비만, 유전, 운동부족, 스트레스, 과식 등이 인슐린 저항성 증가에 관여한다.

099
핵심풀이
공복혈당장애 100~125mg/dℓ, 내당능장애(당부하 2시간 혈당) 140~199mg/dℓ, 당뇨병 공복혈당 126mg/dℓ 이상, 당부하 2시간 혈당 200mg/dℓ 이상

100
핵심풀이
혈당을 에너지원으로 이용하지 못해 지방의 불완전연소로 케톤체가 다량 생성되어 산독증이 나타난다.

101
핵심풀이
①~④ 혈압을 저하시키는 요인

102
핵심풀이
엄격한 나트륨 제한식은 1일 400mg 정도(소금 1g)의 나트륨 섭취를 허용한다.
① 쌀에는 100g 당 1mg 나트륨으로 함량이 적다.
③, ④ 우유, 달걀, 치즈, 당근, 근대, 시금치, 고기, 생선 등 동물성 단백질 식품은 비교적 나트륨 함량이 높다.
⑤ 조리과정이나 식탁에서 소금은 사용할 수 없다.

103
핵심풀이
① 내인성 고중성지방혈증으로 탄수화물, 알코올, 에너지 섭취를 제한한다.
③ 혈중 중성지방은 상승되어 있고 콜레스테롤은 정상 또는 약간 상승되어 있다.
⑤ 이상지질혈증 중 가장 흔하며 성인기에 주로 비만, 당뇨병과 함께 나타난다.

104
핵심풀이
동맥경화증 식사요법
에너지 섭취제한(표준체중 유지 수준), 포화지방, 콜레스테롤(200mg/일 이하) 섭취 제한(난황, 동물의 내장육, 버터, 어란, 오징어 성게, 새우, 뱀장어 제한), 불포화지방산 섭취 섭취(n-3, 들기름, 등푸른 생선 등) 양질의 단백질 섭취, 복합당질 섭취, 수용성식이섬유소 섭취(1일 20g 수준), 나트륨 제한(1일 3g 이하)

105
핵심풀이
울혈성 심부전 식사요법
저열량, 양질의 단백질 충분히, 콜레스테롤과 포화지방산 제한(불포화지방산, 식물성기름, 등푸른 생선 섭취), 나트륨과 수분 제한, 알코올 제한, 식이섬유 제한, 무자극성식(탄산음료, 카페인 음료 제한)

106
핵심풀이
곡류 위주의 고당질식사와 연관이 높으며 탄수화물 섭취 후 포도당은 에너지원으로 즉시 사용되며, 혈당유지를 위해 간과 근육에 저장되는 글리코겐 양은 극히 적다. 과잉의 탄수화물은 간에서 중성지방으로 전환되어 저장된다.

107
핵심풀이
사구체여과율이 저하될 때 인의 보유가 증가하고 칼슘의 흡수는 감소하여 혈중 칼슘 농도가 감소한다.

108
핵심풀이
핍뇨나 무뇨 시에는 신장의 칼륨 제거율 손상으로 고칼륨혈증이 초래된다. 혈중에 과다한 칼륨은 갑작스러운 심장마비, 부정맥 등을 일으킬 수 있으므로 칼륨이 많은 식품 섭취를 제한한다.

109
핵심풀이
부종의 원인
- 사구체 여과율 감소로 수분, 나트륨 보유 때문
- 단백뇨, 저알부민혈증으로 혈액삼투압 감소 때문
- 신혈류량 저하로 레닌-안지오텐신-알도스테론 시스템이 활성화되기 때문

110
핵심풀이
신증후군의 식사요법
에너지는 단백질 이용률을 높이기 위해 충분히 공급, 고지혈증이 나타나므로 포화지방산, 콜레스테롤, 나트륨은 제한하고 적절한 양질의 단백질 공급, 사구체 여과율이 감소하면 단백질을 제한한다.

111
핵심풀이
복막투석 환자는 포도당 주입에 따른 체중 증가, 혈중 콜레스테롤, 중성지방 증가로 고지혈증을 예방한다.
① 에너지는 제한(주입한 포도당 투석액을 통한 열량을 제외하고 제공)
② 칼륨과 수분은 제한 완화, 나트륨은 제한
③ 인은 혈중 농도에 따라 제한, 칼슘 보충
⑤ 단순당, 알코올 제한하여 고지혈증 예방

112
핵심풀이
① 연하곤란 - 액체는 농후제 사용, 묽은 음료나 부스러지기 쉬운 식품 제한
② 이미각증 - 차거나 상온상태로 음식 제공, 식전 입안 헹구기
④ 식욕부진 - 소량씩 자주 공급
⑤ 구강건조 - 촉촉하고 부드러운 음식, 상온상태로 제공, 잦은 수분 공급

113
핵심풀이
① 인슐린 민감성 감소로 조직의 포도당 이용률 감소
② 암세포의 포도당 이용률 증가로 체단백 손실
③ 기초대사량 증가로 에너지 필요량 증가
⑤ 영양소 흡수불량으로 체조직 분해 증가

114
핵심풀이
감염성 질환의 대사변화
저장 글리코겐 분해 증가, 당신생 증가, 혈당 상승, 체단백 분해 증가, 수분 손실 증가, 나트륨 및 칼륨 배설 증가, 영양소 흡수 감소

115
핵심풀이
수술 후 회복기에 들어서면, 질소 보유, 환자 체중 증가, 칼륨 보유 및 장기능 정상화, 스트레스 호르몬 분비 감소, 나트륨 및 수분 배설이 증가한다.

116
핵심풀이
① 열량은 적정량 섭취
②, ④ 부종 시 염분과 수분섭취 제한, 식사 중 수분섭취는 제한
③, ⑤ 당질 섭취는 줄이고 지방과 단백질 섭취는 늘린다.

117
핵심풀이
체온상승 시 체내의 대사요구가 커지므로 조직의 산소 요구량은 많아지게 된다. 이에 따라 헤모글로빈의 산소 해리곡선은 오른쪽으로 이동하여 산소가 쉽게 해리되어 조직에 산소를 공급하게 된다.

118
핵심풀이
철 결핍성 빈혈은 적혈구의 크기가 작고 헤모글로빈 양이 적은 빈혈이다. 철 함량이 많은 간, 소고기, 내장육, 난황, 말린 과일(살구, 복숭아, 자두, 건포도 등), 완두콩, 강낭콩, 녹색 채소류 등을 권장한다.

119
핵심풀이
뇌전증의 경우 체내의 알칼리성이 높아지면 이를 자동적으로 조절하기 위해 발작이 일어나므로 케톤체를 생성할 수 있는 저당질, 고지방 식사 및 산 형성 식사를 섭취한다.

120
핵심풀이
치즈, 채소, 우유, 달걀은 저퓨린 식품으로 자유롭게 섭취할 수 있다. 고기국물, 고등어, 멸치, 어란, 내장육 등은 퓨린 함량이 높은 식품이며, 알코올은 요산배출을 방해하므로 섭취하지 않는다.

2교시

001	002	003	004	005	006	007	008	009	010
⑤	②	①	③	⑤	④	②	③	④	②
011	012	013	014	015	016	017	018	019	020
②	⑤	①	④	②	②	③	①	②	①
021	022	023	024	025	026	027	028	029	030
③	③	②	⑤	①	②	⑤	①	⑤	②
031	032	033	034	035	036	037	038	039	040
⑤	④	⑤	②	①	②	①	①	②	③
041	042	043	044	045	046	047	048	049	050
①	④	④	③	③	③	②	③	④	③
051	052	053	054	055	056	057	058	059	060
②	⑤	④	③	②	③	⑤	④	②	③
061	062	063	064	065	066	067	068	069	070
③	②	③	②	④	③	②	⑤	②	③
071	072	073	074	075	076	077	078	079	080
②	④	②	⑤	②	④	③	⑤	⑤	①
081	082	083	084	085	086	087	088	089	090
④	③	①	④	②	⑤	④	⑤	④	⑤
091	092	093	094	095	096	097	098	099	100
⑤	③	④	⑤	⑤	②	②	⑤	⑤	④

식품학 및 조리원리

001
핵심풀이
전자레인지는 조리시간이 짧고, 중량감소가 크다. 조리실의 온도가 오르지 않고 식품의 갈변이 일어나지 않는다.

002
핵심풀이
복합조리법에는 브레이징과 스튜잉이 있다. 채소를 냉동하거나 건조하기 위한 전처리 공정은 데치기이다.

003
핵심풀이
세균 증식은 수분활성도 0.90이상에서 가능하다. 유지의 산화는 수분활성도 0.3~0.4에서 가장 억제된다. 비효소적 갈변반응은 수분활성도 0.6~0.7에서 최대가 된다. 리파제는 낮은 수분활성도에서도 활성이 일어난다.

004
핵심풀이
리비톨은 리보플라빈의 구성성분이며 솔비톨은 비타민 C 합성원료로 이용된다.

005
핵심풀이
포도당은 알도오스이다. 오탄당은 효모에 의해 발효되지 않고 에너지원으로 이용되지 않는다. 단당류는 다수의 수산기와 알데히드나 케톤을 포함한다.

006
핵심풀이
변선광은 수용액 상태, 결정 상태에 따라 선광도가 바뀌는 현상이다.

007
핵심풀이
노화전분의 X선회절도는 B형이다. 아밀로펙틴이 많을수록 노화가 어렵다. 수분함량 30~60%일 때 노화가 가장 잘 일어난다.

008
핵심풀이
유지의 불포화도가 높을수록 융점과 점도는 낮아지고, 비중과 굴절률은 높아진다. 유지의 검화가는 지방산의 평균 분자량에 반비례한다.

009
핵심풀이
폴렌스키가는 비수용성 휘발성산을 측정하고, 라이헤르트마이슬가는 수용성 휘발성산을 측정한다.

010
핵심풀이
자동산화 초기 단계에는 유리기가 생성되고, 산화가 진행됨에 따라 과산화물은 증가 후 감소된다. 금속과 소금은 산화를 촉진한다.

011
핵심풀이
등전점보다 높은 pH에서는 음전하를 띠기 때문에 전기영동에서 양극으로 이동한다.

012
핵심풀이
단백질 변성은 대부분 비가역이다. 단백질은 변성되어도 펩티드 결합은 분해되지 않는다. 변성단백질은 대부분 용해도가 감소한다.

013
핵심풀이
과실주의 백탁은 pectin에 기인하므로 이를 분해하는 pectinase에 의해 청징 효과가 나타난다.

014
핵심풀이
페오피틴의 수소를 구리로 치환하여 구리-클로로필이 되면 선록색이 복원된다.

015
핵심풀이
감자의 갈변현상은 티로신이 티로시나아제에 의해 산화되어 멜라닌이 생성되는 반응으로 비타민 C와 같은 항산화제에 의해 억제된다.

016
핵심풀이
적색 양배추의 안토시아닌 색소는 산에 의해 붉은색으로 전환된다.

017
핵심풀이
단맛의 역치는 온도가 상승하면 감소하다가 체온 부근에서 역치가 가장 낮아지므로 단맛은 온도가 낮으면 온도가 낮을 때보다 강하게 느껴진다.

018
핵심풀이
감귤류의 쓴맛은 리모닌, 감초의 단맛은 글리시리진, 감의 떫은맛은 시부올, 생강의 매운맛은 진저론·진저롤·쇼가올이다.

019
핵심풀이
진균류 중 조상균류는 격벽이 없으며, 난균류와 접합균류로 나뉘고 순정균류는 격벽이 있으며 자낭균류, 담자균류, 불완전균류로 나뉜다. 유성생식을 하는 효모는 대부분 자낭포자를 생산한다.

020
핵심풀이
*Aspergillus niger*는 흑국균에 속하며 구연산을 생산하기도 하고 펙티나아제를 생산하므로 과즙음료의 청징에 이용되기도 한다.

021
핵심풀이
그람염색법에 의해 적색을 띠는 균은 그람음성균이다. 포자생성균이나 젖산균은 그람양성균이다.

022
핵심풀이
떡는 호화, 팝콘은 호정화, 청포묵은 겔화, 미숫가루는 호정화의 예이다.

023
핵심풀이
용기의 재질이 두껍고 무거울수록 밥맛이 좋다. 수분함량이 너무 낮으면 물을 급격히 흡수하고 팽윤이 고르지 않아 밥맛이 없다. pH가 7~8일 때 밥맛이 좋다.

024
핵심풀이
설탕과 유지는 글루텐 형성을 저해한다. 소금을 첨가하면 글루텐의 점탄성이 증가한다. 유지는 글루텐의 형성을 저해한다.

025
핵심풀이
결정형 캔디에는 퍼지, 폰당(폰던트), 디비니티가 있다.

026
핵심풀이
숙성기간에는 자기소화에 의해 단백질이 분해되고 유리아미노산, 이노신산 등이 생성된다. 사후강직 기간에 글리코겐이 분해되고 pH가 감소하며 근육의 수축이 일어난다.

027
핵심풀이
숙성 기간에 조리한다. 파인애플 통조림은 열처리로 인하여 연육작용을 하지 않는다. 근섬유와 반대방향으로 잘라야 연하다.

028
핵심풀이
국이나 탕의 습열조리에는 양지, 사태 부위가 적절하고, 건열조리에는 등심이나 안심이 적절하다. 장조림에는 우둔육과 홍두깨살이 적절하다.

029
핵심풀이
식초를 첨가하면 비린내가 감소하고, 단백질이 응고되어 살이 단단해지며, 뼈와 가시가 부드러워지며 살균효과가 나타난다.

030
핵심풀이
튀김에는 흰살 생선이 적합하다. 조개류는 80~85℃에서 서서히 익혀야 질겨지지 않는다. 붉은살 생선은 양념이 깊이 밸 수 있도록 비교적 오래 조리해야 한다. 생선은 양념장이 끓은 후에 넣어야 생선의 원형이 유지된다.

031
핵심풀이
신선한 난류는 난각이 두껍고 까칠까칠하며 광택이 없으며 된 난백의 비가 60%이다. 난황계수는 0.36~0.44정도이다.

032
핵심풀이
설탕은 응고물을 연화시킨다. 온도가 높으면 응고시간이 짧아진다. 달걀을 희석하면 응고온도가 높아진다. 염류의 응고 효과는 원자가가 클수록 효과적이다.

033
핵심풀이
리폭시게나아제에 의해 지방산이 산화되어 비린내 성분을 생성한다.

034
핵심풀이
이물질이 많을수록, 유리지방산이 많을수록, 입구가 넓은 냄비나 팬에 조리하면 발연점은 낮아진다.

035
핵심풀이
밀가루 반죽에 유지를 과도하게 첨가하면 유지의 쇼트닝 작용에 의해 글루텐이 형성되지 않고 쉽게 풀어진다.

036
핵심풀이
우유의 가열취는 락토글로불린의 열에 의한 변성으로 생성된 황화합물이 원인이다.

037
핵심풀이
크림의 거품이 잘 일어나려면 지방 입자가 클수록, 지방이 많을수록 (35% 이상) 잘 형성되며, 냉장온도(5~10℃)에서 지방 입자가 안정하며, 12시간 이상 숙성된 크림이 이상적이다. 설탕은 조금씩 넣어야 하며 과도하게 오래 젓지 않아야 한다.

038
핵심풀이
천일염의 칼슘이온이나 마그네슘이온이 펙틴과 결합하여 불용성의 복합체를 형성하므로 오이지의 질감이 아삭해진다.

039
핵심풀이
귤에는 비타민 C 함량이 높아서 항산화 작용에 의해 효소적 갈변반응의 산화작용이 억제되기 때문에 갈변이 억제된다.

040
핵심풀이
다시마는 글루탐산 나트륨인 감칠맛 성분이 함유되어 있다.

급식, 위생 및 관계법규

041
핵심풀이

산업체 급식의 특징
단체급식 시장에서 규모와 위탁률이 높다. 근로자의 건강유지와 향상 도모, 기업의 작업능률, 생산성 향상, 산업사고 예방, 애사심 고취를 목적으로 한다. 100인 이상 산업체급식에 영양사를 의무고용한다.

042
핵심풀이

전통적 급식체계는 음식의 생산, 분배, 서비스가 같은 장소에서 연속적으로 이루어지며, 생산에서 소비까지 시간이 짧고, 적온급식에 유리하다. 노동력이 풍부하고 인건비가 싼 지역과 규모가 작은 급식소에서 효율적이다.

043
핵심풀이

권한위임의 원칙의 장점
관리자의 부담 경감, 신속한 의사결정 가능, 조직구성원의 동기부여 효과, 조직원들의 태도와 도덕성 향상, 조직구성원의 교육과 개발에 기여

044
핵심풀이

민츠버그의 경영자 역할
대인 간 역할(대표자, 지도자, 연결자), 정보 관련 역할(정보탐색자, 정보제공자, 대변인), 의사결정 역할(기업가, 문제해결사, 자원배분가, 협상자)

045
핵심풀이

- **상위(최고)경영층**: 조직 경영의 총괄, 조직의 전략적 정책 수립 및 방향 제시
- **중간관리층**: 해당부서의 세부업무 책임, 해당부서의 정책수행, 상하 간 의사소통과 균형 유지
- **하위관리층**: 종업원의 직접 관리 및 일상적 작업활동 감독

046
핵심풀이

식단 작성순서
급여영양량(영양요구량) 결정 – 급식횟수와 영양량 배분 – 메뉴품목수(식품구성)결정 – 미량영양소 보급방법 – 조리 시 배합 및 1일 식단표 작성

047
핵심풀이

주기메뉴는 순환메뉴라고도 부르며 일정기간 반복해서 사용되는 식단으로 식단의 주기는 급식소의 특징에 따라 차이가 있다. 반복적인 식단사용으로 생산과정이 잘 통제되고 재고관리, 구매관리가 용이하며, 발주 및 식단작성 시간을 절약할 수 있으나, 메뉴의 주기가 너무 짧으면 고객 불만이 커질 수 있다.

048
핵심풀이

식사구성안에 제시된 식품의 중량은 가식부 양이며, 콩나물의 1인 1회 중량은 70g이다.
식사구성안은 생활습관에 따른 변화와 대체가 가능하고 특정 질병 예방이나 치료를 위한 것이어서는 안 된다.

049
핵심풀이

퍼즐메뉴에 속하는 경우로 메뉴표에서 위치를 눈에 잘 띄도록 하거나 가격을 약간 낮추어 고객 수요를 늘리거나 메뉴 이름을 친숙한 이름이나 문구로 변경한다.

050
핵심풀이

- **무재고(JIT)구매**
  특정 기간의 급식생산에 필요한 물품의 양을 정확히 파악 후 필요량만을 구입.
- **독립구매 = 분산구매 = 현장구매**
  각 부서 또는 각 업장에서 필요한 물품을 각각 구매
- **공동구매**
  운영자나 소유주가 다른 급식소들이 모여서 공동으로 구매

051
핵심풀이

구매청구서(구매요구서)는 생산부서에서 구매부서로 필요한 물품과 수량을 기재하여 청구하는 장표이며 구매부서에서는 거래처를 선정한 후 최적업체가 결정되면 발주서를 이용하여 물품을 발주하고 거래처에서는 물품과 함께 납품전표를 가져온다.

052
핵심풀이

정량발주는 저가품목이어서 재고 부담이 적고 항상 수요가 있는 품목에 적합하다.
①~④는 정기발주가 적합하다.

053
핵심풀이

검수절차
납품물품과 주문한 내용, 납품서의 대조 및 품질검사 → 물품의 인수 또는 반품 → 인수한 물품의 입고 → 검수에 관한 기록(검수일지) 및 문서정리

054
핵심풀이
영구재고조사
입고되는 물품의 수량과 창고에서 출고되는 물품의 수량을 계속적으로 기록하여 적정 재고량을 유지하는 방법으로 특정 시점에서 재고수준과 재고자산을 파악할 수 있고 재고관리의 통제가 용이하나 경비가 많이 들고 수작업으로 할 경우 오차가 생길 우려가 있다.

055
핵심풀이
후입선출법은 나중에 들어온 물품을 먼저 사용한 것으로 기록하므로 가장 오래된 물품의 단가가 마감 재고액에 반영된다.

056
핵심풀이
표준 레시피 사용 효과
생산된 음식의 양적, 질적 표준 제시, 조리종사자들의 생산성 향상, 과잉 또는 과소 생산에 따른 낭비 방지, 재고량 조절로 비용 감소, 식품 원가 및 판매가격 계산의 용이성, 조리원 조리훈련의 용이성

057
핵심풀이
①, ②, ④, ⑤ 병동배선(분산배선)의 설명

058
핵심풀이
노동시간당 식당량
= 일정 기간 제공한 총 식당량 ÷ 일정 기간 총노동시간
[4,000 + (500 × 1/2)] ÷ 480 = 8.9식당량/시간

059
핵심풀이
①, ③, ④, ⑤ 작업측정 기법

060
핵심풀이
①, ②, ④, ⑤ 메뉴품질의 질적평가

061
핵심풀이
작업일정표(작업배치표)는 각각의 작업원별 출, 퇴근 시간과 근무시간대별 주요 담당 업무의 내용이 기록되어 있다.

062
핵심풀이
① 조리대의 길이는 85~90cm, 너비는 55cm가 적당
③ 조리대는 조리구역에 배치
④ 오른손잡이를 기준으로 조리대는 왼쪽에서 오른쪽으로 배치
⑤ 넓은 시야를 확보할 수 있도록 불필요한 기둥이나 벽은 없앤다.

063
핵심풀이
① 종사원의 건강상태는 매일 체크한다.
② 「식품위생법」상 1년에 1회 건강진단을 받으며, 학교급식 종사자의 경우 6개월에 1회 건강검진을 받는다.
④ 손에 상처나 종기가 있는 종사원은 조리작업에 참여시키지 않는다.
⑤ 무침작업 시 조리용 고무장갑을 끼고 작업한다.

064
핵심풀이
교차오염으로 인한 식중독 사고가 발생할 수 있는 상황이다. 육류와 채소를 다루는 도마, 칼 등은 구분하여 사용해야 한다.

065
핵심풀이
소독액 농도 환산법
희석농도(ppm) = 소독액의 양(mL)/물의 양(mL) × 소독액의 유효염소농도(%)
0.0001 = 소독액 양 ÷ 2,000 × 0.04,
소독액 양(mL) = 0.0001 × 2000 ÷ 0.04 = 5mL

066
핵심풀이
저장공간은 냉장고(실), 냉동고(실), 건조창고 등을 말한다.

067
핵심풀이
기기는 작업의 흐름에 따라 동선을 단축시키며 능률적이고 위생적인 작업이 가능하도록 배치한다.

068
핵심풀이
①, ②, ⑤ 변동비
③ 반변동비

069
핵심풀이
매출액 = 고정비 + 변동비 + 이익이므로 매출액에서 고정비와 변동비를 제외하고 남은 금액

070
핵심풀이
- 식재료비 비율 = (식재료비 ÷ 매출액) × 100
- 식재료비 = (월초재고액 + 당월구매식재료비) − 월말재고액
  = (500,000 + 1,500,000) − 400,000 = 1,600,000
- 식재료비 비율 = (1,600,000 ÷ 3,200,000) × 100 = 50%

071
핵심풀이
직무분석은 직무의 내용, 특성, 자격요건을 분석하여 다른 직무와의 질적인 차이를 분명하게 하는 절차로 종업원의 채용, 선발기준, 교육훈련, 임금관리, 인사고과의 기초자료로 활용한다.

072
핵심풀이
역할연기
단순히 사례나 문제상황을 제시하여 해결책을 모색할 뿐만 아니라 피훈련자에게 직접 문제상황에서 역할을 해보게 하는 방법으로 조직 내 대인관계 기술의 증진, 판매기술 향상, 리더십 기술 향상 등 여러 가지 목적으로 활용된다.

073
핵심풀이
논리오차는 평가항목의 의미를 서로 연관시켜 해석하거나 적용할 때 발생한다.

074
핵심풀이
①, ④, ⑤ **하향식 의사소통**: 명령, 지시, 게시판, 정책 설명, 절차, 지침서 전달 등
③ **상향식 의사소통**: 설문지, 고충처리, 의견함, 제안제도 등

075
핵심풀이
전제적 리더는 상층으로부터 하향식 관리로 하급자는 의사결정에 참여할 수 없고 명령에 복종해야 한다. 위기상황에서는 신속하고 통일된 의사결정 및 소통이 이루어져야 한다.

076
핵심풀이
관계마케팅은 기업이 고객과의 지속적인 관계를 개발, 유지 및 향상시켜 나가기 위한 서비스 마케팅이다.

077
핵심풀이
서비스 전달 수준이 설정된 품질 표준에 미달될 때, 종업원과 고객 간 접점에서 발생하는 것으로 유능한 종업원 확보, 훈련, 모니터링, 작업조건 개선, 보상체계 등 내부 마케팅 프로그램 시행으로 줄일 수 있다.

078
핵심풀이
솔라닌과 테트로도톡신은 내인성, 농약과 푸른 곰팡이는 외인성이다.

079
핵심풀이
생 혹은 익힌 동물성 식품, 익힌 식물성 식품, 새싹 식품, 자른 메론, 자른 엽채류, 자른 토마토, 채친 채소, 개봉한 상업적 멸균 제품은 안전을 위한 시간 온도관리가 필요한 식품이다.

080
핵심풀이
장구균은 건조식품이나 동결에서의 저항성이 크다. 식품매개 병원균과의 관계는 대장균이 일반적으로 더 크다.

081
핵심풀이
노로바이러스는 소량 균주로 식중독을 유발할 수 있으며 낮은 온도에서 장기간 생존할 수 있으며, 60℃, 30분 열처리로 사멸되지 않고, 10ppm 이하 염소소독으로도 사멸되지 않는다.

082
핵심풀이
리스테리아 식중독 원인균은 그람양성균이며 냉장에서 느린 속도로 생육이 가능하다. 건강한 성인에게는 무증상이거나 인플루엔자 증상을 보인다. 치사율은 20~40%이다.

083
핵심풀이
장염비브리오 식중독은 *Vibrio parahaemolyticus*가 원인균이다. 여름철에 발생빈도가 높으며 원인식품은 주로 어패류이다.

084
핵심풀이
캠필로박터 식중독은 소량의 균으로도 발병가능하며, 잠복기가 다른 식중독에 비해 길다. 주요 감염경로는 덜 익힌 가금류 또는 원재료로부터 조리해둔 식품이다.

085
핵심풀이
황색포도상구균 식중독의 잠복기는 평균 3시간으로 매우 짧으므로 원인 식품을 먹고 단시간에 증상이 유발된다.

086
핵심풀이
다환방향족 탄화수소는 대기 중에도 존재한다. 모리나카조제분유 사건은 비소 중독사건이다. 다이옥신은 유기염소화합물의 폐기처리과정에서 생성된다.

087
핵심풀이
페릴라틴은 자소당이라 불리는 유해 감미료, 에틸렌 글리콜은 자동차 부동액인 유해 감미료, 사이클라메이트는 발암성이 있는 유해 감미료, 파라-니트로아닐린은 유해착색료이다.

088
핵심풀이
아플라톡신과 오크라톡신은 *Aspergillus* 속 곰팡이가 생성하는 곰팡이독이다.

089
핵심풀이
콜레라는 열이 거의 나지 않는다. 세균성 이질은 구역질, 구토, 경련성 복통, 급성 염증성 결장염 등을 증상으로 한다. 파상열은 주기적인 발열이 주증상이다.

090
핵심풀이
폐흡충의 제1중간숙주는 다슬기, 제2중간숙주는 게나 가재 등 민물갑각류이다.

091
핵심풀이
중요관리점은 위해요소를 예방, 제거, 감소시켜 안전성을 확보할 수 있는 중요한 단계나 과정 또는 공정을 의미한다.

092
핵심풀이
식품첨가물은 감미, 착색, 표백 또는 산화방지 등을 목적으로 식품에 사용되는 물질을 말한다. 이 경우 기구·용기·포장을 살균·소독하는 데에 사용되어 간접적으로 식품으로 옮아갈 수 있는 물질을 포함한다.

093
핵심풀이
한시적으로 기준 규격을 인정받을 수 있는 식품에는 국내에서 새로 원료로 사용하려는 농축수산물, 농축수산물 등으로부터 추출, 농축, 분리 등의 방법으로 얻은 것이 해당된다.

094
핵심풀이
식품위생교육내용은 식품위생, 개인위생, 식품위생시책, 식품의 품질관리 등이다.

095
핵심풀이
식품의약품안전처장은 이물발견의 신고를 통보받은 경우 원인조사를 위해 필요한 조치를 취하여야 한다.

096
핵심풀이
집단급식소에 종사하는 조리사와 영양사는 1년마다 6시간의 교육을 받아야 한다.

097
핵심풀이
영양교사 직무로는 식단작성, 식재료의 선정 및 검수, 위생 안전 작업 관리 및 검식, 식생활지도, 정보제공 및 영양상담, 조리실 종사자의 지도 감독, 그 밖에 학교급식에 관한 사항이 있다.

098
핵심풀이
특별시·광역시 및 도에는 국민영양조사와 영양에 관한 지도업무를 행하게 하기 위한 공무원을 두어야 한다.

099
핵심풀이
영양관리를 위한 영양 및 식생활조사의 조사내용에는 식품 및 영양소 섭취조사, 식생활 행태조사, 영양상태조사, 그 밖에 영양문제에 필요한 조사로서 대통령령으로 정하는 사항이 있다.

100
핵심풀이
식품접객업 중 휴게음식점영업, 일반음식점영업 또는 위탁급식영업을 하는 영업소나 집단급식소를 설치, 운영하는 자는 원산지 표시를 하여야 한다.

[7회] 정답 및 해설

1교시

001	002	003	004	005	006	007	008	009	010
⑤	①	③	⑤	③	③	②	①	④	①
011	012	013	014	015	016	017	018	019	020
⑤	③	①	④	④	⑤	③	④	③	③
021	022	023	024	025	026	027	028	029	030
①	⑤	②	①	②	②	②	①	②	③
031	032	033	034	035	036	037	038	039	040
②	②	④	①	①	④	③	④	③	②
041	042	043	044	045	046	047	048	049	050
②	①	⑤	⑤	④	②	②	③	③	⑤
051	052	053	054	055	056	057	058	059	060
③	③	②	③	③	③	③	②	④	④
061	062	063	064	065	066	067	068	069	070
③	②	②	③	③	②	②	③	④	③
071	072	073	074	075	076	077	078	079	080
④	③	②	③	②	③	②	④	②	③
081	082	083	084	085	086	087	088	089	090
①	②	⑤	②	②	②	③	④	④	④
091	092	093	094	095	096	097	098	099	100
④	④	③	③	④	①	③	①	③	②
101	102	103	104	105	106	107	108	109	110
②	③	②	④	③	④	④	①	②	③
111	112	113	114	115	116	117	118	119	120
②	③	③	④	④	②	③	②	④	②

영양학 및 생화학

001
핵심풀이
결핍위험 예방을 위해 평균필요량, 권장섭취량, 충분섭취량을 설정하였고, 과잉 섭취의 위험 예방을 위해 상한섭취량이 설정되어 있다.

002
핵심풀이
인슐린은 혈당이 높을 때 분비되어 지방 합성과 글리코겐 합성, 콜레스테롤 합성을 촉진한다.

003
핵심풀이
수용성 식이섬유는 대장미생물에 의해 발효되고 소량의 에너지를 생성한다. 불용성 식이섬유는 배변량을 증가시켜 분변시간을 단축한다.

004
핵심풀이
올리고당은 식이섬유와 유사한 기능을 수행하여 장내 환경을 청결히 유지하고 변비를 방지하며, 혈당 및 혈청 콜레스테롤 수준을 저하시킨다.

005
핵심풀이
공복시 혈당이 126mg/dℓ 이상이면 당뇨로 진단한다. 혈당이 증가하면 인슐린이 분비되고 혈당이 감소하면 글루카곤이 분비되며, 이들 호르몬은 췌장에서 분비된다.

006
핵심풀이
소장에서는 단당류만 흡수된다. 포도당은 흡수 시 갈락토오스와 경쟁한다. 과당의 흡수속도가 가장 느리다. 흡수 후 모세혈관으로 이동한다.

007
핵심풀이
해당과정에서 글루코오스가 글루코오스 6-인산으로, 과당 6-인산이 과당 1,6-이인산으로, 포스포엔올피루브산이 피루브산으로 전환되는 반응은 비가역적 반응이다.

008
핵심풀이
숙신산 탈수소효소는 숙신산을 푸마르산으로 전환시키는 과정을 촉매하며 이 때 FAD가 $FADH_2$로 전환된다.

009
핵심풀이
갈락토오스 대사에는 UDP-글루코오스가 필요하며, 갈락토오스는 글리코겐 합성과 직접 관련이 있다.

010
핵심풀이

TCA회로는 에너지가 부족할 때 활성화된다.

011
핵심풀이

오탄당 인산경로는 세포질에서 일어나며 전반부는 비가역적 산화반응으로 NADPH가 생성된다. 글루타티온의 환원에 NADPH가 필요하므로 항산화 작용이 요구되는 적혈구 등 조직에서 오탄당 인산경로가 활발하다.

012
핵심풀이

포도당 신생의 재료에는 리신이나 루신을 제외한 아미노산, 젖산, 글리세롤 등이 있으며 지방산(짝수 탄소수)은 포도당 신생 재료가 될 수 없다.

013
핵심풀이

콜레스테롤은 비타민 D의 전구체, 인지질은 세포막의 주요 구성성분이다. 체내의 주요 에너지 저장형태는 중성지방이다.

014
핵심풀이

담즙산은 커다란 중성지방을 잘게 부수고 유화작용을 통해 소화 흡수를 돕는다. 글리신이나 타우린과 결합하여 담즙산염을 형성한다.

015
핵심풀이

과다한 탄수화물 섭취로 인해 에너지로 소모되고 남은 탄수화물은 중성지방으로 합성되어 VLDL 형태로 혈중으로 방출되어 조직으로 운반된다.

016
핵심풀이

아이코사노이드의 주요 전구체는 아라키돈산과 EPA이다. 트롬복산은 혈관수축과 혈액응고 작용을 한다.

017
핵심풀이

소장에서 흡수되는 지질의 형태는 모노아실글리세롤, 리소인지질, 콜레스테롤, 지방산이다.

018
핵심풀이

탄소수가 홀수인 지방산은 프로피오닐 CoA를 생성하고 이는 메틸말로닐 CoA를 거쳐, 숙시닐 CoA가 되며 이 과정에서 비오틴, 비타민B_{12}가 필요하다.

019
핵심풀이

콜레스테롤의 체내 합성량은 섭취량에 의해 조절되며, 섭취량보다 더 많은 양이 합성된다. 콜레스테롤 합성은 인슐린에 의해 촉진된다. 1분자의 콜레스테롤 합성에 18분자의 아세틸 CoA가 필요하다.

020
핵심풀이

케톤체 합성은 3분자의 아세틸 CoA로부터 HMG CoA가 합성되고, 아세토아세트산을 생성한다.

021
핵심풀이

지방산 생합성과정에는 NADPH가 필요하다. 팔미트산 합성에는 7ATP가 필요하며 말로닐 CoA 형태로 지방산 합성효소에 추가된다.

022
핵심풀이

근육이 많을수록, 질병이나 감염병 상태일 때, 성장기일 때 필요량이 증가한다.

023
핵심풀이

알도스테론의 전구체는 콜레스테롤이다. 체온조절 및 장기보호 기능은 지방의 기능이다. 단백질은 에너지 생성과정의 효소 성분이다.

024
핵심풀이

근육에서 주로 대사되는 아미노산은 분지아미노산인 발린, 루신, 이소루신이다.

025
핵심풀이

아미노산은 비효율적인 에너지원이다. 단백질을 구성하는 아미노산은 20가지이다. 뇌는 우선적으로 포도당을 에너지원으로 사용한다. 일부 아미노산은 체내에서 합성될 수 있다.

026
핵심풀이

단백질 100g 중 질소함량은 16g, 배설량이 12g이므로 체내에는 4g이 보유된 상태이다.

027
핵심풀이

요소회로는 4ATP가 소모된다. 세포질에서 오르니틴이 미토콘드리아로 이동한다. 요소의 질소는 암모니아와 아스파르트산으로부터 제공된다.

028
핵심풀이
근육에서 아미노산 분해로 생성된 암모니아는 글루타민과 알라닌 형태로 간으로 운반된다.

029
핵심풀이
글리신, 아르기닌, 메티오닌으로부터 크레아틴을 합성한다.

030
핵심풀이
히스티딘 – 히스타민, 트립토판 – 세로토닌, 트립토판 – 니아신, 티로신 – 에피네프린이다.

031
핵심풀이
전사과정은 핵에서 DNA의 염기서열에 상보적인 mRNA를 합성하는 과정이고 전사 후 인트론이 제거되고 엑손만 연결된다.

032
핵심풀이
holoenzyme(완전효소)는 단백질로 구성된 아포효소와 조효소가 결합되어 효소활성을 갖는 형태이다.

033
핵심풀이
알코올의 소화흡수율은 100%이다. 알코올 섭취로 피루브산은 젖산으로, 옥살로아세트산은 말산으로 전환되어 포도당 신생과정은 저해된다. 알코올은 대부분 소장에서 흡수되어 간에서 대사된다.

034
핵심풀이
지용성 비타민은 소장에서 간으로 운반될 때 킬로미크론 형태로 이동한다. 비타민 E와 K는 간에서 조직으로 운반될 때 특정 운반단백질 없이 VLDL형태로 이동한다.

035
핵심풀이
비타민 D는 세포의 증식과 분화를 조절하고 신장의 칼슘 배설을 억제하고, 소장에서 칼슘의 흡수를 촉진시키며, 뼈에서 칼슘을 용출시켜 혈중 칼슘 농도를 조절한다.

036
핵심풀이
골다공증은 비타민 D 결핍증, 안구건조증은 비타민 A 결핍증이다.

037
핵심풀이
비타민 B_6는 아미노기 전이효소, 글리코겐 가인산분해효소의 조효소로 작용하며, 탈탄산반응의 조효소로서 신경전달물질 합성에 필요하다.

038
핵심풀이
비타민 C는 항산화기능, 콜라겐 합성, 철과 칼슘 흡수 촉진, 카르니틴 합성, 면역강화, 신경전달물질 합성에 관여한다.

039
핵심풀이
판토텐산은 CoA와 ACP의 구성성분으로 TCA회로와 지방산 β-산화 및 지방산 합성 등에 관여한다.

040
핵심풀이
식이섬유는 무기질의 흡수를 저해한다. 칼슘은 주로 능동수송에 의해 흡수된다. 인의 생리적 요구량이 증가하면 흡수율은 증가한다.

041
핵심풀이
혈액응고 과정에서 프로트롬빈이 트롬빈으로 전환될 때 트롬보플라스틴과 칼슘이 필요하다. 근 소포체의 칼슘이 방출되면 근육이 수축된다.

042
핵심풀이
칼륨은 삼투압의 정상유지에 필요하고 산염기 평형유지, 신경전달과 근육의 수축 및 이완, 당질대사와 단백질 합성에 필요하다.

043
핵심풀이
트랜스페린에 결합하는 철의 형태는 Fe^{3+}이다. 소장세포의 페리틴은 철의 흡수를 조절한다. 위산은 철을 2가 형태로 전환시켜 흡수를 촉진한다. 적혈구 파괴로 빠져나온 철은 대부분 재이용된다.

044
핵심풀이
아연을 과다하게 섭취하면 구리의 결핍이 초래되어 세룰로플라스민이 합성되지 못하여 철의 이용이 저하되고 철결핍성 빈혈이 나타난다.

045
핵심풀이
아연 결핍 시 미각 감퇴가 나타나고, 철 결핍 시 학습능력 저하가 나타난다. 몰리브덴 과잉 시 고요산 혈증이나 통풍이 나타난다.

046
핵심풀이
성인은 체중의 60~65%가 수분이다. 체수분의 2/3가 세포내액, 1/3이 세포외액이다. 세포외액에는 세포간질액과 혈관내 수분이 포함된다.

047
핵심풀이
①, ③, ④ 에스트로겐의 역할
⑤ 알도스테론의 역할

048
핵심풀이
임신 중에는 난소와 태반으로부터 에스트로겐과 프로게스테론이 다량 분비되어 프로락틴의 작용을 억제하므로 유즙 생성이 억제된다.

049
핵심풀이
① 알코올과 그 대사물인 아세트알데히드는 태반을 통과하여 태아에게 전달되며 태아는 알코올 분해효소체계가 발달되지 않아 기형 유발 위험이 있다.
② 담배 연기 중 일산화탄소, 니코틴, 다환성 탄화수소 화합물들은 태아의 산소와 영양소 공급을 저해하고 특히 니코틴은 혈관 수축으로 태반 혈류량을 감소시킨다.
④ 임신부 1일 카페인 섭취기준량은 300mg 이하이다.
⑤ 태아는 카페인 분해효소 활성이 낮으며 카페인에 의해 태반 혈관 수축, 태반 혈류속도 감소로 태아에게 이동되는 산소와 영양소 양이 감소된다.

050
핵심풀이
수유기에 섭취한 에너지와 영양소는 유선조직에서 우선 사용된다. 유선조직의 지방대사는 항진되고 지방조직에서는 저하된다. 또한 유선조직에서의 단백질 대사는 항진되는 반면 골격근에서의 단백질 대사는 저하되므로 수유 여성은 영양 상태가 양호한 경우라도 비수유부보다 단백질 전환율이 낮은 경향을 보인다.

051
핵심풀이
① 타액 리파아제 활성은 성인보다 높다.
② 트립신의 활성은 성인과 비슷하나 키모트립신과 카복시펩티다아제의 농도는 성인의 10~60% 수준이다.
④ 지방은 췌장 리파아제에 활성이 약하고 담즙 분비량도 성인의 50% 수준이므로 주로 위 내에 존재하는 리파아제와 구강 리파아제에 의해 소화된다.
⑤ 췌장 아밀라아제는 생후 4~6개월경에 분비를 시작하여 2세 경에 완성된다.

052
핵심풀이
① 신장의 소변 농축 능력이 낮다.
② 체격에 비해 체표면적이 크다.
④ 새로운 조직의 합성과 체액 부피 증가
⑤ 피부와 호흡을 통한 손실이 크다.

053
핵심풀이
①, ④ 이유식 초기에 적당한 식품은 점착성이 있는 풀의 형태로 시작하여 이가 나기 시작하면 앞니로 끊을 수 있는 것으로 제공한다.
③ 이유식은 아기의 기분이 좋고 공복일 때 먹인다.
⑤ 설탕, 소금의 사용은 편식을 유도할 수 있으므로 제한한다.

054
핵심풀이
학령기(아동기) 아동의 성장에 영향을 주는 호르몬은 성장호르몬, 갑상선호르몬, 인슐린이다.

055
핵심풀이
① 지방축적량의 증가는 여자가 남자보다 더 지속적으로 일어난다.
② 2차 성징이 나타나는 순서는 정해져 있다.
④ 일생 중 제1 급성장기는 영아기, 제2 급성장기는 청소년기이다.
⑤ 사춘기 변화의 시작은 시상하부 – 뇌하수체 – 생식선 축을 따라 일어난다.

056
핵심풀이
성인기 생리적 변화와 대사증후군 위험
- **제지방량 감소(근육량 감소)** – 제지방량이 매 10년마다 2~3% 감소하고 기초대사율이 감소한다.
- **지방량 증가** – 증가량은 에너지평형 정도에 따라 차이가 있으며 대사증후군의 주요 원인이다.

057
핵심풀이
여성의 칼슘 권장섭취량
19~49세: 700mg, 50세 이상: 800mg

058
핵심풀이
① 위에서 내적인자 감소로 비타민 B_{12} 흡수 감소
③ 위액 분비량 저하로 펩신 전환과 환원형 철 전환 감소로 단백질 및 철 흡수 감소
④ 타액 분비량 저하로 당질 소화 감소
⑤ 소장에서 락타아제 분비 저하로 유당 소화 감소

059
핵심풀이
식염(나트륨) 과잉섭취는 뼈의 칼슘 손실을 촉진하여 노인성 골다공증 위험을 높인다.

060
핵심풀이
운동 시 즉시 사용되는 에너지는 ATP이고, 근육수축 시 에너지원으로 10초 이내 사용되는 것은 크레아틴포스페이트이다. 글리코겐은 2시간 이내로 지속되는 운동에 에너지를 공급한다. 지방은 저·중강도의 운동을 점진적으로 지속할 때의 주된 에너지원이다.

영양교육, 식사요법 및 생리학

061
핵심풀이
대상의 진단 단계는 영양교육 실시의 첫 단계이며 영양문제 발견, 영양문제의 원인과 관련요인 분석, 대상의 교육요구도를 파악한다.

062
핵심풀이
자아효능감은 특정 행동을 성공적으로 할 수 있다는 개인의 자신감을 말한다. 식사요법 실천에 대한 자아효능감을 높이기 위해서는 식사요법 실천에 필요한 지식과 기술에 대한 교육이 필요하다.

063
핵심풀이
건강신념모델의 구성요소
인지된 민감성, 인지된 심각성, 행동변화에 대한 인지된 이익, 행동변화에 대한 인지된 장애, 행동의 계기, 자아효능감

064
핵심풀이
프로시드는 실행 및 평가단계의 4단계로 구성되어있다.
- 5단계: 영양교육 실행
- 6단계~8단계
  - 과정평가: 교육적·생태학적 진단을 통해 파악된 동기부여, 행동강화, 행동가능성 요인들이 목표하던 대로 변화하였는 가를 평가한다.
  - 효과평가(영향평가): 역학적 진단을 통해 나타난 건강과 관련된 행동적·환경적 요인에 긍정적인 변화가 유도되었는지를 평가한다.
  - 결과평가: 프로그램의 총괄목표가 얼마나 달성되었는지 평가한다.

065
핵심풀이
영양문제 원인과 관련요인의 개선 여부, 식행동과 식습관, 환경 등의 개선여부, 영양개선 평가

066
핵심풀이
우선순위 선정기준
영양문제의 심각성, 긴급성, 영양교육의 효과성과 효율성, 관련기관의 정책적 지원, 영양문제의 발생빈도, 대상자의 교육요구도 등

067
핵심풀이
인쇄미디어(신문, 잡지, 팸플릿, 광고판 등)와 전자미디어(라디오, 텔레비전, 인터넷, PC통신 등의 멀티미디어)는 대중매체로 이용할 수 있다.

068
핵심풀이
두뇌충격법(브레인스토밍)은 제기된 주제에 대해서 참가자 전원이 차례로 생각하고 있는 아이디어를 제시하므로 아이디어의 질보다는 양적인 부분에 초점을 맞추며 제시된 의견에 대해 토의 후 가장 좋은 아이디어를 선택한다. 선택한 아이디어 실천 의욕이 높다.

069
핵심풀이
영양모니터링의 활동 원칙
공익성, 공정성, 객관성, 전문성, 해설성, 시의성, 윤리성, 신뢰성

070
핵심풀이
매체의 역할
교육내용의 표준화, 흥미유발과 주의집중, 교육시간 단축, 교육의 질 향상, 시공간 접근 편리성, 긍정적 학습태도 형성, 교육자 역할 다양화, 상호작용의 용이성

071
핵심풀이
영양상담 시작 – 친밀관계 형성 – 자료수집 – 영양판정 – 목표설정 – 실행 – 평가

072
핵심풀이
보건복지부는 영양행정의 중앙기관으로서 국가영양사업의 기획 및 정책을 총괄한다.

073
핵심풀이
영양표시제도에서 영양성분표시는 1일 영양섭취기준치에 대한 비율로 표시하며 「식품위생법」을 근거로 실시하고 있다. 영양표시 식품의 종류는 「식품 등의 표시·광고에 대한 법률」에 근거한다.

074
핵심풀이
교수·학습과정안 작성 단계
진단단계, 지도단계(도입 – 전개 – 정리), 평가단계이며 도입단계에 동기유발로 주의집중, 학습목표 제시, 선행학습 상기 또는 과제로 부여한 사전학습 결과 확인을 실시한다.

075
핵심풀이
영양판정단계는 환자의 정확한 영양상태를 파악하고 적절한 영양관리를 위해 식사섭취조사, 신체계측, 생화학 검사 결과를 수집, 해석하는 과정이다.

076
핵심풀이
① 24시간 회상법, 양적평가방법
② 식사기록법, 양적평가방법
④ 실측법, 양적평가방법
⑤ 양적으로 정확한 섭취량은 파악할 수 없으며, 반정량빈도조사법을 활용할 경우 대강의 양은 산출할 수 있다.
③ 식품섭취빈도조사법, 질적평가방법(식사력조사 포함)

077
핵심풀이
①, ④ 철 영양상태
③ 지질영양상태
⑤ 단백질 영양상태

078
핵심풀이
생화학적 검사는 성분검사와 기능검사로 분류하며, 다른 방법들에 비해 가장 객관적이고 정량적인 영양판정방법이다.

079
핵심풀이
일반우유 1컵은 열량 125kcal, 당질 10g, 단백질 6g, 지방 7g을 함유하며, 저지방우유 1컵은 열량 80kcal, 당질 10g, 단백질 6g, 지방 2g을 함유한다. 따라서 대체할 경우, 열량 45kcal, 지방 5g의 여유가 있고 이는 지방 1교환단위에 해당한다.

080
핵심풀이
수술 후 맑은 유동식 → 일반 유동식 → 연식 → 일반식으로 제공한다.
일반유동식은 상온에서 액체 또는 반액체 식품으로 미음, 수란, 푸딩, 아이스크림, 채소 주스 등을 이용한다.

081
핵심풀이
암 치료를 위해 화학요법을 하는 경우 부작용으로 구강섭취 및 소화흡수가 어려울 수 있으므로 중심정맥영양이 도움이 될 수 있다.

082
핵심풀이
정맥영양액은 소화과정 없이 혈액으로 바로 흡수될 수 있는 형태의 성분으로 구성된다.
철은 부작용을 초래하므로 정맥영양액에 혼합하지 않고 근육주사로 투여한다.

083
핵심풀이
- **벽세포**: 위산, 내적인자
- **주세포**: 펩시노겐
- **경세포(점액세포)**: 뮤신
- **G-세포**: 가스트린

084
핵심풀이
식도염 식사요법
고지방, 산도가 높은 음식, 자극성 음식, 과식은 피한다. 식후 바로 눕지 않고 취침 2~3시간 전에 식사를 마친다.

085
핵심풀이
위축성 위염은 저산성 위염으로 소화능력과 식욕이 감소되므로 위산 분비를 촉진하기 위해 고기수프, 과일, 과즙, 향신료 및 소량의 알코올을 사용할 수 있으며 식전에 연한 홍차, 커피, 주스 등의 섭취가 허용된다.

086
핵심풀이
염증성 장질환(크론병, 궤양성 대장염 등)의 식사요법
2~3일간 금식, 수분공급, 유동식, 연식, 상식으로 이행, 무자극성식, 저잔사식, 저섬유소식, 지방제한(유화지방이나 중쇄지방 이용), 고에너지식, 고단백식 / 유당, 과당, 당알코올 제한(가스, 복부통증 및 설사유발), 수산이 많은 식품 제한(신결석 위험), 과다한 지방섭취 제한(지방변)

087
핵심풀이
비타민 B_{12}는 위에서 분비되는 내적인자와 결합하여 회장으로 이동한 후 흡수되므로, 회장절제시 결핍 위험이 높다.

088
핵심풀이
① 복수나 부종이 있을 경우 나트륨과 수분 제한
② 식도정맥류의 경우 저섬유, 저자극식으로 생과일, 생채소 섭취 제한
③ 지방은 필수지방산 결핍을 방지할 정도로 소량공급하며 소화가 잘 되는 중쇄지방산을 이용한다.
⑤ 단백질은 간세포 재생을 위해 충분히 공급하나 간성혼수, 간성뇌증이 있는 경우 저단백식, 무단백식으로 제한

089
핵심풀이
담낭염 환자 식사요법
고당질, 적당량의 단백질, 필수지방산 공급이 가능한 정도의 저지방, 비타민과 무기질 충분히, 자극적인 음식, 가스 생성 음식, 과식 제한, 급성기 및 심한 복통 시, 금식, 수분과 전해질만 공급

090
핵심풀이
식도정맥류 발생 시 출혈을 방지하기 위해 저섬유식을 한다.

091
핵심풀이
지방 소화 저하로 지방변이 나타난다.

092
핵심풀이
체질량지수
체중(kg)/키(m)^2, 27.3이므로 비만에 속함

093
핵심풀이
체지방 1kg은 7,700kcal에 해당된다.
500kcal × 30일 = 15,000kcal,
15,000kcal ÷ 7,700kcal = 1.95kg, 약 2kg

094
핵심풀이
대사증후군의 원인은 인슐린 저항성이며, 인슐린 저항성이 나타나는 주요 원인은 비만과 운동부족이다.

095
핵심풀이
당뇨병의 단백질 대사는 근육단백질 이화작용이 증가하여 아미노산으로부터 포도당 신생작용이 증가하고, 아미노산이 에너지로 사용되면서 아미노기가 간으로 운반되어 요소합성이 촉진되고, 요중 질소배설량이 증가한다. 분지아미노산의 근육유입 감소로 혈중 농도가 상승하며 체단백 분해로 신체 쇠약, 성장저하, 병에 대한 저항력 감소가 나타난다.

096
핵심풀이
저혈당은 인슐린이나 혈당강하제의 과다사용, 극심한 운동, 결식, 불규칙한 식사, 식사량 감소에서도 나타난다. 과즙, 설탕물 등 흡수가 빠른 당질을 10~20g 섭취하도록 하며 섭취가 어려울 때는 포도당을 정맥으로 주사한다.

097
핵심풀이
제2형 당뇨병 식사요법
표준체중을 유지할 정도의 열량을 공급한다. 당질은 케톤증을 예방하기 위해 최소 1일 100g 이상은 섭취해야 하며 복합당질을 주는 것이 좋다. 지방은 총열량의 20~30% 정도가 적당하며 단백질은 양질의 단백질을 1일 체중당 1~1.5g 공급한다.

098
핵심풀이
제1형 당뇨병은 인슐린 의존성 당뇨병으로 췌장세포의 자가면역성 파괴로 내인성 인슐린 분비량이 부족하여 발생한다.

099
핵심풀이
② 케톤체는 신장을 통해 배설될 때 수분과 체내 알칼리성물질이 함께 배설되므로 혈액이 산성화된다.
③, ⑤ 저혈당에 대한 설명이다.

100
핵심풀이
당화혈색소는 적혈구의 헤모글로빈이 포도당과 비효소적으로 결합하여 생성되며 비교적 장기간에 걸친 혈당 수준을 반영한다. 정상 5.7% 미만, 당뇨병 발병 위험군 5.7~6.4%, 당뇨 6.5% 이상이다.

101
핵심풀이
폐동맥은 폐로 가는 동맥으로 산소농도가 낮고 이산화탄소가 농도가 높다. 반면에 폐정맥은 폐에서 가스교환 후 나오는 혈액으로 산소 농도가 가장 높다.

102
핵심풀이
고혈압 식단(DASH 식단)
- 전곡류, 생선, 껍질 제거한 가금류, 견과류는 적당량 섭취
- 적색육류, 고지방 식품, 단순당 적게 섭취

103
핵심풀이

오메가-3 지방산 중 EPA는 혈소판 응집 기능 저하로 혈전 생성을 억제하여 혈관을 확장시키는 효과가 있다. 동물성 유지 중에는 어유, 식물성 유지 중에는 들기름에 풍부하다. 오메가-6 지방산은 콜레스테롤 감소, 오메가-3 지방산은 중성지방 감소 효과가 있다.

104
핵심풀이

오메가-3 지방산(특히, EPA), 식물성유 중 들기름은 혈전 생성을 억제한다.

105
핵심풀이

울혈성 심부전 식사요법
저열량을 소량씩 자주 섭취, 양질의 단백질 충분히, 콜레스테롤과 포화지방산 제한, 불포화지방산과 식물성 기름 및 등푸른 생선 섭취, 나트륨 및 수분 섭취 제한, 알코올 제한, 식이섬유 제한, 무자극성식, 탄산음료와 카페인 음료 제한

106
핵심풀이

제4형 유형의 고지혈증은 이상지질혈증 중 가장 흔하며 당뇨병, 동맥경화증과 관련이 있다. 고당질식, 비만, 당뇨병, 알코올의 과잉 섭취가 원인이며 혈중 중성지방이 증가한다. 따라서 열량, 당질, 알코올 섭취를 제한한다.

107
핵심풀이

근위세뇨관에서 100% 재흡수된다.

108
핵심풀이

신장에서는 조혈호르몬인 에리트로포이에틴을 생성하여 골수에서 적혈구 생성을 돕는다. 만성콩팥병 환자에서는 에리트로포이에틴 생성 감소로 빈혈이 발생하기 쉽다.

109
핵심풀이

핍뇨가 심한 경우 신장의 칼륨 제거율이 손상되어 고칼륨혈증이 나타나므로 칼륨 섭취를 제한하고 요독증은 혈중 요소, 인산의 농도가 상승 된 상태이므로 단백질 섭취를 제한한다.
①, ③, ⑤ 고칼륨 채소

110
핵심풀이

급성 사구체신염 핍뇨기는 칼륨 제한, 수분은 전날 뇨량에 500mL 추가 공급, 단백질 제한, 나트륨 제한, 에너지는 충분히 공급하여 체단백의 분해를 막아야 한다.

111
핵심풀이

① 수산결석은 다량의 비타민 C 공급을 제한하므로 보충제 이용은 금한다.
③ 결석환자는 수분한 수분섭취를 한다.
④ 멸치국물, 고기육수, 내장육 등은 고퓨린식품이므로 제한한다.
⑤ 시스틴 결석은 함황아미노산의 대사장애로 발생하므로 섭취를 제한하고 하루 4L 이상의 충분한 수분섭취, 알칼리성 식사요법을 병행한다.

112
핵심풀이

소량씩 자주 섭취하며 고열량, 고단백, 간식 등을 제공한다. 기름진 음식이나 단 음식, 향이 강한 음식은 제한한다.

113
핵심풀이

① 단백질 합성, 혈청 알부민 농도 감소
②, ⑤ 지방 분해 증가로 혈중 유리지방산 증가, 지방 합성 감소
④ 코리회로에 의한 당신생합성 증가

114
핵심풀이

알레르기를 잘 일으키는 식품은 돼지고기, 우유, 달걀흰자, 고등어, 연어, 오징어, 꽁치, 새우, 조개류 등 동물성 단백질 식품이다.

115
핵심풀이

① 에너지 필요량 증가
② 소변량 감소
③ 기초대사율 증가
⑤ 면역기능 감소

116
핵심풀이

폐렴은 고에너지, 고단백, 고비타민식으로 단백질 소모가 증가하므로 동물성 단백질 식품을 위주로 양질의 단백질을 충분히 공급하며, 발열에 의해 수분과 나트륨 손실이 많으므로 이를 보충한다. 칼슘은 병소를 석회화하여 치료에 도움이 되므로 충분히 섭취한다.

117
핵심풀이

① 혈액의 교질삼투압 유지는 주로 알부민의 역할이다.
② 피브리노겐은 혈액응고단백질이다.
④ γ-글로불린은 혈장세포에서 생성된다.
⑤ 알부민은 간에서 합성되며 여러 물질의 운반체역할과 혈액의 삼투압 유지에 관여한다.

118

핵심풀이

구리는 철의 흡수와 이용을 돕는다.

119

핵심풀이

- **칼슘 흡수 도움 요인**: 비타민 D, 유당, 단백질(권장량 수준)
- **칼슘 흡수 방해 요인**: 섬유소(과잉), 수산, 피틴산, 나트륨, 인, 지방, 카페인, 흡연, 음주

120

핵심풀이

페닐알라닌 함량이 많은 식품은 모든 빵류, 모든 치즈류, 달걀, 말린 채소 등이다.

2교시

001	002	003	004	005	006	007	008	009	010
②	④	⑤	⑤	①	⑤	⑤	③	④	①
011	012	013	014	015	016	017	018	019	020
③	⑤	①	②	④	⑤	①	②	④	①
021	022	023	024	025	026	027	028	029	030
③	④	②	③	⑤	②	③	④	⑤	③
031	032	033	034	035	036	037	038	039	040
①	⑤	④	①	③	⑤	①	③	②	④
041	042	043	044	045	046	047	048	049	050
③	③	③	③	②	③	③	③	③	③
051	052	053	054	055	056	057	058	059	060
③	③	④	③	③	⑤	③	④	④	③
061	062	063	064	065	066	067	068	069	070
②	③	③	④	②	③	②	③	②	③
071	072	073	074	075	076	077	078	079	080
③	③	②	③	③	③	①	②	④	③
081	082	083	084	085	086	087	088	089	090
③	①	③	④	⑤	④	②	①	③	⑤
091	092	093	094	095	096	097	098	099	100
③	④	①	②	⑤	⑤	③	③	⑤	①

식품학 및 조리원리

001

핵심풀이

①, ⑤는 찌기의 특징이며 ③은 튀기기나 부치기, ④는 삶기의 특징이다.

002

핵심풀이

전자레인지 사용에 적합한 용기에는 도자기, 유리, 나무, 내열 플라스틱 등이다.

003

핵심풀이

지방의 산화는 수분활성 0.3~0.4에서 가장 억제되며, 비효소적 갈변은 수분활성 0.6~0.7에서 가장 잘 일어난다.

004
핵심풀이

1번 탄소가 -COOH인 것은 글루콘산, 1번과 6번이 -COOH인 것이 포도당산이다.

005
핵심풀이

물엿의 주성분은 맥아당이다. 천연당 중 가장 단맛이 강한 것은 과당이다. 설탕은 비환원당이다. 포도당과 갈락토오스, 포도당과 만노오스가 에피머 관계이다.

006
핵심풀이

호화전분은 결정영역이 붕괴되어 복굴절성이 소실되고 미셀구조가 파괴되며 용해도와 점도가 증가하게 된다.

007
핵심풀이

이눌린 – 과당, 펙틴 – 갈락투론산, 셀룰로오스 – 포도당, 만난 – 만노오스로 구성된다.

008
핵심풀이

인지질은 글리세롤 3번 탄소에 인산이 결합한다. 스핑고신과 지방산은 아미드결합에 의해 결합된다. 세레브로시드는 당지질이며 왁스는 단순지질이다.

009
핵심풀이

산가는 유리지방산 함량을 통해 산패정도를 측정하고, 커슈너가는 부티르산 함량을, 아세틸가는 유리 -OH함량을 측정한다.

010
핵심풀이

항산화제는 과산화물의 생성을 억제하여 유도기간을 연장시키지만, 생성된 과산화물의 분해를 억제하지는 못한다.

011
핵심풀이

글리신은 광학활성을 나타내지 않는다. 페닐알라닌과 티로신은 방향족 아미노산이다. 산성아미노산은 아미노기보다 카르복실기가 1개 더 많다.

012
핵심풀이

뷰렛반응은 펩티드 결합이 반응에 참여하므로 아미노산 검출에는 이용되지 못한다. 펠링반응과 베네딕트반응은 환원당 검출에 이용된다.

013
핵심풀이

단백질은 등전점에서 침전, 탁도, 흡착력, 기포력은 최대, 수화, 팽윤, 삼투압, 용해도, 점도, 표면장력은 최소이다.

014
핵심풀이

미오글로빈이 공기 중의 산소와 결합하여 옥시미오글로빈이 되면 적자색에서 선홍색으로 전환된다.

015
핵심풀이

탄닌은 무색의 폴리페놀화합물이다. 카로티노이드 색소는 열에 안정하다. 아스타잔틴은 산화되면 아스타신으로 전환된다. 안토시아닌의 색변화는 가역적이다.

016
핵심풀이

리덕톤류는 환원력이 강하므로 반응 중 리덕톤류가 생성되면 환원반응이 더욱 활발히 일어나게 된다.

017
핵심풀이

소량의 소금을 넣은 단팥죽은 맛의 대비효과에 의해 단맛이 더 강해진다. 동치미가 익어서 생긴 약간의 신맛은 맛의 대비효과에 의해 동치미의 짠맛을 더 강하게 한다.

018
핵심풀이

GMP는 표고버섯, IMP는 어육류의 감칠맛 성분이다.

019
핵심풀이

세균은 단세포의 원핵세포이다. 편모는 세포막에 부착되어 있다. 세균의 선모는 부착기관이다. 세포벽은 펩티도글리칸층으로 되어 있다.

020
핵심풀이

*Bacillus subtilis*는 비교적 높은 온도인 85~95℃에서 활성을 나타내는 고온액화효소인 α-amylase를 생산한다.

021
핵심풀이

*Aspergillus oryzae*는 황국균으로 양조에 이용되고 *Penicillium citrinum*은 황변미 곰팡이다.

022
핵심풀이
감자는 뜨거울 때 으깨야 한다. 메시드포테이토는 분질감자가 적절하다. 감자를 넣고 밥을 지을 때는 밥물을 쌀로만 밥을 지을 때와 동일하게 넣는다.

023
핵심풀이
토스트를 만들어 호정화가 되면 단맛과 소화율, 용해도는 증가하고, 점성과 분자량은 감소한다.

024
핵심풀이
설탕은 이스트 성장을 촉진하고, 단맛을 제공하며, 단백질을 연화시키고, 캐러멜화로 향취와 갈색을 부여한다.

025
핵심풀이
과당에 비해 설탕의 결정속도가 빠르다. 빠르게 저을수록, 농축이 많이 될수록 미세결정이 생성된다. 첨가물이 들어가면 결정형성이 방해된다.

026
핵심풀이
사후강직 기간에는 pH가 감소하는데, 이는 육류의 글리코겐 함량에 영향을 받는다. 사후강직이 진행됨에 따라 육류단백질이 등전점에 이르러 보수성은 감소한다.

027
핵심풀이
고기는 센불에서 구워야 맛성분이 보유된다. 탕을 끓일 때에는 찬물에 고기를 넣어야 한다. 장조림은 고기가 익은 후 간장을 넣어야 한다.

028
핵심풀이
로스트 비프조리 시 레어 단계의 내부온도는 60℃, 미디움 단계는 71℃, 웰던 단계는 77℃이다.

029
핵심풀이
젤라틴 겔은 40~60℃에서 융해되고, 소금은 겔의 견고도를 높이고, 설탕은 겔강도를 감소시킨다.

030
핵심풀이
생선의 초기부패는 pH 6.2~6.5, 세균수 10^5~10^6/g, 휘발성 염기질소 30~40mg%이다.

031
핵심풀이
설탕은 난백의 기포형성은 저해하지만, 광택있는 안정한 기포를 생성한다. 우유의 지방은 기포형성을 방해한다. 난백의 기포성은 오보글로불린에 기인한다. 커스터드는 열응고성을 이용한 식품이다. 기름은 기포형성과 안정성을 저해한다.

032
핵심풀이
달걀을 저장하면 비중이 감소하고 난백계수가 감소하며 수양난백이 증가한다.

033
핵심풀이
콩은 연수로 조리하여야 쉽게 연화된다. 콩조림을 만들 때에는 콩이 익은 후 간장과 설탕을 넣어야 한다. 검정콩의 흑색을 안정화시키려면 조리시 철냄비를 사용해야 한다.

034
핵심풀이
유화제가 많을수록, 반죽을 많이 할수록, 기름의 온도가 낮을수록 쇼트닝성이 낮아진다.

035
핵심풀이
중성지방 간에, 혹은 중성지방에 지방산을 반응시켜 중성지방의 지방산 조성을 조절하여 물성을 개선하는 과정을 에스터교환반응이라고 하며, 불포화지방산의 이중결합에 수소를 첨가하여 포화지방산으로 전환시키는 과정을 경화반응이라고 한다.

036
핵심풀이
치즈는 카세인의 응고물이다. 유당은 장내 세균의 증식을 조절한다. 우유는 철과 구리의 함유량이 적다. 지방산은 독특한 풍미를 부여하며 유당은 용해도가 낮다.

037
핵심풀이
요구르트는 유산균이 생성한 유기산에 의해 카세인이 응고된 가공품이다.

038
핵심풀이
녹색채소를 데치면 세포 간 공기층이 제거되고, 클로로필라아제에 의해 클로로필리드가 생성되기 때문에 녹색이 선명해진다.

039

핵심풀이

메톡실기 함량이 적은 펙틴은 2가 양이온을 첨가하면 겔이 형성된다.

040

핵심풀이

한천 겔에 설탕을 첨가하면 한천 겔의 점성과 탄성이 증가한다.

급식, 위생 및 관계법규

041

핵심풀이

① 식대보험 급여화로 식대비용이 줄었다.
② 식사처방은 의사가 하고 영양사는 처방된 식사에 맞는 식단을 작성한다.
④ 다품종 소량조리, 365일 급식, 배선, 배식등의 업무로 인건비 부담이 크다.
⑤ 단체급식 시장 중 위탁률이 가장 큰 급식은 산업체급식이다.

042

핵심풀이

조리저장식 급식체계는 노동생산성을 상승시킬 수 있고 인력관리가 용이하지만 초기 시설·설비 투자비용이 많이 든다.

043

핵심풀이

①, ②, ④, ⑤ 실행업무

044

핵심풀이

경영상의 권한과 책임이 하층 부문에 전반적으로 위임됨으로 자주성을 가지고 경영활동을 수행할 수 있는 민주적인 관리조직 형태이며 대규모 조직에 적합하며 하위관리자의 창의성 발휘로 사기가 향상된다.
①, ②, ④, ⑤ 집권적 조직에 대한 설명

045

핵심풀이

조직 외부 사람들뿐만 아니라 조직 내 다른 부서 사람들과도 효과적인 관계를 유지하는 것은 연결자의 역할을 수행하는 것이다.

046

핵심풀이

단체급식에서 음식 생산량을 결정하는 요인은 1인 분량, 급식인원 수, 조리 시 손실률, 식품 폐기율 등이다.

047

핵심풀이

변동메뉴
메뉴에 대한 단조로움을 줄일 수 있고 식자재 수급상황에 대처가 용이하나 식자재 재고관리나 작업통제에 어려움이 있다.

048

핵심풀이

식사구성안의 영양목표
에너지 100% 에너지 필요추정량, 단백질 총에너지의 7~20%, 지방 1~2세 총에너지의 20~35% 3세 이상 총에너지의 15~30%, 비타민과 무기질 100% 권장섭취량 또는 충분섭취량, 상한섭취량 미만, 식이섬유소 100% 충분섭취량, 총당류 총에너지의 10~20%, 첨가당 총에너지의 10% 이내

049

핵심풀이

식단평가의 기준
음식의 영양적인 가치, 사용된 식재료의 등급, 맛, 외양 등

050

핵심풀이

발주량을 결정할 때는 가격 변동 요인, 수량할인, 재료의 저장 특성, 계절 요인을 고려하여 저장비용과 주문비용을 파악한다.

051

핵심풀이

물품구매명세서는 제품의 품질에 대한 정보를 간단 명료하게 작성한 것으로 새로운 상품명보다는 일반적으로 통용되는 상품명을 기재하며 발주량은 기재하지 않는다.

052

핵심풀이

- 발주량 = 1인분량 × 출고계수 × 예상식수
- 출고계수 = (100 ÷ 가식부율)
- 가식부율 = 100 - 폐기율

053

핵심풀이

관능검사란 인간의 오감을 이용하여 식재료의 맛, 향미, 질감, 외관 등을 평가하는 것으로 급식소의 식품검수 시 보편적으로 사용되고 있다.

054

핵심풀이

- 재고회전율 = 총 사용량 / 평균 재고량
- 평균재고량 = 월초 재고량 + 월말 재고량/2

055
핵심풀이
- 선입선출법 = 22,000×5 = 110,000원
- 후입선출법 = 20,000×5 = 100,000원

056
핵심풀이
음식 재료의 종류, 양, 조리법 등이 표준화되어 있는 표준 레시피로 음식의 품질 통제

057
7월 식수는 2,000식×0.2 + 1,800식×(1−0.2)이므로 1,840식이다.

058
핵심풀이
작업일정표(작업배치표) 활용 시 장점
관리자와 조리원 간 의사소통 용이, 조리원의 작업 효율 증대

059
핵심풀이
- **방법연구 목적**: 작업조건 개선, 작업의 표준화, 작업 표준서 작성 등에 사용
- **표준작업시간 설정 목적**: 작업자의 생산량 예측, 작업의 낭비시간 발견, 작업에 필요한 표준인원 결정, 작업자의 직무평가 및 성과 측정에 활용

060
핵심풀이
트레이 서비스는 식판에 1인 분량으로 음식을 차린 후 고객이 있는 곳까지 가져다주는 서비스 형태이다.

061
핵심풀이
- **사전통제 수단**: 직무능력 조사, 식수 수요 예측, 영양기준량, 식재료 검수, 예산
- **동시통제 수단**: 작업공정표, HACCP 점검표, 배식온도 측정, 식사 오류 확인
- **사후통제 수단**: 고객 만족도, 1인당 매출액, 원가분석, 잔반율, 기호도, 결산

062
핵심풀이
급식생산성 증대방안
교육훈련실시 – 정기적인 교육과 훈련, 작업의 단순화 – 작업방법 개선 및 방법연구, 작업표준시간 설정 – 작업측정, 자동화기계 이용 – 대량조리에 적합한 기기 사용, 가공식품이나 전처리 식품 이용률 증가 – 인력 대체, 동기부여 – 능력에 따른 인센티브 제도 도입

063
핵심풀이
「식품위생법」상 조리에 종사할 수 없는 경우
결핵(비활동성 제외), 콜레라, 장티푸스, 파라티푸스, 세균성 이질, 장출혈성대장균 감염증, A형 간염 / 피부병, 화농성 질환에 걸린 자 후천성면역결핍증의 경우 성매개감염병에 관한 건강진단을 받아야 하는 영업에 종사하는 사람만 해당(감염병의 예방 및 관리에 관한 법률)

064
핵심풀이
- 1종 세척제: 채소, 과일용
- 2종 세척제: 식기용
- 3종 세척제: 식품가공기구, 조리기구
- 용해성세제: 진한 기름 때, 오븐, 가스레인지
- 산성세제: 세제 찌꺼기
- 연마성세제: 바닥, 천장

065
핵심풀이
자외선 살균등은 모든 균종에 유효하며 피조사물에 조사 후 변화를 남기지 않고, 공기는 투과하나 물질은 투과하지 않는다.

066
핵심풀이
- **수조형 트랩**: 드럼 트랩, 관트랩, 그리스 트랩, 실형 트랩
- **곡선형 트랩**: S자형, P자형, U자형

067
핵심풀이
- **전처리 구역**: 탈피기, 그라인더, 절단기, 세미기, 작업대 등
- **주조리 구역**: 취반기, 스팀솥, 만능조리기, 오븐, 브로일러, 번철, 튀김기 등
- **검수 구역**: 운반차, 온도계 등, 배식 구역 – 보온고, 보냉고, 보온·보냉 배식대 등

068
핵심풀이
①, ②는 동일한 재무제표로서 일정 시점에서 기업의 재무상태를 나타낸다.

069
핵심풀이
- 손익분기점의 매출량 = 고정비 / 단위당 고정비
  = 400,000원 / 2,000원 = 200식
- 손익분기점의 매출액 = 200식 × 4,000원 = 800,000원

070
핵심풀이
- **장부**: 고정성과 집합성의 성질을 가지며 기록, 현상의 표시, 대상 통제의 기능이 있다. 식품수불부, 급식일지, 검식일지, 검수일지, 영양출납표 등
- **전표**: 이동성과 분리성의 성질을 가지며 경영의사의 전달, 대상의 상징화 기능이 있다. 식품사용일계표, 식단표, 발주서, 구매청구서 등. 식단표와 식품사용일계표는 장부와 전표의 기능을 모두 가지고 있다.

071
핵심풀이
직무평가의 목적
직무가 차지하는 상대적 가치 결정, 합리적인 임금 설정 수립

072
핵심풀이
여러 직무를 주기적으로 순환하여 다양한 경험과 기회를 제공한다.

073
핵심풀이
직무급은 동일 직무를 수행하는 사람들에게 동일한 임급을 지급한다. 직무의 중요성과 난이도 등에 따라 직무의 가치를 평가한다.

074
핵심풀이
아담스의 공정성 이론
자신의 업적에 대한 보상이 다른 사람과 비교하여 공정한가에 따라 동기부여 방향이 달라진다는 이론

075
핵심풀이
변혁적 리더
리더와 종업원이 함께 동기부여 수준과 도덕 수준을 높이고 보다 나은 자신이 되도록 행동을 변화시키는 리더의 유형

076
핵심풀이
- **집중적 마케팅**: 시장을 세분화 후 가장 목표에 적합한 세분시장에 마케팅 활동 집중
- **비차별적 마케팅(대량 마케팅)**: 가장 많은 고객이 원한다고 판단되는 제품과 서비스를 개발하여 마케팅 활동

077
핵심풀이
서비스의 특성
무형성(보거나 만질 수 없음), 비일관성(품질이 일정하지 않음), 동시성(생산과 소비가 분리되지 않음), 소멸성(남은 용량의 서비스는 저장되지 않음)

078
핵심풀이
황변미는 외인성, 아크릴아미드와 트리할로메탄, 니트로사민은 유기성이다.

079
핵심풀이
Enterococcus 속은 장구균이다. 대장균군은 장관내에 서식하는 그람음성 간균이다.

080
핵심풀이
- 초기부패 판정 기준은 생균수: $10^7 \sim 10^8$ CFU/g 이상
- K값: 60~80%
- 휘발성 염기질소: 30~40mg%
- 어육 pH: pH 6.2~6.5 전후

081
핵심풀이
B. cereus 균은 주모성 편모를 갖고 있으며 소량으로는 식중독을 유발하지 않는다. 포자가 발아 증식하는 과정에서 독소가 생성된다.

082
핵심풀이
잠복기는 3~8일 정도로 긴 편이다. 10~1,000개의 균량으로도 발병 가능하다. 발열은 드물고 혈변, 심한 복통, 용혈성 요독증, 신부전증 증상이 나타난다.

083
핵심풀이
리스테리아 식중독의 원인균은 소량의 균으로도 감염가능하며 잠복기가 긴 특징이 있다.

084
핵심풀이
퍼프린젠스 식중독을 충분한 열처리로 예방할 수 있다. 원인균은 그람양성, 간균이며 내성성 포자를 형성한다. 원인균은 포자 형성시 독소를 생성한다. 구토와 발열은 없으며, 설사와 복통이 주증상이다.

085
핵심풀이
치사율은 50% 정도로 세균성 식중독 중 가장 높다. 단순단백질이며 80℃, 20분 열처리로 불활성화된다.

086
핵심풀이
열가소성 수지에서 식품위생상 문제가 되는 성분은 VCM, styrene monomer, 가소제, 안정제, 착색제 등이다.

087
핵심풀이
① 삭시톡신 – 검은조개, 섭조개, 진주담치, 홍합 등
③ 테트라민 – 고동
④ 오카다산 – 검은조개, 가리비, 백합, 모시조개
⑤ 시구아테라 – 남방해역의 독어 등

088
핵심풀이
사포닌은 배당체, 고시폴은 유독페놀류, 라이코린은 알칼로이드, 프타킬로사이드는 배당체이다.

089
핵심풀이
디프테리아는 4세 이하에서 주로 발병하며 주증상은 인후편도염, 기도폐색, 심근염 등이다.

090
핵심풀이
① 유구조충 – 돼지
② 간흡충 – 왜우렁이, 붕어, 잉어
③ 요코가와흡충 – 다슬기, 잉어, 은어
④ 아니사키스 – 해산갑각류, 오징어, 해산어류

091
핵심풀이
HACCP은 많은 위해요소 관리가 가능하고 비숙련공도 관리가 가능하다. 제품 분석에 저렴한 비용이 소모되며, 주로 현장관리가 해당된다.

092
핵심풀이
「식품위생법」 제2조 정의 내용에 해당한다.

093
핵심풀이
집단급식소를 설치·운영하는 자가 받아야 하는 식품위생교육시간은 매년 3시간이다.

094
핵심풀이
집단급식소에 종사할 경우 매년 교육을 받아야 한다. 1회 급식인원이 100명 미만인 산업체급식소에는 영양사를 두지 않아도 된다.

095
핵심풀이
식중독 환자나 식중독으로 의심되는 증세를 보이는 자를 발견한 집단급식소의 설치·운영자와 식중독 환자를 진단한 의사·한의사는 특별자치시장·시장·군수·구청장에게 보고해야 한다.

096
핵심풀이
「축산물위생관리법」에 의하여 도축이 금지되는 가축전염병과 리스테리아병, 살모넬라병, 파스튜렐라병, 또는 선모충증에 이환된 동물이나 이러한 질병으로 죽은 동물의 고기·뼈·젖·장기 또는 혈액을 식용으로 채취, 수입, 가공, 사용, 조리, 저장, 운반, 진열 또는 판매할 경우 10년 이하의 징역 또는 1억원 이하의 벌금에 처하거나 이를 병과한다.

097
핵심풀이
조리작업자의 건강진단 기록은 2년간 보관한다. 조리작업자는 6개월에 1회 건강진단을 실시해야 한다. 식품취급 등 작업은 바닥에서 60cm 이상의 높이에서 실시한다. 조리된 식품은 매회 1인분 분량을 영하 18도 이하에서 144시간 이상 보관해야 한다.

098
핵심풀이
영양관리사업 대상에는 영유아, 임산부, 아동, 노인, 노숙인 및 사회복지시설 수용자 등 영양취약계층, 어린이집, 유치원, 학교, 집단급식소, 의료기관 및 사회복지시설 등 시설 및 단체, 생활습관병 등 질병예방을 위한 영양관리사업이 해당된다.

099
핵심풀이
「국민건강증진법」 제21조에 따른 영양조사의 내용에는 건강상태조사, 식품섭취조사, 식생활조사가 있다.

100
핵심풀이
알레르기 표시대상에는 알류(가금류), 우유, 메밀, 땅콩, 대두, 밀, 고등어, 게, 새우, 돼지고기, 복숭아, 토마토, 아황산류, 호두, 닭고기, 쇠고기, 오징어, 조개류(굴, 전복, 홍합), 잣이 해당된다.

보건 의료인 국가시험 답안카드

--- 절취선 ----------

※ OMR답안지는 복사하여 사용하거나, 대방고시 홈페이지(pass.daebanggosi.com) '공지사항' 게시판에서 다운받을 수 있습니다.

시 험 직 종
(　　　　) 국가시험

제 (　　) 교시
① ② ③ ④ ⑤ ⑥ ⑦ ⑧

문 제 유 형
홀수형 ⬯　　짝수형 ⬯

성　명

응 시 번 호							
0	0	0	0	0	0	0	0
1	1	1	1	1	1	1	1
2	2	2	2	2	2	2	2
3	3	3	3	3	3	3	3
4	4	4	4	4	4	4	4
5	5	5	5	5	5	5	5
6	6	6	6	6	6	6	6
7	7	7	7	7	7	7	7
8	8	8	8	8	8	8	8
9	9	9	9	9	9	9	9

감 독 관 성 명
※정자기재

※ 답안카드 작성(표기)은 반드시 **"컴퓨터용 흑색 수성 사인펜"**만을 사용하며, 연필 등을 사용하지 않습니다.
※ 답란 수정은 OMR답안지를 교체하여 작성하거나, **"수정테이프"**만을 사용하여 답란을 수정합니다.
※ 답안카드는 반드시 시험시간 내에 작성을 완료합니다. (시험 종료 후 작성 시 **해당교시 "0"점** 처리)

보건 의료인 국가시험 답안카드

1	① ② ③ ④ ⑤	21	① ② ③ ④ ⑤	41	① ② ③ ④ ⑤	61	① ② ③ ④ ⑤	81	① ② ③ ④ ⑤	101	① ② ③ ④ ⑤	121	① ② ③ ④ ⑤
2	① ② ③ ④ ⑤	22	① ② ③ ④ ⑤	42	① ② ③ ④ ⑤	62	① ② ③ ④ ⑤	82	① ② ③ ④ ⑤	102	① ② ③ ④ ⑤	122	① ② ③ ④ ⑤
3	① ② ③ ④ ⑤	23	① ② ③ ④ ⑤	43	① ② ③ ④ ⑤	63	① ② ③ ④ ⑤	83	① ② ③ ④ ⑤	103	① ② ③ ④ ⑤	123	① ② ③ ④ ⑤
4	① ② ③ ④ ⑤	24	① ② ③ ④ ⑤	44	① ② ③ ④ ⑤	64	① ② ③ ④ ⑤	84	① ② ③ ④ ⑤	104	① ② ③ ④ ⑤	124	① ② ③ ④ ⑤
5	① ② ③ ④ ⑤	25	① ② ③ ④ ⑤	45	① ② ③ ④ ⑤	65	① ② ③ ④ ⑤	85	① ② ③ ④ ⑤	105	① ② ③ ④ ⑤	125	① ② ③ ④ ⑤
6	① ② ③ ④ ⑤	26	① ② ③ ④ ⑤	46	① ② ③ ④ ⑤	66	① ② ③ ④ ⑤	86	① ② ③ ④ ⑤	106	① ② ③ ④ ⑤	126	① ② ③ ④ ⑤
7	① ② ③ ④ ⑤	27	① ② ③ ④ ⑤	47	① ② ③ ④ ⑤	67	① ② ③ ④ ⑤	87	① ② ③ ④ ⑤	107	① ② ③ ④ ⑤	127	① ② ③ ④ ⑤
8	① ② ③ ④ ⑤	28	① ② ③ ④ ⑤	48	① ② ③ ④ ⑤	68	① ② ③ ④ ⑤	88	① ② ③ ④ ⑤	108	① ② ③ ④ ⑤	128	① ② ③ ④ ⑤
9	① ② ③ ④ ⑤	29	① ② ③ ④ ⑤	49	① ② ③ ④ ⑤	69	① ② ③ ④ ⑤	89	① ② ③ ④ ⑤	109	① ② ③ ④ ⑤	129	① ② ③ ④ ⑤
10	① ② ③ ④ ⑤	30	① ② ③ ④ ⑤	50	① ② ③ ④ ⑤	70	① ② ③ ④ ⑤	90	① ② ③ ④ ⑤	110	① ② ③ ④ ⑤	130	① ② ③ ④ ⑤
11	① ② ③ ④ ⑤	31	① ② ③ ④ ⑤	51	① ② ③ ④ ⑤	71	① ② ③ ④ ⑤	91	① ② ③ ④ ⑤	111	① ② ③ ④ ⑤	131	① ② ③ ④ ⑤
12	① ② ③ ④ ⑤	32	① ② ③ ④ ⑤	52	① ② ③ ④ ⑤	72	① ② ③ ④ ⑤	92	① ② ③ ④ ⑤	112	① ② ③ ④ ⑤	132	① ② ③ ④ ⑤
13	① ② ③ ④ ⑤	33	① ② ③ ④ ⑤	53	① ② ③ ④ ⑤	73	① ② ③ ④ ⑤	93	① ② ③ ④ ⑤	113	① ② ③ ④ ⑤	133	① ② ③ ④ ⑤
14	① ② ③ ④ ⑤	34	① ② ③ ④ ⑤	54	① ② ③ ④ ⑤	74	① ② ③ ④ ⑤	94	① ② ③ ④ ⑤	114	① ② ③ ④ ⑤	134	① ② ③ ④ ⑤
15	① ② ③ ④ ⑤	35	① ② ③ ④ ⑤	55	① ② ③ ④ ⑤	75	① ② ③ ④ ⑤	95	① ② ③ ④ ⑤	115	① ② ③ ④ ⑤	135	① ② ③ ④ ⑤
16	① ② ③ ④ ⑤	36	① ② ③ ④ ⑤	56	① ② ③ ④ ⑤	76	① ② ③ ④ ⑤	96	① ② ③ ④ ⑤	116	① ② ③ ④ ⑤	136	① ② ③ ④ ⑤
17	① ② ③ ④ ⑤	37	① ② ③ ④ ⑤	57	① ② ③ ④ ⑤	77	① ② ③ ④ ⑤	97	① ② ③ ④ ⑤	117	① ② ③ ④ ⑤	137	① ② ③ ④ ⑤
18	① ② ③ ④ ⑤	38	① ② ③ ④ ⑤	58	① ② ③ ④ ⑤	78	① ② ③ ④ ⑤	98	① ② ③ ④ ⑤	118	① ② ③ ④ ⑤	138	① ② ③ ④ ⑤
19	① ② ③ ④ ⑤	39	① ② ③ ④ ⑤	59	① ② ③ ④ ⑤	79	① ② ③ ④ ⑤	99	① ② ③ ④ ⑤	119	① ② ③ ④ ⑤	139	① ② ③ ④ ⑤
20	① ② ③ ④ ⑤	40	① ② ③ ④ ⑤	60	① ② ③ ④ ⑤	80	① ② ③ ④ ⑤	100	① ② ③ ④ ⑤	120	① ② ③ ④ ⑤	140	① ② ③ ④ ⑤

보건의료인 국가시험 답안카드

보건의료인 국가시험 답안카드